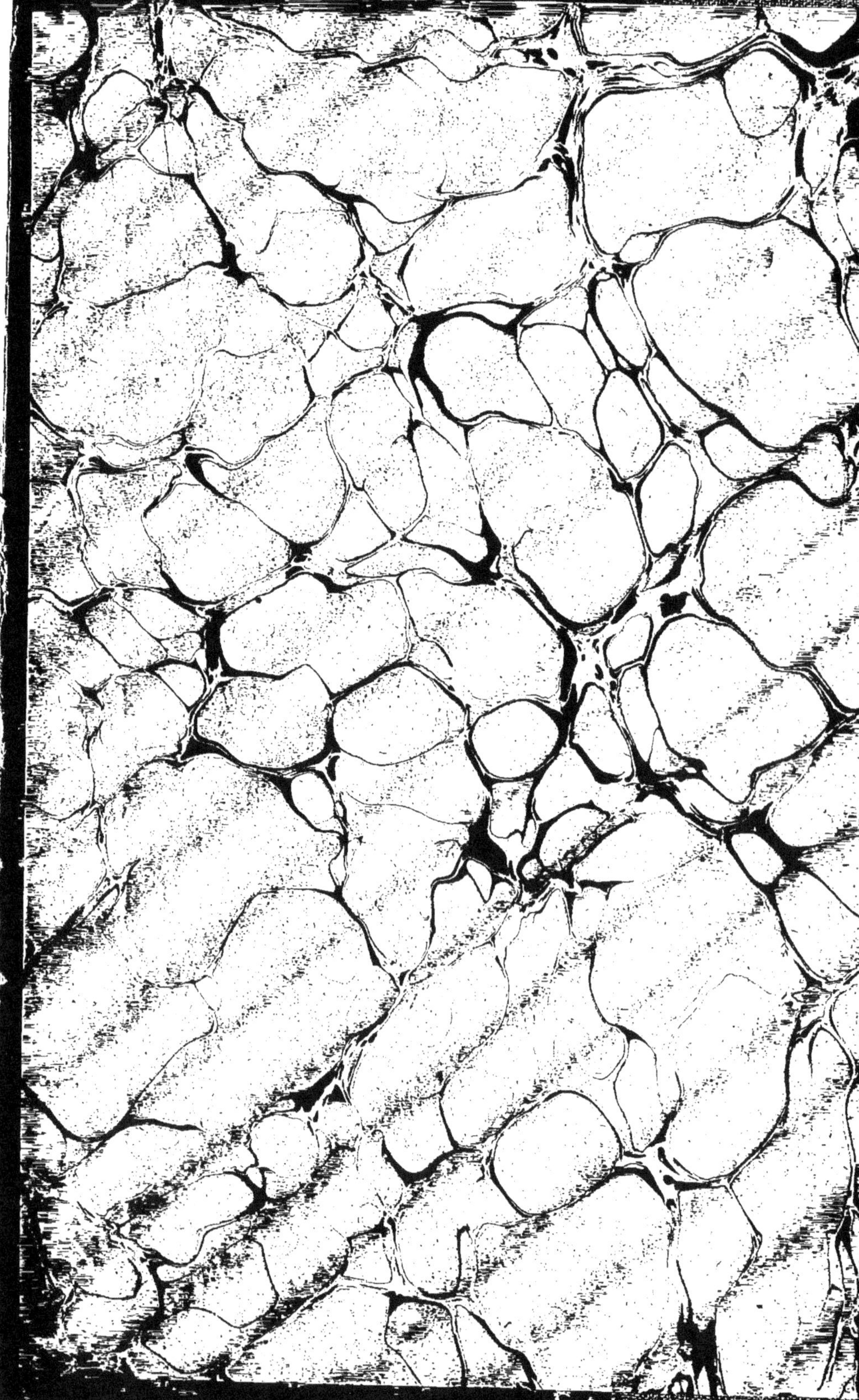

TRAITÉ PRATIQUE

D'ÉLEVAGE ET D'ENTRAINEMENT

DU

CHEVAL DE COURSE

TRAITÉ PRATIQUE

D'ÉLEVAGE ET D'ENTRAINEMENT

DU

CHEVAL DE COURSE

PAR

Paul FOURNIER (Ormonde)
DIRECTEUR DU « LABORATOIRE DE PHYSIOLOGIE DU CHEVAL DE PUR SANG »
RÉDACTEUR AU « SPORT UNIVERSEL ILLUSTRÉ »
CHEVALIER DU MÉRITE AGRICOLE

V. DURET
DIRECTEUR DU HARAS DE JARDY
CHEVALIER DU MÉRITE AGRICOLE
LAURÉAT DE LA SOCIÉTÉ D'AGRICULTURE DE SEINE-ET-OISE

Avec la collaboration de plusieurs entraîneurs des plus réputés

OUVRAGE ORNÉ DE 54 ILLUSTRATIONS

PARIS
LUCIEN LAVEUR, ÉDITEUR
13, RUE DES SAINTS-PÈRES (VIe)

1908

A M. Edmond BLANC

En vous dédiant respectueusement ce travail, nous n'avons pas voulu vous exprimer seulement la gratitude dont nous vous sommes redevables, mais encore vous assurer la reconnaissance de tous les éleveurs qui n'oublieront jamais que c'est à vous que l'élevage français de Pur Sang doit sa haute renommée dans le monde.

P. FOURNIER (Ormonde). *V. DURET.*

Décembre 1907.

PRÉFACE

Rien n'est plus dangereux que de vivre du souvenir des succès passés et de continuer, sans regarder autour de soi, les errements qui ont autrefois contribué à procurer des résultats heureux. Si l'éleveur et l'entraîneur ne sont pas sincères avec eux-mêmes, ils peuvent s'illusionner et croire qu'ils élèvent ou entraînent à la perfection, alors qu'ils peuvent s'être laissés distancer par des émules plus avisés.

C'est pour détruire cette illusion qu'il nous a paru utile de publier un livre destiné à fixer d'une manière générale la saine méthode pratique qu'un grand nombre d'éleveurs et de sportsmen, français et étrangers, soucieux de bien faire, nous ont demandé d'établir à leur usage.

Depuis la création de la race pure et jusqu'à l'aube du XXe siècle, la forte impulsion donnée par les Anglais s'est continuée, sans rien changer dans la technique de l'élevage et de l'entraînement. Cette longue période, pendant laquelle l'étude du cheval de course reste non systématisée, se poursuit jusqu'au jour où l'on a compris que l'explication des phénomènes ne pouvait tenir dans les quelques formules instituées par des praticiens à qui l'observation a fait totalement défaut.

Les méthodes s'étant modifiées, cette race d'éleveurs et de sportsmen a fait place à une autre, plus avide d'observation et de progrès.

En élevage, c'est d'abord la recherche théorique, révélant des faits nouveaux importants, qui a surtout attiré l'attention des spécialistes. Puis est né chez eux le désir de connaître les méthodes pratiques auxquelles on a pu attribuer les excellents résultats obtenus dans quelques grands studs. C'est cette seconde partie des connaissances que doit posséder tout éleveur digne de ce nom, que nous nous sommes proposé de présenter aujourd'hui au grand public des courses.

Un livre traitant de l'élevage du cheval d'hippodrome, à un point de vue purement pratique, n'existait pas encore. En publiant celui-ci, nous avons voulu combler cette lacune. La chose devenait nécessaire à l'heure où l'extension des courses fait de l'élevage du pur sang une industrie, une richesse nationale.

Le sport hippique, en effet, prend tous les jours une large place dans la vie des peuples; il devient une occupation, une spécialité plus grave et entourée de plus de considération que bien des industries et des professions utiles; c'est une institution d'un caractère international; elle a ses usages, son code, sa morale propre, ses journaux, toute une hiérarchie de dignitaires et des solennités qui prennent des proportions d'événements d'une importance capitale : les assemblées législatives d'Angleterre suspendent leurs séances le jour du Derby; notre Grand Prix de Paris est devenu la plus grande de nos manifestations populaires.

Avec la prospérité des courses s'est rapidement développée cette branche importante de notre agriculture : l'élevage du pur sang, qui fournit annuellement les sujets acclamés par les foules à Longchamp, Chantilly, Auteuil, etc...

Comment doit-on élever ces grands vainqueurs de nos luttes hippiques? C'est là certes une question très complexe dont l'étude doit être poursuivie dans ses moindres détails; c'est à cet important problème que nous avons consacré la première partie de l'ouvrage.

Débarrassé de toutes les causes d'erreur, l'élevage du cheval de course est un art difficile; aussi beaucoup de gens qui veulent avoir le droit d'élever sans se donner trop de mal, ne se résoudront-ils pas facilement à abandonner la vieille « manière » ; cela leur permettra d'ailleurs un facile triomphe sur les « pratiques nouvelles » qui nécessitent un effort constant et une tension incessante, et qui, pour ces raisons mêmes, ne seront facilement adoptées que par les éleveurs de progrès que compte l'élevage du pur sang.

Pour faire de l'élevage rationnel, il faut s'entourer de grandes précautions, malgré lesquelles il n'est pas toujours facile d'éviter des mécomptes. En outre il faut être familiarisé avec la science expérimentale ; il ne suffit pas d'une certaine curiosité, d'un dilettantisme exagéré des généalogies ; et beaucoup de fervents des systèmes théoriques sont moins bien outillés que ceux qui, n'ayant qu'une connaissance superficielle des pedigree, ont surtout acquis une grande expérience pratique.

Nous ne voulons pas dire que l'on doit négliger les combinaisons de sang, ni estimer que les théories sont inutiles. Mais nous pensons que si l'on jette un regard sur l'ensemble des choses de l'élevage, il faut reconnaître la plus grande importance aux opérations pratiques.

L'un de nous a publié depuis deux ans plusieurs ouvrages dans lesquels se trouve exposée une série de spéculations successives qui établissent en quelque sorte la biologie du pur sang et sont de nature à satisfaire tous les sportsmen épris des choses de la science.

Le traité que nous présentons au monde de l'élevage n'a plus le même aspect : complément nécessaire de ces précédents ouvrages, il est la condensation et la mise au point des meilleures pratiques (ou tout au moins de celles que nous croyons les meilleures) à appliquer dans la production du cheval d'hippodrome.

C'est aux deux sources fécondes de l'expérimentation et de

l'observation directe et prolongée que nous avons puisé les matériaux qui le composent. Ce n'est pas une œuvre de cabinet : c'est au haras et dans les allées d'entraînement qu'il a été conçu.

A mesure que se succèdent les opérations pratiques d'un haras, que les phénomènes de la vie s'y manifestent, les problèmes les plus variés et les plus intéressants se présentent à l'esprit : chaque jour amène une question nouvelle, un fait curieux, une énigme pour le débutant. Nous avons observé le fait, étudié l'énigme et rendu compte de ce que nous avons su voir ou de ce que les autres avaient vu avant nous. Nous demeurons convaincus que c'est par la méthode que nous avons suivie qu'il faut attaquer l'étude de l'élevage et que tout autre système, faisant des concessions aux erreurs anciennement admises et perpétuées par l'usage, serait par là même, à l'avenir, frappé d'ostracisme ou de stérilité.

En ce qui concerne l'entraînement, aucune méthode sérieuse n'a été abordée. William Day, le premier, avait compris la nécessité d'établir une sorte de manuel à l'usage des sportsmen anglais ; mais son ouvrage, par trop incomplet, ne répond plus à l'idée que l'on s'est faite de l'entraînement moderne. Il est regrettable que la voie ouverte par ce vieux praticien n'ait tenté aucun de nos professionnels. Il en est qui auraient été mieux qualifiés que nous pour mener à bien une pareille entreprise. Puisque ceux à qui l'autorité et l'expérience ont donné le droit de traiter un pareil sujet se taisent, nous nous décidons après bien des hésitations, à écrire une étude sur les différents modes d'entraînement appliqués par les entraîneurs anglais et américains.

Un peu moins spécialisés dans les questions de l'entraînement que dans celles de l'élevage, nous avons, pour que cette partie de l'ouvrage soit complète, soumis toutes les questions à l'examen des spécialistes les plus éminents, de façon que rien ne soit dit qui ne soit rigoureusement exact. Chaque fois que nous nous sommes trouvés en présence d'un cas litigieux, nous avons basé notre description sur les opinions qui nous paraissent les plus légitimes. Toutefois nous ne nous sommes nullement abstenus de faire connaître les manières de voir contradictoires.

Comme fait important dans cette deuxième division de l'ouvrage, nous sommes arrivés à déterminer d'une manière très nette le problème du travail de l'entraînement. Et cela sans faire appel à une terminologie trop aride, ni aux spéculations trop savantes de l'énergétique physiologique. Cette détermination du travail est appelée à aider les améliorations dans la constitution physique du cheval de course, dans tous ses caractères, dans son hérédité ; elle est appelée en un mot à créer « le cheval de pur sang normal », mieux adapté aux conditions effectives des courses actuelles et capable par là d'une meilleure utilisation.

En résumé, les deux parties de l'ouvrage : *Elevage et Entraînement*, seront traitées avec tous les développements qu'exigent les progrès actuels, et, tout en accordant constamment la plus large place au côté pratique de ce travail, nous n'avons point oublié que des connaissances scientifiques, précises mais succinctes, sont le guide le plus sûr de tout livre sérieux.

Certes la tâche est importante ; elle offre plus d'une difficulté ; peut-être même est-il plus aisé de montrer le but que de l'atteindre, il n'importe ; quoi qu'il advienne, la tentative sera fructueuse. Si le succès couronne nos efforts, le travail ainsi réalisé sera un travail utile ; et si ce plan dépasse la mesure de nos forces, la voie sera du moins nettement tracée, et le sillon, nous en sommes certains, ne sera point stérile.

P. FOURNIER (Ormonde). V. DURET.

Décembre 1907.

PREMIÈRE PARTIE

L'ÉLEVAGE PRATIQUE

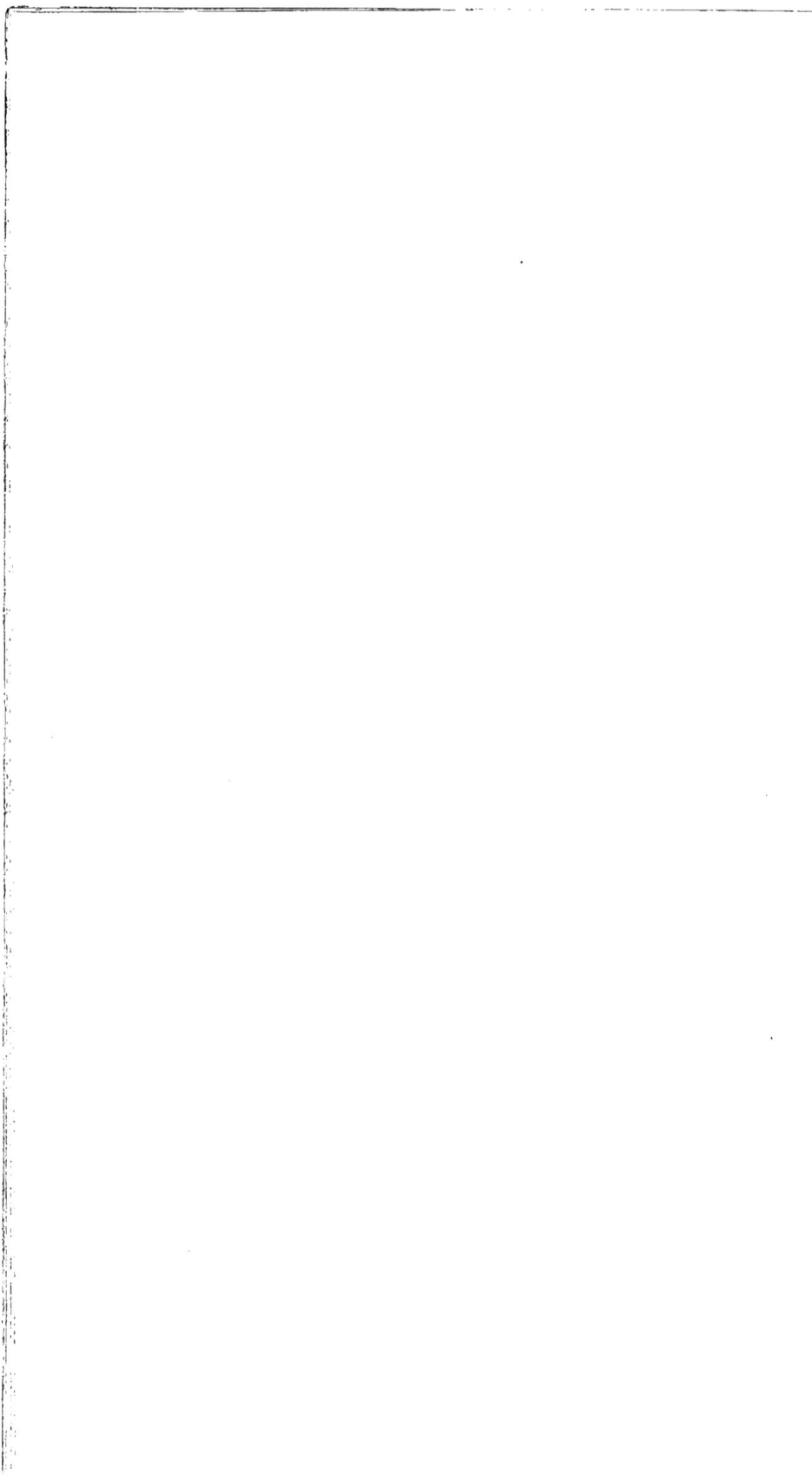

CHAPITRE PREMIER

L'ÉLEVAGE ET L'ÉLEVEUR

Il est avéré que la prospérité d'un pays est intimement liée avec la prospérité et l'excellence de ses chevaux. Si l'aube du xxe siècle a procuré pour des nations qui sont nos voisines ou nos alliées une leçon rendue plus claire que n'importe quelle autre, c'est la nécessité d'une remonte bien organisée pour les armées de toutes les puissances.

Un évènement après l'autre sert de prétexte aux lamentations sur la ruine de l'élevage de nos chevaux. D'abord nous avons eu le chemin de fer, ensuite la bicyclette, ensuite l'automobile; mais le cheval reste aussi indispensable que jamais, et la moelle de l'élevage français doit rester ce qu'elle est et ce qu'elle ne devrait jamais cesser d'être : le pur sang des champs de courses.

L'élevage du cheval de pur sang n'existe surtout qu'en vue des courses; c'est donc vers le but de produire des animaux solides et résistants que doivent converger tous les efforts de l'éleveur, qui doit appliquer les méthodes rationnelles qu'il est difficile de transgresser sous peine de mécomptes. L'esprit de suite est indispensable en élevage plus qu'en tout autre industrie peut-être, pour assurer une production capable de bien figurer sur les hippodromes. Il faut surtout de la persévérance, car le succès ne venant souvent que fort tard, c'est quelquefois au moment où l'on est disposé à abandonner la partie, que les élèves commencent à remporter des victoires. Malgré les déboires, il faut donc persévérer et continuer à bien faire, à bien élever.

Au sens de la majorité des éleveurs d'aujourd'hui, il s'agit de rompre avec la tradition empirique pour diriger avec fruit une entreprise qui comporte des difficultés sans cesse renouvelées et qui exige, de la part de ceux qui s'y consacrent, une science de l'application qui ne s'enseigne pas en chaire mais qui dépend de dons personnels.

Examinons la carrière de deux éleveurs : l'un homme d'étude et d'observation, pénétré de l'importance des méthodes rationnelles tracées par la zootechnie, la chimie, la physiologie, théoricien sans esprit d'aventure, praticien sans obscurantisme; l'autre ennemi de toute nouveauté, indifférent par système au progrès qui donne la prospérité dans les entreprises hippiques et se disant homme pratique par cela seul qu'il ignore.

L'éleveur complet doit connaître assez de botanique pour apprécier la propriété des végétaux, assez de physiologie, même intuitive, pour interpréter un croisement, assez de chimie pour comprendre le rôle d'un assolement, d'un engrais, l'aptitude d'un sol ; et par-dessus tout il doit posséder la science des sangs et des connaissances sûres sur la conformation du cheval. Ajoutons à cela des connaissances complètes sur l'alimentation et nous aurons le bagage qu'il faut pour aborder avec succès une entreprise sérieuse d'élevage du cheval de pur sang.

Nous allons passer en revue toutes les pratiques, tous les détails d'une organisation d'élevage, sans avoir toutefois la prétention de dicter du bureau où nous écrivons des méthodes inflexibles aux éleveurs, car la production du pur sang est un art délicat et fort complexe en raison de la multiplicité et de la subtilité des influences auxquelles il est subordonné. Nombre de questions qui vont se présenter à nous, ont été traitées à un point de vue plus élevé, plus scientifique en d'autres ouvrages[1] ; ici nous nous bornerons à un examen purement pratique de l'ensemble des opérations en usage, pour conduire et mener à bien une industrie d'élevage du cheval de course.

Choix de la région. — On peut élever dans n'importe quelle région pourvu qu'elle soit saine. Le Midi est bon pour faire naître; le Gers, pour élever les yearlings. La Normandie a de bons pâturages, surtout dans les studs situés sur les hauteurs.

1. P. Fournier et Curot, *le Pur Sang* ; — P. Fournier, *le Demi-Sang*.

La région de Seine-et-Oise, qui comprend de très bons élevages, nous paraît très favorable à l'élevage du pur sang et est aussi bonne pour les foals que pour les yearlings.

On a élevé des vainqueurs de Derby dans des parcs où il y a peu d'herbe, on a produit des chevaux hors ligne dans des contrées où les pâturages donnent surtout des bœufs gras : c'est dire qu'on peut faire de bons chevaux partout.

Influence du milieu. — Pratiquement, l'influence du milieu n'a pas, à notre avis, une grande importance pour élever le cheval de pur sang. Grâce à l'alimentation spéciale à laquelle il est soumis dès le plus bas âge, le poulain trouve dans un régime artificiel les éléments qui corrigent les influences ambiantes les plus directes.

On peut élever dans telle ou telle localité, à condition que le terrain soit autant que possible élevé, plutôt sec qu'humide, et qu'il offre beaucoup d'espace pour permettre aux élèves de prendre un bon exercice. Il n'en est pas de même pour l'élevage de demi-sang ou du cheval de gros trait, tel que le percheron ou le boulonnais, par exemple. Ces animaux n'étant pas élevés à l'avoine, mais exclusivement avec l'herbe et le foin du cru, subissent l'influence du milieu, qui leur imprime une forme spéciale, les pousse au développement de la taille et du gros, tout en diminuant la densité des tissus osseux et musculaire.

Climat. — La France est favorisée sous le rapport de son climat, qui est des plus favorables à l'élevage du cheval en général et du pur sang en particulier. Les éleveurs anglais comparent volontiers notre climat tempéré un peu brumeux, à celui de l'Irlande, excellent pays d'élevage pour la race pure.

Le sol. — Le sol influe sur la constitution du cheval, selon sa nature, ses qualités, son exposition. Il est indispensable de bien choisir l'endroit où l'on veut élever.

Le sol le plus favorable est celui qui réunit le sable à l'argile et au calcaire, qui donne le plus d'os et de densité aux membres. Comme nous l'avons dit, le terrain doit être plutôt élevé que bas, plutôt sec qu'humide.

Les prairies humides ou marécageuses sont tout à fait mauvaises pour élever le pur sang ; les jambes y acquièrent une prédisposition à devenir « juteuses », les pieds sont plats, et plus sensibles quand les animaux sont mis sur le terrain dur; les poulains sont mous, lymphatiques; ils manquent de vigueur et ne résistent pas souvent à la fatigue des courses; ils claquent facilement.

Par contre, les poulains élevés sur un terrain sec sont plus résistants, plus durs au travail, leurs pieds sont moins sensibles, leurs tendons sont plus nets, ils accusent plus de sang.

Les chevaux habitués à sortir tous les jours sur un sol un peu ferme se trouvent tout à fait à l'aise sur les pistes d'entraînement; ils sont moins sujets aux suros, aux efforts de tendons, aux fêlures, etc., etc. Le terrain ferme permet en outre d'éliminer les faibles, de reconnaître les bons et de n'envoyer à l'entraînement que des poulains dont la résistance aura été mise à l'épreuve.

Pour les poulains le sol peut être vallonné, accidenté; ce sont des conditions excellentes pour obtenir des produits ayant l'endurance, les membres déjà éprouvés et les poumons bien sains : qualités indispensables pour tout animal qui doit subir la dure épreuve de l'entraînement.

Pour les poulinières et les jeunes poulains, les prairies trop accidentées pourraient être dangereuses.

Étendue de la propriété suivant le nombre d'animaux fixés pour l'exploitation. — On compte généralement 1 hectare pour une jument et son poulain et un 1/2 hectare environ par yearling. Pour un élevage de 30 poulinières qui donnerait en moyenne 18 à 20 yearlings, il faudrait environ 40 hectares de prairies qui devraient, en outre, fournir du foin pour tous les animaux.

Il est, en tout cas, préférable d'avoir trop de prairies que d'en manquer. Cela permet de laisser reposer des prairies un peu fatiguées, de ne pas faucher le foin tous les ans dans les mêmes prairies, de ne pas élever les yearlings toujours dans les mêmes paddocks, ou tout au moins de ne pas les y laisser l'année entière.

Une bonne méthode, consiste à laisser passer l'hiver aux poulains dans le paddock où ils ont été sevrés. Au printemps, lorsque la nouvelle herbe est bien sortie, de les placer dans un autre paddock (autant que possible de grandes dimensions) qui aura été bien reposé. Les poulains trouveront ainsi dans toutes les parties de cette prairie une herbe abondante et nutritive qui leur permettra (si on a soin de baisser leur ration d'avoine pendant une dizaine de jours) de faire une cure bienfaisante et purifiante.

Modes d'exploitation. — Il existe différents modes d'exploitation qu'on peut classer de la manière suivante :

1° Les propriétaires éleveurs qui élèvent pour faire courir, c'est-à-dire pour alimenter leur écurie de courses. Ces haras comprennent généralement étalons et poulinières ; les élèves sont tous envoyés à l'entraînement à dix-huit mois.

2° Il y a aussi les propriétaires éleveurs qui font courir, mais vendent une partie de leurs produits à dix-huit mois. Ces derniers sont généralement propriétaires de grands haras. Leur but est de ne pas donner à un entraîneur plus de pensionnaires qu'il n'en peut surveiller. Leur sélection est basée sur le modèle, l'origine, les qualités et les défauts ; souvent aussi ils réforment les premiers produits ; ils ne conservent pour envoyer à l'entraînement, que l'élite de leur production annuelle : principalement les mâles et les pouliches qui, en raison de leur origine, sont appelées à revenir au stud comme poulinières. Il y a dans cette manière de sélectionner le danger de se défaire d'un bon poulain qui gagnera des courses dans d'autres mains ; mais ce danger est largement compensé par ce fait que, s'il sort un bon cheval cela fait vendre mieux les produits à venir. En outre, les frais sont moins considérables, l'écurie n'étant pas encombrée de non-valeurs qui absorbent le bénéfice des bons sujets.

3° Les éleveurs qui vendent tous leurs produits en vente publique avec ou sans réserve, ou à l'amiable.

Ces éleveurs ont le plus souvent également étalons et poulinières.

4° Les jumenteries dont les élèves sont vendus au moment du sevrage ou comme yearlings, ou celles qui ont des juments en cheptel avec un droit d'option fixé à l'avance pour les produits à naître. Ce droit d'option est exercé par le propriétaire au moment du sevrage, à six mois, avec prix fixé à l'avance ; la saillie est payée ou donnée par l'acquéreur.

5° Les éleveurs de yearlings, qui ne sont pas propriétaires de juments mais achètent les poulains au sevrage pour les élever et les passer ensuite en vente à dix-huit mois.

6° Les haras de pension qui prennent au mois ou à l'année des poulinières appartenant à de petits propriétaires qui ne possèdent pas de stud, ainsi que des yearlings ou des chevaux de course au repos. Le prix de pension est généralement de 3 fr. 50 pour les poulinières suitées, de 3 francs pour les poulinières vides, de 3 fr. 50 pour les yearlings et chevaux au repos. Presque tous les haras de pension possèdent des étalons d'une certaine valeur destinés en partie aux juments étrangères qui viennent prendre pension pendant la saison de monte.

Les juments en pension à l'année aux prix cités plus haut ne laissent pas un gros bénéfice, mais celles qui restent pendant la saison de monte, principalement les juments vides, doivent laisser un bénéfice appréciable, parce qu'elles profitent du plein moment de l'herbe. Par contre, nous croyons qu'il est difficile d'élever convenablement un yearling à moins de 4 francs par jour.

CHAPITRE II

LES REPRODUCTEURS

Qualités à rechercher chez l'étalon. — La meilleure taille pour un étalon est de $1^m,60$ à $1^m,64$. Il doit être : bien planté sur des membres parfaitement d'aplomb, bien équilibré; il doit avoir les articulations très larges. La tête sera expressive avec un œil vif bien ouvert, le front large; l'encolure bien sortie des épaules et bien musclée. L'épaule longue et bien oblique; la poitrine bien développée et surtout très descendue, faite plutôt en profondeur qu'en largeur : les chevaux à poitrine large ont plutôt de la vitesse que du fond ; ils ont plus souvent les genoux trop ouverts et les membres cagneux. L'avant-bras doit être long et bien musclé ; le genou large, sec, bien dirigé et bien net, plutôt en avant qu'effacé. Les chevaux brassicourts sont très appréciés; ce défaut d'aplomb ne nuit pas à la solidité de l'appui ; l'effort imposé aux tendons est moins dur que pour les chevaux à genoux creux, qui, soit dit en passant, doivent être rigoureusement écartés comme reproducteurs. Le canon doit être court, large, épais, net ; les tendons secs, bien détachés. Les pieds bien développés, ni trop plats ni serrés en talons.

Le dos doit être court, la ligne de dessus doit marquer une légère inflexion; le rein doit être large, bien attaché, bien garni et très court; les côtes seront bien descendues et partant bien arrondies.

La croupe, longue, puissante, élevée et plutôt oblique qu'horizontale ; la hanche large; la cuisse puissante, descendue; les quartiers larges, bien musclés. Il doit y avoir une grande longueur de la pointe de la hanche à la pointe du jarret; les jarrets seront larges, épais, bien nets et bien dirigés, plutôt droits que coudés.

L'étalon doit accuser de l'espèce, mais aussi respirer la force; il est préférable qu'il soit trop puissant que trop élégant.

Performances. — On ne peut considérer comme un véritable grand cheval que celui qui aura confirmé au moment où il a atteint son complet développement, ses performances établies pendant la période de formation. Ce cheval seul est qualifié pour représenter au stud les ancêtres glorieux de la race pure. Il s'ensuit que le choix des reproducteurs devient de plus en plus difficile et que l'extension des courses nuira, si l'on n'y remédie pas, à l'amélioration de l'espèce.

Les éleveurs s'attachent principalement à rechercher les vainqueurs des épreuves classiques : les gagnants des Poules de produits, du Jockey-Club, du Grand-Prix de Paris, du Conseil Municipal. Les uns recherchent les chevaux de vitesse ; les autres, les chevaux de fond ayant montré de l'endurance.

Pour nous, la classe, c'est la vitesse; nous demanderons donc avant tout qu'un étalon ait fait preuve de vitesse, soit à deux ans, soit à trois ans. Nous croyons qu'un cheval qui aura montré une grande classe sur 1.600 et 2.000 mètres donnera des produits qui pourront courir sur toutes les distances.

Ce que l'on peut demander de mieux comme épreuves publiques à un étalon, c'est d'abord d'avoir gagné à deux ans; d'avoir ensuite gagné à trois ans sur 1.600 mètres, distance de la Poule d'Essai en France et des 2.000 guinées en Angleterre, et de confirmer ses performances sur une distance de 2.000 à 3.000 mètres.

Il y a les spécialistes flyers, dont l'aptitude ne dépasse pas 1.200 à 1600 mètres, et les spécialistes stayers, qui ne courent bien qu'à partir de 3.000 mètres.

Entre les deux nous choisirons de préférence le flyer, qui donnera plus de vainqueurs.

Les étalons de fond peuvent transmettre leur endurance à leurs produits, mais ne leur donnent pas la vitesse, surtout la vitesse dans le finish qui fait le vrai cheval de course, pouvant courir aussi bien à deux ans qu'à quatre ans; ils donnent des chevaux qui commencent à courir un peu à trois ans et sont surtout bons à quatre ans, alors que les grandes épreuves classiques sont courues.

Les éleveurs anglais l'ont si bien compris qu'ils n'ont pas allongé la distance de leurs principales épreuves ; et la meilleure preuve qu'ils sont dans le vrai, c'est que nous sommes toujours obligés de retourner chez eux, à la source, pour acheter des étalons ou des poulinières, et qu'une bonne partie de nos grands vainqueurs, en ces dernières années, sont issus de juments importées d'Angleterre.

Presque tous les étalons qui ont réussi au haras ont fait preuve

Un bel étalon d'avenir : *Ajax*, par *Flying Fox* et *Amie*.

de vitesse soit à deux ans soit à trois ans. La nomenclature suivante, établie sur les appréciations de Lottery, le prouve pleinement :

Ayrshire : A couru sept courses à deux ans.
Aptitudes : Sa distance préférée paraissait être de 2.000 mètres. N'a pas couru sur un parcours supérieur au Saint-Léger.
Classe : Partageait avec *Seabrease* la première classe dans sa génération.

Ladas : A couru quatre courses à deux ans ; en a gagné trois.
Aptitudes : Précoce, a bien couru sur toutes les distances jusqu'à 3.000 mètres.
Classe : Tenait la tête dans sa génération.

Bend'Or : Cinq courses à deux ans.
Aptitudes : Très précoce ; n'a pas gagné au-dessus de 2.400 mètres.
Classe : Partageait avec *Robert the Devil* la première place dans sa génération.

Orme : Six courses à deux ans.

Aptitudes : Sprinter; n'a disputé qu'une seule course supérieure à 2.000 mètres, le Saint-Léger.

Classe : Partageait avec *La Flèche* le premier rang dans sa génération.

Flying Fox : Cinq courses à deux ans.

Aptitudes : A également bien couru sur toutes les distances. N'a pas couru sur une distance supérieure au Saint-Léger.

Classe : L'aisance et le nombre de ses victoires font de lui un cheval véritablement hors de pair.

Cyllène : Cinq courses à deux ans.

Aptitudes : Régulier, courait également bien sur toutes les distances à partir de 2.000 mètres.

Classe : Était le premier cheval de sa génération.

Gallinule : Huit courses à deux ans.

Aptitudes : Précoce, inégal, a gagné à deux ans sur 1.000 mètres; est arrivé 2e et 3e sur 2.800 mètres; a surtout disputé des épreuves à courtes distances.

Classe : Ses courses de deux ans lui assignent un rang d'honneur dans la deuxième classe de sa génération, mais les autres le relèguent beaucoup plus loin.

Isinglass : Trois courses à deux ans.

Aptitudes : A partir de sa troisième année, courait également bien sur toutes les distances depuis 1 mile.

Classe : Cheval hors de pair.

Saint-Simon : Cinq courses à deux ans.

Aptitudes : Court également bien sur toutes les distances; dix victoires remportées dans un canter.

Classe : Cheval vraisemblablement hors de pair.

Persimmon : Trois courses à deux ans.

Aptitudes : Courait également bien sur toutes les distances.

Classe : Partageait avec *Saint-Frusquin* le premier rang dans sa génération.

Saint-Frusquin : Six courses à deux ans.

Aptitudes : N'a pas couru au-dessus de 2.400 mètres; précoce et vite.

Classe : Première classe dans sa génération.

Saint-Angelo : Quatre courses à deux ans.

Aptitudes : N'a pas gagné au-dessus de 1.600 mètres. La vitesse paraissait être sa qualité dominante.

Classe : Première classe de sa génération; pouvait occuper le quatrième rang.

Le Pompon : Trois courses à deux ans.

Aptitudes : Courageux, régulier, a gagné à trois ans sur 2.000 et 2.200 mètres.

Classe : Occupait un rang honorable dans la première classe de sa génération.

War Dance : Sept courses à deux ans.

Aptitudes : A gagné à trois ans et au-dessus sur des distances variant de 1.000 à 2.500 mètres.

Classe : Occupait un des premiers rangs dans la deuxième classe de sa génération.

Perth : Six courses à deux ans.

Aptitudes : A gagné, à partir de sa troisième année, sur des distances variant de 1.600 à 4.200.

Classe : Tenait avec *Holocauste* la tête de sa génération.

Simonian : Cinq courses à deux ans.

Aptitudes : Précoce, endurant ; a gagné à partir de trois ans sur des distances comprises entre 1.600 et 2.400 mètres.

Classe : Pouvait occuper un bon rang dans la deuxième classe de sa génération.

Saint-Damien : Trois courses à deux ans.

Aptitudes : A gagné à deux ans sur 1.000 mètres; à trois ans, sur 2.400 mètres.

Classe : Pouvait occuper le quatrième ou le cinquième rang dans la première classe de sa génération.

Le Sancy : Quatre courses à deux ans.

Aptitudes : Endurant, tardif ; à l'âge de quatre ans et au-dessus, était pour ainsi dire imbattable entre 2.000 et 2.400 mètres.

Classe : Sur ses distances favorites, et en possession de tous ses moyens, était le premier cheval de sa génération.

Le Sagittaire : Trois courses à deux ans.

Aptitudes : Précoce ; a gagné à deux ans sur 1.600 mètres; plus tard, sur des distances comprises entre 2.000 et 3.000 mètres.

Classe : Occupait un bon rang dans la première classe de sa génération.

Winkfield's Pride : Six courses à deux ans.

Aptitudes : A gagné sur 1.600 et 3.200 mètres.

Classe : Occupait une place à la gauche de la première classe de sa génération.

Galtee More : Cinq courses à deux ans.

Aptitudes : A gagné à trois ans sur des distances variant de 1.600 à 3.000 mètres.

Classe : Tenait avec une grande avance la tête de sa génération.

Bonavista : Trois courses à deux ans.

Aptitudes : Précoce ; n'a pas gagné au-dessus de 1 mile.

Bay Ronald : Cinq courses à deux ans.

Aptitudes : Endurant; a gagné ses courses sur des distances comprises entre 1.600 et 2.400 mètres ; n'a pas figuré sur les longs parcours.

Diamond Jubilee : Six courses à deux ans.

Aptitudes : A gagné sur des distances comprises entre 1.600 et 3.000 mètres; n'a pas disputé de courses supérieures à 3.000 mètres.

Classe : Était le premier cheval de sa génération.

Pioneer : Une course à deux ans.

Aptitudes : N'a pas gagné au-dessus de 1 mile et n'a pris part à aucune course supérieure à 2.400 mètres.

Classe : Première classe de sa génération ; en bonne forme, pouvait occuper le quatrième ou cinquième rang.

Doriclès : Deux courses à deux ans.

Aptitudes : A gagné à trois ans sur des distances variant de 2.000 à 3.000 mètres.

Classe : Occupait un rang honnête dans sa génération.

Childwick : A gagné sur 1.600 et 3.600 mètres.

Juments. — La jument de pur sang passe à l'état de poulinière le plus souvent après sa carrière de course ; mais certains éleveurs n'attachent pas une grande importance aux performances des juments. Ils décident le plus souvent que telle ou telle pouliche, en raison de son origine, fera une poulinière, et si, à l'entraînement, elle ne donne pas toute satisfaction dans ses galops, elle est renvoyée au haras et saillie sans avoir couru.

Dans ce cas, l'éleveur s'occupe, en premier lieu, de l'origine et de l'origine maternelle principalement.

Le but des courses étant de rechercher les meilleurs étalons et les meilleures juments pour en faire des reproducteurs, on ne doit pas négliger les performances, mais toutefois nous croyons qu'il n'y a pas comme pour l'étalon nécessité absolue de n'accepter comme poulinières que des juments ayant gagné des courses, à condition qu'elles soient d'une famille maternelle éprouvée, d'une famille dont la mère ou la grand'mère aura donné de bons vainqueurs et autant que possible issues d'un étalon dont les filles ont déjà bien réussi au haras : filles de *Ayrshire*, *Hampton*, *Melton*, toute la descendance de Sterling, les filles de : *Isonomy*, *Energy*, *Gallinule*, *Révérend*, *Isinglass*, etc.

Les juments qui ont eu une longue carrière de courses. — Il est généralement admis, et les études récentes ont confirmé cette opinion, qu'un trop long maintien à l'entraînement des juments de pur sang, qu'une carrière de courses prolongée au delà de leur troisième année et surtout de leur quatrième année, ont des conséquences funestes sur leur valeur comme poulinières. Sans nous inscrire en faux contre cette doctrine, que nous croyons même absolument fondée au point de vue scientifique, nous estimons qu'il ne faudrait pas en étendre abusivement l'application et qu'il serait très regrettable de voir les élevages sérieux rejeter systématiquement les juments ayant montré une réelle endurance, soit en courses plates, soit en courses d'obstacles.

D'assez nombreux exemples, anciens ou récents, ont apporté des démentis retentissants à la théorie que l'un de nous a soutenue en tant que phénomène physiologique.

En France, on peut citer entre autres *Bougie* qui, avant de donner coup sur coup *Gardefeu*, *Holocauste*, *Jour-de-Fête*, sans compter d'autres produits de moindre utilité, s'était distinguée sur les parcours d'Auteuil. Nous nous permettons également d'appeler l'attention sur deux poulinières anglaises très connues, et qui elles aussi, après une carrière prolongée sur le turf, au delà des limites ordinaires, se sont fait remarquer au haras à la fois par leur fécondité et par la haute qualité de leurs produits. Nous voulons parler de *Mowerina*, morte en 1906, et *Admiration*, la mère de *Pretty Polly*.

Mowerina, qui était née en 1876 en Danemark, mais de parents anglais importés, a couru en Angleterre jusqu'à l'âge de six ans, disputant au cours de sa dernière année d'entraînement 7 épreuves, dans chacune desquelles, ce qui n'est pas le moins intéressant, elle a pris part à l'arrivée remportant 3 victoires et se plaçant 3 fois seconde et 1 fois troisième. Elle remportait, notamment à Newmarket, le Visitors'Plate, dans le lot duquel se trouvaient deux chevaux français d'une réelle valeur, *Castillon* et *Feuille-de-Frêne*.

Elle quittait l'hippodrome après un double succès dans le Molineux Cup de Liverpool et dans le County Cup de Lewes, où d'ailleurs elle n'avait qu'un seul adversaire, *Martini*. Cela ne l'a pas empêchée de donner au haras un quatuor d'animaux comme *Donovan* et *Modwina*, l'un et l'autre par *Galopin ; Semoline* et *Raeburn*, tous deux par *Saint-Simon*. *Donovan*, à son tour, a donné *Velasquez*, qui s'est montré lui-même assez bon étalon.

Admiration (par *Saraband*, et *Gaze* par *Thuringien Prince*) n'a pas été non plus l'objet de beaucoup de ménagements ; elle n'a, il est vrai, paru que deux fois sur l'hippodrome comme two years old ; mais elle a disputé, à trois ans, 6 courses (1 victoire, 2 places) ; à quatre ans, 9 courses (1 victoire, 3 secondes places dont 1 après dead heat, 2 troisièmes places) ; enfin, à cinq ans, elle était mise sur les obstacles : se plaçait troisième dans une course de haies au Curragh ; était non placée dans une course analogue à Hurst Park, et, après avoir pris part sans succès à une course plate de longue distance au Curragh, terminait sa carrière dans un steeple-chase militaire, l'Irish Grand Military Steeple-Chase, à la réunion de Kildare Hunt, où d'ailleurs elle ne figurait que très obscurément.

Au haras, après trois animaux qui n'ont guère fait parler d'eux, *Frederick-Charles*, *Aderno* et une pouliche de *Laveno*, elle donnait, en 1901, avec *Gallinule*, *Pretty Polly*, sur laquelle il est, pensons-nous, inutile d'insister ; en 1902, encore avec *Gallinule*, *Adula* qui, inférieure certainement à sa glorieuse aînée, ne s'en est pas moins montrée une bonne pouliche de second ordre ; puis en 1903, avec *Isinglass*, *Admirable Crichton* : celui-ci a été considéré un moment comme l'un des compétiteurs les plus sérieux du Derby d'Epsom de 1906 ; il a, comme two years old, disputé 4 courses, gagnant les 2 premières, finissant second derrière *Flair*, qui appartenait à la même écurie que lui, bien que courant sous des couleurs différentes et qui était certainement un des meilleurs produits de leur génération ; enfin finissant quatrième dans le Dewhurst Plate derrière trois poulains auxquels il rendait du poids ; il se trouvait en outre ce jour-là dans un état de santé peu satisfaisant, ayant précédemment toussé comme beaucoup d'autres chevaux de Newmarket. Ayant tourné au rogue dans son hiver de 2 à 3 ans, *Admirable Crichton* n'a pas couru le Derby. Quelle que soit d'ailleurs la valeur qu'il a montrée, elle était assez haute, comme celle d'*Adula*, pour prouver que la naissance de *Pretty Polly* n'est pas un de ces événements exceptionnels, un de ces hasards d'élevage qui ne sauraient à eux seuls établir le mérite d'une poulinière comme *Mowerina*. Nous pouvons encore citer une propre sœur de Pretty Polly qui vient de remporter, en 1907, une bonne course à Newmarket comme two years old. On se trouve ici devant une production dont l'ensemble et la régularité ne peuvent laisser aucun doute sur les qualités reproductrices de la mère (M. La Rivierre).

Les caractères extérieurs à rechercher chez les poulinières. — Puisque, dans toutes les races, il y a de bonnes et de mauvaises bêtes, il faut s'efforcer de ne prendre que les premières. Pour cela, on se base sur des signes particuliers.

L'état de santé, l'âge, l'embonpoint, la conformation de parties déterminées, particulièrement celle du bassin et des organes de la lactation, doivent faire l'objet d'un examen attentif. On ajoutera, si possible, les renseignements sur la famille et le caractère ; ce sont autant de points à examiner.

L'état de santé se décèle par la souplesse et l'onctuosité de la peau, le lustré du poil, la vivacité de l'œil, le rosé des muqueuses, la souplesse du rein, la régularité dans la respiration et la circulation, l'absence de toux et un large appétit. L'état des déjections peut également fournir des renseignements certains.

Avant de descendre à l'analyse des régions du corps de la poulinière, faisons remarquer d'abord qu'elle doit produire au premier coup d'œil l'impression du féminisme, c'est-à-dire avoir la conformation, les allures et le tempérament de la femelle. On devine les raisons pour lesquelles une bête vraiment femelle a des chances d'être meilleure poulinière qu'une autre dont les caractères se rapprocheront davantage de ceux du mâle.

La poulinière n'a pas besoin d'être de grande taille pour bien produire ; ce sont le plus souvent les juments de taille moyenne de 1^{m},56 à 1^{m},60 qui produisent le mieux et fournissent souvent les

Perth, étalon bai par *War Dance* et *Primrose Dame*.

plus grands chevaux. Nous avons remarqué que certaines petites juments produisaient des animaux de très bonne taille; mais pour cela, elles doivent être très longues dans leur dessous, avoir les côtes très descendues et bien espacées, les parois thoraciques doivent présenter une grande surface d'avant en arrière, l'écartement des côtes coïncidant avec leur forte projection en arrière, les fausses côtes seront courtes et très rapprochées du flanc : les petites juments ainsi faites peuvent faire de grands produits. En résumé, la jument sera de taille moyenne, la tête petite, expressive, l'œil gros, l'encolure légère, le dos légèrement plus long que chez l'étalon, les hanches larges, le bassin bien développé, les attaches solides, les articulations courtes, les jarrets nets et bien dirigés, les aplombs parfaits, le poil fin, les pieds larges.

Les tares à éviter et qui se reproduisent le plus facilement sont : les pieds bots, les boulets droits, les genoux creux, les jarrets coudés, jardonnés, fuyants, les membres cagneux, panards, les genoux ouverts; les poulinières à poitrine trop ouverte doivent donner souvent de mauvais aplombs.

Différents modes d'achat. — Les modes d'achat diffèrent selon les circonstances.

Le propriétaire éleveur conserve généralement les chevaux de classe de son écurie pour en faire des reproducteurs : Comme étalon, il garde presque toujours un sujet ayant gagné de grandes épreuves; quelquefois un cheval encore maiden, mais qui aura donné, à un moment, de grandes espérances qu'un accident d'entraînement sera venu détruire. A côté de ces éleveurs soucieux de ne livrer à la reproduction que des animaux de valeur, nous rencontrons une catégorie de gens qui consacrent à l'élevage des animaux plus que médiocres, et cela jusqu'au jour où, enfin avertis, ils se décident à acheter un étalon de valeur.

L'achat d'un étalon n'est pas toujours chose facile : en dehors de la difficulté que rencontre l'éleveur qui veut se procurer un cheval de grand ordre (ces chevaux étant rarement vendus par leur propriétaire), il faut encore que le sang d'un sire donné convienne à la jumenterie du stud master. Il faut, en effet, que le pedigree du cheval sur lequel il jettera son dévolu soit souple dans son application et puisse convenir à un certain nombre de poulinières de son stud.

Location d'un étalon. — Le système qui consiste à louer un étalon, en Angleterre, a permis l'importation temporaire de quelques reproducteurs de bonne classe. Pour une location annuelle de 15.000 ou de 20.000 francs, des éleveurs avisés ont pu introduire en France des chevaux tels que *Son o'Mine*, *Rising Glass*, *Henry the First*, et quelques autres animaux qui ont montré une bonne qualité sur le turf anglais.

Étalon en participation. — Signalons encore l'achat de l'étalon, non pas par un éleveur ou un groupe de deux ou trois associés, mais l'étalon qui est l'objet d'une participation nombreuse, formule toute nouvelle en matière de possession d'un sire. Le cas s'est produit pour les étalons *Bay Ronald*, *le Samaritain*. L'association pour *Bay Ronald* a été assez avantageuse, car le cheval acheté en Angleterre moyennant 5.000 guinées, deux ans avant sa mort, s'est trouvé totalement remboursé grâce à une assurance.

Les parts de co-propriété étaient de 3.000 francs, somme payée au début de l'affaire, et chaque titulaire d'une part a reçu le remboursement de cette somme, sauf de très menus frais ; chaque participant a donc eu pour lui le bénéfice de deux années de saillie à titre gratuit.

Cet exemple de participation pour la propriété d'un étalon de grande valeur pourrait être imité encore par nos éleveurs, qui ont pu apprécier les avantages d'un pareil mode d'achat.

L'achat des juments. — Pour l'achat des juments, la chose est beaucoup plus aisée : les réclamations dans les épreuves à réclamer, les ventes publiques, les ventes amiables, permettent à l'éleveur d'acquérir des animaux ayant montré une aptitude déterminée en courses ou des juments ayant un pedigree qui permet d'espérer de bonnes qualités de reproduction.

Le caractère des ventes se modifie de jour en jour, et nous les trouvons, à l'encontre de ce qui avait lieu autrefois, entourées de garanties que nous n'avions pas encore connues.

Il est toujours utile d'avoir le plus grand nombre de renseignements possible sur les juments que l'on désire acheter. De plus, un certificat vétérinaire garantissant les termes de *sain* et *net* de toute vente amiable, est de toute nécessité.

L'achat des reproducteurs peut encore être effectué en Angleterre, d'où nous importons annuellement un grand nombre de poulinières.

Importation. — Il est manifeste que les préférences de notre élevage sont trop flottantes et qu'on les étend à toute la production anglaise. D'ailleurs, une grande partie des éleveurs n'ont qu'un but : celui de faire une spéculation heureuse. Avant tout, il s'agit de ramener une jument pleine ; en effet, lorsque celle-ci est bien saillie, son yearling, à moins d'accident, est vendu au moins le prix qu'a coûté la mère; de sorte qu'on se trouve très rapidement « sur le velours ». Les succès des animaux importés dans le ventre de leur mère ou nés peu de temps après l'importation de celle-ci, ont été trop fréquents, en ces dernières années, pour ne pas légitimer le procédé employé par les naisseurs entreprenants. Mais, à mesure que le nombre augmente, les bonnes affaires à réaliser sur le marché anglais se raréfient. On nous disait que, cette année, les ordres donnés en blanc à un de nos intermédiaires les plus connus avaient occasionné une hausse très sensible sur les juments de classe moyenne, qui alimentaient jusqu'à présent nos studs. Bientôt, si le mouvement s'accentue, on paiera cette catégorie de poulinières plus cher qu'elle ne vaut et, en même temps, le nombre de leurs poulains introduits sur le marché français ayant augmenté, le prix de ceux-ci baissera. La spéculation cessera d'être fructueuse.

C'est l'histoire, d'ailleurs, de toutes les spéculations ; l'habileté consiste à les tenter à l'heure favorable.

Néanmoins notre stud national aura bénéficié de ce mouvement. On regrettera seulement que le choix de nos éleveurs se fixe, la plupart du temps, sur des animaux d'ordre modeste. Pour réunir l'origine, la qualité individuelle et la conformation, il faut mettre de gros prix, qu'ils consentent rarement.

Rarement, en effet, on peut se réjouir de cet accroissement de notre effectif en étalons ou poulinières, car pour un animal de classe il nous arrive quantité de médiocrités dont notre élevage n'a vraiment que faire.

Sur les tableaux que *le Jockey* publie chaque année et où l'on trouve énumérées les juments qui composent nos studs de pur sang grands et petits, on est stupéfait, en les parcourant d'un coup d'œil d'ensemble, de constater combien de poulinières sans valeur, aussi bien de provenance anglaise qu'indigène, sont réservées à la reproduction.

Naturellement ces juments de second ordre ne méritent pas les services d'un sire de grande classe et dont le prix de saillie est élevé. Ce serait cependant la seule façon d'en tirer des produits utilisables que de chercher à compenser par la qualité du mâle la médiocrité de la femelle. Mais les naisseurs qui n'ont pas voulu ou qui n'ont pas pu consentir les sacrifices nécessaires pour se créer une jumenterie ne donnent généralement pas, pour faire couvrir leurs poulinières, un prix qui serait supérieur à leur valeur.

C'est là-dessus que des spéculateurs habiles ont basé une affaire. Il y a quelques années, on ne ramenait d'Angleterre que des juments. Aujourd'hui, c'est le tour des étalons. Il suffit qu'un mâle ait un pedigree convenable, soit issu de la mère d'un gagnant, d'une famille bien numérotée (quelle providence pour le commerce des pur sang que ce *Bruce Lowe!*) pour justifier son emploi comme étalon. Qu'il soit d'un modèle critiquable, qu'il n'ait jamais fait ses preuves sur le turf, ce sont choses dont on se soucie fort peu. Il suffit qu'après les noms de ses père et mère figure : propre frère de Un Tel ou encore : appartient à la famille A, qui a produit B, mère de X, Y, Z.

Il n'y a pas un étalon au haras, même le plus médiocre, qui ne se réclame de tous les grands noms du stud-book : *Saint-Simon*, *Isinglass*, *Orme*, *Bend'Or*, *Barcaldine*, les *Agnès*, toutes les efflorescences des branches féminines fameuses qui s'épanouissent sur les tables de Goos, sont mises à contribution pour figurer, grâce aux détours les plus compliqués, sur l'annonce mirifique qui tentera les novices.

Avec un père qui n'a jamais rien pu faire, une mère qui a décroché, à force de persévérance et souvent de doping, quelques misérables prix à réclamer, comment peut-on espérer faire naître des vainqueurs.

Ce qu'il ne faut pas perdre de vue, c'est que les poulains de basse extraction coûtent exactement le même prix à nourrir que les sujets de la plus illustre origine.

Les petits naisseurs sont engagés dans une mauvaise voie. Nous croyons de notre devoir de leur crier casse-cou. (J. Romain.)

Achat de pouliches destinées à la reproduction. — Lorsqu'on choisit des pouliches destinées à devenir poulinières, on doit s'attacher, en dehors de la beauté de l'arrière-main, à rechercher celles dont les mamelons sont bien écartés et du plus fort volume. Cela permet de prévoir la place qu'occupera ultérieurement chaque mamelle et de mesurer l'étendue qu'elle atteindra en se développant et par conséquent son volume probable.

Il faut des tempéraments calmes : les juments trop nerveuses ne sont pas bonnes nourrices. Il faut, en outre, des pouliches qui aient été copieusement allaitées par leur mère. On sait que l'aptitude est héréditaire. Les choisir donc dans des familles connues sous le rapport de l'aptitude à la lactation.

Achat de poulinières ayant déjà produit. — Pour les poulinières qui proviennent d'un autre haras, il est bon de rechercher la cause pour laquelle elles sont vendues. Sont-elles stériles? le *Stud-book* nous renseignera sur ce point. Ont-elles une affection cachée? L'analyse de l'urine, l'inspection de la dentition, de la vulve, du vagin, et l'exploration du col de l'utérus permettront de s'assurer de leur état de santé et des chances possibles de fécondation pour l'avenir.

Nous tenons à mettre en garde les éleveurs contre l'achat des animaux présentant des *robes lavées*. Ce défaut est dû à un retard de développement qui se traduit par un manque de matière colorante, laquelle n'apparaît qu'à une époque déjà avancée de la vie fœtale. Ajoutons que la formation n'est jamais achevée au moment de la naissance, le foal, le yearling même, ayant la peau et les poils plus clairs que l'adulte.

Quant aux causes qui provoquent ce retard, nous croyons que toutes les causes de débilitation qui agissent sur les procréateurs : boxes insalubres, manque d'exercice, mauvaise constitution, diathèses endémiques, ou qui sont de nature à gêner le cours régulier de la gestation, prédisposent d'une manière générale aux vices de conformation et par conséquent au défaut de coloration qui est un commencement d'albinisme.

Dans l'état actuel de la science, l'hérédité et la débilité des parents nous semblent les seules causes générales dont l'influence soit démontrée. Nous pourrons toutefois déduire que tout animal qui a la robe lavée est fatalement un mauvais cheval de course, un déchet à rejeter pour la reproduction.

Étalons privés. — Les étalons privés dont dispose actuellement l'élevage français seraient largement suffisants, s'il ne s'agissait que du nombre; mais les animaux de qualité forment un chiffre par trop restreint. En dehors d'une demi-douzaine qui, par leur origine, leur classe et leur carrière au stud, forment une pléiade vraiment remarquable, tout le reste est d'une médiocrité qu'on doit déplorer.

Le prix des saillies varie de 12.500 francs, prix des services de *Flying Fox*, à 100 francs pour les chevaux sans valeur.

Étalons nationaux. — Les étalons de tête de l'État servent les juments de catégorie au prix maximum de 100 francs.

Leur achat est fait tous les ans, en juillet et en novembre, chez les entraîneurs, lorsque le propriétaire du cheval en a fait la demande. La Commission achète surtout des étalons de croisement, mais elle choisit tous les ans des performers ayant montré de la qualité, quelquefois même des gagnants de grandes épreuves, dont quelques-uns deviennent des reproducteurs de grand mérite. Elle importe également des chevaux anglais, de bonne origine. Les acquisitions faites outre Manche, en ces dernières années, n'ont pas été très heureuses. Les meilleurs étalons sont envoyés au Pin, et à Tarbes.

Les dépôts sont répartis en 22 circonscriptions chevalines opérant chacune sur un certain nombre de départements et subdivisées elles-mêmes en stations de monte, ainsi que l'indique le tableau suivant :

DÉPOTS	CIRCONSCRIPTIONS	STATIONS DE MONTE
1er	Le Pin	Calvados, rive droite de l'Orne, Eure, Orne, Sarthe (canton de la Fresnaye et de Saint-Paterne), Seine, Seine-et-Oise, Seine-Inférieure.
	Saint-Lô	Calvados, rive gauche de l'Orne, Manche.
2e	Annecy	Basses-Alpes, Hautes-Alpes, Drôme, Isère, Savoie, Haute-Savoie.
	Blois	Cher, Eure-et-Loir, Indre, Indre-et-Loire, Loir-et-Cher, Loire.
	Cluny	Ain, Allier, Loire, Nièvre, Rhône, Saône-et-Loire.
	Pompadour	Corrèze, Creuse, Haute-Vienne.
3e	Angers	Maine-et-Loire, Mayenne, Sarthe, moins deux cantons : La Fresnaye et Saint-Paterne.
	Hennebont	Finistère (arrondissements de Quimper, Châteaulin, Quimperlé ; Ille-et-Vilaine, Morbihan.
	Lamballe	Côtes-du-Nord, Finistère (arrondissements de Brest et de Morlaix).
	La Roche-sur-Yon	Loire-Inférieure, Deux-Sèvres, Vendée.
	Saintes	Charente-Inférieure, Charente, Vienne.
4e	Libourne	Dordogne, Gironde.
	Pau	Landes, Basses-Pyrénées.
	Tarbes	Ariège, Haute-Garonne, Gers, Hautes-Pyrénées.
	Villeneuve-sur-Lot	Lot, Lot-et-Garonne, Tarn-et-Garonne.
5e	Aurillac	Cantal, Puy-de-Dôme, Haute-Loire.
	Perpignan	Alpes-Maritimes, Aude, Bouches-du-Rhône, Gard, Hérault, Pyrénées-Orientales, Var, Vaucluse.
	Rodez	Ardèche, Aveyron, Lozère, Tarn.
	Ajaccio (station permanente)	Corse.
6e	Besançon	Territoire de Belfort, Côte-d'Or, Doubs, Jura, Haute-Saône.
	Compiègne	Aisne, Oise, Nord, Pas-de-Calais, Somme, Seine-et-Marne.
	Montier-en-Der	Ardennes, Aube, Marne, Haute-Marne, Yonne.
	Rosières	Meurthe-et-Moselle, Meuse, Vosges.

Conditions générales d'inscription pour les juments destinées aux étalons nationaux. — Les services des étalons nationaux sont exclusivement réservés aux juments appartenant à des éleveurs domiciliés en France.

Les juments de dix-huit ans et au-dessus, vides les deux années qui précèdent l'inscription, et les juments de dix ans et au-dessus n'ayant pas encore donné de produits, seront refusées.

Aucune jument de pur sang ne sera admise à la monte des étalons de l'État que si elle est inscrite au *Stud Book français*, ou si son propriétaire présente les papiers nécessaires pour l'y faire inscrire.

Les éleveurs ne devront inscrire chaque jument que pour un seul étalon, à quelque établissement de haras qu'il appartienne.

Aucune inscription ne sera reçue qu'autant que tous les renseignements exigés sur l'état seront complets et régulièrement établis.

Au fur et à mesure des demandes d'inscriptions les juments seront classées pour chaque étalon en catégories établies ainsi qu'il suit :

Première catégorie. — Les poulinières ayant donné avec l'étalon demandé un vainqueur d'un prix d'au moins 10.000 francs ou d'une somme, en un ou plusieurs prix, de 20.000 francs en plat ou de 30.000 francs tant en plat qu'en obstacles; celles ayant gagné un prix d'au moins 10.000 francs ou une somme, en un ou plusieurs prix, de 30.000 francs en plat, ou de 40.000 francs tant en plat qu'en obstacles; ou arrivées secondes dans un prix s'élevant à 40.000 francs et au-dessus ; ou mères de produit ayant gagné pareil prix ou pareilles sommes ou ayant été placé second dans un prix de 40.000 francs et au-dessus (gains calculés conformément aux dispositions du *Code des Courses* de la Société d'Encouragement pour les courses plates, et celles du *Code des Steeple-Chases* pour les courses à obstacles.

Depuis l'année 1906, les juments au-dessus de quinze ans ne sont pas admises dans la première catégorie, à moins qu'elles n'aient produit, avec l'étalon demandé, un vainqueur d'un prix d'au moins 10.000 francs en plat ou d'une somme, en un ou plusieurs prix, de 20.000 francs en plat.

Deuxième catégorie. — Les poulinières ayant donné avec l'étalon demandé un vainqueur d'un prix d'au moins 5.000 francs, ou d'une somme, en un ou plusieurs prix, de 7.000 francs en plat, ou de 10.000 francs tant en plat qu'en obstacles ; celles ayant gagné un prix d'au moins 5.000 francs ou une somme en un ou plusieurs prix, de 10.000 francs en courses plates, ou de 15.000 francs tant en plat qu'en obstacles, ou arrivées troisièmes dans un prix s'élevant à 40.000 francs et au-dessus ; celles ayant produit un vainqueur d'une somme, en un ou plusieurs prix, de 8.000 francs en courses plates, ou de 12.000 francs, tant en plat qu'en obstacles; ou mères d'un animal placé troisième dans un prix s'élevant à 40.000 francs et au-dessus (gains calculés conformément aux dispositions du *Code des Courses* de la Société d'Encouragement pour les courses plates, et à celles du *Code des Steeple-Chases* pour les courses à obstacles).

Troisième catégorie. — Les poulinières ne rentrant pas dans les deux catégories précédentes.

Lorsque le nombre des juments inscrites dépassera le nombre des cartes attribuées à chaque étalon, ce nombre sera augmenté de 5 unités, et par suite les cartes non utilisées en cas de défections seront annulées. Il sera ensuite procédé à la répartition de ces cartes d'après l'ordre des catégories, de telle sorte qu'aucune jument d'une catégorie inférieure ne puisse être admise qu'autant que toutes les juments de la catégorie immédiatement supérieure auront été déjà pourvues.

Lorsque, par suite de leur nombre trop considérable, toutes les juments d'une même catégorie ne pourront être admises, les cartes disponibles seront attribuées ainsi qu'il suit: 1° une carte à chacun des propriétaires ayant au moins une jument inscrite dans ladite catégorie; 2° une seconde à ceux ayant au moins deux juments; 3° une troisième à ceux en ayant trois, et ainsi de suite jusqu'à ce que le nombre voulu soit atteint.

Comme il pourra arriver qu'à la fin de cette opération le nombre des dernières cartes à attribuer soit inférieur à celui des propriétaires ayant encore (toujours dans la même catégorie) des juments non pourvues, il sera procédé alors à un tirage au sort entre ces propriétaires, à raison d'une carte pour chacun d'eux.

Les juments qui, à la suite de cette répartition, n'auront pu être admises pour l'étalon demandé, pourront être reportées dans la catégorie correspondante d'un autre étalon et participer à la répartition des cartes de cet étalon, dans la catégorie à laquelle elles appartiennent, mais seulement après que les juments primitivement inscrites dans la même catégorie dudit étalon auront été pourvues. Cette opération ne pourra se faire qu'au moment du tirage au sort.

Dans le cas, au contraire, où le nombre des juments admises

n'atteindrait pas le nombre des cartes attribuées à chaque étalon, les cartes non demandées et restant disponibles seront laissées à la disposition du directeur de l'établissement auquel appartient l'étalon, qui les répartira, suivant son appréciation, au mieux des intérêts de l'élevage. Il en sera de même si le chiffre des manquants était supérieur à la majoration des cinq cartes supplémentaires prévues à l'article 9 du règlement. Mais, dans ce cas, le choix du directeur ne pourra porter que sur des juments appartenant à des catégories ayant participé au tirage au sort.

Les propriétaires auront le droit de substituer une jument à une autre de la même espèce, après en avoir prévenu le directeur, à la condition que cette jument leur appartienne réellement et remplisse les conditions voulues pour être inscrite soit dans la catégorie de celle qu'elle est appelée à remplacer, soit dans une catégorie supérieure.

Tout propriétaire qui, pour une raison de force majeure, reconnaîtra qu'il ne peut profiter des cartes qui lui auront été attribuées, devra en prévenir immédiatement le directeur intéressé et au plus tard le 15 avril, sauf le cas de force majeure.

Seront exclues de toute participation au service des étalons de l'État, pendant une période de cinq ans, les juments de tout propriétaire convaincu d'avoir fait de fausses déclarations, d'avoir fait inscrire la même jument pour plusieurs étalons, d'avoir fait inscrire des juments qu'il n'avait pas l'intention de faire saillir et d'avoir laissé par sa faute, en ne prévenant pas en temps voulu, des cartes sans emploi. Lorsque l'un ou l'autre de ces faits sera constaté avant que les juments aient été saillies, toutes les inscriptions faites par ce propriétaire pour l'année seront rayées d'office.

La fécondité des étalons de l'État. — A côté de quelques étalons dont les saillies sont fort recherchées, l'État offre aux éleveurs, à des conditions fort abordables, des chevaux dont la classe et l'origine valent certes mieux que celles de certains étalons particuliers et dont personne n'utilise les saillies disponibles.

Nous ne voyons à cette mésestime pour la marchandise de l'État, qu'une raison plausible. Les étalons nationaux ont acquis la détestable réputation de laisser vides une forte proportion des juments qu'on leur amène, et ce que l'éleveur craint par-dessus tout, c'est la viduité. Il est de fait que la première qualité d'un poulain, c'est d'abord de voir le jour. Mais nous ne sommes pas bien sûrs ou plutôt nous sommes trop sûrs que certains poulains rendraient grand service à leurs propriétaires en s'obstinant à ne pas venir au monde.

Ceci posé, il convient d'éclaircir le point de savoir pourquoi les étalons nationaux sont de mauvais géniteurs. Quoi qu'on dise souvent, ce n'est pas à leur hygiène qu'il faut attribuer leur peu de fécondité ; les dépôts d'étalons sont admirablement tenus, et nous savons nombre d'étalons particuliers de très grande valeur qui gagneraient à y être mis en station.

Si les reproducteurs nationaux laissent tant de juments vides, c'est que les industriels qui habitent près des dépôts, et qui font métier de prendre les juments en pension, se montrent peu consciencieux. Ils nourrissent assez mal les juments d'ordinaire, et à plus forte raison lorsque les fourrages atteignent des pris élevés ; d'autre part, pour conserver plus longtemps leurs pensionnaires ou même par simple négligence, ils conduisent les poulinières au boute-en-train et à la monte le moins souvent et le plus tard possible. N'y aurait-il pas là une petite question digne d'intéresser le Syndicat des Éleveurs de Pur Sang? Celui-ci pourrait établir la proportion des juments pleines ou vides, des mise-bas prématurées, des accidents constatés chez tels herbagers, chez tels petits propriétaires prenant habituellement des juments en pension. Se basant sur des chiffres, le syndicat pourrait délivrer en quelque sorte une licence, un panonceau à ceux de ces industriels qui le réclameraient et, n'en doutez pas, la majorité réclamera cette estampille quasi officielle. On la leur retirerait pour fautes professionnelles constatées, comme fait le Touring-Club, par exemple, avec les hôteliers. Il serait encore utile d'éditer une plaquette simple et pratique, véritable manuel qui servirait de guide à ces éleveurs d'occasion. En peu de temps on verrait ainsi se relever la proportion des naissances et diminuer celle des accidents. (J. Romain.)

N'allez pas nous dire au moins que les membres du Syndicat n'ont aucune raison d'encourager ainsi l'étalonnage national, dont le succès ne peut être obtenu qu'aux dépens de l'étalonnage privé. L'État n'est-il pas un de leurs bons clients et la vogue des pères acquis par l'administration ne l'engagerait-elle point à en augmenter le nombre et à les payer plus généreusement, ce dont personne ne se plaindrait ?

La non réussite des étalons de l'État ne reconnaît-elle pas d'autres causes? Il paraît établi : 1° que la valeur physiologique des poulinières appartenant aux petits naisseurs est inférieure à la qualité moyenne des juments composant les haras privés ; 2° que chaque étalon sert un trop grand nombre de juments ; 3° que la plupart de ces juments sont le plus souvent en très mauvais état lorsqu'on les conduit à la saillie ; 4° enfin que l'administration des Haras, doit, pour contenter sa nombreuse clientèle, ne donner qu'un service à chaque jument sur la même chaleur, à moins que cette jument reste neuf jours sous l'influence de son sexe ; ce qui est fort rare chez les sujets normaux. Or, on sait qu'une jument ne peut être revue que neuf jours après le premier service.

Il est regrettable que les poulinières livrées aux étalons nationaux ne puissent pas recevoir deux services sur chaque chaleur à un ou deux jours d'intervalle. Il y aurait de la sorte un plus grand nombre de juments pleines dès le début de la monte, les étalons seraient moins surmenés et tout le monde y trouverait profit. Pour rendre la chose possible, il faudrait réduire à 35 le chiffre des poulinières que chaque étalon sert annuellement.

CHAPITRE III

LE CROISEMENT

Point de vue pratique. — Le croisement, au point de vue pratique, consiste à réaliser pour le poulain à naître un pedigree qui comporte des courants de sang aussi rapprochés que possible des éléments qui se rencontrent dans les pedigrees des vainqueurs des épreuves classiques de France ou d'Angleterre.

C'est l'étalon, la poulinière et les ascendants des deux procréateurs qui vont doter le produit au point de vue du modèle et de l'aptitude. C'est au père et à la mère qu'est réservée la plus grande influence ; ensuite au père et à la mère de chacun des reproducteurs accouplés, ensuite aux bisaïeux, et ainsi de suite. Il est vrai qu'assez souvent cet ordre normal est interverti et qu'un ascendant relativement éloigné fait revivre, par une puissance inconnue à laquelle on a donné le nom d'atavisme, une portion de lui-même plus importante que celle à laquelle son éloignement lui donnait droit. C'est ce qui explique le souci qu'ont les éleveurs de rechercher les reproducteurs qui offrent dans leur généalogie les noms les plus illustres du *Stud Book*.

L'époque actuelle est toute à la recherche du sang de *Galopin*, *Hermit*, *Isonomy*, *Hampton*, etc..., et de quelques lignées maternelles trop connues pour qu'il soit utile de les rappeler. Les recueils spéciaux, les journaux de sport contiennent, du reste, toutes les données superficielles qui peuvent être utiles à l'éleveur. Nous n'insisterons pas ici sur le problème du croisement, qui est surtout un problème théorique comportant l'étude de cet immense chapelet d'individus que constitue la race pure ; nous renverrons le lecteur à une étude sur l'Hérédité qui va paraître incessamment où nous

Physionomies de chevaux célèbres.

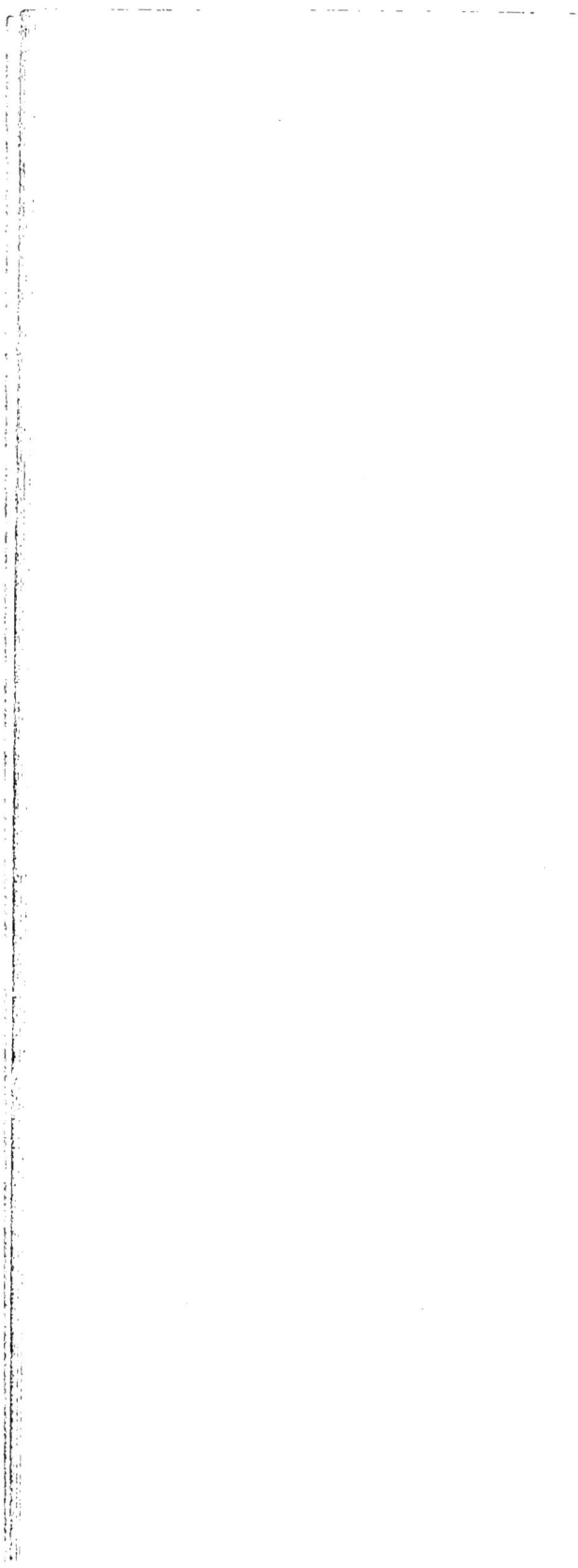

avons examiné le problème au point de vue biochimique. Dans cette étude, nous essaierons de dégager les contradictions entre les différents systèmes établis, l'imbroglio des pedigrees, enfin l'impossibilité d'une généalogie exacte dans la race de course. C'est déjà ce que nous avons esquissé dans *Le Demi-Sang*, au chapitre consacré à la dissociation de la notion de paternité que nous résumerons en quelques lignes.

Dissociation de la notion de paternité. — L'expression poulain de plusieurs pères, généralement considérée comme purement fantaisiste, constitue certainement, en tant que possibilité scientifique, une forte exagération. Il n'en est pas moins vrai que, si l'on emploie le mot paternité pour désigner l'ensemble des actes par lesquels un étalon détermine la production d'un nouvel individu avec le concours d'une poulinière, cet ensemble ne forme pas un tout indissoluble. Il peut être dissocié en plusieurs actes plus ou moins indépendants les uns des autres et, par suite, plusieurs de ces actes pourront être parfois exécutés par des individus différents auxquels reviendra en conséquence une part de la paternité devenue collective.

Une analyse attentive des phénomènes de la génération nous permettant, en effet, de distinguer plusieurs groupes d'actes paternels, nous cherchons à définir le chaos que présente l'ascendance de nos chevaux de pur sang, dont on a noté avec soin la généalogie depuis la formation de la race.

Nous ferons seulement ici l'énumération de ces groupes; plus tard nous les examinerons séparément pour en faire ressortir l'influence sur la série des générations. Nous serons ainsi amenés à discuter les différentes théories de la descendance qui servent de base à la pratique courante des croisements dans la production du thoroughbred et de tous les chevaux à pedigree en général.

1° Au premier rang, nous trouvons la *paternité télégonique*, qui est l'action d'ordre trophique et plus ou moins durable, exercée par un étalon sur l'organisme d'une jument poulinière à la suite de la copulation.

Cette action encore insuffisamment étudiée, en modifiant par l'intermédiaire des éléments somatiques le plasma des éléments gonadiaux, assurerait à l'agent télégonique une part de paternité dans les produits ultérieurs.

2° La *paternité déléasmique* ou par amorce : nous appellerons ainsi l'action (probablement de nature dynamique) exercée par un accouplement, suivi ou non de fécondation, sur la production ultérieure des œufs chez des juments qui, saillies deux ou trois années consécutives, ne sont fécondées qu'après une longue série de copulations ; ces copulations ne font que déterminer la croissance ultérieure d'un certain nombre d'œufs, lesquels ont besoin d'une série de fécondations successives pour être susceptibles de développement.

3° La *paternité cinétique* désigne l'action exercée par divers agents et notamment par le spermatozoïde pour provoquer le développement de l'œuf en dehors de l'amphimixie.

4° La *paternité plasmatique*, qui est la paternité essentielle, celle qui fait intervenir directement les plasmas paternels, en proportion plus ou moins équivalente avec les plasmas maternels, dans la constitution de l'être nouveau destiné à perpétuer les caractères ancestraux de ses ascendants. Le spermatozoïde fécondant peut être différent de celui qui a agi comme père cinétique.

En nous appuyant sur l'étude des groupes d'actes paternels que nous offrent les phénomènes de la génération, nous serons obligés de reconnaître, en nous plaçant à un point de vue purement scientifique, que la généalogie de notre race de course, quoique très utile, est purement conventionnelle ; mais n'anticipons pas.

L'étude de l'action des groupes paternels que nous venons d'énoncer nous demanderait trop de place et exigerait une longue exposition qui nous ferait sortir de notre programme purement pratique. Comme pour la question du croisement, nous renverrons les personnes que ces spéculations pourraient intéresser à notre étude sur l'*Hérédité et les grands problèmes de la race pure*, qui paraîtra sous peu dans le premier volume de *l'Année du Pur Sang*. En nous appuyant sur les lois d'hérédité et sur toutes les influences dont nous avons parlé, nous pourrons conclure que, à chaque saillie, à chaque gestation, le mélange moléculaire augmentant de plus en plus en éléments disparates chez les poulinières, les poulains qu'elles produiront pourront être envisagés comme des êtres collectifs dont le pedigree pourra être tracé arbitrairement sur le papier, mais qui comporteront un mélange cellulaire impossible à déterminer. Voilà pourquoi les théories du croisement et de la descendance dans les races tracées, quoique fort utiles en certains cas, devront être considérées comme antiscientifiques.

Au lieu de nous attaquer à ce problème insoluble de juger par avance l'avenir d'un reproducteur, nous nous bornerons à examiner aujourd'hui l'impossibilité de prévoir non seulement la carrière d'un sire, mais aussi le résultat d'un croisement donné.

Dans la race pure, un poulain provient d'un œuf dans lequel se sont mélangés des morceaux de substance vivante empruntés à deux procréateurs ; ces deux procréateurs sont différents, et ont des patrimoines héréditaires différents ; l'œuf qui résulte du mélange doit donc avoir des propriétés, qui varient suivant les proportions dans lesquelles s'est effectué le mélange et, en effet, deux œufs résultant de deux fécondations successives d'une même jument par un même étalon ont des patrimoines héréditaires différents.

Ici donc il n'y a plus à proprement parler de lignée, quoique la continuité de la substance vivante reste vérifiée. Chaque fécondation produit quelque chose de nouveau, un patrimoine héréditaire dans la confection duquel le hasard du mélange amphimixique joue un rôle très considérable.

Nous ne connaissons pas assez la structure de la substance vivante et la nature du phénomène sexuel pour prévoir le résultat des amphimixies, même si nous connaissions exactement les proportions et toutes les conditions de la fécondation d'un croisement donné, mais l'observation prouve :

1° Que le poulain a un patrimoine héréditaire propre ;

2° Que, dans ce patrimoine héréditaire, on peut reconnaître, suivant les cas, telle ou telle particularité d'origine paternelle, telle ou telle particularité d'origine maternelle, en même temps que des propriétés nouvelles qui n'appartenaient ni à l'étalon, ni à la jument ;

3° Que ce qui était commun aux patrimoines héréditaires des deux procréateurs se retrouve dans le patrimoine héréditaire du produit ; mais que, pour des particularités individuelles différentes chez l'étalon et la jument, il est impossible de prévoir quel en sera l'équivalent chez le poulain.

Le fait de cette transmission au poulain de tout ce qu'il y a de commun aux patrimoines héréditaires des deux procréateurs permet d'étudier, sans se préoccuper de l'amphimixie, la formation du patrimoine héréditaire de la race pure, absolument comme si la race actuelle provenait d'une lignée simple et non d'un faisceau de lignées.

Mais il ne faut pas oublier non plus que, du fait des hasards de l'amphimixie, chaque fécondation crée quelque chose de nouveau, et, qu'en ce qui concerne l'hérédité de la qualité de course, nous voyons qu'une nouvelle question doit s'ajouter aux précédentes : non seulement il sera nécessaire de se demander si la « classe » constatée chez un des procréateurs s'est inscrite dans le patrimoine héréditaire de ce procréateur, ce qui est souvent très problématique ; il faudra encore, toutes les fois qu'un poulain naîtra, se demander si la particularité correspondant à la qualité de course d'un parent s'est transmise au patrimoine de tel produit résultant des hasards de telle amphimixie ; il se pourra que cette qualité de course se transmettra à un poulain et pas à ses propres frères ; il se pourra qu'elle ne se transmettra à aucun d'eux ou qu'elle se transmettra à tous, ce qui est plus rare ; les hasards de l'amphimixie nous défendent de rien prévoir lorsqu'il s'agit de cette particularité intangible qu'est la valeur du futur racer.

Dans tout croisement, chaque procréateur a des caractères personnels, auxquels nous donnerons le nom de coefficients personnels. De la fusion des substances des deux éléments sexuels opposés résultera l'œuf ou embryon. Mais quels seront les caractères, les coefficients de cet embryon primitif. Évidemment le plus petit des coefficients correspondants des éléments fusionnés. Si, par exemple, il y a 3 molécules de A_m et seulement 2 molécules de A_f, la fusion équivalente ne pourra se produire qu'entre 2 molécules A_m et 2 molécules A_f pour former 2 molécules A.

L'œuf fécondé aura donc des coefficients qui seront pris soit à l'étalon, soit à la jument ; mais ce seront toujours les plus petits des coefficients correspondants. Et cela explique merveilleusement que les caractères des produits soient tantôt empruntés au père, tantôt empruntés à la mère, tantôt pris à l'un et à l'autre, tantôt intermédiaires aux deux procréateurs. De la proportionnalité seule des coefficients dépendent les caractères individuels, morphologiques et physiologiques du poulain.

L'un de nous a développé, dans un travail spécial [1] les conséquences de la loi à laquelle les biologistes ont donné le nom de loi du plus petit coefficient, et il a montré que ces conséquences sont toutes d'accord avec les faits d'hérédité les mieux connus dans la race pure. Nous tenons seulement à faire remarquer ici que cette loi du plus petit coefficient explique aussi la variété infinie des produits de deux reproducteurs donnés ; elle s'appuie, en effet, sur la valeur absolue des coefficients au moment de la fécondation et donnera

1. *L'Hérédité dans la Race Pure.* En préparation.

Physionomies de chevaux célèbres.

donc des résultats différents, suivant que le spermatozoïde sera plus ou moins usé, l'ovule plus ou moins frais, quoique chacun de ces deux éléments ait conservé les caractères qui résultent de la valeur relative de leurs coefficients quantitatifs.

Il sera intéressant, croyons-nous, d'examiner la classification des familles de *Bruce Lowe*, ainsi que les autres méthodes, à la lumière de cette loi, pour marquer définitivement d'une empreinte scientifique la généalogie de la race pure et montrer combien sont cohérentes ou incohérentes, suivant les cas, les déductions auxquelles conduit son étude.

CHAPITRE IV

L'ORGANISATION D'UN GRAND STUD

Importance du personnel. — Le personnel d'un haras n'a pas besoin d'être très nombreux.

Dans les établissements les mieux tenus, on compte généralement en dehors du stud groom : un premier garçon, un étalonnier pour deux ou trois étalons et un homme par dix têtes de poulinières et yearlings.

Rôle du stud groom. — Personnel. — Le stud groom a sous sa direction tout le personnel et tous les animaux composant le haras.

Il doit s'attacher surtout à recruter des hommes aimant les chevaux ; des garçons sobres ; autant que possible jeunes et alertes et surtout doux et patients avec les animaux. Point n'est besoin qu'ils sortent déjà d'un haras, ni qu'ils connaissent à fond leur métier.

Il sera aisé au stud groom de tirer rapidement un très bon parti des qualités de son personnel, s'il a l'autorité nécessaire pour le commander, ce qu'il doit faire, sans bruit, sans tapage, mais avec fermeté.

Le caractère des hommes a une grande importance sur celui des chevaux qu'ils soignent. On peut presque dire qu'il n'y a pas de chevaux méchants, mais des chevaux rendus méchants.

Il y a des garçons habiles et d'autres maladroits. Nous avons vu tel homme soigner un lot de yearlings très doux au sevrage et qui sont devenus ensuite inabordables par la maladresse de ce serviteur aux gestes brusques et au regard trop sévère. Cet homme ne pouvait plus arriver à prendre les poulains dans leur box pour les mettre à la prairie : les animaux se jetaient contre les murs complètement affolés. Remplacé dans ce service par un garçon plus habile, au bout d'un mois, ces mêmes poulains venaient à lui pour se faire caresser ; ils se laissaient toucher de la tête aux pieds sans s'effaroucher.

On comprend l'importance que l'éducation peut avoir au moment de l'envoi à l'entraînement des yearlings.

Le stud groom doit assister à la réception des denrées : c'est à lui de juger de leur bonne ou mauvaise qualité; il doit régler la ration à donner à chaque sujet suivant son tempérament et son appétit : pour les poulinières, selon qu'elles sont vides, pleines ou suitées; pour les poulains suivant leur âge ; pour les étalons pendant ou après la saison de monte.

L'entretien des prairies, la récolte des foins, l'épandage des fumiers et des engrais chimiques sont également de son ressort.

Le stud groom doit assister à la revue des juments à la barre, pour juger celles qui sont en chaleur ou celles déjà saillies et qui doivent être pleines. S'il y a pour le même étalon plusieurs juments en chaleur, il désignera la première à faire saillir, selon qu'elle sera vide ou suitée, au début ou à la fin de sa chaleur.

Il devra toujours être présent à la saillie muni d'un fouet, pour parer aux difficultés qui peuvent survenir, dans le cas par exemple d'un étalon brutal dont il faudra modérer l'ardeur au moment où il voudra s'enlever sur la jument sans être suffisamment prêt. La jument, au moment du spasme, peut se laisser tomber et entraîner l'étalon dans sa chute. Nous avons vu pareil accident une fois : l'étalon, en voulant se dégager, mit le pied sur le ventre de la poulinière et lui déchira le péritoine. On peut éviter de pareils accidents en faisant descendre rapidement l'étalon avec le fouet.

Il aura à se rendre compte si l'étalon a bien sailli ou non. Certains étalons peuvent facilement tromper une personne non expérimentée en imitant, sans éjaculer, tous les mouvements du cheval dans l'action du saut.

Après la saison de monte, il devra autant que possible reconnaître les juments pleines et les séparer des vides.

Le stud groom doit être non seulement très soigneux, avoir l'œil très exercé, mais il lui faut aussi de grandes connaissances techniques : en certains cas, il est appelé à donner les premiers soins aux malades, en attendant l'arrivée du vétérinaire, qu'il doit éclairer par les renseignements que ne manquera pas de lui demander le praticien avant de conclure un diagnostic.

Que de maladies peuvent être enrayées quand elles sont prises à temps !

D'un coup d'œil, en passant sa revue dans les écuries ou en faisant le tour des prairies, il devra voir la moindre indisposition chez les animaux. Cette visite, surtout dans les prairies, sera une longue suite d'observations utiles pour l'appréciation des poulains ; le regard se portera sur les pieds, les aplombs, les tares qui peuvent survenir : suros, coups, jardons ; il examinera les crottins pour prévenir les vers, l'entérite, la diarrhée ; il verra si le poulain jette par les naseaux, s'il tousse, s'il est gai ou triste, raide ou libre dans sa démarche, s'il galope, si l'action est bonne ou mauvaise, haute ou raccourcie, ou longue et coulante.

Chez les poulinières, il surveillera les chaleurs : certaines juments montrent volontiers leur chaleur à la prairie ; elles vont flairer leurs camarades; d'autres au contraire paraissent toujours froides ; il verra mieux dehors, les juments qui sont pleines ou vides, par les modifications dans les proportions, dans leur calme, etc.

Les récipients pour abreuver les chevaux, auges, baquets, seront l'objet d'une surveillance spéciale, au point de vue de la propreté et du remplissage.

Les barrières et entourages, les trous de lapins, les dégâts faits par les taupes sont autant de choses qui peuvent être signalées pendant ces visites.

Les nouveau-nés demandent des soins spéciaux et une grande surveillance.

Le sevrage, le premier dressage, le travail des yearlings à la longe avant de les livrer à l'entraîneur, l'embarquement des poulains. La surveillance des étalons, leur alimentation, leur travail. Les poulinières avant la saillie doivent être visitées de façon à pouvoir donner des injections à celles qui ne sont pas propres, qui ont de l'acidité du vagin, de la métrite, etc.

Quand il y a des malades ayant des affections épidémiques, le stud groom doit immédiatement les faire isoler ; il doit faire désinfecter tous les boxes sans exception.

Le stud groom doit tenir un registre des saillies, un registre des naissances ; il faut qu'il porte sur ce dernier des notes sur les poulains : 1° à la naissance ; 2° au sevrage ; 3° au moment du départ.

Il devra avoir un livre pedigree de toutes les poulinières avec le pedigree d'un côté et toute la production de la jument de l'autre.

FEUILLE EXTRAITE DU LIVRE DE SAILLIES

					OBSERVATIONS
(2) **AMIE** (Alezane née en 1893.)	CLAMART (3) **G. P.**	Saumur (5)	Dollar (1) **Prd.**	Flying Dutchman (3). **D. L.**	Montre bien ses chaleurs, y reste même assez longtemps, mais remplit facilement. Bonne nourrice ; très douce avec ses produits.
				Payment.	
			Finlande. **Prd. Di.**	Jon (4).	
				Fraudulent.	
		Princesse Catherine. **mère de Clover F. D.**	Prince Charlie (12) **Q.**	Blair Athol (10). **D. L.**	
				Eastern Princess.	
			Catherine.	Macaroni (14). **Q. D.**	
				Selina.	
	ALICE	Wellingtonia (3)	Chattanooga (3)	Orlando (13). **D.**	
				Ayacanora.	
			Araucaria.	Ambrose (16).	
				Pocahontas.	
		Asta. **mère d'Arrau G. P.**	Cambuslang (19)	Cambuscan (19).	
				Hepatica.	
			Lady Superior.	Caterer (7).	
				Penance.	

FEUILLE EXTRAITE DU LIVRE DE SAILLIES

AMIE							
SAILLIES			PRODUCTION				
ANNÉE	DATE	ÉTALON	ANNÉE de la naissance	DATE	SEXE	ROBE	NOMS
1898	30 mars	Révérend........................	1899	18 mars	M.	bai	Amilcar
1899	22 avril	Masqué........................	1900	30 mars	M.	alezan	Amicus
1900	24 avril	Flying-Fox........................	1901	1er avril	M.	bai	Ajax
1901	30 avril	Flying-Fox........................	1902	11 avril	M.	alezan	Adam
1902	14 mai	Flying-Fox........................	1903	15 avril	M.	bai	Amasis
1903	14 mai	Flying-Fox........................	1904	23 avril	F.	alezan	Hélène
1904	30 avril	Flying-Fox........................	1905	11 avril	M.	alezan	Agha
1905	27 mai	Flying-Fox........................	1906	**Vide**			
1906	21 avril	William the Third............. ..	1907	26 mars	M.	alezan	
1907	8 juin	Flying-Fox........................	1908				

Un livre journal du haras ou chaque événement de la journée sera porté, le soir : maladies, accidents, naissances, visites, etc. ;

Un livre des entrées des denrées : fourrages, avoine, etc. ;

Avoir la collection des *Stud Book Français* et *Anglais*.

Enfin, il devra rendre un compte journalier au propriétaire du stud en lui relatant les moindres événements ; il le renseignera mensuellement sur la nourriture des animaux, sur le caractère, les aptitudes, le tempérament des poulains.

Le stud groom a donc un champ d'études assez vaste. Son rôle est des plus intéressants, mais quelquefois difficile et certainement plus compliqué qu'on ne le croit généralement.

On n'attache pas assez d'importance au rôle que joue le stud groom dans l'exploitation du stud. Les propriétaires ont, la plupart, le tort de diminuer ses fonctions, on choisit ces serviteurs justement un peu trop dans la classe des serviteurs. On les prend insuffisants en un mot. Nous rendons pleine justice à leur probité, à leur bonne volonté, à leur dévouement même. Mais, à quelques exceptions près, ils sont totalement dépourvus d'instruction, même professionnelle. Celle-ci se résume à des traditions, parfois vicieuses. Ils sont indifférents au progrès, et souvent hostiles. Car le progrès bouleverse toutes leurs idées reçues et surtout leurs façons de faire. Les services que rendent ces braves gens semblent donc bien limités.

Les travaux nombreux et variés à suivre dans les grands haras, indiquent assez quelles doivent être les connaissances des chefs destinés à les régir. De pareilles places ne doivent pas être l'apanage d'anciens piqueurs ou de garçons d'écurie. Il y a déjà un siècle et demi que Bourgelat disait : « On peut avoir vu une prodigieuse quantité de chevaux sans en être plus éclairé ; parce que, qui ne voit d'autres objets que ceux que lui développe sa faible vue, ne fera et ne donnera jamais que de frivoles observations. »

Ce sont des hommes instruits, zélés, qui ne s'en rapportent qu'à eux-mêmes, également versés dans la science de l'élevage et dans l'économie rurale ; des hommes exempts de préjugés sur tout, et bons observateurs qu'il faut placer dans de pareils établissements, dont les succès, toujours lents, reposent entièrement sur eux et doivent être constamment leur ouvrage. Le choix de pareils hommes est d'autant plus important que le résultat de leurs observations doit nécessairement commander la confiance, et que, dans une pareille matière, les erreurs entraînent non seulement des dépenses énormes en pure perte, pour les propriétaires, mais encore la ruine de quelques-uns d'entre eux et le découragement des autres. Il faut, en somme, que les stud grooms à venir embrassent leur domaine d'un point de vue plus élevé que ne l'ont fait jusqu'à aujourd'hui les stud grooms passés et présents.

On trouve chez de petits éleveurs de Normandie, du Centre et du Sud-Ouest un bagage de connaissances qui frappe. Par comparaison on est en droit de supposer que les chefs des grands haras de pur sang, d'où sortent habituellement les grands cracks, possèdent une compétence de premier ordre. L'antiquité arabe la plus reculée, embrassait la conception de l'élevage presque de la même façon que les stud grooms de nos jours.

Lorsqu'on visite les grands centres d'élevage, si on interroge les stud grooms dans l'espérance d'en tirer quelques renseignements utiles, qu'en obtient-on en général? Quelques indications assez vagues sur les pratiques toutes courantes de leur métier.

Comment en serait-il autrement? Les notions théoriques sont tellement peu répandues que, même dans les milieux cultivés, on se heurte à des idées extravagantes, qui n'ont pour fondement que la tradition et la routine, et cela sur des questions qui touchent aux bases mêmes de l'élevage. Le dédain un peu excessif que les théoriciens professent pour la pratique, s'explique par le peu de données qu'ils peuvent tirer des gens du métier. Et cependant la collaboration des uns et des autres aiderait à la recherche si ardue de la vérité.

On considère d'ailleurs d'un autre œil depuis quelques années la science de l'élevage. On commence à s'apercevoir qu'elle ne se résume pas seulement aux quelques données que l'observation a fournies aux éleveurs. L'élevage obéit à des lois qui ne sont pas encore dégagées et qu'on ne pourra préciser que lorsqu'on aura appliqué à cette branche les méthodes d'expérimentation modernes qui sont en honneur, en médecine, en chimie, en biologie.

Ceux qui sont à même de les appliquer à l'élevage, aux courses, non seulement vivent en dehors du milieu hippique, mais ne trouveraient pas actuellement les éléments indispensables à un travail sérieux.

Les propriétaires ne s'intéressent pas d'assez près à leurs studs, et leurs employés, se bornant à leur besogne journalière, ne voient pas la contribution qu'ils pourraient apporter à la science en consignant avec exactitude tous les menus faits dont un élevage est le théâtre.

Chaque établissement sérieux devrait avoir un livre où seraient enregistrés, par exemple : le nombre de saillies qu'ont exigées les juments pour être fécondées ; la proportion de juments vides; des avortements ; celle des naissances en mâles et en femelles. La taille et le poids des foals à la naissance, et de mois en mois jusqu'au sevrage ; les modifications apportées par le changement de régime, etc., etc... Mais combien de studs, même parmi les mieux

Un grand stud : une aile des bâtiments formant les boxes du haras de Jardy.

tenus, pourraient fournir avec exactitude ces indications pourtant bien simples.

Un seul d'ailleurs ne suffirait pas. Pour tirer de ces chiffres des déductions certaines, il faudrait pouvoir opérer sur de très nombreux documents.

Bâtiments. — Les bâtiments nécessaires pour l'installation d'un haras sont : 1° le pavillon du stud groom ; 2° les boxes destinés aux poulinières formant généralement la cour principale ; 3° les boxes des étalons ; 4° une écurie de mise bas : accouchoir ; 5° une infirmerie ; 6° les magasins à fourrages : grange et grenier ; 7° un logement pour le premier garçon et les garçons logés dans la cour ; 8° une pièce spéciale pour faire cuire les grains et confectionner les mashes ; 9° les boxes des yearlings.

S'il s'agit d'une installation nouvelle, le pavillon du stud groom doit être placé de façon à ce que ce dernier puisse exercer sa surveillance sur les bâtiments composant la cour du haras et, si possible, sur les prairies.

Les boxes. — Les boxes des poulinières, composant la cour principale et plus spécialement réservés aux juments pleines ou suitées, doivent être assez vastes pour que la jument et son poulain y soient à l'aise ; ils doivent être clairs, bien aérés, hauts de plafond avec un châssis devant, un autre derrière, pour pouvoir faire des courants d'air pendant que les chevaux sont dehors. Ils devront comporter deux mangeoires : une dans chaque coin au fond du box ; l'une pour le poulain, l'autre pour la mère ; un anneau sera placé au-dessus de chaque mangeoire.

Dimensions d'un box pour poulinière :

Intérieur : longueur, 4 mètres ; largeur, $3^{m},50$; hauteur du plafond, $3^{m},40$.

Les portes seront coupées en deux parties de façon à pouvoir ouvrir celle du haut à volonté ; hauteur de porte, partie du bas : $1^{m},50$; hauteur de porte, partie du haut : $0^{m},80$; largeur des portes, $1^{m},20$.

Il est bon de placer à l'entrée de chaque box des doubles portes en grillage pour permettre une aération parfaite pendant le jour et la nuit quand les animaux sont à l'écurie.

Les boxes peuvent être séparés intérieurement de l'un à l'autre par un mur de haut en bas ; dans ce cas, les juments ne se voient pas. Nous préférons qu'ils soient simplement séparés par un mur d'une hauteur de $1^{m},60$ ou une cloison en bois de même hauteur surmontée par des barreaux en fer d'une hauteur de $0^{m},75$; l'écartement de ces barreaux ne devra pas être de plus de $0^{m},05$, afin que les jeunes poulains en se cabrant ne passent pas leurs pieds à travers, ce qui pourrait causer de graves accidents. Les juments habituées à être ensemble à la prairie, s'ennuient et se tourmentent moins quand elles se voient en boxes ; elles ne peuvent se mordre à travers ces barreaux.

Pour éviter la contagion et les courants d'air, les boxes peuvent être fermés de façon à former des séries de quatre ou six, ou plus : une cloison en maçonnerie faite du haut en bas empêchera toute communication avec les boxes suivants. Presque chaque jument ayant l'habitude de se faire une camarade à la prairie, ces séparations se feront par nombres pairs, quatre, six ou huit.

L'intérieur des boxes pourra être entièrement en plâtre ou mieux la partie basse pourra être faite d'un enduit de ciment jusqu'à la hauteur des cloisons intérieures, environ à $1^m,50$ de terre.

Les mangeoires peuvent être en bois, en fonte, en faïence ou en ciment armé.

Nous préférons ces dernières. Les chevaux mordent sur le bois et peuvent contracter l'habitude de tiquer; la fonte et la faïence ne sont pas à recommander parce que fragiles : les animaux en ruant peuvent casser ces mangeoires et se blesser. L'avantage des mangeoires en ciment armé est qu'on peut les faire sur place, comme on veut, à la place et à la dimension désirées. Elles doivent être aussi larges que possible dans le fond, afin que l'avoine puisse être éparpillée pour empêcher les animaux de la manger trop vite et trop goulûment.

On peut les faire avec un bord rentrant intérieurement ou former une bordure à deux étages, de façon à empêcher les animaux de jeter leur avoine ou leur mash dans la paille et dans le fumier.

La moitié des juments au moins ont cette manie de donner de grands coups de tête à droite ou à gauche et de rejeter avec leur nez la plus grande partie de leur ration par terre.

Les mangeoires placées dans les angles seront à $0^m,90$ de terre, de façon à ce que les jeunes poulains aussi bien que les juments puissent facilement y manger leur ration; elles seront pleines en dessous jusqu'au sol, arrondies et bien lisses.

Les anneaux destinés à recevoir les chaînes d'attache des poulinières seront placés au-dessus de la mangeoire à $0^m,87$ environ et à $0^m,28$ de l'encognure; la chaîne sera juste assez longue pour permettre à la poulinière de manger sa ration. Nous dirons dans un autre chapitre les dangers qu'il y a de laisser les juments attachées avec des chaînes trop longues ou placées trop bas.

Le sol des boxes pourra être en terre battue; en béton composé de mâchefer, gravillons, sable, chaux et ciment; un béton ainsi composé fait un très bon fond; il n'est ni trop glissant ni très coûteux; on peut le faire encore en briques posées sur champ. Avec la brique sur champ, la désinfection est plus facile, mais il est nécessaire, en posant les briques, de faire des joints creux pour empêcher les animaux de glisser en se relevant.

Les boxes ainsi construits sont on ne peut plus facile à désinfecter. Le haut et le plafond peuvent être blanchis à la chaux, la partie cimentée et les cloisons lavées à la brosse et passées à l'acide sulfurique.

Les boxes pour juments vides peuvent être de dimensions moins grandes et établis sur 3m,50 de longueur et 3m,25 de largeur.

Les boxes des étalons doivent être, autant que possible, placés à quelque distance des poulinières ; éloignés du bruit, des allées et venues ; et loin des magasins à fourrages, greniers, granges, pour éviter les dangers d'incendie.

Ces boxes seront spacieux : 5 mètres sur 5 mètres ou 5 mètres sur 6 mètres de largeur.

On aura soin d'aménager au-dessus des boxes une chambre de garçon pour y faire coucher un étalonnier qui pourra ainsi exercer une surveillance aussi bien la nuit que le jour. Nous disons un garçon et non un ménage, pour éviter l'inconvénient de déranger continuellement les étalons pendant le jour, par les allées et venues continuelles qui se feraient au-dessus de leur tête.

On peut construire les boxes destinés aux étalons de différentes façons : boxes ordinaires du même modèle que ceux indiqués pour les poulinières; boxes entourés d'une petite cour murée où l'on peut laisser la porte du boxe ouverte, l'étalon sortant et rentrant à volonté; boxes à tambour avec couloir devant. Ces derniers nous paraissent les plus confortables et les plus hygiéniques; ils sont plus faciles à aérer, puisqu'on peut tenir la porte du couloir ouverte lorsque la température l'exige ou le permet.

A l'intérieur du couloir, qui peut être fait pour deux boxes ou quatre au choix, les portes des boxes et la cloison doivent être en bois solide, surmonté de barreaux en fer permettant au cheval de voir dans le couloir; ces boxes sont moins tristes pour les chevaux. La cloison qui séparera les séries sera close du haut en bas et très solide. Les étalons ne se verront pas, mais s'entendront. Le service et la surveillance peuvent se faire plus facilement en cas d'accident ou de maladies ; les soins sont plus faciles à donner puisqu'on évite d'ouvrir continuellement la porte et qu'on pare à l'introduction de l'air frais qui arriverait directement sur l'animal.

Boxes des yearlings. — Les boxes des yearlings peuvent être placés aux extrémités de la propriété, ce qui est préférable pour les mâles qui doivent être éloignés des poulinières.

Dans les petits élevages, on peut laisser les mâles et les femelles ensemble jusqu'au mois de février, mais il est préférable de les séparer dès le sevrage.

L'avantage d'avoir pour les yearlings des boxes isolés, est

qu'en cas d'épidémie on n'a pas tous les animaux dans le même endroit et, quand ces boxes ne sont pas utilisés par les yearlings, ils peuvent servir à isoler les animaux malades ou à mettre en observation les animaux venant du dehors.

Les boxes seront de mêmes dimensions que pour les poulinières; également avec deux mangeoires, de façon à pouvoir, au sevrage, les mettre deux par deux.

La partie des bâtiments destinée aux yearlings doit comprendre un logement pour un ménage ou une chambre pour un garçon ; un petit magasin pour les fourrages et une pièce pour chauffer l'eau et faire les mashes.

Quand la chose est possible, il est très utile de faire un petit paddock attenant au pré destiné aux yearlings. Ce petit paddock sert à faciliter la rentrée des poulains que l'on fait passer du grand pré dans le petit, ce qui permet à un homme seul de les rentrer plus aisément. Pendant la mauvaise saison, ce petit paddock peut rendre de grands services quand il y a du verglas, de la neige, ou de trop grandes pluies : on le recouvre de fumier, afin de pouvoir lâcher les poulains ensemble, ou deux par deux, pour leur faire prendre un peu d'exercice.

L'accouchoir. — L'accouchoir, ou salle des mises bas, est une écurie où l'on place à tour de rôle les juments à surveiller à l'époque des naissances. La quantité de boxes nécessaires pour cette écurie spéciale varie selon l'effectif des poulinières du haras.

Un accouchoir bien conditionné doit comprendre : 1° des boxes de surveillance installés sous forme d'écurie à couloir avec une chambre ou une estrade pour les gardiens. Cette chambre sera en élévation avec vue sur tous les boxes à surveiller.

2° Une pièce spéciale pour l'accouchement, c'est-à-dire une deuxième écurie attenant à la première où l'on pourra passer, sans la sortir dehors, la jument au moment même de la mise bas. Cette pièce peut se composer d'un ou de deux grands boxes qui seront peints au ripolin ; le sol sera en briques sur champ, facile à laver et à désinfecter.

C'est, en somme, ce que l'on a fait dans les hôpitaux pour les femmes en couches.

On évite ainsi de contaminer l'écurie dite d'attente et de surveil-veillance, où passent à tour de rôle toutes les juments pleines d'un haras.

L'infirmerie. — Elle doit être placée à quelque distance du corps principal du haras, sans être trop éloignée, pour qu'on puisse, en cas de besoin, aider l'infirmier à donner les soins aux malades.

On comprendra dans cette partie des bâtiments, un logement pour l'infirmier. Les boxes ne communiqueront pas entre eux ; ils seront à couloir devant, ou plutôt à tambour, c'est-à-dire que les couloirs entre chaque box seront clos. Les boxes ainsi établis sont plus chauds, car ils offrent moins de risques de laisser pénétrer l'air frais sur les malades.

On pourra installer un système de chauffage pour un ou plusieurs boxes en cas de maladies graves nécessitant une température un peu élevée.

On peut également installer dans un des boxes un appareil à suspendre les chevaux.

Les boxes d'une infirmerie doivent être aménagés de façon à être facilement et rapidement lavés et désinfectés. On doit utiliser des carreaux de faïence sur toute la partie haute et le plafond ; le reste doit être passé au ripolin; les angles doivent être, autant que possible, arrondis. Une pièce pour chauffer et faire les mashes, et un magasin à fourrages compléteront l'aménagement nécessaire à l'infirmerie modèle d'un haras.

Autres bâtiments. — Granges ou grand hangar pour les foins, magasin pour la paille et pour l'avoine, le son, etc.

L'avoine sera placée autant que possible au premier étage, afin qu'il y ait la hauteur voulue pour installer un crible automatique : il suffit de la pousser dans un trou, et l'avoine tombe dans le coffre, après avoir passé pendant le trajet dans différents cribles.

Installation d'un haras dans une ferme où l'on veut utiliser de vieux bâtiments. — Nous avons donné notre façon de voir pour une installation nouvelle; mais, s'il s'agissait de créer un haras dans une ferme où il y a de nombreux bâtiments, on pourrait aménager les écuries dans une vacherie, dans une grange ou tout autre bâtiment où l'on peut faire des boxes à couloir très confortables, à la condition d'y faire des ouvertures suffisantes pour l'aération.

Des paddocks. — Les prairies seront divisées en plusieurs paddocks. La dimension à donner à ces paddocks peut varier selon le nombre de juments que l'on a l'intention d'y mettre et selon la position du terrain. Nous avons dit qu'il fallait 1 hectare pour une jument; on peut à la rigueur en mettre un plus grand nombre, si l'on a soin de laisser reposer les prairies périodiquement. Dans un pré de 4 hectares, on peut facilement mettre six juments et même huit, surtout au printemps, pendant la pleine saison d'herbe. On est souvent obligé de le faire quand, à partir du mois d'avril, on veut laisser des paddocks intacts, pour récolter le foin.

Il est bon d'établir des paddocks de plusieurs contenances; les grands sont préférables aux petits : les animaux ayant plus d'espace, les coups de pieds sont moins à craindre. Près du haras on pourra faire plusieurs petits paddocks d'un hectare au plus, destinés à mettre les jeunes poulains aux premiers jours de leur naissance. Ces petits enclos sont très utiles pour sortir les juments suitées une par une ou deux par deux; on peut plus facilement les surveiller, les rentrer si le temps n'est pas propice ou si, après avoir galopé, elles se couchaient sur la terre humide.

Les angles de chaque pré seront arrondis pour que les animaux puissent sans arrêt prendre les tournants. Les chevaux qui galopent le long des lisses s'arrêtent net, en arrivant dans les angles, et peuvent se jeter dans les barrières, ce qui pourrait être dangereux et en tout cas mauvais pour les jarrets; avec les coins arrondis, il n'y a rien à craindre.

Dans le terrain pris pour l'arrondissement de ces encoignures, on fera des plantations qui offriront aux chevaux l'avantage : 1° de leur indiquer et de leur marquer le tournant; 2° de les abriter du vent et de leur donner de l'ombre en été.

Abreuvoirs. — Dans chaque paddock il y aura un abreuvoir, ou un abreuvoir à cheval sur deux prés. On peut se servir de baquets en bois, de vieux tonneaux sciés dans leur milieu ; mais le mieux est de faire construire de grandes auges en ciment armé, parce que leur nettoyage est plus facile. Si l'on peut installer des abreuvoirs, il faudra les faire d'une profondeur suffisante, et d'une hauteur appropriée pour les animaux grands et petits ; l'eau se renouvellera constamment. Ils devront toujours être tenus très propres.

Clôtures. — La question des clôtures, qui a une sérieuse importance, est assez difficile à résoudre.

Les clôtures sous forme de barrières avec poteaux et traverses assemblées par des joints sont solides et jolies à l'œil, mais elles coûtent fort cher et nécessitent un ouvrier menuisier attaché au haras pour les réparations. Les poteaux sont généralement en chêne ; les traverses peuvent être en chêne ou en sapin. Le chêne est plus résistant, trop même, car, si un cheval se jette sur les barres, l'accident est toujours grave, puisque le bois ne cède pas.

Le sapin est moins résistant et plus économique, mais les animaux le mordent plus volontiers et, si on n'a pas soin de passer une couche de peinture ou de goudron, une traverse est vivement coupée à coups de dents.

Les entourages en perches et pieux ne sont peut-être pas les plus élégants, mais ils sont plus économiques et moins dangereux pour les animaux : en cas de heurts, les perches cèdent où se détachent du pieu sans causer de sérieux accidents. Les pieux sont le plus souvent en bois d'acacia et les perches en châtaignier ; les pieux seront plantés à 2 mètres les uns des autres; il faut généralement trois traverses parallèles, pour empêcher les jeunes poulains de passer à travers.

Les Américains du Sud emploient des grillages en fil de fer placés à une hauteur de $1^{m},80$ avec des poteaux de place en place et une traverse en bois léger en haut du grillage.

M. Reyles, éleveur près Montevideo (Uruguay), a installé dans son haras une clôture très pratique à l'aide de fils de fer. Ces fils de fer sont tendus et entourés de rouleaux en bois. Cette clôture a donné les meilleurs résultats : les poulains ne peuvent pas se blesser, puisque les chocs sont amortis par la flexibilité des fils de fer.

Les entourages en fil de fer simple, en ronces destinées au bétail, étant extrêmement dangereux pour les chevaux, nous ne saurions les recommander.

Abris. — Les hangars installés dans les paddocks servent d'abris pour le mauvais temps ; pendant l'été les animaux peuvent s'y mettre à l'ombre.

Ceci est bien, quand il y a peu d'animaux dans une prairie, mais devient dangereux quand il y en a un grand nombre : les coups de pieds étant toujours à craindre. Nous croyons préférable, pour les pur sang tout au moins, de ne pas faire construire des hangars dans les prés.

Ombrages. — Les grands arbres, quand il y en a, dans une propriété, remplacent avantageusement les hangars pour abriter et protéger les animaux contre les ardeurs du soleil.

CHAPITRE V

L'HYGIÈNE DU HARAS

Hygiène générale. — Les chevaux doivent sortir tous les jours ; les bienfaits d'un exercice journalier ne sont pas douteux et sont indispensables à l'entretien de la santé, au bon fonctionnement de l'organisme.

Quelle que soit la température : gelée, neige, grande pluie, les étalons peuvent sortir à la longe sur un rond de fumier ou dans un manège ; les juments pleines feront une promenade en main ; les juments vides et les poulains peuvent très bien sortir sur la neige ou sous la pluie ; il suffit de ne pas les y laisser trop longtemps. En été, les poulinières et les yearlings peuvent coucher dehors, ils seront rentrés dans le jour, pendant la chaleur.

Les étalons ne sortant pas à la prairie seront pansés. Le pansage n'est pas utile pour les poulinières et les poulains.

Tenue des écuries. — La bonne tenue des boxes comprend : l'aération, l'entretien de la litière, les soins de propreté.

Le matin, au réveil, la partie haute de la porte des boxes doit être ouverte pour toutes les poulinières ; ceci évitera le passage subit d'un air chaud à une température froide au moment de la sortie ; l'avoine distribuée, on donnera un peu de foin et on remplira les seaux d'eau, de façon que les juments pleines n'aillent pas boire de l'eau froide ou glacée à l'abreuvoir, pendant la saison d'hiver.

Les poulinières sorties, les portes et les châssis seront ouverts pour laisser pénétrer l'air pur. Les châssis placés assez haut peuvent, en été, rester continuellement ouverts. A l'approche de l'hiver et par les mauvais temps, ils seront fermés d'un côté seulement ; ils ne le seront complètement que lorsque la température descendra au-dessous de zéro.

Dégagement continu d'oxygène. — Pour assainir les boxes, on peut introduire de l'oxygène dans la proportion volumétrique de 1 pour 1.000; en outre, on peut déterminer dans les boxes un léger dégagement continu de gaz ogygéné en plaçant un bassin contenant un mélange de :

Peroxyde de manganèse..................	500 grammes
Hypochlorite de chaux (en solution).......	5 kilogrammes

On constatera du jour au lendemain que l'odeur habituelle des boxes aura fortement diminué.

Il y a là évidemment une véritable méthode d'assainissement qui doit devenir d'un emploi usuel pour prévenir les maladies infectieuses et qui peut rendre en tous temps d'immenses services.

Litières. — La litière doit fournir aux animaux un lit confortable pour leur repos.

La paille de blé est généralement employée dans tous les haras de pur sang.

La litière doit être secouée tous les matins, le sol balayé; il ne doit séjourner ni crottin, ni fumier dans les boxes. La vieille litière sera recouverte chaque jour d'une couche de paille nouvelle, propre et abondante.

La tourbe peut remplacer la paille en certains cas pour un animal blessé qui se relèvera plus facilement que dans la paille ; mais, en principe, elle n'est pas à recommander : les animaux en liberté font, en se déplaçant, de la poussière qui se dépose dans les mangeoires.

Les boxes doivent être tenus dans un grand état de propreté.

Une fois par semaine, on passera une tête de loup partout pour enlever la poussière et les toiles d'araignées.

Les mangeoires doivent être nettoyées tous les jours, surtout quand on donne des mashes, dont les restes s'aigrissent facilement. Le cheval aime la propreté et se dégoûte facilement.

Les portes des boxes (intérieurement), les carreaux des châssis, doivent être lavés une fois par semaine.

Nous avons entendu dire à un éleveur, que nous ne conseillerons pas de prendre pour modèle, qu'il trouvait ridicule d'avoir des écuries propres quand les poulinières qui les habitaient étaient recouvertes de boue ; il préférait faire brosser les poulinières une partie de la matinée avant de les mettre à la prairie au lieu d'aérer, de nettoyer et d'enlever le fumier, qu'il faisait mettre dehors seulement le samedi, c'est-à-dire une fois tous les huit jours.

Cette pratique est absolument condamnable ; les crottins et fumiers ne doivent pas séjourner dans les écuries, les émanations viciant l'air très rapidement.

Mieux vaut, pour les poulinières, qui sont une partie de la journée

Airs-and-Graces, mère de l'étalon *Jardy* exporté en République Argentine.

à la prairie, qu'elles conservent sur le dos un peu de la boue qu'elles auront ramassée en se roulant et qu'elles soient rentrées dans des boxes aérés et tenus proprement.

On ne fait que se rapprocher de la nature en ne faisant pas de pansage aux poulinières. Leur pansage, elles le font en se roulant dans la prairie, ce qui est du reste toujours un signe de santé. La bonne nourriture et le grand air font le reste.

Les poulinières traitées dans ces conditions sont dures ; elles supportent plus facilement les intempéries de la mauvaise saison, avortent moins facilement ; elles ont au printemps un poil très brillant et très fin; enfin, elles risquent beaucoup moins de prendre mal que si elles étaient finement pansées.

Régularité des repas. — La régularité des repas a une grande importance, mais il est impossible de donner à manger aux animaux aux mêmes heures, en toute saison. En été, les chevaux doivent sortir de très bonne heure et rentrer tard ; c'est l'époque où ils sont le mieux dans les prairies. L'avoine est donnée le matin à cinq heures, tandis qu'en hiver elle sera donnée à sept heures. Il en est de même pour le repas du soir qui est avancé en hiver ; on doit arriver à ce changement progressivement et on y arrive par la force des choses en suivant l'allongement ou le raccourcissement des jours.

Nous ne sommes pas partisans de donner la nuit des soins aux poulinières et aux poulains, à moins d'avoir une installation de lumière électrique ; il est toujours dangereux de faire le travail avec des lanternes.

Soins des pieds. — Les pieds des animaux doivent être l'objet de soins spéciaux et d'une surveillance constante.

Les étalons peuvent être ferrés, tout au moins des membres antérieurs; les pieds seront lavés et graissés tous les jours, les fourchettes surveillées ; on passera de temps en temps un peu d'onguent égyptiac, ou goudron de Norvège, dans les creux de la fourchette; et de la bouse de vache dans toute la partie creuse du sabot, principalement pour les pieds secs.

Les poulinières auront les pieds parés une fois par mois environ ; on aura soin de ne rien enlever sous le pied, de ne pas toucher aux fourchettes, si ce n'est pour les nettoyer; il faudra vérifier si elles ne se pourrissent pas. Quand la corne dépasse la longueur normale, on pare le pied en coupant la corne tout le tour du sabot; mais il faut laisser la force du pied en dessous, si on ne veut pas avoir des juments sensibles et souvent boiteuses pendant l'époque des sécheresses. Les juments qui ont les pieds trop plats et trop sensibles seront ferrées, en été, des pieds de devant, quand le terrain sera dur.

Sans même attendre qu'ils soient séparés de leur mère, on devra visiter les pieds des poulains au moins une fois par mois, à partir du deuxième mois. On ne saurait trop recommander de commencer quand ils sont très jeunes : c'est pour eux une sorte de premier dressage. Les poulains habitués dès leur jeune âge à se laisser lever et parer les pieds n'éprouvent ni frayeur ni douleur, puisqu'ils ne se défendent plus.

Chez les jeunes sujets la plus grande attention doit être donnée non seulement aux pieds, mais aussi aux aplombs que l'on peut parfois corriger en appliquant des appareils orthopédiques bien adaptés aux membres.

CHAPITRE VI

HERBAGES ET PRAIRIES

Composition des terrains d'élevage. — Le sol étant l'expression même de la composition du cheval, avant de mettre des chevaux sur un terrain que l'on destine à l'élevage, il est indispensable de connaître la composition chimique du sol, pour savoir si sa minéralisation se rapproche des dominantes minérales du corps du cheval, ou si sa constitution peut, après amendement, réaliser la formule type du « sol du pur sang ».

Le sol est un mélange hétérogène d'organismes vivants et de constituants inertes, solides ou gazeux. On y trouve des débris minéraux, provenant de la désagrégation et de la décomposition des roches ; de la matière organique, provenant de débris plus ou moins décomposés de plantes et d'animaux ; une atmosphère toujours plus riche que l'atmosphère ordinaire en gaz carbonique, en vapeur d'eau et peut-être en d'autres gaz ; des organismes vivants, qui sont des espèces variées de bactéries : les ferments et enzymes; enfin des solutions des constituants précédents. Ces solutions forment l'humidité de la terre et elles sont en équilibre plus ou moins parfait avec les solides et les gaz au contact desquels elles subsistent.

De tous ces constituants du sol, ce sont les solutions qui ont le plus d'importance pour la vie des plantes. C'est chez elles, en effet, que les racines vont puiser toutes les substances que les végétaux utilisent pour leur développement (abstraction faite de l'eau et de l'acide carbonique absorbés par les feuilles). On sait aussi que les plantes peuvent parfois absorber des substances organiques dissoutes dans les liquides du sol ; mais ce cas est exceptionnel et n'a qu'une importance secondaire pour le développement des végétaux placés dans des circonstances particulières.

Le liquide qui circule dans les sols étant la seule source d'où les plantes extraient les constituants minéraux absolument indispensables à leur vie, sa composition prend une très grande importance physiologique.

MM. Cameron et Bell admettent que les minéraux du sol se dissolvent d'une façon continue, et, disent-ils, en se dissolvant, comme ils sont constitués par des acides forts et des bases fortes ils sont plus ou moins complètement hydrolysés. Généralement le produit d'hydrolysation le plus fort reste en solution et le plus faible est plus ou moins complètement précipité.

C'est grâce à ce mécanisme que les principales substances minérales servant de nourriture aux végétaux sont dissoutes et mises à leur disposition.

Tous les sols contenant pratiquement les mêmes minéraux et les mêmes phénomènes s'y produisant, on peut s'attendre à trouver dans tous les sols une solution identique, et ces auteurs ajoutent sous forme de conclusion : la concentration des solutions circulant dans les terres, en ce qui concerne les principaux éléments nutritifs pour les végétaux, suffit au développement des animaux.

Nous pourrons donner comme conseil de faire effectuer des analyses sur la constitution des terres destinées à l'élève du pur sang.

Analyse des terres — L'éleveur qui voudra faire établir la composition du terrain de son haras devra exiger du chimiste une analyse qui fixera la valeur de tous les éléments constitutifs du sol, qui sont les suivants :

Résidu insoluble ;
Silice soluble ;
Potasse (K^2O) ;
Soude (Na^2O);
Chaux (CaO) ;
Magnésie (MgO) ;
Sesquioxyde de manganèse (Mn^3O^4) ;
Oxyde de fer (Fe^2O^3);
Alumine ($Al^2 O^3$) ;
Acide phosphorique (Ph^2O^5) ;
Acide sulfurique (SO^3);

Eau et matières organiques.

Humus;

Eau hygroscopique absorbée;

Argile colloïdale;

Grains de valeur hydraulique inférieure à $0^{mm},25$;

Grains de valeur hydraulique comprise entre $0^{mm},25$ et $0^{mm},50$;

Grains de valeur hydraulique comprise entre $0^{mm},50$ et 2 millimètres;

Grains de valeur hydraulique comprise entre 2 et 8 millimètres;

Grains de valeur hydraulique comprise entre 8 et 64 millimètres.

L'herbage. — Sans attacher une grande importance à la qualité de l'herbe pour l'élevage de pur sang, il y a cependant lieu de choisir un sol fertile, une situation saine, un terrain produisant des herbes fines et courtes où les légumineuses seront en bonnes proportions; les chevaux aiment à pâturer l'herbe courte.

L'herbe est utile pour donner du lait aux mères, rafraîchir les jeunes poulains et les poulinières avant la saillie, mais elle ne fait pas exclusivement le cheval de course. Nous croyons qu'on peut élever des poulains de pur sang dans un paddock en sable s'il est dans un endroit sain et assez grand pour qu'ils puissent prendre l'air et assez d'exercice; une alimentation spéciale répondant aux besoins physiologiques des animaux et des rafraîchissements donnés à l'écurie feront le reste.

Création de prairies. — Les prairies et les pâturages réussissent généralement bien dans les régions à climat brumeux. Les sols argileux ou sablo-argileux sont généralement convenables pour la création des prairies nouvelles.

Il est bon, avant de semer les graines d'une prairie, de nettoyer le sol par des cultures binées ou sarclées afin que les mauvaises herbes ne viennent pas étouffer les semences de graminées et de légumineuses.

La terre destinée à être ensemencée au printemps (mai) ou à l'automne étant prête, la graine de foin peut être semée dans une avoine ou dans une orge ; elle sera mieux abritée et ne grillera pas pendant les grandes chaleurs. Il est préférable de s'adresser à une maison de confiance pour avoir un mélange judicieux des graines de foin convenant à chaque terrain, plutôt que de se servir de balayures de granges ou de magasins. Ces déchets ne renferment, le plus souvent,

Le Sagittaire, étalon alezan par *Le Sancy* et *La Dauphine*.

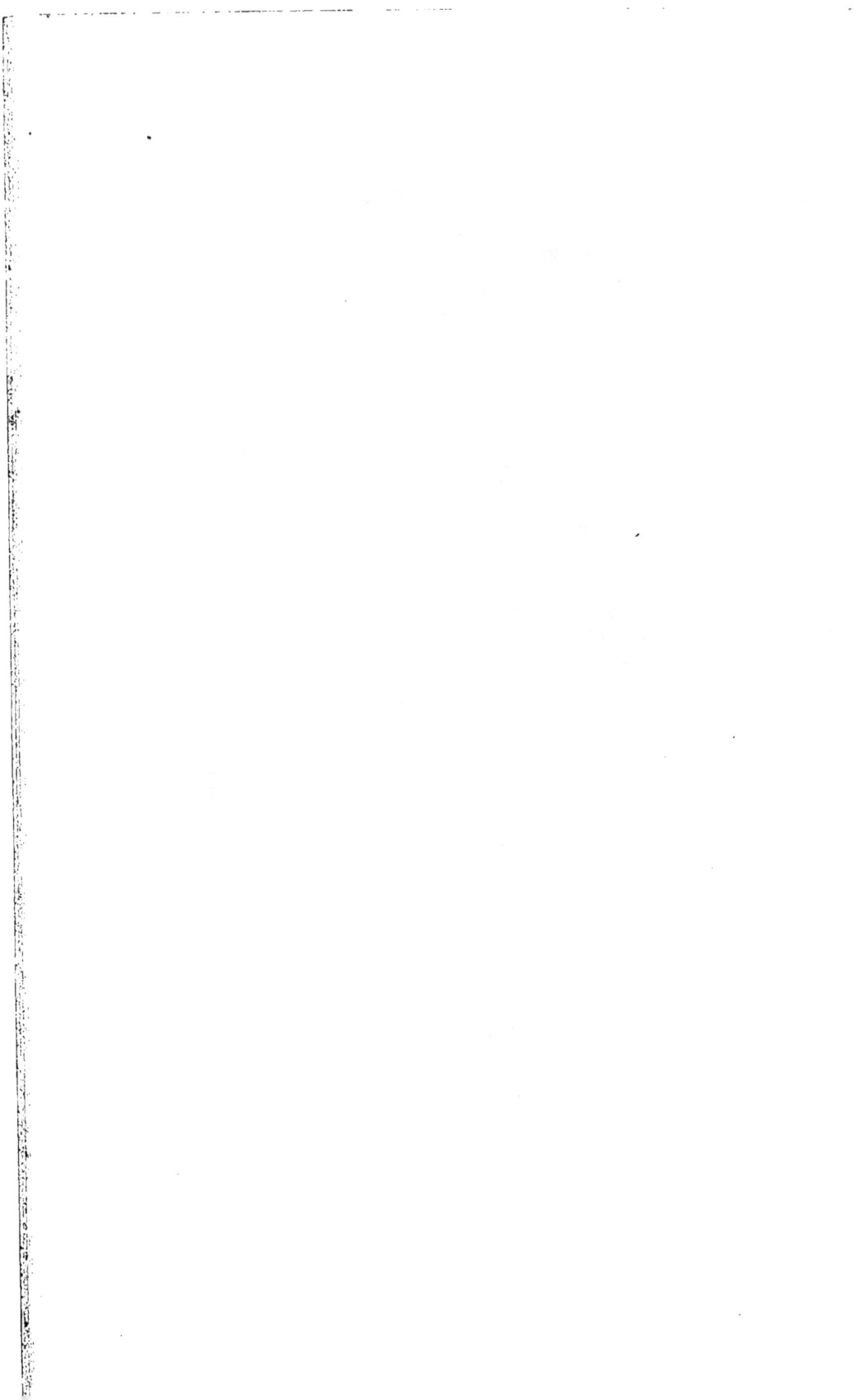

que les plus mauvaises graines d'une prairie, les bonnes n'étant pas souvent à maturité au moment de la coupe des foins.

Soins à donner aux prairies. — Pour entretenir les prairies en bon état, il y a lieu de faire enlever les mauvaises herbes, qui ont vite fait de gagner en étendue et empêchent les bonnes de pousser.

Au printemps, il est bon de faire ramasser les tas de crottins que font dans les prés, les poulinières, parce que ces dernières ne mangent pas volontiers les touffes d'herbes, qui poussent plus hautes à l'endroit où elles ont fienté ou uriné. A l'automne, et pendant l'hiver, on pourra se contenter de faire étaler le crottin.

Au printemps, avant la poussée de la première herbe, toutes les prairies doivent être hersées et roulées ensuite, de façon à démousser, à étaler les taupinières, à égaliser le terrain en bouchant les trous produits par les sabots des chevaux et aussi, pour donner « de l'air » aux plantes.

Nous recommandons pour ce travail la herse souple de Bajac, exposée cette année au Concours Agricole de Paris. Cette nouvelle herse sert aux mêmes usages que la herse à chaînons, mais elle a sur elle, l'avantage d'être entièrement en acier et formée d'éléments démontables et interchangeables, permettant le remplacement facile et rapide des parties usées; elle est articulée dans tous les sens et a toute la souplesse désirable ; elle fait, par conséquent, un travail aussi complet que possible, quelles que soient les ondulations du sol.

L'instrument est à pointes d'un côté et à couteaux de l'autre ; on se sert du côté pointe quand il y a lieu d'étaler les taupinières ou de boucher les trous faits par les pieds des chevaux. On se sert du côté des couteaux, si on veut simplement donner de l'air aux prairies.

Les herbes longues, laissées par les chevaux, peuvent être pâturées par des bœufs ou des vaches ; mais il n'est pas indispensable pour l'élevage du pur sang de mettre des bovidés dans les prés. A défaut, on fait à l'époque des foins passer la faux pour faire un nettoyage complet, on a ensuite des regains pour les animaux.

Fumures et engrais. — Selon le sol, la nature du terrain et après analyse, on détermine les engrais chimiques à adopter ; il est en tout cas excellent de faire, tous les deux ou trois ans, une bonne fumure. Le fumier de mouton mélangé avec le fumier de vache bien réduit en composts, en alternant avec les superphosphates ou les scories, on obtient les engrais qui conviennent le mieux aux prairies.

Le fumier de tourbe des chevaux des petites voitures ou omnibus est aussi excellent pour faire pousser les prairies; mais il est toujours dangereux de l'employer, car il renferme souvent les germes des maladies contagieuses, qui sévissent plus ou moins à l'état latent dans ces établissements.

Pour l'emploi des engrais, comme à beaucoup d'autres points de vue, les prairies se divisent en deux catégories, prairies artificielles, prairies naturelles.

Prairies artificielles. — Les prairies artificielles sont, en général, exclusivement composées de légumineuses (luzerne, trèfle, sainfoin, etc.). Il est donc inutile de donner de l'azote à ces prairies, car, par l'intermédiaire des nodosités que des microorganismes spéciaux forment sur leurs racines, les légumineuses ont la propriété de s'assimiler l'azote gazeux de l'air.

Mais les prairies artificielles doivent recevoir de copieuses doses d'acide phosphorique et de potasse. Ces deux éléments se trouvent combinés comme il convient dans l'engrais superphosphate potassique. Cet engrais est employé dans les prairies artificielles à la dose de 600 à 700 kilogrammes à l'hectare. Les prairies artificielles sont quelquefois établies dans des terrains abondamment pourvus de potasse (terrains argileux ou granitiques). Dans ce cas, l'emploi d'une dose de 700 à 800 kilogrammes à l'hectare de l'engrais dit superphosphate riche suffit à ces prairies.

On remarquera qu'il est donné, dans ce second cas, une quantité d'acide phosphorique supérieure à celle qui est donnée dans le premier cas, comportant l'emploi du superphosphate potassique. Cela tient à ce que les terres riches en potasse sont particulièrement pauvres en acide phosphorique.

Prairies naturelles. — Les bonnes prairies naturelles doivent être composées de proportions à peu près égales de légumineuses et de graminées. Dans ces prairies, l'intervention de l'azote est quelquefois utile. On devra apporter cet élément, lorsqu'on aura constaté chez les graminées (paturin, avoine, vulpin, etc.) une tendance trop marquée à céder la place aux légumineuses: la pénurie des graminées et l'abondance des légumineuses prouvera en même temps un besoin d'azote et l'inutilité d'un apport de potasse. Et, dans ce cas, la prairie devra recevoir à l'hectare 600 kilogrammes de superphosphate azoté. Si l'on remarquait, au contraire, une insuffisance de légumineuses et une surabondance de graminées,

Amie suitée d'*Ajax*.

cela dénoterait un besoin de potasse et indiquerait la présence dans le sol d'une quantité suffisante d'azote.

L'engrais à employer serait le superphosphate potassique à la dose de 600 à 700 kilogrammes à l'hectare.

Si la prairie présentait un aspect peu satisfaisant, tant pour les légumineuses que pour les graminées, il y aurait lieu de recourir à l'emploi, à la dose de 500 à 600 kilogrammes à l'hectare, d'un engrais qui contient des doses convenables d'acide phosphorique et d'azote et une forte dose de potasse.

Si l'état de la prairie était très défectueux au point de vue des

Gouvernante suitée de *Gouvernant*.

graminées, il y aurait lieu de recourir à l'emploi de la dose de 500 à 600 kilogrammes à l'hectare d'un engrais dans lequel la dose d'azote, élément nécessaire aux graminées, est portée à 5 0/0.

Enfin, lorsqu'il s'agira de prairies dans lesquelles les légumineuses seront aussi abondantes que les graminées, et où les deux familles paraîtront végéter dans de bonnes conditions et d'une manière également vivace, l'emploi de 600 à 700 kilogrammes de superphosphate de chaux à l'hectare, suffira pour le bon entretien de la prairie, sans aucune addition de potasse ou d'azote.

Destruction de la mousse dans les prairies. — Le sulfate de fer, employé à la dose de 300 à 400 kilogrammes à l'hectare, a la propriété de détruire la mousse des prairies.

Ce produit doit être répandu en octobre ou en novembre.

Dans la répartition de la dose de 300 à 400 kilogrammes, on visera naturellement de préférence les parties particulièrement envahies par la mousse.

Parmi les engrais phosphatés qu'on pourrait substituer aux superphosphates, quels sont ceux qui doivent être préférés? La réponse à cette question dépend toujours un peu des cas particuliers qu'il faudrait pouvoir envisager en détail. Pour les terres acides qui sont au voisinage de gisements phosphatés, les phosphates naturels, finement moulus et vendus à bon compte, peuvent rendre des services.

En l'état actuel du marché, les scories de déphosphoration peuvent remplacer très souvent les superphosphates. Leur valeur fertilisante, sauf dans les terres calcaires, est au moins égale à celle de ces derniers ; souvent elle leur est supérieure. Tant que l'écart entre le prix de l'acide phosphorique des superphosphates et celui des scories restera ce qu'il est en ce moment, ces dernières devront être préférées si l'on cherche l'économie.

Importance du changement de prairies. — Il est bon de ne pas laisser les mêmes animaux toujours dans les mêmes prairies. Les poulinières placées toujours dans le même paddock, pâturent aux mêmes endroits, finissent par connaître les bons coins et laissent des parties entières sans y toucher. Il est nécessaire de laisser reposer de temps en temps les prairies fatiguées, et de ne pas faucher tous les ans les mêmes paddocks pour faire le foin. Il est en tout cas bien préférable, quand on n'a pas de bœufs pour faire manger l'herbe laissée par les chevaux, de vendre le foin récolté sur ces prairies et de garder celui récolté dans les prés où il n'y a pas eu d'animaux.

Les propriétaires normands, très fiers de leurs prairies, ne les louent pas volontiers pour être exclusivement consacrées à l'élevage du cheval, ni même pour être fauchées, ils prétextent que l'application exclusive d'un seul de ces deux systèmes détériore les prairies: les chevaux par la dent et les pieds, la faux par la privation de l'engrais du bétail.

Il est certain que, dans les deux cas, les mauvaises herbes non pâturées ou fauchées à maturité finissent par prendre le dessus, grainent et étouffent les bonnes.

On estime que plus une prairie est vieille, plus elle est bonne : ceci est certain au point de vue du sol et de la composition de la prairie ; le sol est plus moelleux, plus souple ; l'herbe y pousse plus abondante, et mieux garnie du pied.

Nous plaçant exclusivement au point de vue de l'élevage du pur sang, et non au point de vue économique, nous croyons à la qualité de l'herbe de prairies nouvelles.

Exemple : Des poulinières placées sur des prairies anciennes (prairies fumées au moins tous les trois ans, une année avec du fumier, et tous les deux ans avec 400 kilogrammes environ de superphosphate à l'hectare) avaient besoin pour être en bon état d'une ration, par jour :

Lot de juments vides :

Avoine	6 litres
Foin	5 kilogrammes

Lot de juments pleines :

Avoine	10 litres
Foin	5 kilogrammes

Lot de juments suitées :

Avoine	12 litres
Foin	6 kilogrammes

Ces mêmes juments, envoyées dans un haras nouvellement créé, où ne se trouvaient par conséquent que des prairies nouvelles, n'ont reçu qu'une ration de :

Vides :

Avoine	3 litres

Pleines :

Avoine.................................... 6 litres

Suitées :

Avoine.................................... 8 litres
Foin pour toutes, par jour.................. 3 kilogrammes

Ces juments étaient en bien meilleur état, malgré une diminution de la moitié de leur ration. Le sang affluait à la peau, les yeux étaient rouges ; certains cas de congestion se produisirent même, les premières années, malgré la diminution de la ration, et les mashes et les rafraîchissements donnés régulièrement trois fois par semaine.

Le foin récolté sur ces nouvelles prairies était aussi des plus nourrissants et « poussait trop au sang ».

Au bout de six à huit ans, l'herbe et le foin avaient déjà perdu de leur qualité et de leur force; les prairies non pâturées étaient régulièrement fumées avec du fumier et des superphosphates.

Composition botanique des prairies. — Les caractères et les qualités de l'herbe varient avec la sorte de prairies qui les fournissent.

L'herbe des prairies élevées est courte, fine, très aromatique et généralement très nutritive, à moins qu'elle ne soit produite par un sol très sec et très maigre.

Trèfles blanc et violet, lotier carniculé dans les légumineuses; flouve odorante, cretelle, pâturin des prés, avoine jaunâtre, dans les graminées dominent dans sa composition botanique.

Les herbes des prairies moyennes moins odorantes et formées de plantes plus grasses sont moins digestibles et conséquemment moins nutritives.

On y rencontre, avec le trèfle et le lotier, un grand nombre de graminées : houlque laineuse, fétuque, brome des prés, avoine élevée, fléole, ray grass, dactyle aggloméré, vulpin ; puis, comme plantes aromatiques ou âcres, des ombellifères, des composées et des renoncules.

L'herbe des prairies humides ou basses est plus abondante, mais de moindre valeur que celle des prairies hautes ou moyennes. La qualité est d'autant plus défectueuse qu'elle est produite par un sol plus marécageux.

L'examen botanique d'une herbe apporte des données importantes sur sa valeur alimentaire ; la répartition des végétaux qui la composent, en plantes très bonnes, moyennes, médiocres, toxiques, l'importance relative de chacune de ces catégories, renseignent sur les qualités nutritives de l'ensemble.

Composition chimique de l'herbe. — L'histoire alimentaire d'une prairie est dominée par une constatation du plus haut intérêt et dont on ne saurait trop faire ressortir les conséquences. Il s'agit du peu de stabilité de la composition chimique du foin.

Voici les chiffres qui mesurent, aussi exactement que possible, les variations extrêmes entre lesquelles on a l'habitude de placer une moyenne qui ne correspond, en général, à rien de précis.

	H. C.	CENDRES	PROTÉINE	CELLULOSE	MATIÈRES AZOTÉES	MATIÈRES GRASSES
Qualité supérieure	14,3	5,0	7,5	35,5	38,52	1,5
— meilleure	14,3	5,4	9,2	29,2	39,7	2,0
— moyenne......	14,3	6,2	9,7	26,2	41,4	2,5
— très bonne ...	14,3	6,4	9,7	26,3	41,31	2,5
— marécageuse ..	11,0	6,3	9,2	26,7	44,2	2,4

Le peu de stabilité de la composition, est la conséquence des circonstances infiniment variables qui régissent la végétation. Rien n'est plus vague que de dire : tel animal consomme telle quantité d'herbe. Ne sachant pas la quantité qu'il absorbe et connaissant les écarts relevés dans la teneur chimique en principes immédiats, nous n'aurons pas à tenir compte de la composition de l'herbe pour l'établissement de la ration des animaux.

A quel moment faut-il couper le foin? — La qualité du foin varie sans doute avec la nature et la proportion des plantes qui composent la prairie (graminées et légumineuses fourragères) ; mais le degré de maturité, le mode de fanage et la température au moment de la fauchaison sont aussi choses à prendre en considération. Ainsi, il résulte des expériences de Kurber, confirmées depuis par un très grand nombre d'auteurs, que des foins de même composition botanique, mais récoltés à des stades de végétation différents, possèdent des valeurs nutritives qui peuvent aller du simple au double. Il y a donc gros intérêt pour l'élevage à savoir déterminer l'époque la plus favorable à la fauchaison des prés.

D'habitude on attend jusqu'à la maturité complète des graminées et, tout au moins, que les graines soient complètement formées pour couper les foins. On croit qu'alors la récolte est plus abondante et meilleure. C'est une grave erreur ! En effet, les recherches nombreuses exécutées pour connaître la composition des plantes des prairies aux différentes époques de leur croissance ont montré que la vie extérieure de la plante pouvait se diviser en deux parties bien distinctes : la première va de la naissance à la floraison; elle a pour but l'édification et pour résultat l'enrichissement continu du végétal. Pendant toute cette période, la plante vit pour elle-même, elle puise dans le sol ou emprunte à l'atmosphère les éléments qui lui sont nécessaires pour les faire servir à sa croissance ou les convertir en réserves qu'elle dépose dans l'intimité de ses cellules. Alors la plante devient de plus en plus riche; elle renferme une quantité d'eau considérable ainsi qu'une proportion de plus en plus forte de principes immédiats. Ceux-ci, uniformément distribués dans toutes les parties du végétal, possèdent en raison de leur structure une capacité digestible considérable.

La deuxième période commence avec la fécondation. A ce moment, la scène change : l'accroissement cesse, la plante se dessèche, tandis que les principes immédiats qu'elle renferme ou se déplacent ou se transforment. La vie de la plante devient exclusivement intérieure et semble avoir uniquement pour but la perpétuation de l'espèce. En effet, après la fécondation, les éléments constituant des réserves, abandonnent partiellement la tige du végétal, gagnent les parties supérieures de la plante et finalement s'accumulent dans les enveloppes florales d'abord, dans les graines ensuite. Ce phénomène, qui est constant, est sous la dépendance immédiate de la fécondation ; il se poursuit pendant toute la durée de la fructification, et son intensité est proportionnelle à l'importance de la fécondation. En même temps que cette migration s'accomplit, ayant pour résultat la spoliation et l'appauvrissement de l'herbe, les éléments constitutifs du végétal subissent des métamorphoses qui nuisent à ses propriétés alimentaires. La dessiccation sur pied entraîne une modification de la cellulose, qui se liquéfie et devient en partie réfractaire à l'action des sucs digestifs.

Il résulte de ces faits que le moment le plus convenable pour la coupe des foins n'est pas l'époque où la fructification est complète, mais bien celui où la majeure partie des plantes qui composent la prairie sont en fleur. C'est à ce moment que l'herbe a acquis le maximum de sa richesse possible; c'est à ce moment aussi que la digestibilité de ses principes immédiats est le plus élevée. Plus tard, le foin est dur, sec, ligneux, peu sapide, peu digestible et peu nutritif; il se rapproche quelque peu de la paille par sa composition chimique, beaucoup de plantes qui le constituent ayant produit des fruits ou des graines qui ont été perdus au cours des opérations de la fenaison.

Plus tôt, le foin est relâchant et mou; il donne un moindre rendement et est d'une conservation plus difficile. Aussi bien, des expériences récentes ont montré que le commencement de la floraison et surtout la semaine qui précède, marque une sorte de crise de la végétation avec une baisse de presque tous les principes immédiats nutritifs. Ce moment serait donc très désavantageux pour la récolte des fourrages.

En résumé, c'est au moment de la pleine floraison que les herbes atteignent le maximum de valeur nutritive. C'est ce moment qu'il faut choisir pour couper les herbes, avançant ou retardant légèrement suivant la destination du fourrage. Il faut se souvenir en effet que les chevaux préfèrent les foins un peu mûrs et craquants; au contraire, les ruminants tirent un meilleur parti des fourrages tendres.

Le foin nouveau. — Tous les ans, quand vient le renouveau, la question est posée de savoir si l'on peut, sans danger, utiliser le foin nouvellement récolté à l'alimentation normale et régulière des animaux.

Beaucoup d'auteurs conseillent de s'abstenir. Ils prétendent que la consommation du foin nouveau peut déterminer des accidents parmi lesquels des affections cutanées, des irritations gastro-intestinales, des coliques, des maladies vertigineuses, etc. Ils imputent ces accidents à la présence, dans le foin, d'une quantité anormale de principes volatils excitants et conseillent d'attendre, pour l'employer, que le fourrage ait *jeté son feu*, c'est-à-dire se soit dépouillé, par une évaporation de quelques jours, de tout ou partie des essences qui l'imprègnent en le parfumant et peuvent le rendre nuisible lorsqu'elles sont trop concentrées.

Cette conception de la nocivité du foin neuf ne repose sur aucun fondement scientifique. Le foin récemment préparé n'est pas dangereux; il ne possède aucune propriété malfaisante qui lui soit essentielle. Au contraire ! L'analyse chimique et l'expérimentation directe sur les animaux ont montré que le foin nouveau est un aliment supérieur; c'est quand il vient d'être récolté que le foin possède son maximum de valeur alimentaire; il s'appauvrit à mesure qu'il vieillit et, après deux ans de conservation, il n'est pas sensiblement meilleur que la paille.

Est-ce à dire que le foin nouveau n'ait jamais déterminé d'accidents ? Non, certes ! Les vétérinaires et les éleveurs ont justement signalé des affections graves qui avaient pour origine certaine l'usage du foin nouvellement récolté. Mais une observation attentive de l'interprétation raisonnée des faits a démontré que, dans tous les cas, les accidents sont dus moins aux propriétés du fourrage qu'à la façon dont il est administré. Toujours les effets observés ont été la conséquence *d'un écart de régime*. Il n'y a, pour s'en convaincre, qu'à voir ce qui se passe chez les agriculteurs, dans la pratique courante. Les animaux, dans la plupart des cas, ont à souffrir de la pénurie des fourrages au cours de l'hiver. Ils souffrent surtout pendant les quelques semaines qui précèdent la récolte, alors que les greniers sont à peu près vides et que la ration, réduite en poids, est surtout composée de paille et de foin de plus en plus vieux, c'est-à-dire de moins en moins riche. C'est la demi-diète quand ce n'est pas la ration de misère.

Mais vienne la récolte! Immédiatement, brusquement l'ancienne ration est rétablie quand elle n'est pas dépassée. A cause de l'abondance du fourrage et parce que l'affouragement est facile, on donne le foin à discrétion. La ration est surabondante. Elle est exclusivement composée d'un foin très jeune, et très riche et très digestible. C'est la qualité jointe à la quantité: en sorte que l'animal reçoit du jour au lendemain deux fois plus de nourriture. Il est naturellement exposé aux accidents congestionnels.

Les indigestions sont surtout à craindre : le foin nouveau, très frais, très souple et fortement aromatique, possède toute son action condimentaire ; il excite davantage l'appétit des animaux qui le consomment avec avidité, l'avalent gloutonnement et sont portés à en absorber une trop forte quantité. Mais les phénomènes observés, sont la conséquence d'une mauvaise utilisation d'un excellent aliment. Ils se retrouvent toujours à l'occasion des écarts de régime quelle que soit l'espèce et la nature des aliments. Ainsi, le foin nouveau peut être, sans danger, utilisé pour l'alimentation des animaux de pur sang dont la ration est réglée avec soin. Même on a tout intérêt à s'en servir le plus tôt possible, parce que c'est quand il est jeune qu'il possède, au maximum, ses propriétés alimentaires et condimentaires. Mais il faut avoir soin de le donner avec mesure, suivant les besoins des animaux, généralement dans la proportion même où le foin ancien faisait partie de la ration ; il faut instituer un régime de transition, passer lentement et progressivement de l'affouragement ancien au nouveau et diluer les propriétés excitantes du fourrage neuf en le mélangeant avec du foin vieux, et mieux encore avec de la paille ou tout autre fourrage fibreux. Dans ces conditions, l'utilisation du foin nouveau se fait au maximum; les fourrages anciens gagnent en qualité, la ration devient plus productive, et l'on n'a pas à redouter les accidents.

La conservation du fourrage. — La récolte des fourrages bien séchés et se conservant bien n'est pas toujours facile. Les pluies nous condamnent souvent à engranger des fourrages mal réussis et partiellement avariés. Le cas se présente surtout avec des fourrages hâtifs et difficiles à sécher, comme les trèfles et les vesces, ou encore, en fin de saison, pour les regains. Si, pour les premières coupes des prairies naturelles et artificielles, la fenaison n'est sérieusement contrariée que de loin en loin, il y a presque chaque année des parcelles dont on ne peut retirer que du foin défectueux et se conservant mal, par suite de conditions atmosphériques qui ont rendu la dessiccation difficile en même temps que coûteuse. Le foin qui a souffert d'une humidité prolongée, soit étendu à la surface de la prairie, soit même en meulons, où il s'échauffe et moisit, n'est pas un bon aliment. Il a perdu une partie de sa valeur nutritive, il devient poudreux, et les chevaux le mangent sans plaisir, sans profit et parfois au détriment de leur santé.

Dans les pays pluvieux, on fait sécher le fourrage en ayant recours au procédé des moyettes ou des chevalets ; peut-être pourrait-on faire de même avantageusement dans certaines occasions.

Pour éviter l'avarie, nous rentrons quelquefois du foin incomplètement sec, et nous assurons sa conservation en le laissant séjourner deux ou trois jours sur les charrettes avant de le décharger, en le mettant en bordure sous les hangars, en l'étendant dans les greniers à foin ou en l'entassant avec interposition de couches de paille. En somme, il faut, en pareil cas, rechercher l'aération, et on l'obtient facilement, si le fourrage est emmeulé, en faisant de petites meules. On peut dire, contrairement à l'opinion courante, et l'on en comprend la raison, que le fourrage se conserve mieux en meules, au dehors, que tassé sous un hangar, pour peu que la fenaison ait été contrariée. En ménageant avec des fagots des passages à l'air, l'aération des meules serait grandement facilitée. On ne s'expose pas à avoir des fourrages poussiéreux et à odeur de moisi en procédant de la sorte ; c'est la consolation des petits éleveurs qui manquent de toits pour tout mettre à l'abri.

Le sel permettrait de maintenir sains les foins emmagasinés sans être en parfait état. Il a, en effet, la propriété d'entraver le développement des fermentations et des moisissures. La dose à employer peut aller de $0^{kg},500$ à $2^{kg},500$ par 100 kilogrammes de fourrage, suivant les craintes de mauvaise conservation. Le sel finement pulvérisé est répandu aussi uniformément que possible pendant le déchargement. La dépense, qui s'élèvera au maximum à 0 fr. 15 par quintal métrique, sera compensée, en dehors de la question de conservation, par l'amélioration de la digestibilité du fourrage et par l'effet condimentaire du sel. Les doses de 2 kilogrammes de sel et plus seraient toujours avantageuses, si l'alimentation prolongée avec des foins fortement salés était sans inconvénients; il est prudent de ne constituer qu'une fraction des rations, et non la totalité, avec de tels foins.

En Angleterre, où le fanage est moins aisément fait qu'en France, on a l'habitude de sécher d'une manière toute particulière, que nous gagnerions à connaître et à adopter pour des foins qui doivent être consommés au haras et dont la bonne dessiccation serait trop difficultueuse par les procédés ordinaires.

Les Anglais font beaucoup de fourrages bruns, parce que le mauvais temps n'empêche pas de les bien confectionner. Ils emploient la méthode, que les auteurs ont décrite sous le nom de méthode Klappmeyer, de la façon suivante : « L'herbe est mise en très grosses meules, dès le lendemain du jour où elle est fauchée, en la pressant et la foulant souvent le plus régulièrement possible. La fermentation s'y établit peu d'heures après; elle augmente rapidement, et, lorsqu'elle est parvenue au point que la chaleur ne permet plus de tenir la main dans la meule, on démonte celle-ci, lors même qu'il ferait très mauvais temps. Quelques heures de soleil ou de vent suffisent pour dessécher suffisamment le foin et pour qu'on puisse le rentrer ou le remettre en meule. Il est devenu brun, mais il est sucré, savoureux, a conservé toutes ses feuilles, et a une odeur miellée qui plaît aux animaux. Tout serait gâté si on ne démeulait pas au moment précis. » La dernière prescription laisserait supposer qu'une surveillance des plus rigoureuses serait indispensable, mais il n'y a aucun péril à retarder de quelques heures ou même de quelques jours le démontage de la meule, car la température intérieure se maintient longtemps, des semaines parfois, entre 60 et 70°, la température nécessaire. Si les meules ne renfermaient pas deux ou trois charretées au moins de foin la fermentation risquerait même de rester trop paresseuse. Il peut être utile de monter et démonter plusieurs fois les meules pour faire disparaître tout excès d'humidité, surtout si, au moment du premier montage, le foin n'est pas à moitié sec. On ferait de l'ensilage et non du foin brun en ne poursuivant pas la dessiccation jusqu'au bout; le mal ne serait que, d'une part, dans les pertes qu'éprouvent les parties extérieures dans des silos et, d'autre part, dans la transformation du fourrage en un aliment peu convenable pour les chevaux.

Valeur comparée du foin et de la luzerne. — On a reproché à la luzerne de donner un fourrage grossier, échauffant, d'être en somme, au point de vue alimentaire, inférieur au foin de prairie. C'est là un préjugé, comme l'a démontré, il y a plus de cinquante ans, une commission spéciale à la suite d'expériences directes. Néanmoins on préfère, au moins pour les chevaux de course, le foin de prairie naturelle au foin de luzerne. Dans le Midi, au contraire, les éleveurs n'établissent que peu de différence entre les deux natures de fourrages et donnent même la supériorité au foin de luzerne sur le foin de pré.

En ces dernières années, MM. Muntz et Girard ont voulu apporter à cette question qui intéresse les éleveurs et les agriculteurs une solution rigoureuse, scientifique. A cet effet ils ont cherché la composition générale des deux fourrages et leur degré de digestibilité.

L'analyse a montré que la luzerne est riche en matières azotées. Il est à remarquer que les feuilles sont deux fois plus riches en azote que les tiges. Il faut donc éviter autant que possible la perte des feuilles.

Après avoir déterminé le coefficient de digestibilité de la luzerne, les auteurs cités plus haut, arrivant à la comparaison de la richesse et du coefficient de digestibilité du foin, démontrent que la luzerne est plus riche en matières azotées que le foin et que l'azote de la luzerne est plus digestible que celui du foin.

En somme, dans 100 kilogrammes de luzerne, on trouve 3 kilogrammes de matières azotées digestibles de plus que dans 100 kilogrammes de foin ; dans 100 kilogrammes de foin 14 kilogrammes de matériaux hydrocarbonés digestibles de plus que dans la luzerne. Le foin se présente, en résumé, comme un aliment plus riche en principes respiratoires, la luzerne comme un aliment plus riche en principes plastiques ; le premier fourrage conviendrait peut-être mieux au cheval à l'entraînement et le second aux poulains jusqu'à dix-huit mois. Mais il est un moyen terme : en utilisant les luzernes herbées de première coupe à 50 0/0 d'herbe, l'éleveur et l'entraîneur donneront à leurs animaux un mélange type qui répondra aux différents besoins de l'organisme du cheval.

CHAPITRE VII

L'ALIMENTATION

Alimentation sèche. — Parmi les nombreux problèmes que pose l'élevage du cheval de course, il n'est pas de sujet qui intéresse

Poulinières et foals à la prairie.

plus les praticiens que celui de l'alimentation. Or, jusqu'en ces derniers temps, l'enseignement de l'hygiène alimentaire, si toutefois il est permis de dire qu'il ait jamais existé, a flotté, imprécis, au gré de quelques formules émises de-ci, de-là, avec suffisamment d'autorité pour qu'elles aient été adoptées, comme une sorte de code, par la masse, qui les a appliquées ensuite, pendant un temps indéfini, sans modifications et sans se demander si elles méritaient réellement la confiance qu'on leur avait accordée. Sans être définitivement résolue, la question a pris aujourd'hui un caractère scientifique que les éleveurs ne doivent pas ignorer.

L'étude complète du rôle des principes immédiats des aliments (matières azotées, grasses et hydrocarbonées) constitue la base de toute diététique rationnelle. M. Fournier en a fait l'exposé détaillé et méthodique dans ses précédents ouvrages[1], auxquels nous renvoyons nos lecteurs. Après avoir donné l'exposé pratique de l'alimentation courante employée au haras, nous parlerons brièvement de l'alimentation minérale que MM. Curot et Fournier (Ormonde) ont traitée longuement dans un récent ouvrage : *Comment nourrir le pur sang*[2]? où l'éleveur trouvera toutes les données techniques qui peuvent lui être utiles. Nous examinerons ensuite les résultats obtenus avec l'alimentation phosphorée.

Mashes. — Condiments. — Les mashes constituent une nourriture rafraîchissante et hygiénique que l'on donne avec avantage trois fois et même quatre fois par semaine. C'est la base du régime des poulinières et des yearlings.

Dans un établissement important, les mashes se font généralement dans un grand baquet pour tous les animaux à la fois. Ce baquet peut être placé sur une brouette à deux roues permettant de le rouler pour faire le tour de la cour au moment de la distribution. En hiver, les mashes se font à l'eau chaude ; en été ils peuvent se faire à l'eau froide ; ils doivent être préparés quelques heures avant d'être distribués, généralement le matin, pour être donnés, le soir, après macération et refroidissement.

La quantité d'avoine est comptée d'après le nombre des animaux ; pour le son, les farines, la graine de lin, on observe la même proportion.

L'avoine étant placée dans le fond du baquet, on l'ébouillante avec de l'eau d'orge ou d'autres grains cuits. On recouvre de son et de farine, que l'on mélangera seulement avant la distribution (si la farine était ébouillantée elle perdrait toutes ses qualités). La quantité de son à faire rentrer dans ces mashes ne peut être fixée ; on mettra un peu plus de son, si l'on désire un mash rafraîchissant et émollient, moins d'eau et moins de son si l'on veut obtenir un mash nourrissant.

1. *Le Pur Sang ; — le Demi-Sang*, Laveur, éditeur.
2. Asselin et Houzeau, éditeurs.

Les mashes pour yearlings, par exemple, n'ont pas besoin d'être trop clairs ni forcés en son ; mais il est bon de les préparer avec des grains cuits, orge, seigle, maïs, lentilles, fèves.

Mashes au lait. — On prépare ces mashes comme les autres en mettant très peu d'eau et en ajoutant progressivement une forte proportion de lait; d'abord très peu pour commencer, afin d'y habituer les animaux, qui en deviennent très gourmands au bout de quelques jours; on arrive à en faire entrer 3 et 4 litres pour un cheval; ces mashes sont excellents pour des poulains atteints d'inflammation d'intestins et pour les poulains au sevrage.

Mashes aux carottes cuites. — Faire cuire des carottes dans une chaudière, les écraser et les mélanger au son et à l'avoine ; ces mashes sont très recommandés pour les étalons, surtout pendant la monte : une fois la semaine ou tous les quinze jours.

Mashes aux lentilles. — Faire bouillir les lentilles et mélanger les grains et la décoction avec son, avoine, farine. Ces mashes sont recommandés pour les poulinières mauvaises nourrices et les poulains échauffés.

Condiments salins. — On peut faire entrer dans les mashes, soit pour purger ou rafraîchir, du sulfate de soude, du bicarbonate de soude, crème de tartre, sel marin.

Condiments toniques. — Albuminoïde Phosphoré, sucre, miel, farine d'avoine, maïs ; de l'extrait fluide de quinquina, kola, coca, gentiane en parties égales ; une cuillerée à bouche dans le mash pour remonter et exciter l'appétit d'un souffreteux, d'un convalescent.

Condiments gras. — La graine de lin, la farine ou une décoction de cette graine, l'huile de foie de morue, l'huile de lin sont les principaux condiments gras employés dans les haras de pur sang. Pour habituer les chevaux à prendre de l'huile de foie de morue, il suffit de leur badigeonner le nez avec ce condiment et de leur en mettre dans la bouche ; de cette façon les animaux s'habituent très vite à l'odeur et au goût. Ou encore : on commence à mettre dans les mashes une cuillerée à bouche, puis deux et trois d'huile de lin; une fois le cheval bien habitué à prendre cette huile, on substitue une cuillerée d'huile de foie de morue à une cuillerée d'huile de lin ; on arrive ainsi à leur en faire prendre une quantité assez élevée dans les mashes et même dans l'avoine. Dans l'avoine il faut prendre une poignée de ce grain que l'on imbibera avec un peu d'huile, et que l'on mélangera ensuite au reste de la ration.

Les paquets, les poudres vermifuges, la liqueur de Fowler pour les jeunes peuvent également être mêlés aux mashes.

Avoine : noire, grise, blanche. — L'avoine noire est généralement préférée par les entraîneurs parce qu'elle passe pour contenir plus de principes excitants que l'avoine grise ou blanche. Nous préférons, surtout pour les foals et les yearlings, l'avoine grise de Beauce à l'avoine noire de Brie; elle est moins belle à l'œil, le grain en est moins gros ; mais l'amande qui est la partie nutritive du grain est plus forte, et les balles plus minces. Elle est mieux digérée des jeunes poulains que l'avoine de Brie.

La bonne avoine doit être lourde à la main; elle doit peser 50 kilogrammes en moyenne à l'hectolitre ; la grise pèse difficilement ce poids, mais elle est plus riche et très nutritive.

Avoine concassée. — L'avoine concassée ou aplatie est mieux digérée des jeunes poulains ; mais les animaux élevés ainsi s'habituent à un travail de mastication qui se trouve réduit à sa plus simple expression et ils finissent par avoir l'estomac paresseux. Ils peuvent en souffrir au changement de régime, lorsque ces poulains sont envoyés à l'entraînement.

Nous préférons le système employé par les Américains, qui consiste à mélanger une petite quantité de maïs à la ration d'avoine. Les animaux qui reçoivent du maïs concassé mélangé à l'avoine sont obligés de manger moins vite leur ration, de saliver davantage ; ils ont une digestion meilleure, plus régulière ; l'assimilation se fait donc beaucoup mieux.

L'avoine nouvelle. — Chaque année, au moment de la récolte, on a pour habitude d'accuser l'avoine nouvelle d'occasionner des indigestions vertigineuses, mortelles, sur les animaux qui la consomment. Même, il est généralement entendu que son emploi doit être considéré comme très imprudent, sinon dangereux. Il faut, disent les plus optimistes, lui laisser *jeter son feu* et attendre deux mois au moins avant de l'employer pour l'alimentation, si l'on ne veut pas qu'elle communique aux chevaux, qui en sont d'ailleurs très friands, des troubles digestifs, des échauffements, des sueurs abondantes et de l'affaiblissement, des éruptions cutanées, ou de l'urticaire.

Il y a lieu de faire justice de ce préjugé, attendu qu'il touche à une importante question alimentaire du cheval et s'oppose à la parfaite réalisation d'une des meilleures céréales.

Disons tout d'abord que la commission d'hygiène hippique du Ministère de la Guerre a reconnu, après des expériences nombreuses et répétées faites sur un grand nombre de sujets placés dans les conditions les plus diverses, que l'on peut sans inconvénient, plus encore *avec avantage*, substituer l'avoine nouvelle à l'avoine ancienne et « qu'il n'est pas utile, pour en permettre l'usage, d'attendre que deux mois se soient écoulés depuis sa récolte ».

Est-ce à dire que l'avoine nouvelle n'ait jamais occasionné d'accidents? Non certes! Mais ceux-ci sont imputables à la mauvaise administration du grain ou à des altérations de la céréale. Ils ne s'observent que dans les écuries où l'avoine est donnée sans mesure et seulement quand l'avoine, ayant été mal récoltée, est encore humide au moment de la distribution.

Ainsi l'avoine nouvelle, mûre et bien saine, non humide, peut être utilisée sans inconvénient, si elle est employée avec discernement et distribuée à doses successivement croissantes ; elle est même plus nutritive que l'avoine surannée et, par conséquent, préférable à cette dernière.

Cela est si vrai que, dans certaines régions d'élevage, le vieil usage de ne donner de l'avoine nouvelle qu'en janvier et même en février, a complètement disparu ; les éleveurs la donnent aussitôt récoltée et bêtes et gens s'en trouvent également bien.

Nous savons, d'autre part, que déjà, en 1830, les maîtres de poste percherons avaient pour habitude de donner 25 litres d'avoine nouvelle par cheval à leur cavalerie, et que jamais ils n'observèrent le moindre malaise ou la plus petite indisposition ; au contraire, on affirme que leurs chevaux devenaient plus vigoureux et plus nerveux.

Enfin, nous connaissons des agriculteurs et des industriels qui, depuis quelque temps déjà, donnent à leurs chevaux de l'avoine nouvelle à la dose journalière de 16 à 20 litres, sans que les troubles digestibles soient devenus plus fréquents chez eux qu'ailleurs où persiste encore la vieille coutume de ne donner que des grains ayant *jeté leur feu*.

Nous recommandons pourtant d'administrer l'avoine au poids et non pas au volume, et si l'avoine fraîchement récoltée n'est pas suffisamment sèche, de la passer à l'aplatisseur, au besoin de l'exposer quelques instants à un courant d'air sec.

Alimentation minérale. — C'est là un chapitre nouveau qui, dans le cas qui nous occupe, prend une importance toute particulière; aussi allons-nous examiner, rapidement, le rôle biologique des substances minérales.

La minéralogie biologique est une science nouvelle, qui s'occupe des éléments minéraux qui entrent dans la constitution de l'organisme. Elle étudie leur origine, les combinaisons sous lesquelles on les rencontre dans les tissus et leur rapport avec la matière organisée.

La connaissance de ses lois peut amener la conquête de sérieux avantages, au point de vue de l'amélioration de la race, de l'augmentation de la résistance individuelle; il semble que c'est surtout parce qu'elle exerce une influence sur le développement de la précocité, que cette méthode a pour nous une importance capitale et, jusqu'ici, à peu près méconnue dans le monde des éleveurs.

On a cru que la race pure allait toujours en s'améliorant, et pourtant on constate qu'elle subit un affaiblissement lent, dans son système osseux principalement.

On est bien forcé de reconnaître, d'après les résultats observés, que, malgré les progrès accomplis, l'alimentation ne répond pas encore à tous les besoins du pur sang. Il nous paraît inutile de démontrer que nos chevaux de course sont en général nourris d'une manière irrationnelle à toutes les périodes de leur vie et dans leurs fonctions diverses. Or, l'avenir de la race, la prospérité de la descendance sont compromis; la prudence nous conseille donc de modifier au plus tôt l'hygiène alimentaire de notre race pure dans le sens minéral.

La fonction cellulaire, comme nous l'avons démontré, est intimement liée à la minéralisation du milieu; si l'imprégnation minérale de la cellule est suffisante, elle sera modifiée profondément dans ses caractères biologiques, et pourra, au bout de plusieurs générations, transmettre héréditairement ses nouvelles propriétés vitales acquises.

Relever le taux vital abaissé par une mauvaise hygiène et une diététique irrationnelle, augmenter la rusticité, telles sont les indications dominantes à remplir dans l'élevage du pur sang. Ce résultat zootechnique pourra être obtenu par la suralimentation minérale pendant la période de croissance.

En dirigeant l'alimentation des jeunes de manière à réduire ou à exagérer l'introduction de certains éléments inorganiques, on parviendra, nous en avons l'intime conviction, à améliorer la race en lui infusant une minéralisation plus riche.

L'avenir du poulain dépendant en partie de sa première alimentation, il serait à souhaiter que les éleveurs évitent, en s'entourant des conseils de personnes compétentes, les inconvénients graves du déficit minéral, qui peut compromettre à tout jamais la destinée d'un animal qui a, le plus souvent, une origine brillante. On accuse parfois les procréateurs, alors que la cause réside non dans l'hérédité, mais dans l'alimentation.

Une diététique nouvelle, scientifiquement définie, s'impose.

Parmi les éléments minéraux dont sont formés les chevaux, la chaux occupe la première place, l'acide phosphorique la seconde ; le chlore, la magnésie, la soude viennent ensuite ; la potasse, le fer, la silice et le manganèse n'existent qu'en quantité plus faible. A ces minéraux se joignent quelques métalloïdes : l'hydrogène, le carbone, l'azote, le soufre, l'oxygène, qui jouent, comme chacun le sait, un rôle capital dans la constitution de la matière organisée, de la matière azotée principalement, des albuminoïdes qui constituent les tissus animaux. Mais laissons de côté les métalloïdes, dont aucun éleveur ne discute ou méconnaît l'importance ; considérons plutôt les métaux qu'on laisse un peu trop dans l'ombre.

L'expérience de tous les jours est pourtant là, qui devrait attirer l'attention. Quiconque possède une basse-cour sait l'importance des aliments minéraux. Voici deux groupes de poules et coqs, de la même race, vivant dans deux poulaillers identiques. L'un des deux est nourri avec des épluchures de cuisine et des graines ; l'autre avec les mêmes aliments additionnés d'un liquide renfermant de la soude, de la chaux, de la magnésie, de la potasse, du fer. Les deux groupes donnent des œufs, et des œufs sortent des poussins. Or, il est certain que les poussins dont les parents auront reçu une nourriture minéralisée sont autrement forts, résistants et hardis que les poussins dont les parents ont reçu la nourriture non minéralisée.

Autre expérience, due à un chimiste américain : Voici deux lots de porcs nourris avec du maïs ; mais au maïs d'un de ces lots on ajoute de la poudre d'os ou de la cendre de bois. Résultat : Les os du porc ayant reçu de l'os ou de la cendre ont une résistance double de celle des porcs nourris sans cette addition.

C'est encore un fait d'observation, mis en lumière par Lagneau, dans un mémoire qu'il présentait il y a quelques années à l'Académie des Sciences, que dans les pays granitiques, pauvres en phosphates, les plantes, les animaux et les hommes sont de petite venue. Les bêtes domestiques sont de taille réduite. Dans les pays riches en phosphates au contraire, les récoltes sont belles et les animaux de grande taille. Par l'emploi des phosphates en agriculture, on accroît le rendement des récoltes, et on accroît la taille des animaux.

Sans acide phosphorique, la vie est impossible, dit le zootechnicien Reul. Sans acide phosphorique ou sans n'importe lequel des quinze ou dix-huit éléments reconnus essentiels, aussi bien. Et avec des aliments peu phosphatés on n'a que des chevaux de taille médiocre. D'où l'habitude qu'ont les éleveurs, soucieux de bien produire de ne pas s'en rapporter à l'alimentation ordinaire, et d'accroître artificiellement la répartition de principes minéraux actifs dans la diététique du cheval de pur sang, en ajoutant dans la ration journalière une certaine quantité du produit physiologique dont Fournier a le premier établi la formule générale, voilà plus de deux ans. Un peu vague, légèrement imprécise au début, cette formule ne pouvait répondre aux besoins des chevaux de pur sang de tout âge. Modifiée, peu à peu, d'après les résultats des expériences nombreuses qui ont été tentées dans les plus grands studs, il a pu, par différents dosages, en effectuer la mise au point, afin d'obtenir le suraliment qui convient au thoroughbred suivant son âge et sa fonction, son état de santé ou de maladie.

Revenons aux matières minérales proprement dites qui sont indispensables à l'organisme animal.

Une expérience de M. Gaube nous fait toucher du doigt les effets de la misère minérale. Voici une hase pleine qu'on soumet à une alimentation pauvre en matières minérales. La mise bas dure un temps infini : les petits sont deux ou trois fois moins longs qu'ils le devraient ; la peau est glabre, gélatineuse ; les membres sont à peine dessinés ; les os sont mous, les griffes rudimentaires ; les incisives supérieures et inférieures font défaut et, sur ces mal venus, la mortalité est considérable.

Ces quelques exemples et beaucoup d'autres qu'il serait facile de citer montrent quelle est l'importance des sels minéraux dans la physiologie de l'animal.

L'alimentation minérale jouant un rôle aussi important que l'alimentation en matières végétales dans le régime du cheval, on comprendra mieux le rôle des principaux éléments minéraux, si on examine la fonction que chacun d'eux remplit plus particulièrement dans l'organisme.

Les muscles de la jument étant plus riches en soude que ceux de l'étalon, il faudra tenir compte de cette particularité dans l'établissement des rations. La chaux subvenant aux besoins de la croissance et de l'ossature, la jument pleine et le poulain à tous les stades de la vie auront besoin d'une plus grande proportion de chaux pour la formation plus parfaite du squelette : foal, yearling, two year old et la gestante pour le fœtus qu'elle porte.

Le magnésium a une importance particulière pour les animaux livrés à la reproduction. Dans les éléments reproducteurs, la magnésie

Un beau foal, par *Flying Fox* et *Poupée*.

est particulièrement abondante. La magnésie joue un rôle spécial dans la nutrition et la composition des substances correspondant aux manifestations vitales les plus intenses. J. Gaube a rendu des souris parfaitement stériles qui jusque-là étaient prolifiques, en les nourrissant d'aliments dépourvus de magnésie. Enfin, les éléments reproducteurs les plus mûrs sont les plus riches en magnésie ; et l'on sait par les recherches de Loeb qu'une solution de magnésium peut, à l'égard de certains œufs, jouer le rôle de matière fécondante et en provoquer le développement. De cet ensemble de faits et d'autres encore, on peut conclure que le magnésium joue un rôle particulièrement important dans la physiologie de la reproduction.

Le phosphore n'est pas un des minéraux pour lesquels il soit besoin d'un long plaidoyer. Il est abondant chez le cheval, l'utilité des phosphates n'est donc pas douteuse. Personne ne discutera le fer, qui joue chez l'animal un rôle capital dans le sang; sans fer il n'y a plus de respiration, le sang ne se charge plus d'oxygène pour le porter à l'organisme ; le fœtus devant accumuler une proportion de fer assez considérable, il faut à la poulinière pleine des éléments plus riches en fer qu'aux juments vides et qu'aux poulains. Il y aurait donc indication d'établir des paddocks sur des terrains plus riches en cet élément pour le régime du pâturage des juments pleines.

Le silicium est abondant dans les poils des alezans et des bais clairs. Nous savons qu'il est abondant dans les muscles et, fait important, il est plus abondant chez le mâle que chez la femelle. Pourquoi ? On n'en sait rien encore. Mais il est indiqué d'augmenter la proportion de cet élément dans la ration des juments qui, à l'entraînement, ont, si l'on peut s'exprimer ainsi, une vocation masculine.

Les matières minérales qui dominent dans le poil des alezans et des chevaux bais ne sont pas les mêmes que dans le poil noir des bais bruns ou des chevaux noirs. Dans le poil clair, c'est le silicium qui est prépondérant; dans le poil noir, c'est le potassium. Les robes claires sont donc siliciques; les foncées, potassiques. La différence de composition chimique est très marquée. La différence de qualité ne le serait-elle pas aussi ?

Restent le potassium, le sodium, le soufre, dont on ne saurait discuter le rôle important que tout le monde connaît.

Par ce trop rapide examen, nous pouvons nous rendre compte que la base de la vie des animaux que nous élevons est purement physique et chimique et ce sera le propre d'une physiologie avisée de considérer avec plus de soin cette base, pour mieux connaître le rôle des différents minéraux dont les chevaux sont faits, dans le fonctionnement de leurs organes, pour fournir à l'élevage et à l'entraînement une assiette plus solide dans la lutte contre les désordres dont le corps de nos pur sang est trop souvent le théâtre. C'est par une observation rigoureuse des nouveaux principes alimentaires que l'on pourra augmenter la fécondité, régénérer la race, arriver à une plus grande homogénéité de type et à une plus haute valeur « coureuse ».

L'aliment minéral qui a été établi par le Laboratoire de Physiologie du cheval de pur sang, sous le nom d'*ajaxine*, réalise les conditions diététiques que nous prescrit la minéralogie biologique. Les expériences nombreuses qui ont été faites ont montré l'efficacité de cette préparation, surtout pendant la période de gestation des poulinières, et chez les chevaux à l'entraînement. Ainsi que nous le verrons plus loin, les résultats ont été tellement merveilleux, pour l'obtention et le maintien de la forme chez le racer, que l'ajaxine est aujourd'hui employée chez presque tous les entraîneurs de Chantilly, Maisons-Laffitte et Newmarket. L'ajaxine est une composition reminéralisante à base de calcium, magnésium, potassium, sodium, fer, acide phosphorique, qui, chez les humains, a permis de combattre avec le plus grand succès une foule d'affections qui débilitent l'organisme des surmenés et des convalescents.

L'albuminoïde phosphoré. — Cet aliment est trop connu des éleveurs pour qu'il soit utile de nous étendre longuement sur ses propriétés. Les centaines d'attestations qui sont parvenues, de tous les coins du monde où l'on élève le cheval de pur sang, prouvent la haute estime en laquelle est tenue cette préparation du Laboratoire du cheval de pur sang, 33, rue Victor-Massé, où des physiologistes spécialisés dans les questions d'alimentation recherchent sans cesse les améliorations possibles de la nourriture du cheval de course. Toutes les lettres reçues confirment nos propres expériences. Les observations ont pleinement justifié cette théorie que l'albuminoïde phosphoré, introduit dans l'économie, constitue une puissante réserve à laquelle peut s'alimenter le système nerveux et l'économie en général, sans crainte de déperdition.

Sous le régime des différentes formules qu'Ormonde a pu établir sous le nom, purement physiologique, d'albuminoïde phosphoré, on voit augmenter la production du lait chez les poulinières, et la formation du fœtus se fait dans les conditions les meilleures ; la croissance est obtenue plus rapidement chez le foal et le yearling, et l'étalon voit son ardeur augmenter pendant la saison de la monte. Tous les éleveurs qui l'ont employé dans la diététique de leurs animaux s'accordent à reconnaître que l'effet de cet aliment n'est pas éphémère, les animaux soumis à ce régime conservant longtemps une supériorité manifeste à tous les points de vue, sur les chevaux nourris avec l'alimentation ordinaire.

Par l'acide phosphorique, le fer, la chaux, la soude, la magnésie, le chlore, le soufre, la silice, le fluor, unis entre eux aux matières protéiques et hydrocarbonées qui sont contenues dans l'albuminoïde phosphoré à l'état physiologique entièrement assimilables, l'organisme du cheval trouve dans ces produits les puissants toniques des systèmes nerveux, circulatoire, etc. Il est donc permis de dire que l'albuminoïde est un aliment de vie et que sous son influence les animaux manifestent une plus grande activité dans leurs fonctions respectives. Ces résultats n'ont pu être obtenus, jusqu'à ce jour, au même degré avec des composés ou préparations chimiques qui ne sont que très imparfaitement assimilables et qui toujours provoquent des troubles préjudiciables aux sujets soumis à leur régime.

Pour mémoire, nous répéterons le mode d'emploi et les doses qui ont déjà été publiés dans nos ouvrages et brochures depuis plus de trois ans.

L'albuminoïde phosphoré se présente sous forme de semoule fine; sa couleur est jaune brun; son odeur et sa saveur sont des plus agréables. Les chevaux le consomment avec avidité, mélangé à une ration composée d'avoine, de maïs concassé et de son.

Chez les foals, il peut être donné huit jours après la naissance, additionné de lait, sous forme de breuvage à raison de 150 grammes pour 1 litre. Au moment du sevrage, on commencera par 300 grammes par jour, pour arriver progressivement à 400 grammes.

Cette dernière quantité conviendra au yearling jusqu'au moment de son départ du stud pour l'écurie d'entraînement.

Le yearling au dressage recevra	500 grammes
Le two years old	600 —
Le three years old........................	800 —
Chez la poulinière pleine..................	800 —
— — suitée	1 kilogramme
L'étalon, jusqu'à douze ans................	800 grammes
— après douze ans..................	1 kilogramme

Ces doses peuvent être fractionnées en autant de repas que feront les animaux auxquels elles sont respectivement destinées.

L'albuminoïde phosphoré ne doit jamais être donné seul ou à sec. Il doit toujours être bien mélangé à un aliment humide ou pulvérulent ou mouillé pour que toute la ration d'albuminoïde soit fixée dans le dit aliment et fasse corps avec lui.

L'emploi de l'albuminoïde peut être continué sans aucune interruption.

Lorsque les chevaux font quelques difficultés pour le manger, donner, le premier jour, une ration suffisamment faible de 10 à 20 grammes répartie entre les divers repas;

Doubler cette ration, le deuxième jour, et continuer ainsi à donner chaque jour, une ration double de celle prise la veille, jusqu'à ce que l'on ait atteint la dose correspondante à l'âge de l'animal.

La dose peut être facilement dosée sans mesure spéciale; il suffit de savoir que la cuillerée à bouche rase contient 16 grammes et la tasse à café ordinaire 70 grammes environ.

L'eau de boisson. — La quantité de boisson nécessaire aux chevaux pour chaque kilogramme d'aliment supposé sec est d'environ 2 kilogrammes d'eau.

La quantité ingérée varie du reste avec chaque sujet, et il est indiqué pour les animaux au haras, jeunes ou adultes, de mettre toujours de l'eau à leur disposition soit dans le box, soit à la prairie. La quantité d'eau absorbée exerçant, comme nous l'avons vu dans le *Pur sang* [1], une influence marquée sur le rendement de la sécrétion lactée, les poulinières seront abreuvées largement.

Pour remplir utilement son rôle et ne déterminer aucun trouble organique, l'eau de boisson doit posséder les qualités que Fournier et Curot ont examinées en de précédents ouvrages. Nous croyons qu'il est de toute utilité pour l'éleveur de faire analyser annuellement l'eau dont il dispose dans son haras, afin d'éviter les accidents provoqués par la boisson.

On a préconisé l'emploi de l'ozone et de l'électrolyse, pour purifier l'eau ; nous verrons, dans un travail en ce moment en préparation, la valeur de ces procédés, dont l'usage a établi l'efficacité dans l'hygiène de l'alimentation humaine.

1. Lucien Laveur, éditeur, 13, rue des Saints-Pères, Paris.

CHAPITRE VIII

L'HYGIÈNE DES ÉTALONS

Étalons. — Les étalons doivent être l'objet d'une attention constante au point de vue de leur alimentation et de leur travail. Il ne peut y avoir de règle fixe pour tous les étalons : tel cheval a besoin de beaucoup de travail, tel autre d'un exercice modéré; c'est une question de jugement et d'intuition.

Prenons le cheval de course sortant de l'entraînement. A son entrée au haras, il sera soumis à un régime surtout rafraîchissant, mais ce changement de nourriture devra s'opérer doucement. Il est essentiel de ne pas le changer brusquement de régime ; on doit aussi le remettre progressivement à un repos relatif, comme on l'avait mis progressivement à l'état d'entraînement.

La ration d'avoine sera très peu diminuée, mais on donnera plus souvent des mashes, des carottes, du vert dans la saison, et de la luzerne de préférence au foin de pré.

Une ration de 10 litres d'avoine est suffisante avec des mashes tous les deux jours.

Les premières années de l'étalon au haras sont les plus critiques : beaucoup de jeunes sires meurent dans le cours des trois premières années de stud, et le plus souvent d'entérite.

Comme aspect l'étalon ne doit pas rester à l'état d'entraînement ; il doit prendre du gros; un cheval qui ne s'étofferait pas n'aurait pas les caractères qui doivent faire le vrai père. Nous estimons qu'il lui faut trois années pour acquérir sa belle condition de reproducteur (surtout quand il entre au haras à quatre ans) ; il est très dangereux de pousser un cheval à la nourriture pour l'avoir plus vite en condition d'étalon, sous prétexte qu'il sera plus plaisant à l'œil.

L'étalon doit prendre de l'étoffe, de la chair, du muscle et non de la graisse, car un engraissement excessif est absolument contraire aux bonnes règles de l'hygiène et peut être souvent une cause de stérilité relative.

L'excès d'embonpoint, trop fréquent chez beaucoup de pères, tient le plus souvent au manque d'exercice.

Nous allons étudier les différentes façons de les exercer.

Exercice des étalons. — Pour l'étalon arrivant au haras, le meilleur exercice à lui donner, quand la chose est possible, est de continuer pendant quelque temps à le monter, tout au moins pendant les premiers mois de son entrée au stud. Cela permettra de lui faire faire de longues promenades au pas, au trot et même de lui donner quelques bons canters. Ces promenades dureront une heure et demie et deux heures le matin et une demi-heure au pas le soir.

Les différentes manières d'exercer les étalons sont : les promenades en main, le travail à la longe, étalons montés, étalons promenés en main à côté d'un poney monté, le travail au manège en liberté, étalons lâchés au paddock en liberté.

Étalons promenés en main. — La promenade au grand air, en main, pendant une heure et demie à deux heures par jour, soit dans un coin isolé loin des juments ou sur une route peu fréquentée, est excellente, mais ne saurait suffire à un étalon ; de plus certains chevaux sont assez difficiles à promener de cette façon, qui offre du danger, sur les routes fréquentées par les automobiles ou par la troupe principalement. Les étalons peuvent se pointer, prendre leur longe avec une jambe de devant et échapper à leur palefrenier.

En plus de cette promenade hygiénique, il est possible de compléter l'exercice d'un étalon par un travail à la longe.

Travail à la longe. — Le travail à la longe n'est peut-être pas ce qu'il y a de mieux pour exercer un étalon, mais c'est un moyen assez facile pour obtenir une dépense d'énergie suffisante, et presque tous les chevaux se soumettent facilement à cet exercice qui doit être donné au caveçon avec une grande longe, soit dans un manège, sur un rond de sable, ou sur un emplacement quelconque non glissant. Ce travail sera donné à une allure modérée et aux deux mains. Les chevaux allant toujours mieux à gauche, les palefreniers ont souvent le tort de les faire tourner exclusivement de ce côté. Il est mauvais et même dangereux de pousser un animal à la longe aux grandes allures parce qu'on l'abrutit rapidement; de plus, il prend des sudations inutiles qui pourraient amener une congestion ou des rhumatismes si l'on n'avait soin en le rentrant de le sécher et de le recouvrir de couvertures.

Étalons montés. — Nous croyons, comme il est dit plus haut, que le travail monté est excellent pour les jeunes étalons tant qu'ils n'ont pas sailli. Ce système permet de ne pas les changer brusquement de régime à leur entrée au haras, de leur faire prendre un bon exercice de deux heures par jour aux allures modérées et en plein air, sans fatigue pour les membres ni pour les jarrets, inconvénient du travail à la longe.

Les étalons montés vont souvent très bien la première année de leur entrée au haras ; mais, une fois qu'ils ont sailli, ils deviennent plus difficiles, plus capricieux. La rencontre de juments, de cavaliers suffit souvent pour les énerver et les faire pointer. Comme il y a nécessité de les faire monter par un poids léger, il est assez difficile de trouver un homme sûr auquel on peut confier un étalon de valeur à promener sur les routes.

Ce travail est pourtant donné, nous le savons, dans de très grands haras ; mais, pour éviter les accidents et les rencontres, on a dans ces établissements une piste à l'intérieur de la propriété, et généralement l'étalon y est précédé ou accompagné d'un poney tranquille qui lui sert de camarade dans ses promenades.

De Saint-Albin, dans son livre *les Courses de chevaux en France*, dit que, « dans certains haras, on promène l'étalon monté ; on s'en sert même pour les services les moins relevés; un homme l'enfourche et s'en va au marché, un panier à provisions sous le bras. C'est ainsi, dit-il, que *Boïard* est tombé dans une promenade de santé et s'est couronné à fond. »

Les étalons d'alors n'avaient pas la valeur de ceux d'aujourd'hui ; il n'y avait pas le même danger sur les routes. De plus, ces chevaux étaient maintenus à l'état d'entraînement, conditions mauvaises pour la reproduction.

Nous sommes partisans d'un bon exercice sérieux de une heure et demie à deux heures par jour, selon le tempérament du cheval : d'un exercice qui entretiendra les organes en bon état; mais il faut se garder de lui donner un travail d'entraînement qui serait pour un reproducteur une fatigue, nuisible pour sa santé générale.

Étalons promenés en main à côté d'un poney. — En République Argentine presque tous les éleveurs font exercer leurs étalons de la façon suivante : un homme monté, sur un poney tranquille et sûr, tient en main l'étalon et lui fait prendre ainsi un très bon exercice aux trois allures ; c'est, en somme, la promenade en main des chevaux dans nos régiments de cavalerie.

M. S.-J. Unzue, le grand propriétaire argentin, fait chaque jour exercer son étalon *Val-d'Or* de cette façon. M. Carlos Luro ne fait pas autrement pour *Jardy*. Ces deux étalons, très dociles, se sont

Le célèbre étalon *Flying Fox* au paddock.

mis très facilement à ce système de travail qui paraît excellent ; il permet de donner un bon exercice sans fatigue pour les reins et est bien préférable à celui qui consiste à monter les étalons; mais là encore il faut une piste ou un endroit propice à l'intérieur de la propriété, et les chevaux un peu difficiles ne s'y prêtent pas volontiers.

Étalons au paddock. — Les étalons peuvent être lâchés en liberté dans un paddock où ils prennent librement leurs ébats. Ce paddock doit être entouré de palissades assez hautes pour qu'ils n'aperçoivent pas par-dessus les poulinières ou les autres animaux du haras; les quatre angles en seront arrondis.

Cette méthode qui, à première vue, paraît la plus naturelle, puisqu'on ramène le cheval à son existence première, présente pourtant avec certains chevaux quelques inconvénients. Les animaux calmes, froids, ne prennent au paddock aucun exercice; ils s'arrêtent à la porte ou dans un coin, sans bouger. Ceux plus ardents, plus chauds y prennent des galops effrénés, s'énervent au moindre bruit, au hennissement d'une poulinière, au passage d'une voiture; ils se mettent facilement en sueur et risquent de se refroidir si on n'a pas le soin de les rentrer à temps.

Étalons exercés en liberté dans un manège avec une chambrière. — On peut, dans un manège de dimension moyenne (30 mètres sur 15 m. de large) exercer l'étalon en liberté, l'étalonnier restant au milieu du manège armé d'une chambrière. Les étalons s'y habituent très facilement; il suffit, pour commencer, de placer deux hommes à chaque extrémité, afin de bien faire prendre les tournants au cheval, qui peut être travaillé ainsi aux trois allures sans crainte d'accident.

Comme dans la plupart des haras il n'y a pas de manège, rien n'est plus facile que de faire un petit paddock de même dimension au sol garni de bon sable; on pourra, comme dans un manège, mettre l'étalon en liberté ou à la longe et lui donner chaque jour un bon travail.

Pour conclure, nous croyons qu'avec un étalon de très grande valeur il est plus sage de ne pas le faire monter.

Le système des Américains du Sud (étalons promenés à côté d'un poney) est excellent quand on a une piste et un endroit spécial pour faire ce travail.

Le travail en liberté est très bon lorsqu'il alterne avec le travail à la longe comme exercice de force. Dans la belle saison, une deuxième sortie aura lieu dans le paddock, sortie d'environ deux heures par jour, pendant laquelle l'étalon respirera le bon air et pourra se rafraîchir en mangeant un peu d'herbe.

Le régime d'un étalon doit être régulier comme quantité de nourriture. La ration pendant la période d'inaction sera une ration d'entretien, elle sera progressivement augmentée dans la suite à l'approche de la monte et pendant la durée de celle-ci. La distribution des repas doit se faire à des heures régulières; la nourriture sera rafraîchissante et souvent variée. L'étalon aura toujours à boire à volonté.

Heures des repas, en été : le matin, à cinq heures, midi et sept heures le soir. Comme nous l'avons dit précédemment, pendant la morte saison, il recevra une ration suffisante pour l'entretenir en bonne santé, sans trop d'embonpoint, afin d'éviter le plus possible les causes de maladies, coliques, entérites, congestion, etc.

Pendant la monte, l'étalon sera progressivement amené et maintenu en pleine condition, afin qu'il puisse fournir un grand nombre de saillies sans épuisement. L'étalon en bonne condition, en bon état pour la saillie, ne doit pas être trop gras ; il est toujours facile de combattre l'obésité par un travail bien compris. Certains étalons n'ont pas besoin, pendant la monte, d'un travail trop sévère, principalement ceux qui sont un peu nerveux à la saillie et se dépensent beaucoup.

Régime des étalons pendant la morte saison. — Matin :

Avoine.................................... 3 litres
Foin ou luzerne......................... 2 kilogrammes

Midi :

Avoine.................................... 2 litres
Carottes.................................. 1 —

Soir :

Avoine.................................... 3 litres
Luzerne................................... 3 kilogrammes

Mashes, les lundi, mercredi, vendredi.

Ration pendant la saison de monte. — Matin :

Avoine.................................... 4 litres
Son mélassé............................... 1 —
Foin...................................... 3 kilogrammes

Midi :

Avoine.................................... 4 litres
Carottes.................................. 1 —

Soir :

Avoine.................................... 4 litres
Carottes.................................. 1 —
Luzerne................................... 3 kilogrammes

Cette ration est la ration type donnée dans les principaux haras, avec en plus les mashes d'avoine, son, graine de lin, farine d'orge, données trois fois par semaine, au repas du soir.

Pour notre compte, ce régime nous a donné pendant des années des résultats très satisfaisants ; nous n'avons heureusement pas eu à déplorer le moindre accident, ni aucun cas de coliques ou d'entérite pendant une période de près de vingt ans.

Suivant le progrès et sur les conseils de notre ami et collaborateur P. Fournier, nous avons ici même, avec l'approbation de M. Edmond Blanc, substitué (depuis quelques années pendant la saison de monte) à ce régime un régime nouveau qui nous a donné pleine satisfaction.

Ration nouvelle pendant la saison de monte. — Matin :

Avoine	2 litres
Maïs	1 —
Blé et seigle	1/2 —
Son mélassé	1/2 —
Luzerne	3 kilogrammes

Midi :

Avoine	2 litres
Maïs	1/2 —
Fèves concassées	1/2 —
Carottes coupées	1 —

Soir :

Avoine	2 litres
Maïs	1 —
Seigle et blé	1/2 —
Carottes coupées	1 —
Sainfoin	3 kilogrammes

Les étalons, sous l'influence de ce régime, ont conservé pendant toute la durée de la monte la même puissance fécondante ; ils avaient le poil très brillant et étaient, du commencement à la fin de la saison, pleins de vigueur.

Composition des mashes donnés, trois fois la semaine, aux étalons. — Premier jour :

Avoine ébouillantée	2 litres
Orge bouillie	2 —
Farine d'orge et de maïs	1 —
Son	6 litres

Deuxième jour :

Avoine ébouillantée	3 litres
Graine de lin	1/2 —
Farine d'orge et d'avoine	1 —
Son	6 litres

Troisième jour :

Avoine ébouillantée	3 litres
Carottes ou seigle cuits	» »
Farine d'orge	1/2 litre
— de graines de lin	1/2 —
Son	4 —

Isolement. — Les étalons doivent être dans des boxes fermés, isolés les uns des autres ne communiquant pas avec ceux de leurs voisins.

Les étalons de l'État sont placés dans des boxes séparés par une cloison surmontée d'une grille : ils peuvent se voir et peut-être s'ennuient moins ; mais souvent ils cherchent à se mordre à travers les barreaux et s'énervent davantage, surtout pendant la saison de monte.

Les boxes des étalons ne doivent pas être placés trop près de ceux des poulinières, ni sur le passage de ces dernières.

Pansage et couvertures. — Il n'y a pas nécessité de couvrir les étalons. Le système des couvertures a surtout pour but de donner bon poil aux animaux, condition qui peut satisfaire l'œil, mais qui offre des inconvénients au point de vue de la santé générale. Les étalons non couverts sont plus rustiques, plus robustes et moins sensibles aux intempéries des saisons.

Les étalons n'étant pas, comme les poulinières, une partie de la journée à la prairie seront pansés ; mais ils pourraient, comme les juments, être laissés à l'état sauvage : ils ne s'en porteraient pas plus mal.

Le pansage se fait généralement après le travail du matin ; la brosse en chiendent, la brosse en crins, l'époussette, le torchon et la peau de chamois seront seuls employés ; on ne doit se servir de l'étrille que pour enlever la poussière de la brosse en crins ; il faut éviter d'énerver et de surexciter les étalons au pansage, si l'on veut qu'ils soient dociles.

Les pieds seront l'objet d'une attention toute spéciale ; ils doivent être curés soigneusement et lavés tous les jours; les fourchettes seront dégagées et, pour empêcher qu'elles ne s'échauffent, on les badigeonnera de goudron de Norvège, d'onguent Egyptiac ou de Cornière, onguent vraiment excellent pour les pieds des chevaux. La bouse de vache est également bonne pour les pieds sensibles, pieds fourbus, etc.

De la ferrure. — Les étalons qui vont sur les routes en promenade ou qui travaillent sur un terrain ferme doivent être ferrés. Comme pour les chevaux à l'entraînement, la ferrure doit se faire dans leur box, à froid, et autant que possible par un maréchal sachant ferrer seul. En prenant avec l'âge leur condition d'étalon, les chevaux prennent du poids; ils ont besoin d'avoir des fers un peu forts, larges; la ferrure à l'anglaise légère ne leur convient pas; ils doivent être ferrés très court en talon et au moins tous les trente jours pendant la saison de monte.

Hygiène pendant la monte. — L'étalon doit être soigné toujours par le même homme, surtout pendant la monte. C'est ce même homme qui lui servira ses repas et qui le conduira à la saillie. Les étalons les plus difficiles s'habituent au garçon qui les soigne; cet homme arrivant à connaître leur caractère, leurs caprices, leur tempérament, les dirige à son gré.

L'étalon ne devra pas saillir tout de suite après avoir mangé: il faut attendre au moins trois heures après les repas.

Après la saillie, l'étalon sera rentré dans son box et laissé seul, tranquille; on ne doit pas faire travailler un étalon immédiatement après la saillie; l'exercice sera toujours donné avant.

Nombre des saillies. — Le nombre de saillies que peut faire un étalon dépend de l'âge, de la vigueur du sujet, de son prolifisme; ainsi que des juments jeunes ou vieilles, qui sont plus ou moins difficiles à féconder.

La première année, on peut donner à un étalon âgé de quatre ans de 15 à 20 poulinières; à l'âge de cinq ans et au-dessus de 20 à 25 maximum; la deuxième année de monte, l'étalon pourra voir 35 juments. On peut arriver à 40 juments à partir de 7 ans, mais on ne doit pas dépasser ce chiffre. Il est vrai que ce n'est pas le nombre de juments qu'il faut regarder, mais le nombre de sauts que doit fournir l'étalon.

En évitant de donner au cheval des juments connues comme difficiles à remplir, en rejetant les jeunes juments et les trop vieilles poulinières, on pourra arriver, en choisissant des juments normales dans la catégorie des suitées qui se trouvent échelonnées par date de mise bas, à inscrire cinq juments de plus sans augmenter le nombre des sauts qu'il aura à fournir. Les juments suitées se font saillir beaucoup moins et n'offrent pas comme les juments vides, l'inconvénient d'être en chaleur toutes au même moment.

Ceci est possible chez l'éleveur qui donne à son étalon les poulinières lui appartenant, mais le propriétaire qui inscrit des saillies pour des juments étrangères n'a pas le choix.

La première année, l'étalon ne devra saillir qu'une fois par jour, surtout dans les premières semaines.

Il faut ménager les jeunes étalons, parce qu'ils s'énervent beaucoup les premiers jours de monte ; ils mangent souvent moins bien, sont surexcités ; il n'est pas rare de voir, après huit jours de saillies, un jeune étalon, raide, courbaturé, boitant quelquefois. Il faut souvent un mois et plus, avant qu'il soit rompu à sa nouvelle fonction.

L'étalon peut prendre un écart d'épaule, un effort dans les jarrets ; quelquefois le fourreau est engorgé, les testicules même, enflent parfois ; il peut se blesser à la partie interne des genoux, en montant plusieurs fois les juments et en les serrant trop fort : c'est ce qui arrive souvent avec les juments couvertes de boue ou qui sont mouillées par la pluie. Il n'y a pas lieu de trop s'inquiéter de tous ces petits accrocs qui proviennent du manque d'expérience ; quelques jours de repos et de longues promenades au pas ont tôt fait de remettre tout en ordre.

A partir de la deuxième année de monte, l'étalon pourra saillir deux fois par jour ; mais nous préférons qu'il ne saillisse pas régulièrement deux fois et qu'un jour sur deux on ne lui fasse faire qu'une saillie, pour arriver à donner dix à onze saillies maximum par semaine. Quand la chose est possible, il est bon de lui accorder un jour complet de repos.

Frigidité de certains étalons. — Les étalons frigides forment un contingent assez élevé chez le pur sang ; cela tient souvent à la famille ; nous avons vu un étalon, et la plupart de ses fils, qui tous étaient froids à la saillie, mais qui n'en remplissaient pas moins très bien les juments.

Préférences. — Les étalons ont aussi des préférences marquées pour certaines juments : tel cheval aime les juments suitées de préférence aux juments vides, tel autre aime les juments quand elles sont couvertes de boue, un troisième celles bien pansées.

Certains ont une préférence pour les robes. *Hampton* n'aimait pas les juments noires ; on devait les lui cacher avec une couverture ou lui mettre des œillères pour l'empêcher de les voir.

Masqué étant à l'entraînement ne voulait pas voir les chevaux gris ; il fonçait dessus brutalement, si on n'avait pas soin de l'éloigner à temps. Un jour, étant promené tenu en main, il aperçut d'assez loin une jument grise qui pâturait dans une prairie ; brusquement il essaya d'échapper à son palefrenier, dans la direction de cette jument. Au haras, il saillissait volontiers les juments grises, ce qui ferait croire que, s'il cherchait à courir après, c'est qu'il les aimait beaucoup.

L'odeur de la jument doit également jouer un rôle dans la plupart de ces cas ; il n'est pas rare de voir un étalon arriver à la saillie plein d'ardeur et de bonnes dispositions et, aussitôt après avoir flairé la jument, ne plus vouloir la regarder.

L'étalon qui ne veut pas saillir montre sa mauvaise volonté, en restant immobile derrière la jument, sans s'occuper d'elle, sans venir en érection, ou, s'il la monte, « il ne fait pas champignon » et descend sans avoir éjaculé. Quand on veut trop insister, il n'est pas rare de voir un étalon bâiller, gratter du pied, porter la tête basse et finalement rester froid. C'est dans ces différents cas que l'intelligence de l'étalonnier doit s'exercer : tantôt il y a lieu de le tenir à distance, tantôt de le rapprocher, de le promener autour de la jument, de lui faire tourner le dos. Pendant toutes ces manœuvres, il ne faut jamais brutaliser l'étalon, mais, au contraire, le caresser, lui parler, le mettre en confiance.

Les étalons qui refusent de saillir parce qu'ils sont épuisés n'ont besoin que de repos et d'un régime approprié pour relever le potentiel génésique ; les aliments phosphorés permettent d'obtenir ce résultat.

Pour l'étalon dont la mauvaise volonté à saillir est évidente, il y a lieu de recourir à des subterfuges : lui mettre des œillères, l'exciter avec une jument et lui en donner une autre quand il est prêt à saillir, essayer de le faire venir en érection en le promenant autour de la jument ou en le tenant à distance, lui donner un exercice violent avant de saillir, rentrer l'étalon à l'écurie et recommencer une demi-heure après; enfin se servir de lui comme boute-en-train pour l'exciter davantage.

Observations. — On doit éviter de parler, de faire du bruit; les allées et venues qui pourraient déranger l'animal pendant la monte, doivent être interdites.

Les étalons méchants sont l'exception, quand ils sont bien traités et bien soignés par un palefrenier très doux, mais il y a toujours lieu de faire attention, même avec les animaux les plus doux. C'est du reste presque toujours avec les chevaux les plus dociles qu'arrivent les accidents, parce que les hommes ont confiance et font moins attention. En principe, on doit toujours aborder un étalon avec quelque chose dans la main, soit un fouet, un bâton, un fétu de paille même, suffit pour lui en imposer.

Les étalons méchants sont dangereux surtout de la bouche, et un cheval en colère, pour une raison ou une autre, cherchera toujours à pincer son homme brutalement; s'il a le dessus, il s'acharnera après sa victime. Les morsures de cheval sont assez dangereuses, car le cheval, en mordant, tire et déchire la plaie. Un étalonnier habile ne doit pas quitter des yeux son étalon; il doit lui en imposer du regard, ne jamais le frapper sans motif, et le corriger une fois seulement.

Certains étalons mordent les juments à la saillie, sans méchanceté du reste; mais il arrive que des juments un peu nerveuses, se sentant pincées sur l'encolure, se tournent ou ruent et font manquer une saillie. On peut empêcher l'étalon de mordre en lui mettant une muselière ou encore un gros mors en bois qui l'empêchera de pincer trop fortement les poulinières. On peut également mettre sur l'encolure des juments un couvre-nuque en cuir assez épais : l'étalon pourra mordre le cuir à son aise sans blesser la jument. Ceci a une importance, car une jument qui a été pincée se le rappelle et, la fois suivante, elle se défend ou ne reçoit pas aussi volontiers l'étalon et a, par ce fait, moins de chances d'être fécondée.

CHAPITRE IX

DE LA PRÉPARATION DES JUMENTS AVANT LA SAILLIE

Poulinières qui viennent de l'entraînement. — Les juments sortant de l'entraînement et ayant couru à quatre ou cinq ans et plus, ont besoin d'un long repos pour être présentées en bonne condition à l'étalon.

A leur arrivée au haras, avant de les mettre à la prairie, il faut les déferrer pour éviter les accidents qui pourraient arriver par suite de ruades et de coups de pieds ; mais il est bon de commencer par les pieds de derrière seulement et de leur laisser les fers de devant pendant quelque temps; car il arrive quelquefois que les juments qui n'ont pas l'habitude d'être nu-pieds sont très sensibles et, pour peu que le terrain soit dur, elles ne prennent aucun exercice et peuvent tomber fourbues.

Si les juments ne prenaient pas d'exercice, il y aurait même lieu de le provoquer, car il leur est absolument nécessaire, en raison du changement brusque de régime, changement très critique chez certaines juments quand elles passent de l'entraînement à la fonction de poulinière; les muscles tombent tout d'un coup; l'animal devient triste, marche le long des barrières, paraît s'ennuyer à la prairie, pâture peu ou pas du tout.

Il est bon de donner de suite une camarade de box à la nouvelle venue et autant que possible une jument âgée, qui, moins nerveuse, moins excitée, se mettra de suite à pâturer et sera vite imitée par sa jeune compagne.

Deux jeunes juments que nous pourrions citer, placées, en raison de leur grande valeur, toutes deux, à leur entrée au haras, dans le même paddock, sont restées six mois sans vouloir pâturer, marchant continuellement le long des barrières, comme des lions en cage. Aussitôt qu'elles apercevaient les garçons, elles accouraient à la porte, montrant ainsi le désir de rentrer à l'écurie.

Pour commencer, il ne faut pas laisser les jeunes juments trop longtemps à la prairie, surtout à l'approche de l'hiver, par les mauvais temps. Quelques heures matin et soir suffisent pour des

La Camargo avant d'avoir produit.

juments qui ne sont pas encore accoutumées aux intempéries de la mauvaise saison.

Certaines juments mises de suite au régime ordinaire des autres souffrent tellement qu'elles deviennent très pauvres, tombent à rien et sont quelquefois un an et plus à se remettre. Nous pourrions citer de nombreux exemples pris dans des studs très importants.

Les juments à l'entraînement recevant une forte ration d'avoine verront cette ration progressivement diminuée, mais on devra les nourrir plus fortement que les poulinières déjà acclimatées au haras, tout en leur donnant beaucoup de mashes et de barbottages, carottes, luzerne, vert, trèfle incarnat pendant la saison, afin de ramener leur intestin à son état normal et de les avoir pour la saison de monte aussi rafraîchies que possible.

Les juments qui n'ont pas couru ou qui sont restées peu de temps à l'entraînement n'ayant été ni fatiguées, ni brûlées par une nourriture échauffante, peuvent être saillies dans de meilleures conditions et avec plus de chances de succès.

Age auquel on doit faire saillir les juments. — Quelques éleveurs font saillir des juments à deux ans lorsqu'il s'agit de sujets très développés et fortement constitués; mais en principe on ne peut le conseiller. L'administration des Haras ne les admet qu'à trois ans pour la monte de ses étalons. L'éleveur qui fait saillir à deux ans ne compte guère sur le premier produit; il a surtout pour but de développer le bassin, de préparer la jument à bien produire plus tard. On pourra donc faire saillir les juments à trois ans, ce qui est bien préférable pour leur carrière de poulinières.

L'âge des poulinières a une grande influence sur la valeur des produits : le premier et le deuxième sont souvent plus petits et plus chétifs que les autres; il en est de même pour les juments âgées. C'est entre six et quatorze ans qu'elles sont le plus fécondes, d'où l'avantage de les faire saillir à trois ou à quatre ans.

A six et sept ans, le bassin ayant toute son ampleur, le fœtus peut ainsi se développer à l'aise; elles mettent bas plus facilement et sont généralement bonnes nourrices. Les juments ayant couru jusqu'à cinq et six ans s'acclimatent moins facilement au haras, le bassin met plus de temps à devenir en bon état de réceptivité, et conséquemment elles sont moins aptes à donner de beaux et bons poulains.

Les poulinières, après le sevrage, seront très peu nourries; afin de faire passer leur lait rapidement, on leur donnera des purgations légères, et on leur traira un peu de lait matin et soir.

A partir de cette époque il y aura lieu, selon qu'elles seront vides ou pleines, de faire deux catégories. Les juments vides n'ayant pas besoin d'autant de nourriture que les pleines, recevront une ration d'entretien de 4 litres d'avoine, plus 2 litres de maïs, 5 kilogrammes de foin, et des mashes trois fois par semaine, de façon à les avoir en bonne condition pour la monte, c'est-à-dire pas trop grasses et avec un bon poil.

Ces juments peuvent coucher dehors jusqu'aux mauvais jours de l'automne.

Les juments qui seront pleines recevront 6 litres d'avoine, 2 litres de maïs, 5 kilogrammes de luzerne, plus les mashes.

Gestation annuelle et bisannuelle. — Les poulinières peuvent produire tous les ans; elles peuvent porter un produit et en allaiter un autre sans en souffrir.

En principe, on fait saillir les juments tous les ans; mais il est bon, pour une jument saillie très tard ou ayant porté douze mois, de la laisser reposer une année. On a vu des poulinières donner des produits de grand ordre, après avoir eu une année de repos. Mais en général il est difficile de recommander cette pratique, car, dans un haras bien dirigé, il faut compter 30 0/0 de juments vides[1] et y ajouter 10 0/0 de juments avortées ou dont les produits meurent à la naissance ou à la suite d'accidents, soit une production de 60 0/0 qui tomberait à 30 0/0, si on ne faisait saillir que la moitié des poulinières.

Si des poulinières, après un repos d'une année, ont donné des sujets remarquables, il ne faut pas oublier que d'autres, saillies tous les ans, ont aussi donné de grands vainqueurs. On peut citer *Bougie*, avec *Gardefeu* et *Holocauste; Rêveuse*, avec *Révérend* et *Rueil; Citronelle*, avec *Courlis* et *Callistrate; Amie*, pleine sept ans de suite, et qui n'a produit que des vainqueurs, dont *Ajax* et *Adam*.

1. Cette proportion de juments vides a été fortement diminuée depuis l'emploi de l'*ovulase*, dont nos expériences personnelles, celles de M. H. Descours et d'une foule d'autres éleveurs qu'il serait trop long de citer, ont démontré l'efficacité dans le traitement de la stérilité.

CHAPITRE X

LA MONTE

Epoque de la monte. — La saison de monte pour les chevaux de pur sang est d'environ quatre mois : du 15 février au 15 juin.

En vue des courses de deux ans, les éleveurs ont intérêt à faire naître les poulains dès le mois de janvier.

Les poulains nés à cette époque ont besoin de soins tout particuliers, en raison des froids et du mauvais temps, mais ils ont toujours un grand avantage sur les poulains d'avril et de mai.

La barre, le boute-en-train. — Avant l'acte d'accouplement, la jument doit être présentée à l'étalon ou à un boute-en-train, afin de s'assurer de sa disposition à recevoir le cheval ; à cet effet, on conduit la jument à la barre de présentation. Cette barre peut être installée de plusieurs façons. Le modèle suivant nous paraît très bon : Deux cloisons solides d'une hauteur de 1^{m},30 sur 4^{m},50 de longueur, surmontées de deux rouleaux posés sur des galets mobiles ; la largeur entre les deux barres sera de 1^{m},102. Une des cloisons, celle du côté où se tient le souffleur, est mobile dans une de ses extrémités. Cette disposition permet de dégager facilement les juments qui viendraient à s'embarrer en ruant. Il suffit à l'homme qui tient le boute-en-train de déclancher un levier placé à sa portée pour faire abaisser cette cloison.

D'un côté se tient le boute-en-train ; la jument défile entre les deux barres ; l'homme qui la conduit a soin de lui tenir la tête droite et élevée, de crainte qu'en ruant elle ne se mette à cheval sur une des deux barres, ce qui est très dangereux avec le système de barre ordinaire.

A défaut de cette installation, on peut s'assurer de la chaleur d'une jument en utilisant les moyens dont on dispose : en présentant la jument par-dessus une porte ou une cloison quelconque ; en la présentant même face à face avec le boute-en-train, ou en la faisant entraver et en mettant le boute-en-train derrière.

Les juments en chaleur portent la queue haute, ouvrent la vulve, se campent pour uriner, l'œil est inquiet; à l'écurie, elles viennent sentir l'homme, elles se laissent toucher sans difficulté, même

La barre.

celles qui sont quinteuses et chatouilleuses en temps ordinaire. A la prairie, elles paraissent plus nerveuses, plus agitées, plus préoccupées; elles vont flairer leurs camarades; la jument non en chaleur fait quelquefois le boute-en-train avec les poulinières en chasse, qui font entendre un winement, urinent et laissent écouler de la vulve un liquide épais et jaunâtre.

Si la jument n'est pas disposée, elle se défendra, cherchera à mordre l'étalon, couchera les oreilles, donnera des coups de pieds. Certaines juments montrent difficilement leur chaleur à la barre, par suite de la frayeur du boute-en-train qui parfois est brutal; dans ce cas on doit les surveiller à la prairie, en les sortant et en les rentrant; on peut aussi faire promener un boute-en-train autour des paddocks ; là, n'étant pas tenues, se sentant libres, elles montreront mieux et plus volontiers leur chaleur qu'à la barre.

En Amérique, on utilise comme boute-en-train un étalon spécialement opéré pour que sa verge sorte au milieu du périnée, de façon que l'animal ne puisse pas saillir. Ce boute-en-train lâché dans les prés au milieu des poulinières signale d'une façon certaine toutes les juments en chaleur.

Le premier boute-en-train ainsi opéré que nous ayons en France se trouve au haras de Jardy : il a été offert à M. Edmond Blanc par M. S.-J. Unzue, le grand éleveur argentin, propriétaire de *Val-d'Or*. Ce boute-en-train rend les plus grands services, non seulement pour signaler les chaleurs, mais aussi pour les provoquer par le contact avec les juments à la prairie. Il est également précieux pour les jeunes juments à faire saillir pour la première fois ; il suffit de les lâcher ensemble dans un manège ou dans un petit paddock un quart d'heure avant la saillie, il arrive à la monter plusieurs fois, en s'y prenant d'une façon très adroite pour éviter les ruades et les coups de pieds.

La jeune poulinière ainsi préparée reçoit sans difficulté l'étalon qui lui est destiné, sans aucun danger pour ce dernier, et se trouve dans les meilleures conditions pour être fécondée.

Délai de flairage. — Des chaleurs : comment elles se manifestent suivant les tempéraments. — C'est à tort qu'on a dit souvent qu'il fallait présenter la jument à l'étalon tous les neuf jours ; on doit, pour ne pas laisser passer la chaleur, la présenter au cheval au moins deux fois par semaine, et tous les deux jours tant que la jument n'a pas été saillie. Dès que la jument sera saillie, c'est-à-dire quand elle aura reçu son dernier service, si on lui en fait donner plusieurs, on la laissera tranquille environ neuf jours ; après quoi on recommencera à la faire revoir au boute-en-train deux fois par semaine, jusqu'à la fin de la monte.

Rien n'est moins sûr que cette présentation tous les neuf jours ; on risque fort dans cet intervalle de laisser passer une chaleur.

Il y a des juments qui sont presque continuellement en chasse ; nous pourrions citer des juments qui, pendant les quatre mois de monte, ne sont pas huit jours sans être sous l'influence de leur sexe. D'autres, au contraire, qui n'y viennent qu'une fois ou deux au plus, pendant la saison ; ces dernières ne restant qu'un jour ou deux en chaleur, il est bon de leur faire donner deux saillies de suite, une le matin, une le soir ; ou une le soir, une le lendemain matin ; nous reviendrons, du reste, sur cette question des sauts à donner aux juments.

Les poulinières difficiles à trouver en chaleur sont rarement pleines tous les ans et restent sans être en gestation le plus souvent une année sur deux. Nous préférons de beaucoup les juments montrant franchement leur chaleur, même celles qui y restent longtemps ; elles prennent davantage l'étalon, c'est vrai, mais,

Le boute-en-train argentin, flairant les juments au paddock.

quand elles refusent, on est à peu près certain de les avoir pleines. Les juments qui ne viennent en chaleur qu'une fois ou deux pendant la saison, sont l'exception ; la périodicité normale chez la plupart des poulinières serait de douze à quinze jours.

Nous citons ci-dessous deux exemples de juments assez fécondes, dont l'une a toujours rempli avec peu de sauts, et l'autre s'est toujours fait saillir souvent :

PREMIÈRE POULINIÈRE

AMIE

1898 (pleine)....	1re chaleur :	saillie	les 18 et 21 février ;
	2e —	—	les 1er et 3 mars ;
	3e —	—	les 14, 16, 22, 25 et 30 mars.

1899 (pleine)....	1re	chaleur :	saillie	les 24, 25 et 27 mars;
	2e	—	—	les 17, 19 et 22 avril.
1900 —	1re	—	—	les 6, 7 et 8 avril;
	2e	—	—	les 21 et 24 avril.
1901 —	1re	—	—	les 8 et 10;
	2e	—	—	les 26, 27 et 30 avril.
1902 —	1re	—	—	les 18 et 20 avril;
	2e	—	—	les 8, 10 et 14 mai.
1903 —	1re	—	—	le 26 avril;
	2e	—	—	les 12, 13 et 14 mai.
1904 —	1re	—	—	les 29 et 30 avril.
1905 (vide)......	1re	—	—	les 22 et 24 avril;
	2e	—	—	les 5, 8 et 9 mai;
	3e	—	—	les 22, 24 et 27 mai.
1906 (pleine)....	1re	—	—	les 23 et 25 février;
	2e	—	—	les 1er, 6, 9 et 14 mars;
	3e	—	—	les 23, 26 et 30 mars;
	4e	—	—	les 18, 20 et 21 avril.

DEUXIÈME POULINIÈRE

FINAUDE

1896 (pleine)....	1re	chaleur :	saillie	le 29 février;
	2e		—	les 10 et 12 mars;
	3e	—	—	les 20 et 21 mars;
	4e	—	—	les 7, 8, 12, 14 et 15 avril.
1897 (vide)......	1re	—	—	les 16, 17 et 22 mars;
	2e	—	—	les 2 et 3 avril.
1898............	1re	—	—	le 19 février.
(On suppose qu'elle était pleine et qu'elle a coulé dans les prairies).				
1899 (pleine)....	1re	chaleur :	saillie	les 17 et 19 février.
1900 —	1re	—	—	les 15, 16 et 18 février.
1901 —	1re	—	—	les 1er et 3 mars.
1902 —	1re	—	—	le 15 février.
1903 —	1re	—	—	les 14 et 15 février.
1904 —	1re	—	—	les 5, 7 et 8 mars.
1905 (vide)......	1re	—	—	le 15 février;
	2e	—	—	les 11 et 13 mai.
1906 (pleine)....	1re	—	—	le 6 avril.

On remarquera que, la première année, ces deux juments ont également été saillies souvent avant d'être pleines : neuf et dix fois chacune. Les jeunes juments saillies pour la première fois ne retiennent pas souvent sur la première chaleur et il y a presque toujours lieu de les faire revoir un certain nombre de fois.

Les juments suitées seront présentées au boute-en-train à partir du sixième jour après la mise bas, bien qu'elles ne viennent quelquefois en chaleur que le huitième, neuvième, dixième et même douzième jour; nous avons vu souvent des juments en chaleur le sixième jour, et, lorsque nous avons voulu attendre le neuvième pour les faire saillir, la chaleur était passée.

En les présentant au bout de six jours, même si elles ne sont pas en chaleur, elles s'habituent à faire connaissance avec l'étalon à la barre et, quand on les fait revoir deux jours après, elles se défendent moins et montrent plus volontiers leur rut. Les juments suitées se défendent presque toujours beaucoup la première fois qu'elles sont passées à la barre après la mise bas; elles sont généralement nerveuses, excitées, à cause de leur produit resté à l'écurie. Pendant cette opération, il y a donc lieu d'insister beaucoup, même quand elles se défendent, si on ne veut pas laisser passer la première chaleur. On peut aussi faire entraver la jument et essayer de la faire monter par le boute-en-train.

C'est un des plus sûrs moyens de ne pas se tromper.

L'accouplement n'est jamais plus fructueux que lorsqu'il est effectué quelques jours après la mise-bas du septième au douzième jour.

Moyens de provoquer la chaleur. — Une alimentation spéciale qui a pour base certaines substances à base de phosphore, magnésium, iode, etc., a une action efficace sur l'appareil de la génération. La préparation la plus connue, celle qui a été employée avec le plus de succès, est la thériaque aphrodisiaque.

La boule électrique placée dans l'entrée de la vulve, et l'appareil qui consiste en une boule creuse d'argent contenant une seconde boule creuse, qui renferme à son tour une faible quantité de mercure et que l'on place dans le vagin, sont les meilleurs moyens mécaniques à employer. Le Laboratoire du Pur sang tient ces appareils à la disposition de tous les éleveurs, auxquels il les prêtera volontiers et gracieusement.

Un excellent moyen, à la portée de tous, consiste à placer la jument : le jour dans la prairie avec des juments en chaleur, la nuit dans un box à côté d'un boute-en-train.

La saillie. — *Emplacement.* — La saillie peut se faire n'importe où, mais autant que possible dans un endroit tranquille, soit dans un manège ou dans une cour fermée où les étalons seront moins distraits et sailliront mieux; le sol sera autant que possible uni et ferme.

Entraves. — La jument bridée sera tenue par un homme et entravée des membres postérieurs. Les entravons seront passés autour des pâturons, les cordes s'y rattachant croisées sous le ventre seront rattachées à un collier passé autour du cou; il y a quelquefois lieu d'employer le tord-nez pour des juments difficiles, mais il faut autant que possible se passer de cet instrument de torture, qui ne dispose guère les juments à recevoir l'étalon ; si on est obligé d'en faire usage, il faut le desserrer et même l'enlever pendant la saillie.

Des juments difficiles à la saillie. — Il arrive souvent que des juments bien en chaleur donnent quand même des coups de pied, au moment où l'étalon les flaire avant le saut. Les juments un peu chatouilleuses ne le font pas par méchanceté ; c'est à l'homme qui tient la poulinière de prévoir et d'empêcher ces coups de pied, en tenant la tête haute, surtout au moment où le cheval s'enlève pour remplir sa fonction.

Certaines juments piétinent sur place ou se tournent dans tous les sens pendant la saillie ; elles arrivent même quelquefois à forcer l'étalon à descendre. Les juments difficiles à saillir fatiguent beaucoup le cheval, qui est obligé de suivre tous leurs mouvements ; il faut dans ce cas placer un homme de chaque côté de la poulinière pour l'appuyer le mieux possible en lui portant une main au jarret, et l'autre à la hanche. On peut aussi lui faire lever un pied de devant pour la forcer à s'appuyer sur ses membres postérieurs.

Juments n'ayant jamais été saillies. — A leur première saillie, certaines jeunes poulinières n'endurent pas les entraves et s'affolent complètement en sentant de la résistance si elles font le moindre mouvement au moment où le cheval arrive pour les monter. On peut supprimer les entraves pour toutes les jeunes juments en employant les moyens suivants : Mettre un tord-nez ; un pied de devant sera relevé et attaché à l'avant-bras avec un trousse-pied ou une étrivière ; la jument étant dans cette position, on lui fait faire un pas ou deux ; ne se sentant plus appuyée que sur trois membres, elle portera le poids du corps sur l'arrière-main. De cette façon les juments les plus difficiles se laissent saillir facilement, sans danger et pour elles et pour l'étalon. Après avoir été saillies une ou deux fois de cette façon, on peut leur mettre les entraves ; les juments comprennent ce qu'on va leur demander et ne se défendent plus.

Soins après la saillie. — Après la saillie, la jument sera rentrée tranquillement dans un box, autant que possible dans un endroit chaud, la chaleur favorisant davantage la fécondation.

Pratiques empiriques. — Après la saillie, quelques poulinières font des efforts pour uriner et rejeter la liqueur spermatique; dans ce cas, il faut les promener sagement, pendant une demi-heure, avant de les rentrer. Il faut s'abstenir des pratiques stupides, encore usitées par quelques éleveurs routiniers, savoir : jets d'eau froide sur la croupe ou sur les reins, frottement de la vulve avec des orties, course rapide. En Angleterre, certains éleveurs prennent dans leur poche un petit flacon d'eau et, aussitôt la jument saillie et désentravée, mettent dans leur bouche le contenu du flacon pour le souffler dans l'oreille de la jument : ils prétendent que la jument doit se secouer et faire pénétrer le sperme dans l'utérus. D'autres piquent le garrot avec une épingle pour obtenir le même résultat.

La saignée après la saillie n'est d'aucune utilité et pourrait être nuisible. S'il y avait lieu de pratiquer une saignée pour une jument non rafraîchie et mal préparée pour la monte, cette opération devrait être faite quarante-huit heures avant la saillie.

Nombre et espacement des saillies. — Durée des chaleurs. — Beaucoup de poulinières peuvent être fécondées avec un seul service ou saut, mais, en général, les poulinières de pur sang en exigent un plus grand nombre.

Quand la chose est possible, il est donc préférable d'en donner plusieurs. Mais il ne peut y avoir de règle fixe, et on est obligé d'agir selon les circonstances.

Après la revue des poulinières à la barre, on peut avoir, une seule poulinière ou plusieurs à la fois, disposées à recevoir l'étalon; s'il y avait pour le même étalon, par exemple, quatre poulinières dont deux suitées, on ferait donner un premier saut à chacune d'elles en commençant par les suitées. L'étalon saillissant deux fois par jour, la première jument saillie recevrait un deuxième service le troisième jour de sa chaleur, à vingt-quatre heures d'intervalle, et ainsi de suite pour les autres. Si, au contraire, il n'y avait qu'une seule jument, deux sauts le même jour ont souvent donné de bons résultats, et, comme il est dit plus haut, il faut laisser la jument tranquille le second jour et donner un autre saut le troisième; si la jument restait encore en chaleur, donner un saut le cinquième ou le sixième jour.

Il n'est pas bon de faire saillir tous les jours les juments dont les chaleurs durent longtemps, cela peut les rendre hystériques; mais, quand l'étalon n'est ni fatigué ni surmené, c'est encore un des meilleurs moyens d'arriver à faire remplir les juments qui ne retiennent pas facilement ; dans ce cas, un saut sera donné tous les deux ou trois jours jusqu'à la fin de la chaleur.

Nous savons qu'il y a des cas où des juments ayant reçu un ou deux services seulement au début d'une chaleur qui s'est prolongée ensuite quinze jours, se sont trouvées pleines, mais beaucoup aussi, dans les mêmes conditions, se sont trouvées vides et, comme on n'est jamais certain du résultat, nous croyons préférable de les faire saillir non seulement au début, mais aussi et surtout à la fin de la chaleur.

CHAPITRE XI

FÉCONDATION. — STÉRILITÉ ET MOYENS DE LA COMBATTRE

Fécondation. — La fécondation est, en général, d'autant plus certaine que la jument a mieux et plus volontiers reçu l'étalon : c'est pourquoi nous croyons bon que les juments soient un peu préparées, soit en les passant à la barre, soit en faisant monter une fois ou deux sur elles un boute-en-train qu'on ne laisse pas saillir.

Les étalons qui montent une fois ou deux la jument avant de la saillir remplissent généralement mieux que ceux plus pressés qui saillissent en arrivant.

Les juments saillies en février et au commencement de mars retiennent difficilement; à cette époque de l'année, elles ont le poil piqué et le froid ne les dispose pas à recevoir avantageusement le mâle. Au contraire, quand le beau temps arrive, qu'il fait plus doux et qu'elles sont bien rafraîchies par la première herbe qui est purifiante, on a beaucoup plus de chances de réussite.

Pour présenter une poulinière à l'étalon avec toutes les chances de succès, il faut qu'elle soit dans une santé parfaite, bien rafraîchie, avec le poil luisant, ni trop maigre, ni trop grasse. Les juments maigres et miséreuses montrent peut-être plus souvent et plus longtemps leur chaleur, mais ne remplissent pas très facilement ; les juments trop grasses et pléthoriques sont encore plus difficiles à féconder.

Les éleveurs du Midi qui conduisent leurs poulinières aux Dépôts d'Étalons ne craignent pas de leur faire faire 15 et 20 kilomètres avant la saillie. Ces juments qui refont le même trajet après l'accouplement remplissent généralement du premier saut, ce qui tendrait à prouver qu'un exercice prolongé, avant la saillie, serait favorable aux juments qui remplissent difficilement.

Chez la jument, la chaleur est accompagnée par la ponte d'un ou plusieurs œufs de l'ovaire.

Dans la copulation, l'étalon dépose le sperme dans le vagin de la jument, et les spermatozoïdes qui y sont contenus se frayent un chemin vers l'utérus en passant par l'ouverture du col utérin et, de là, se dirigent vers les trompes de Fallope, où l'œuf, déjà détaché de l'ovaire, s'y trouve en position. La fécondation de l'œuf s'ensuit ; il descend des trompes dans l'utérus et s'attache à sa paroi, et la gestation commence.

Trois phases bien distinctes sont donc nécessaires afin que la gestation ait lieu :

1° Il faut qu'un œuf soit détaché de l'ovaire, c'est l'ovulation ;

2° Les spermatozoïdes doivent être introduits dans les organes générateurs de la femelle, c'est l'insémination ;

3° Un spermatozoïde doit se mettre en contact avec la substance de l'œuf, c'est la fécondation.

Pour obtenir le résultat final de l'union des deux cellules, qui forment l'embryon, voici ce qui doit se produire.

Chaque sexe fournit sa cellule et n'en fournit pas deux, si ce n'est dans les gestations gemellaires ; mais, pour plus de clarté, nous traiterons seulement les cas dans toute leur simplicité.

La cellule fournie par la jument est un ovule ou petit œuf d'une durée très éphémère, lorsqu'il n'a pas été fécondé ; ce petit œuf reste à peu près passif, il n'a par lui-même aucun moyen de locomotion, son transport d'un point à un autre ne peut se faire qu'en vertu d'une action mécanique. Aussitôt détaché de l'ovaire, les franges de la trompe le transportent jusqu'à l'orifice de son canal, et, lorsqu'il y est engagé, l'ovule ne progresse plus que par la vibration des cils dant la trompe est tapissée. Ces cils sont dirigés de dehors en dedans, ce qui fait que tout œuf engagé est fatalement amené dans le corps utérin et ne peut rebrousser chemin ; tout au plus peut-il s'arrêter s'il ne trouve pas là un calibre suffisant pour son passage.

D'autre part, l'étalon fournit aussi une cellule spéciale ; ici ce n'est plus un ovule, mais c'est en quelque sorte son équivalent : le spermatozoïde, nous disons le et non les, car, bien que le cheval fournisse une quantité innombrable de spermatozoïdes, dans chaque saut, la nature fait un choix judicieux de la santé et de la vigueur de celui qu'elle destine à perpétuer l'espèce dans les meilleures conditions possibles, aussi n'en choisit-elle qu'un sur plusieurs millions : c'est l'élu par excellence.

On dirait que la nature s'est défiée de nos systèmes de croisements, car si nos accouplements ne sont souvent qu'une affaire de vogue et d'engouement, elle a voulu corriger au moins nos opérations dans la mesure du possible, en choisissant ce que les reproducteurs ont de meilleur en eux; elle a donc organisé un steeple chase pour les éléments de leur semence, de façon à ne couronner que le plus énergique de leurs spermatozoaires qui, seul, pénètre l'ovule et le féconde.

Comment la nature a-t-elle pu établir ce champ de courses d'un nouveau genre? De la façon la plus simple : nous avons dit que l'ovule n'avait par lui-même aucun moyen de locomotion, qu'il était simplement porté à sa destination par des cils vibratiles dirigés dans le même sens; mais, si nous examinons le spermatozoaire sous le microscope, nous le voyons animé d'un mouvement très énergique et franchir des espaces considérables en un instant.

Grâce à l'agilité de sa queue, qui est douée d'une grande vigueur, il se remue et progresse aussi vite qu'un poisson dans l'eau ; or un poisson descend plus facilement le cours d'une rivière que lorsqu'il remonte son courant; le spermatozoïde fait de même.

Par ce mécanisme, les deux éléments sexuels se trouvent en présence, et, grâce à l'affinité chimique qui les attire l'un vers l'autre, ils entrent en contact, fusionnent et forment l'œuf.

Nous n'insisterons pas autrement sur le curieux phénomène de la fécondation qui a été décrit dans *le Pur Sang* et *le Demi-Sang* avec toute la rigueur scientifique désirable.

Jument saillie par plusieurs étalons. — La question de la fécondation d'une jument saillie par deux ou plusieurs étalons, se pose de savoir quel est celui qui la féconde. Il s'agit ici d'une question de maturité des ovules, et surtout d'affinité chimique entre les éléments sexuels. L'étalon qui présentera la plus grande affinité sexuelle, sera celui qui fournira le produit. Mais il est impossible de déterminer la paternité avant la mise bas, quelquefois même on ne peut pas établir par la ressemblance l'origine exacte du poulain. De là une complication nouvelle pour l'étude de la descendance.

La stérilité. — La tendance générale actuelle pour l'explication des phénomènes de la fécondation est de considérer comme facteurs essentiels les causes d'ordre chimique, physique, physiologique et mécanique, en un mot d'expliquer la fécondation par la biomécanique. Nous n'entrerons pas ici dans ces explications, d'où l'on a pu dégager les traitements pratiques que nous indiquerons par la suite. Nous entrerons donc dans le fait même du titre de ce paragraphe en rappelant ce que nous avons dit, il n'y a qu'un instant, savoir qu'un seul animalcule suffit pour féconder et, si plusieurs pénètrent à la fois, il est probable qu'il n'y a qu'un seul privilégié. Néanmoins la valeur de la liqueur séminale dépend du nombre et de la vitalité de ces éléments.

Examen du sperme de l'étalon. — L'importance de ces données n'échappera à personne ; car, lorsqu'il s'agit d'acheter un étalon, on peut, on doit s'assurer de la valeur fécondante du liquide spermatique qu'il élabore. Le seul moyen réside dans l'examen histologique de ce liquide, qui pourrait être pauvre en spermatozoïdes ou en être complètement privé. Dans ces conditions, l'achat ne saurait avoir lieu. On doit encore tenir compte du degré d'activité des éléments de ce liquide, car ils pourraient, tout en étant en nombre suffisant, ne pas avoir les qualités nécessaires qu'exige leur fonction.

L'infécondité des juments. — Dans l'indication des quatre catégories où peuvent être groupées les causes capables de porter obstacle à la fécondation, on peut considérer les causes anatomiques résultant d'un vice de conformation du système génital. L'impossibilité où nous sommes, faute de place, d'en suivre toute la filière, nous oblige à ajourner l'étude pathologique de cette intéressante question. Nous ne dirons qu'un mot sur les observations expérimentales qui portent à admettre, avec raison d'ailleurs, que certains fluides viciés sécrétés par les organes génitaux de la jument peuvent mettre obstacle à l'imprégnation en frappant de mort les éléments du liquide fécondant, qui ne peuvent vivre que dans des milieux à composition chimique favorable.

Il y a encore une foule de problèmes qui se greffent sur la question de la fécondation, tels que : le soin à laisser aux poulinières de sélectionner elles-mêmes, parmi les étalons d'un haras, celui qui leur paraît le plus attrayant, à l'aide d'une disposition spéciale des paddocks ; l'importance du pouls chez l'étalon ; la durée de la monte ;

la question de la ressemblance des robes qui exerce, selon Goelher, une influence; la disparité de la taille; la disproportion d'âge, le climat, l'altitude, la température, l'excès d'entraînement, etc., etc.

Moyen pratique de combattre la stérilité.— Nous résumerons brièvement cette question, traitée trop complètement dans *Le Pur Sang*, pour que nous ayons besoin de nous y étendre longuement.

Lorsqu'une poulinière n'est pas fécondée pendant deux ou trois ans, elle est considérée comme impropre à la reproduction; nous espérons démontrer que tel n'est pas invariablement le cas, que son incapacité de reproduire n'est pas toujours causée par la stérilité totale, mais bien relative, et qu'avec l'assistance des méthodes nouvelles, beaucoup de poulinières peuvent procréer, qui ne le pourraient autrement.

Parmi les causes qui empêchent la fécondation de l'œuf, il y en a qui sont d'ordre chimique et d'autres d'ordre mécanique. Les troubles de nature chimique seront combattus par une alimentation spéciale, par l'application de l'ovulase; les obstacles mécaniques seront surmontés par l'électrothérapie, par l'hydrothérapie et les malformations anatomiques, par la fécondation artificielle.

L'infécondité et l'alimentation. — Les non-fécondations que l'on constate ne sont pas toutes provoquées par les causes trop simples que l'on signale ordinairement, mais bien par des affections multiples et par des désordres de l'organisme qui empêchent d'atteindre le but final qu'on se propose. La difficulté est grande de pénétrer les mystères intimes du processus physiologique de la fécondation ; de même, en ce qui concerne la pathologie de cet acte, il est un nombre considérable de problèmes qui attendent encore une solution entière et complète. Aussi n'insisterons-nous pas davantage sur l'étude de ces questions, qui nous entraînerait trop loin. Nous nous bornerons à considérer quelques éléments de ce problème. Le rôle de la nourriture dans ses rapports avec la reproduction du cheval est celui que nous examinerons d'abord.

La nature de l'alimentation a une influence directe, indéniable sur l'infécondité temporaire que l'on observe si fréquemment. Les enquêtes faites dans les haras montrent des poulinières vides pendant plusieurs années, malgré la diversité des étalons employés. Les renseignements recueillis apprennent alors que les juments n'ont été l'objet d'aucune préparation diététique et ont été livrées directement à l'étalon. Dans d'autres haras, au contraire, on est étonné du nombre de résultats positifs qui reconnaissent pour cause une hygiène appropriée, un régime spécial appliqué aux juments destinées à la reproduction.

On peut affirmer que la stérilité des juments, lorsqu'elle n'est pas liée à un trouble fonctionnel, est due dans bien des cas à la nervosité du sujet et à la suralimentation. Examinons brièvement le rôle nuisible joué par ces deux facteurs. Le cheval de course, par exemple, dès sa plus tendre jeunesse, est soumis à une alimentation intensive à base d'avoine. Cette suralimentation se traduit fatalement par une inflammation vive et détermine un état pléthorique peu favorable à la fécondation. Il faut donc modifier l'organisme, donner au sujet un tempérament pour ainsi dire lymphatique. Ce résultat sera obtenu par un régime diététique approprié. Aux grains qui constituaient la dominante de la ration, il faut substituer à cette période, des aliments doués de propriétés hygiéniques et rafraîchissantes (maïs, tubercules, aliments sucrés) et ajouter des aliments minéraux comme régulateurs des fonctions ovariennes.

La nervosité est fonction du tempérament et de la suralimentation; le même régime, dans le cas où l'éréthisme est accusé, devra être appliqué. En somme, à cette période, un régime débilitant doit se substituer au régime échauffant auquel a été soumis le sujet. En modifiant le facteur nervosité, l'animal se trouvera dans les meilleures conditions pour que l'imprégnation soit positive. Tous ses organes, y compris les sexuels, seront dans un état de calme, de relâchement favorable à la fécondation. La nervosité, l'impressionnabilité due au voyage, aux déplacements en chemin de fer, au changement de milieu, sont autant de causes nuisibles. Cette période préparatoire aura pour but d'acclimater le sujet.

L'influence de l'hygiène et d'un régime diététique approprié n'est pas douteuse; quelquefois a-t-on constaté l'infécondité chez des juments brûlées par l'avoine : soumises au même étalon après avoir suivi une période préparatoire, elles étaient fécondées dans la suite avec succès.

Il est donc logique d'admettre une stérilité d'origine alimentaire, liée à l'état pléthorique dont la fréquence chez le pur sang n'est pas douteuse. Chez certains sujets pléthoriques, pour diminuer cette période préparatoire, il y a indication de les anémier par une saignée copieuse; mais, en règle générale, l'emploi du régime débilitant (suppression totale ou partielle des grains; emploi des aliments aqueux, verts, tubercules, etc.) est suffisant. Chez les « surmenés », on observe une dépression organique, un affaiblissement général qui diminuent les chances de la fécondation. Comme dans le cas précédent, une période préparatoire est nécessaire; mais l'hygiène et l'alimentation doivent remplir un but opposé; au lieu de déprimer l'organisme, il faut le tonifier; un régime tonique et alibile s'impose. Il est regrettable de constater que ces données hygiéniques et diététiques, qui sont appliquées dans l'élevage des autres animaux, ne soient pas observées chez le cheval de pur sang et que la fécondation, dont l'importance économique dans le cas spécial qui nous occupe n'est plus à démontrer, soit laissée au hasard et à la routine.

La stérilité est une force. — Nous dirons en passant que, tout en déplorant les pertes annuelles qu'éprouvent les éleveurs, on peut toutefois formuler qu'une certaine stérilité n'est après tout qu'une des lois de la nature dont on rencontre les applications de tous côtés, et il n'y a rien d'anormal à ce qu'il y ait un certain nombre de juments stériles. Sans cette restriction dans la fécondité, il y aurait encombrement.

Dans toutes les espèces animales libres, nous sommes frappés de la prolifération innombrable, de mois en mois, des petites espèces, et d'année en année chez les plus grandes. Mais, là encore, il y a beaucoup de cas de stérilité. Parmi les animaux sauvages, le gibier, il y a des années où il y a beaucoup de couvées et de portées, d'autres où il y en a peu. On explique de loin en loin cette rareté par les intempéries, le manque de certaines nourritures, des herbes, des fruits, des tubercules, d'autres fois nous n'en pouvons saisir la raison.

Dans les troupeaux, dans les bergeries, il survient aussi des années de stérilité dont la cause nous échappe. Ces stérilités, ces manques, ces affaiblissements dans la semence où ces morts presque avant la vie, immédiates, dans l'embryon, sont annuels. Lorsqu'on observe les juments qui n'ont pas produit pendant un ou deux ans, on constate qu'elles sont reposées, fortifiées, qu'elles se soutiennent mieux. Il résulte donc de cette petite revue autour de nous que la stérilité est une force que la nature se réserve pour l'employer tantôt dans un sens, tantôt dans un autre, pour ses différences, ses inégalités, ses individualités, ses variétés d'aptitudes, et pour les dissemblances des sujets semblables dans lesquels elle s'est complue. Il n'en est pas moins utile de combattre cette stérilité qui tend à augmenter plus que de raison.

L'infécondité des juments et l'ovulase. — Nous tenons à signaler une importante découverte qui est appelée à exercer et a déjà exercé une influence considérable sur le degré de fécondité des poulinières. On sait que les empêchements d'ordre chimique qui entravent la pénétration des spermatozoïdes dans l'acte de la fécondation causent de nombreux cas d'infécondité. L'action délétère des sécrétions acides sur la vitalité des éléments mâles, ainsi que l'utilité des produits alcalins qui les neutralisent, sont connues de tout le monde comme donnant lieu à des applications thérapeutiques spéciales.

Par suite des troubles de l'ovulation, il arrive très souvent que l'infécondité des poulinières provient aussi de ce que l'œuf, dans des conditions normales, a une évolution si lente qu'il meurt avant d'avoir pu entrer en développement; en accélérant le processus, la méthode nouvelle qui a été appliquée lui permet d'atteindre un stade plus avancé pour qu'il puisse continuer ensuite son évolution physiologique et arriver au degré de maturité qui le rendra fécond.

La méthode consiste à injecter dans l'utérus une solution à laquelle on a donné le nom d'*ovulase*.

Des expériences rigoureuses faites par nous et par de nombreux expérimentateurs (en 1906 et 1907) ont permis d'établir qu'on peut, en employant l'ovulase, parer à l'excès d'acidité, au manque de vitalité des éléments mâle et femelle qui sont les causes les plus fréquentes de l'infécondité des poulinières.

Les résultats obtenus sur un nombre considérable de juments traitées par cette solution biologique nous ont permis d'établir que le degré de fécondité s'est élevé à 87 0/0, alors qu'il atteint à peine à 60 0/0 au plus, dans toutes les jumenteries.

Nous croyons devoir signaler à l'attention des éleveurs cette découverte, appelée à leur rendre les plus grands services.

Parfois l'œuf se trouve dans un état d'équilibre instable : sans aide et dans les conditions normales, il est incapable de contribuer à l'affinité chimique indispensable, mais il lui manque peu de chose pour exercer son attraction, et ce quelque chose n'a rien de spécifique. Les excitants chimiques peuvent le lui fournir; il suffit de rendre plus excitant le milieu où il se trouve au moment de l'accouplement.

Il peut se trouver aussi que l'élément mâle porte en lui un ferment soluble capable d'agir sur l'œuf après leur union et d'en empêcher le développement autogénétique.

Avec l'application de la méthode qui nous occupe on pare aux différentes éventualités que nous venons d'énumérer.

Depuis que les mémorables travaux de O. Hertwig, Loeb, Delage,

Glare, mère de *Flair*, suitée d'une pouliche par *Gallinule*.

Driesch, Pietri, etc..., ont permis d'aborder méthodiquement la question de la fécondation expérimentale, chaque année nous apporte des faits nouveaux. L'un de nous a étudié en rappelant ces travaux, dans la *Revue de Physiologie*, dans le *Sport Universel*, etc..., les diverses méthodes susceptibles de diminuer l'infécondité des poulinières de pur sang, en insistant plus particulièrement sur l'emploi de différentes substances dont la combinaison a une action spécifique indépendante d'une élévation du pouvoir osmotique.

En employant une solution de chlorure de manganèse dans l'eau distillée, à une concentration égale à celle de l'eau de mer, on avait déjà pu obtenir la fécondation chez des juments rebelles considérées comme stériles. Avec l'eau de mer chargée de bicarbonate de calcium, on est également parvenu à féconder des sujets difficiles.

L'argent à très faible dose ayant aussi une action spécifique, on a expérimenté son action avec un certain succès.

En outre, en faisant agir successivement de l'eau de mer rendue hypertonique, par addition d'une solution de NaCl; puis, après lavage de l'eau de mer additionnée d'un acide monobasique, on est arrivé à d'excellents résultats. Mais c'est en cherchant à combiner toutes ces méthodes qu'on a pu obtenir le résultat souhaité : les juments qui avaient reçu en injection avant la saillie, l'ovulase, ont *toujours* été fécondées. Cette solution, qui constitue en quelque sorte la synthèse de toutes les préparations qui avaient été expérimentées, forme une sorte d'antitoxine qui neutralise les actions nocives des juments et guérit leur infécondité, lorsque cette dernière est due à un empêchement d'ordre chimique.

P. Fournier a dit dans *le Demi-Sang* que l'ovulase comportait deux solutions : une solution A et une solution B qui devaient être injectées : la première dans l'utérus, la veille du jour de la saillie et après l'asepsie complète des organes; la seconde dans le vagin, dix heures avant l'accouplement. Ces injections devaient être faites à la température de 30° environ et à l'aide d'un instrument du genre de l'injecteur « Certes ».

L'année 1907 a vu l'amélioration et la simplification de cette méthode. Sur les conseils d'un grand physiologiste, Ormonde a ramené les deux solutions à une seule. La composition de cette dernière a été définitivement dosée, et à cette heure l'ovulase constitue un liquide vivant des plus intéressants au point de vue biologique.

Pour employer la nouvelle solution, on la sature d'acide carbonique dans un appareil à Sparklets (eau de Seltz), imitant en cela les premières préparations du savant professeur Delage, de la Sorbonne, dans ses expériences de parthénogenèse. L'appareil à Sparklets est muni d'un tuyau en caoutchouc à l'orifice d'échappement du liquide : à l'autre extrémité du caoutchouc s'adapte une canule que l'on introduit dans le col de l'utérus au moment de l'opération. On tient la canule de la main droite, l'appareil à Sparklets étant dans la main gauche; on presse doucement le siphon jusqu'à ce que tout le contenu du siphon, un demi-litre environ, ait été injecté.

L'eau de Seltz ainsi obtenue doit être toujours produite à une température de 20°, jamais au-dessus, à cause du danger d'explosion que présenterait l'appareil sous l'action de la chaleur. L'injection doit avoir lieu après l'asepsie complète des organes obtenue par une injection vaginale d'eau tiède bouillie. On passe ensuite avec la main deux ou trois tampons de coton hydrophile pour bien assécher et expulser l'eau qui se trouve dans le vagin. L'application de l'ovulase a lieu le jour même où se manifeste la chaleur; on fait saillir la jument le lendemain.

Une méthode qui a donné à Ormonde de très bons résultats pendant la saison 1907 consiste en ceci : avant le saut, il bouche le col de l'utérus avec un tampon de ouate; puis, lorsque l'étalon a servi la jument, il recueille le sperme avec une seringue spéciale, il dilue le sperme dans l'*ovulase* à 37°, et il fait l'injection dans l'utérus comme pour la fécondation artificielle.

Des juments illustres ont été fécondées avec succès par la méthode de l'ovulase en 1906 et 1907.

Enfin, mettant à profit les plus récentes découvertes, nous avons établi pour la saison de monte 1908 une nouvelle formule d'ovulase à base d'eau de mer sucrée avec addition de tannate d'ammoniaque. En certains cas spéciaux, cette préparation donnera d'excellents résultats.

Le professeur Worham s'est servi de l'ovulase pour diluer le sperme d'un étalon qui venait de mourir, et il a fécondé une jument avec cette préparation. Ce savant, qui nous a communiqué son expérience, croit qu'on peut prélever du sperme par la castration jusqu'à douze heures après la mort, et il ajoute que, étant donné les puissantes propriétés biologiques de l'ovulase, on peut réveiller la vitalité des spermatozoïdes contenus dans ce sperme. Nous ne demandons qu'à confirmer l'expérience à la première occasion qui nous sera offerte par les éleveurs qui verraient mourir prématurément un de leurs étalons.

Nos expériences, ayant surtout eu lieu sur des juments vides depuis plusieurs années et qu'on désespérait de voir féconder, ont montré l'efficacité de cette solution active, qui, par sa composition chimique, par son rôle, entre dans la catégorie des diastases et est appelée à rendre les plus utiles services. Car en dehors des théories que l'on peut édifier sur ces expériences, on entrevoit déjà les conséquences importantes qui se dégagent des faits observés.

Ces essais sont dignes incontestablement d'être tentés par les éleveurs soucieux d'augmenter le nombre des naissances de leurs studs. Ils méritent d'attirer à un haut degré leur attention, car à la solution du problème de la stérilité chez la jument se rattachent une foule de questions d'ordre économique que nous croyons inutile de rappeler ici.

Le monde de l'élevage rendra, je l'espère, justice aux intentions qui nous animent en propageant cette nouvelle méthode et verra que, dans ces quelques lignes, nous ne sommes inspirés par aucune idée commerciale, mais bien par le souci scientifique de combler une lacune qui porte un grand préjudice à la prospérité de la race pure, à l'étude de laquelle nous nous sommes spécialement consacrés depuis de nombreuses années.

Ceux qui, comme nous, ont, de par leur profession, des occasions répétées d'être en rapport avec des éleveurs, ceux qui sont à même de toucher du doigt les ennuis qui annuellement atteignent le grand éleveur de pur sang, aussi bien que le petit naisseur, ceux-là comprendront la grande utilité de cette découverte, dont l'emploi tend à se généraliser de plus en plus dans les milieux où l'on élève, et qui permet d'espérer une augmentation dans la production totale de chaque jument, au point qu'on peut espérer avoir les juments pleines pendant un certain nombre d'années consécutives.

Ce serait évidemment beaucoup demander que de vouloir obtenir d'une poulinière un produit chaque année, pendant toute la durée de son existence. La nature n'est point inépuisable et a besoin de repos. Il ne devrait pas être rare cependant de voir une jument mettre bas six à sept poulains de suite consécutivement; or, en moyenne, lorsque l'éleveur obtient d'une poulinière deux poulains en trois ans, il s'estime très heureux. Et encore cette proportion n'est pas toujours atteinte.

Avec l'application de l'ovulase, qu'on peut employer chez la jument au moment de la première saillie de la saison, on augmente les chances de fécondation, et on avance ainsi l'heure de la mise-bas. Il y a un grand intérêt, ne l'oublions pas, à faire naître le poulain de course, le plus tôt possible. Comme il doit presque toujours courir ou être entraîné à deux ans, un, deux, trois mois de plus sont un grand avantage; le jeune animal ayant eu le temps de se développer davantage et de recevoir une préparation plus complète. Il est donc de toute nécessité d'obtenir la fécondation des juments de bonne heure en combattant, par tous les moyens que nous offre la science moderne, la stérilité relative, la stérilité passagère qui atteint avec une plus ou moins grande intensité les juments au haras. Or, parmi ces moyens, il n'y en a pas de plus efficace que l'application très simple de l'ovulase combinée avec la fécondation artificielle, dont nous allons entretenir nos lecteurs.

Le succès de notre méthode, tendant à diminuer le nombre de saillies que chaque étalon doit faire annuellement, rend celui-ci plus fécond et prolonge, en fin de compte, sa carrière au haras par suite de la diminution de l'intensité de son service. La fin de la saison de monte peut ainsi s'effectuer dans des conditions physiologiques aussi bonnes qu'au début. Or tout le monde sait qu'à la fin de la saison, la proportion des juments non fécondées est beaucoup plus considérable. Cela tient à ce que le nombre des saillies pour chaque sire est beaucoup trop élevé. Pour son propriétaire, comme dans l'intérêt de l'éleveur qui lui envoie des juments, il vaudrait beaucoup mieux que chaque étalon eût un nombre de saillies plus réduit.

Jusqu'à ce qu'il ait atteint l'âge de six ans, le jeune étalon ne doit pas saillir au delà d'une fois par jour. Il peut commencer son service dès l'âge de quatre ans, mais à la condition de ne saillir, au début, que trois ou quatre fois par semaine. Plus il a de valeur par son origine, ses performances et ses qualités individuelles, plus il a d'avenir, par conséquent, plus il importe d'être attentif à observer une telle recommandation.

Ainsi que nous l'avons déjà dit, le nombre des juments constituant la liste de monte d'un étalon varie suivant son âge. Il est, en moyenne, de six à quinze ans, de trente-cinq juments. Ce chiffre se trouve forcément augmenté par la nécessité des revues ; les juments qui ne sont pas pleines à la première saillie redemandant le cheval une seconde et souvent plusieurs fois. En appliquant la méthode que nous avons indiquée plus haut, appelée à diminuer le nombre des revues, tout le monde y trouverait son compte : l'étalon arriverait frais à la fin de la monte, un plus grand nombre de juments seraient fécondées parce qu'elles auraient été saillies par un étalon reposé, et l'on pourrait ainsi augmenter le nombre d'inscriptions dans une proportion assez importante. Les résultats, au point de vue économique, sont donc appréciables.

L'accomplissement du « saut » exige de la part du mâle une grande dépense de force, qu'il faut réduire au minimum en diminuant le nombre possible d'inscriptions. Ce paradoxal problème ne peut être résolu que par l'application d'une hygiène rigoureuse, d'un régime alimentaire rationnel, et par l'emploi des pratiques qui ont fait l'objet de ces quelques pages. Un bon étalon ne dure jamais trop longtemps. C'est un mauvais calcul d'en abuser. On le met ainsi hors d'état d'accomplir sa fonction, alors qu'il aurait encore le temps de procréer une longue lignée d'excellents produits.

La fécondation artificielle. — La fécondation artificielle est logique au premier chef, lorsque l'accouplement normal ne suffit pas. C'est réparer dans une certaine mesure une erreur de conformation ou d'adaptation, et c'est faire œuvre intelligente et utile que d'y recourir dans les cas difficiles, lorsqu'il s'agit de juments qui font retour à l'étalon de nombreuses fois.

Si l'on veut faire de l'excellente besogne en toutes choses, c'est de ne pas entreprendre ce qu'on est à peu près certain de ne pas conduire à bonne fin.

Or, si l'on ne veut pas discréditer la fécondation artificielle par des essais infructueux, c'est de ne la pratiquer que lorsqu'on est à peu près sûr de réussir.

Toute jument atteinte d'une inflammation aiguë ou chronique de l'utérus ou de ses annexes, doit être soumise à un traitement rationnel jusqu'à sa complète guérison, avant de tenter sur elle la fécondation artificielle.

Toute jument qui montre des irrégularités dans la périodicité des chaleurs, signe de troubles ovariens, doit être l'objet d'une préparation spéciale. Les applications d'ovulase et une alimentation riche en magnésium, iode et phosphore sera la dominante. L'analyse de l'urine donnera le dosage exact des éléments minéraux à y introduire.

Toute jument qui aura une affection de l'utérus ou de ses annexes, avec écoulement purulent devra d'abord être traitée pendant une assez longue période par les lavages internes, pratiqués avec la sonde à double courant.

Tout étalon dont les spermatozoaires laissent à désirer — tant au point de vue du nombre que de la qualité — doit être rejeté, et il est bon de choisir un animal dont le sperme donnera toute garantie à l'examen microscopique.

En résumé, toute fécondation artificielle, qui ne peut être faite dans de bonnes conditions physiologiques, ne doit pas être tentée.

En suivant ces préceptes, qui sont le fruit d'une assez longue pratique, on aura un succès probable ; mais si l'on n'en tient aucun compte, il faut s'attendre à un échec assuré qui compromet, à la fois, la méthode et l'opérateur.

Il faut encore s'abstenir de toute intervention dans les déformations du bassin pouvant empêcher la parturition normale ;

Dans les rétroflexions utérines avec brides cicatricielles ou adhérences immobilisant l'utérus;

Dans les affections organiques incurables de l'appareil génital ;

Dans toutes les diathèses graves, mieux vaut réformer les juments que de tenter des expériences, qui, en réussissant, donneraient des animaux qui viendraient au monde avec une affection héréditaire qui ferait de ces poulains des rebuts, des déchets.

Instruments nécessaires. — Chaque spécialité demande un outillage particulier et parfaitement approprié au but qu'on veut atteindre ; le bagage nécessaire pour pratiquer une fécondation artificielle est des plus simples, mais encore est-il bon d'avoir sous la main l'indispensable.

Chaque opérateur a son instrument de prédilection ; mais cela n'a aucune importance en l'espèce : il faut surtout que l'instrument remplisse le but auquel on le destine ; c'est-à-dire que seringue ou injecteur prenne la semence en un point donné et la transporte où il faut qu'elle soit, pour fructifier utilement, et cela sans blesser la jument, sans changer la nature de la semence, ni sa qualité, ni sa température, car tout est là.

Que ce soit le simple inséminateur « Certes », ou que ce soit l'élégante et pratique seringue du vétérinaire Cholet, ou l'appareil perfectionné du professeur Hoffmann de Stuttgard, ou notre modeste injecteur, peu importe ! Ce qu'il faut avant tout, c'est un instrument commode, incassable, se nettoyant facilement et permettant de voir ce qu'on fait.

La chose la plus essentielle, c'est encore l'adresse de l'opérateur, car peu importe que l'instrument soit parfait, si le praticien est maladroit.

De tous les instruments qui nous sont passés par les mains — et la collection en est grande — nous ne nous servons plus guère que de notre injecteur ou de la seringue « Cholet », qui répondent à peu près à toutes les indications pratiques.

Nous conseillons de faire construire une couveuse artificielle contenant environ 8 litres d'eau chaude, dont on entretiendrait la température uniforme, à 40° C., au moyen de deux veilleuses. La disposition de l'appareil pourrait être telle que le calorique développé serait exactement égal au refroidissement des surfaces, ce qui donnerait une température toujours constante. Au centre de l'appareil se trouverait une caisse rectangulaire qui permettrait de placer en lieu sec les instruments nécessaires à l'opération, et dont voici la nomenclature : un thermomètre très sensible, un spéculum, l'injecteur ou la seringue choisie, une fine capsule de verre violet, pouvant recevoir dans les cas spéciaux un préservatif contenant la semence, afin de l'abriter momentanément contre une déperdition de chaleur et pour la soustraire à la lumière ; et, enfin, une houppe d'ouate armée d'un fil, destinée à obturer le col après l'injection. C'est à peu près tout ce qui est nécessaire pour mener à bien une opération. Nous devons cependant faire suivre cette description de quelques conseils pratiques. Toutes les fois que la température de la semence ne sera pas exactement maintenue entre 37 ou 40°, on ne comptera que des insuccès.

Toute seringue ou injecteur qui pénètre dans le vagin sans avoir été préalablement porté à la température de 40° abaisse la température de plus de 5° pendant l'époque tempérée de la saison de monte, et de plus de 10° aux mois de février et mars, et quelle que soit la température de l'endroit, manège ou hangar, où se pratique l'opération.

Passer les instruments dans de l'eau chaude, pour s'en servir ensuite, même étant essuyés, c'est ne plus se rappeler que l'eau est l'agent le plus actif de la destruction des spermatozoaires. Si bien qu'on essuie ses instruments, il reste encore trop d'humidité dans la seringue pour que celle-ci n'altère pas la semence ; ensuite, il est très difficile de se rendre compte du degré de l'eau chaude au moment de l'opération, pour ne pas craindre de se tromper ; c'est ainsi que nous avons cuit des spermatozoaires en grand nombre et que, dans d'autres cas, nous les avons congelés sans miséricorde, alors que nous comptions sur notre sensibilité tactile pour juger de la chaleur du bain, à défaut de thermomètre, car celui-ci se casse neuf fois sur dix pendant le moment de l'opération, surtout lorsqu'on n'a pas eu le soin de régler soi-même la lampe ou le chauffe-bain. Éviter d'introduire le moindre globule d'air dans l'utérus, mais ne pas craindre d'y injecter plusieurs centimètres cubes de sperme.

Ne pas tenir compte de ces principes fondamentaux, c'est courir au devant d'un échec.

Procédé opératoire. — Avant la saillie, l'opérateur introduit le spéculum pour vérifier l'état du vagin qu'il nettoie et assèche proprement avec du coton hydrophile. Il enlève le spéculum et le cheval est amené. Aussitôt après la saillie, l'opérateur recueille la semence dans le vagin où elle est naturellement déposée ; pour cela, il prend l'injecteur et assèche tout le vagin de la semence qu'il y trouve; c'est alors qu'il introduit le bout de la canule de l'injecteur et le fait pénétrer aussi profondément que possible, sans toutefois blesser la jument; il injecte ainsi une certaine quantité de sperme en s'assurant qu'il reste dans l'utérus; après quelques secondes, il retire l'instrument. C'est alors qu'il coiffe le col à l'aide du tampon de coton hydrophile ou d'ouate et laisse la jument au repos pendant le reste de la journée.

Lorsqu'on se trouvera en présence d'une acidité vaginale trop marquée; que l'on trouvera une muqueuse vaginale agrémentée de produits morbides ou qu'on aura à faire à une jument qui sera dans l'impossibilité de recevoir l'étalon, on pourra faire saillir une jeune jument saine à laquelle on aura au préalable obturé le col de la matrice ; on prélèvera le sperme du vagin de cette jument avec l'instrument et on le transportera dans les organes de la jument que l'on veut féconder artificiellement. On emploiera la méthode opératoire précédemment indiquée. A la sortie du vagin de la jument qui aura été saillie, on revêtira l'injecteur d'un préservatif qui maintiendra la température et écartera toute action de la lumière.

Avenir du poulain d'une jument fécondée artificiellement. — On s'est demandé si le produit de la fécondation artificielle pouvait être le même que celui de la fécondation naturelle, si le poulain, en un mot, jouissait des mêmes aptitudes physiques que celui qui était conçu naturellement. Pourquoi ne serait-il pas exactement le même, puisque les facteurs ne sont pas changés, ni la semence modifiée?

Nous n'insisterons pas sur ce point qui ne fait aucun doute pour nous ; nous ne le rappelons que pour rassurer l'éleveur, qui semble craindre qu'en aidant la nature on n'engendre qu'un monstre.

A ce sujet, disons de suite que nous avons assisté à la mise-bas de quantité de juments artificiellement fécondées par nous et que jamais nous n'avons rien constaté d'anormal, soit dans la taille, soit dans le poids, soit dans la constitution des poulains.

Statistique. — Les statistiques n'ont jamais rien prouvé lorsqu'il s'est agi de démontrer la valeur d'un traitement ; les auteurs même, avec la plus entière bonne foi, font entrer dans leurs documents tout ce qui peut avantager leur pratique en écartant systématiquement tout ce qui peut abaisser le chiffre de leurs succès. Disons cependant à ceux qui voudront pratiquer la fécondation artificielle ce que l'expérience nous a démontré, en fait de statistique générale.

S'il nous était permis de pratiquer la fécondation artificielle sur des jeunes juments de trois à huit ans, vierges de tout traitement saines génitalement, nous obtiendrions certainement avec un sperme de bonne qualité 90 succès sur 100, car l'imprégnation artificielle a sur la fécondation naturelle l'incontestable avantage d'aller plus loin, de triompher des obstacles et d'être pratiquée dans des conditions physiologiques qu'on rencontre rarement dans les accouplements de nos haras.

Il faut qu'on sache quelles sont les juments pour lesquelles on nous a demandé d'intervenir en ces dernières années. L'un de nous a été appelé pour opérer des juments âgées chez lesquelles l'aptitude reproductrice s'est émoussée ; ce n'est plus sur le terrain vierge sur lequel tout pousse; le sol est épuisé, labouré par les tentatives de traitement, de nettoyage, qu'on a pu instituer dans le but de préparer les voies. On nous a soumis des juments malades, atteintes de métrites, portant des déchirements et offrant toute la gamme des affections qui provoquent la stérilité. Il est donc bien évident que nous nous trouvions dans de mauvaises conditions, et les succès que nous avons obtenus sont donc, pour ainsi dire, arrachés de vive force à la nature endormie, et ce que nous avons pu inscrire à notre actif est un triomphe incontestable.

Le sexe à volonté. — Expériences. — Les mâles ayant une valeur marchande plus grande que les pouliches sur le marché des yearlings, le public de l'élevage a porté un très vif intérêt à tout ce qui a paru sur la détermination volontaire du sexe. Nous avons publié, pour notre part, une étude très complète de la question, dans un ouvrage paru en 1906, où nous avons examiné toutes les théories biologiques et statistiques, qui peuvent être réparties en trois groupes distincts : celles du premier groupe font remonter la détermination du sexe de l'embryon aux circonstances qui accompagnent la fécondation (au début ou sur la fin des chaleurs) de l'œuf ; celles du second attribuent à l'œuf antérieurement, même au moment où il quitte l'organe où il a pris naissance, une certaine tendance à donner un poulain ou une pouliche; celles du troisième, enfin, considèrent les différentes conditions de nutrition de l'embryon comme les agents déterminants du sexe.

Nous n'aurions pas eu à revenir sur ce sujet, si, depuis la publication de notre ouvrage, de nouvelles expériences, en apparence très probantes, n'étaient venues apporter quelques enseignements, que l'éleveur de pur sang peut facilement vérifier par l'épreuve. Ces observations portent sur l'influence de l'hygiène, de l'alimentation en général et de l'alimentation minérale en particulier.

Le professeur Kuckuck, de Saint-Pétersbourg, a accouplé des lapins en choisissant des femelles faibles, maigres, mangeant mal, et des mâles forts, bien nourris, élevés à l'air et à la lumière du jour, qu'on avait eu soin de tenir à l'écart des femelles jusqu'au moment de l'accouplement. De dix paires de lapins, il résulta sept lapines et cinquante-sept lapins. Lanz, s'occupant d'études sur la glande thyroïde, raconte que les chèvres thyroïdectomisées et affaiblies par cette opération (absence de la sécrétion du lait, atonie des organes sexuels, cachexie extrême) n'avaient eu que des petits mâles; les boucs fécondants étaient normaux. Les expériences de Clung sur des petits animaux ont encore confirmé ces expériences intéressantes qui établissent, d'après la théorie de l'électrogenèse, qu'il existe une corrélation entre la vigueur d'un animal et la réaction électrique. D'où l'on peut conclure avec le professeur russe que le sexe du fœtus se détermine pendant l'acte de la fécondation; c'est la charge électrique prédominante du noyau de la cellule sexuelle fécondante ou fécondée qui détermine le sexe de l'œuf fécondé. De deux cellules sexuelles, la plus énergique est celle dont le noyau porte la plus grande charge électrique. Par conséquent, le procréateur, possédant plus d'énergie vitale au moment de la fécondation, donne son sexe au produit. Nous pouvons déduire de ces données que, sans affaiblir les poulinières, nous devrons, pour tenter l'expérience, augmenter la ration des étalons en substances plus riches, de manière à exalter la vitalité des sires pendant la saison de la monte.

Dans le domaine du pur sang, nous pouvons citer l'expérience heureuse d'un très compétent éleveur de l'Amérique du Sud, M. Carlos Reyles, qui soumit, il y a trois ou quatre ans, dix poulinières de son important stud de Montevideo à un régime alimentaire débilitant, en diminuant la ration dans une très forte mesure entre le troisième et le quatrième mois de la gestation. Résultat : huit mâles, une pouliche et une jument vide. L'expérience, qui n'a pas pu être reprise par suite d'un séjour prolongé de cet éleveur en Europe, mérite d'être confirmée. C'est ce que se propose de faire M. Reyles.

L'alimentation minérale paraît également avoir une influence directe sur la production du sexe. Depuis quelques années, des tentatives sérieuses ont été faites dans ce sens, et un éleveur nord-américain croit même à une influence bien nette des principes minéraux alimentaires sur le nombre des produits mâles et des produits femelles de son haras.

Si nous rappelons le rôle biologique de l'alimentation minérale, nous sommes amenés à considérer que certains éléments doivent avoir une influence sur la formation des produits sexuels. Il n'y a donc rien d'extraordinaire à ce que l'éleveur américain dont nous parlions plus haut ait obtenu des résultats probants. En tout état de cause, la distribution s'est faite dans son stud avec une si grande inégalité que sa méthode peut être prise en considération.

Étant donné que les éléments nutritifs réagissent sur les produits sexuels, il n'y a pas de raison pour que la formation du sexe ne soit sous la dépendance des principes qui jouent le principal rôle dans le développement de l'embryon.

Voici comment on peut définir l'action de certains éléments de l'alimentation minérale : un excès d'azote et de chaux donne plus de pouliches ; la potasse et l'acide phosphorique augmentent la proportion des poulains. Mais cela n'a lieu que pour certaines juments.

Il s'agirait donc de savoir quelles sont les juments qui sont susceptibles d'être influencées. Le problème mérite d'être examiné. Mais ne pourrions-nous pas, d'ores et déjà, trouver dans cette observation l'explication de la disproportion de naissances féminines dans les haras où l'on abuse des engrais chimiques à teneur trop élevée en chaux et en azote.

Dans le domaine de la théorie, nous trouvons cette communication qui a son intérêt :

Si l'on en croit l'auteur allemand Von Lenhassek, la détermination du sexe est un privilège de l'organisme femelle, et cette détermination paraît toujours antérieure à la fécondation. Chez certains animaux inférieurs l'entrée ou la non-entrée d'un spermatozoïde ne serait pas l'agent déterminant du sexe, mais la conséquence d'une différenciation sexuelle préexistant dans les œufs; les œufs femelles réclameraient, pour se développer, l'addition d'un spermatozoïde, tandis que les œufs mâles, seuls capables de se développer sans fécondation, ne se laisseront pas pénétrer par les spermatozoïdes, en raison d'un chimiotactisme négatif.

CHAPITRE XII

LA GESTATION

Juments pendant la gestation. — Durée de la gestation. — Avance et retard. — La gestation est l'état d'une femelle fécondée; sa durée est de dix à douze mois, mais plus généralement de onze mois. L'accouchement peut avancer ou retarder le terme fixé par la nature : il peut être prématuré, tardif, naturel, normal ou labo-rieux. Il n'est pas rare de voir une jument avancer de huit, quinze et même trente jours; par contre, nous avons vu des juments porter douze mois.

Il y a des années où les juments, en général, avancent ou dépassent plus ou moins leur terme. Cette année (1907), dans presque tous les haras, il a été constaté que les juments passaient leur terme.

Il y a aussi des poulinières qui ont la spécialité d'avancer comme d'autres d'être en retard.

Nous pouvons citer l'exemple d'un petit éleveur, propriétaire de deux poulinières, dont l'une avançait tous les ans de quinze à vingt jours, alors que l'autre retardait d'autant. Ces deux juments, camarades de prairie, avaient été soumises toutes les deux au même régime.

Il est bien préférable qu'une poulinière passe son terme que de l'avancer; le poulain est beaucoup plus fort, plus robuste en venant au monde. Le poulain, venu avant terme, n'a pas beaucoup de poil; il est plus chétif, plus sensible et moins solide pour résister à une diarrhée ou à toute autre indisposition; de plus, il ne profite généralement pas avant l'époque où il devait naître; ce n'est donc pas un avantage d'avoir un poulain quinze ou vingt jours avant terme puisque c'est au contraire un retard dans son développement.

Moyens de déceler la gestation. — Les difficultés de reconnaître si une jument est pleine sont assez grandes, surtout au début de la gestation.

Dans les grands haras, on continue, même pour les juments saillies au début de la monte, de les présenter à la barre à un boute-en-train pendant toute la saison ; c'est le meilleur moyen de savoir si une jument est pleine ou non dès les premiers mois.

Les éleveurs ou stud grooms qui connaissent leurs poulinières se rendent parfaitement compte, par ce moyen, qu'une poulinière

Amie, mère de l'étalon *Ajax*.

qui, habituellement, vient en chaleur tous les quinze jours ou toutes les trois semaines, doit, si elle refuse régulièrement, depuis un mois ou six semaines, se trouver pleine, surtout si elle prend bon poil et qu'elle ait tendance à engraisser.

Le développement du ventre, chez la jument, ne commence que vers le quatrième mois environ ; il s'arrondit et s'étend surtout au-dessous et en avant des mamelles ; les flancs paraissent plus remplis ; le cordon du flanc n'est plus aussi prononcé ; il se forme également, mais un peu plus tard, une dépression de la croupe, qui se reconnaît principalement pendant la marche au pas, en se plaçant derrière la jument.

On remarque aussi un changement dans les habitudes des juments fécondées : à la prairie, elles sont plus tranquilles, moins folâtres quand elles sont lâchées ; elles sont moins prodigues de ruades ; ont meilleur appétit et boivent davantage.

Ces indices n'ont rien de certain ni de probant ; chez certaines juments la grossesse est très apparente à la vue vers le cinquième mois, mais il y a des juments très trompeuses, notamment pendant la durée de l'allaitement : elles conservent beaucoup de ventre et une erreur est facile.

Ce n'est qu'au bout du sixième mois seulement que l'on peut reconnaître d'une façon certaine l'état de gestation par le procédé ordinaire connu de presque tous les éleveurs et qui consiste à placer la main à plat sous le ventre de la jument en avant des mamelles, de préférence le matin, après lui avoir fait absorber une boisson fraîche ; on peut sentir les mouvements du fœtus, mouvements qui se manifestent par de petites secousses précipitées dans la main, très légères à six mois et plus fortes à partir du septième mois. Ces secousses ne sauraient être confondues avec le rythme respiratoire : elles sont bien différentes et plus espacées que l'action régulière de la respiration.

Régime. — L'état de gestation exige des précautions hygiéniques et des soins spéciaux qui ont surtout pour but d'entretenir les poulinières en bon état, de prévenir la constipation, les indigestions, les coliques qui pourraient être des causes d'avortement. Il faut entretenir les poulinières pleines dans un état de bonne condition favorable à leur santé et surtout à celle de leur produit. On doit éviter de les avoir trop grasses ou trop maigres. Dans le premier cas, elles font des produits petits, et le second amène un état de faiblesse dont les effets se font ressentir sur la progéniture.

La qualité des diverses denrées données aux juments pleines a une grande importance : les moisissures, fermentations ou autres altérations peuvent provoquer des avortements. Le régime de la mère en gestation sera surtout un régime rafraîchissant : vert, carottes, mashes. Suivant les saisons il faut instituer un régime propre à favoriser le développement du fœtus. L'entretien d'un poulain dans le ventre de sa mère dépend beaucoup des soins que l'on donne à celle-ci, de son tempérament, de ses forces, de son âge.

La vie libre à la prairie est ce qu'il y a de meilleur lorsque le temps est favorable; mais il faut éviter de sortir les juments pleines le matin lorsqu'il y a des gelées blanches ou de trop fortes rosées. De même il faut se garder de donner des purgatifs violents ou drastiques prédisposant à l'avortement. On doit sortir les poulinières pleines tous les jours, plus ou moins longtemps, suivant la saison et le temps qu'il fait; lorsqu'on est empêché par les gelées, les neiges, de les lâcher à la prairie, il est nécessaire de les faire promener en main au moins une heure le matin et autant le soir.

Cette promenade se fera sur un « straw-bed » (lit de paille), afin d'éviter les accidents et les glissades.

Les poulinières lâchées tous les jours à la prairie, même avec un peu de rosée, ne courent guère de risques, à la condition qu'elles ne sortent pas à jeun; il est nécessaire qu'elles aient mangé, non seulement une ration d'avoine, mais aussi une ration de foin.

Le pansage proprement dit est tout à fait inutile pour les poulinières; outre qu'il exigerait dans un haras un personnel plus nombreux, nous croyons qu'il serait nuisible à des juments ayant besoin d'être habituées à la dure pour supporter sans danger les intempéries de l'hiver; c'est précisément cette couche de poussière grasse, huileuse, qui empêche l'eau de pénétrer et qui les rend insensibles à la pluie.

Les poulinières ainsi habituées à vivre à peu près à l'état sauvage peuvent très bien recevoir une averse et même supporter un léger temps pluvieux; mais, si la pluie se prolonge longtemps, si les juments ne pâturent plus, et viennent à la barrière, le derrière tourné au mauvais temps, il y a lieu de les rentrer en box.

On doit les habituer un peu à la dure, mais il ne faut pas les laisser souffrir. Les poulinières pleines laissées trop longtemps sous la pluie froide se mettent à trembler; on ne doit pas attendre ce moment-là pour les rentrer, car il y aurait danger d'avortement.

Lorsqu'elles sont mouillées, il y a lieu, à la rentrée, de les bouchonner vigoureusement pour les sécher; il est bon de fermer les portes et les fenêtres.

Si un pansage complet n'est pas nécessaire, il est excellent, de temps en temps, lorsque les juments restent à l'écurie le matin en hiver, de leur passer partout et vigoureusement la brosse en chiendent; cela leur sert de friction, rappelle le sang à la peau et en active la circulation.

Il faut entretenir les crinières et les queues. Lorsque les juments ayant des démangeaisons, se frottent contre les barrières, il est indiqué de leur savonner et laver la queue et la crinière avec de l'eau chaude lusoformée. On doit non seulement laver l'endroit de la queue où elles se frottent, mais sur toute la longueur, principalement à l'extrémité : souvent l'animal se gratte en haut de l'appendice caudal et la démangeaison est en bas.

Pour que les juments puissent s'émoucher, on laissera pousser les queues assez longues, mais il faut éviter qu'elles dépassent le boulet, car les poulinières pourraient marcher dessus soit en se relevant, soit en pointant, ou en reculant, ce qui est dangereux.

Les juments qui approchent du terme présentent des signes particuliers, environ un mois avant l'époque du part; c'est d'abord le pis qui commence à se développer, les muscles de la croupe et des fesses qui s'affaissent; on dit alors que la jument se casse. Des œdèmes se montrent sous le ventre, chez certaines juments, d'une façon assez prononcée, environ quinze jours avant la mise-bas. Tout à fait dans les derniers jours les mamelles se remplissent et deviennent tendues, brillantes; on aperçoit de la cire (colostrum) au bout des mamelons. La présence de ces petites gouttes de cire est un indice certain de parturition imminente; mais il n'est cependant pas rare de voir, chez certaines juments, le lait couler plusieurs jours avant la mise-bas. Les juments se cassent ensuite de plus en plus; de chaque côté de la queue il se forme une dépression plus accentuée; le ventre tombe en pointe, la vulve se dilate. Plus une jument est cassée, déformée, mieux elle est préparée et plus facilement elle mettra bas. Les jeunes juments ne le sont souvent pas assez et accouchent plus difficilement; on est, dans ce cas, presque toujours obligé de tirer fortement sur le produit, causant parfois des déchirures de la vulve. Les juments à la prairie se tourmentent, ont l'œil inquiet, paraissent agitées, marchent le long des barrières. A partir de ce moment, il y a lieu de les surveiller surtout pendant la nuit, car c'est presque toujours dans cet espace de temps qu'a lieu la mise-bas (90 0/0 au moins).

Nourriture des juments pleines. — Les juments pleines recevront par jour une moyenne de 6 litres d'avoine et 2 litres de maïs concassé; cette quantité peut être diminuée pendant la saison d'herbe et au contraire augmentée de 2 litres pendant l'hiver. Foin ou luzerne 5 kilogrammes, paille à volonté et mashes trois fois la semaine.

Les juments pleines doivent toujours avoir de l'eau à volonté à l'écurie comme à la prairie. Lorsqu'on ne leur donne à boire qu'une ou deux fois par jour, elles sont sujettes à se jeter sur le liquide avec trop d'avidité et de fâcheuses indigestions peuvent se produire.

Régime pendant les quelques jours qui précèdent la mise-bas. — Pendant les quinze jours qui précèdent la mise-bas, on pourra

America, mère de *French Fox*.

supprimer l'avoine progressivement et presque complètement en remplaçant cette ration par des mashes et barbottages dans lesquels il sera utile d'ajouter une bonne cuillerée à bouche de bicarbonate de soude, de façon à bien rafraîchir la jument. Si une nourriture sèche était maintenue chez les poulinières, les poulains à la naissance ne pourraient expulser leur méconium ; ce dernier, au lieu d'être fluide, formerait une masse dure et sèche. Ces précautions auront aussi quelque chance d'éviter la diarrhée, affection grave à laquelle les nouveau-nés sont sujets.

Boxes d'accouchoir. — Les boxes de mises-bas seront grands et spacieux, bien éclairés, faciles à laver, à désinfecter et à surveiller la nuit par les veilleurs. Dans les cas difficiles, nous conseillons aux éleveurs l'installation d'un box spécial avec sol incliné permettant de placer la jument à volonté : soit la croupe élevée, l'avant-main baissée ou le contraire : croupe basse, avant-main élevée.

Lorsqu'il s'agit de ramener la tête ou les membres antérieurs mal placés, il faut faire relever la croupe de la jument et repousser le fœtus au fond de la matrice ; ce travail se fera naturellement si la jument est placée sur un sol incliné ; la tête ou les membres ramenés à leur place naturelle, on placera ensuite la poulinière en sens inverse pour faciliter la sortie du fœtus.

Avortements. — Causes accidentelles ou épizootiques. — L'avortement est l'expulsion du fœtus avant la fin de la gestation à une époque où il n'est pas viable.

Il peut être accidentel ou épizootique, mais il est plus souvent le résultat d'un accident, que l'on peut attribuer aux causes suivantes : glissades, chutes, coups violents, frayeurs, repos trop prolongé des juments à l'écurie. Dans ce dernier cas les juments faisant des courses folles très dangereuses, à leur première sortie dans la prairie, il s'ensuit des mauvaises positions du fœtus dans le ventre de la mère, dont nous reparlerons plus loin.

L'avortement qui a lieu au début de la gestation, souvent du vingtième au soixantième jour, passe souvent inaperçu ; les juments peuvent avorter dans la prairie ou à l'écurie : le fœtus est de si petite dimension qu'il est bien difficile de l'apercevoir. On est tout étonné de revoir en chaleur une jument qui avait bien refusé et qu'on croyait certainement pleine. On dit habituellement, en pareil cas, que la jument a coulé.

Les poulinières ayant ainsi avorté ne remplissent pas facilement, parce qu'elles n'ont pas reçu les soins que nécessitait leur état et il n'est pas rare de voir telle jument qui, tous les ans, était fécondée rester vide plusieurs années après un avortement prématuré.

On peut, après un accouchement naturel, à terme, ne pas donner de soins spéciaux ; le délivre étant à maturité se détache naturellement ; la jument expulse tout d'elle-même avant que le col de la matrice soit refermé. En effet, pendant au moins huit jours après la mise-bas, elle rejette normalement les mucosités restant dans la matrice.

Il n'en est pas de même pour les juments avortées, qui se délivrent plus difficilement ; souvent le délivre ou une partie du délivre reste collée au fond de la matrice et, si on n'a pas soin de donner des injections utérines, avant de laisser se refermer le col de l'utérus, on risque d'enfermer le loup dans la bergerie et de laisser créer un foyer d'infection pouvant amener de graves complications : fièvre, métrite, péritonite, etc. Ces injections doivent être données deux fois par jour pendant les huit premiers jours ; ensuite une fois ; enfin tous les deux jours, jusqu'à ce que la jument soit tout à fait débarrassée.

Pour ces injections, on se servira de préférence de la douche (ou bock). Ce bock (le modèle employé par les femmes), d'une contenance de 6 litres, avec 4 mètres de caoutchouc, un robinet d'arrêt et une canule en métal à bout bien arrondi, de 0m,48 de longueur et 0m,013 de diamètre. Cette canule pourra être flambée, bouillie ; elle est d'une grande commodité pour l'introduction dans l'utérus. L'homme chargé de donner l'injection aura soin de se laver soigneusement les mains, les bras, et de les enduire d'huile d'olive.

Ces précautions prises, il introduira le bras au fond du vagin, la canule en main ; il fera pénétrer cette dernière par le col de l'utérus en la poussant bien au fond de la matrice ; il n'y a aucun danger ni aucun risque de blesser la jument avec la canule en métal que nous indiquons et qu'on trouve chez M. Gasselin. Les injections doivent être données lentement de façon que le liquide ait le temps de pénétrer dans tous les plis de la cavité utérine ; elles doivent être données à l'eau bouillie un peu chaude (45°) ou à l'eau bouillie additionnée de permanganate de potasse, 0gr,50 par litre d'eau, au sublimé dans les mêmes proportions, au lusoforme, qui est un bon désodorisant, ou encore avec le mélange suivant : eau bouillie boriquée 3 litres, gros vin rouge, 1 litre.

Il est bon d'alterner, de ne pas toujours donner la même injection ; la solution au permanganate est celle que nous préférons.

Les juments avortées qui auront été soignées de cette façon rempliront comme les années précédentes, surtout si on leur fait des injections d'ovulase au moment où se manifestent les chaleurs.

Il est bien entendu qu'au moment de les faire saillir on doit cesser les injections dans lesquelles on fait rentrer soit du permanganate, du sublimé ou tout autre corrosif. On termine par des injections d'eau bouillie seulement ou d'eau bouillie additionnée d'un peu de bicarbonate de soude.

L'avortement épizootique est peu connu en France chez le pur sang; il est fréquent chez la vache et cause à l'élevage du bétail un préjudice considérable.

Des cas d'avortement contagieux ont été constatés en Allemagne dans un grand établissement d'élevage, en Amérique (Nord) et, en ces dernières années, en France.

On pense généralement que le contage pénètre dans les organes génitaux de la femelle et détermine une maladie du fœtus à laquelle la mère reste totalement étrangère (Nocard). On croit aussi que l'affection est transmise par les voies digestives. Lignières, qui s'est spécialement occupé de cette maladie, en Amérique, nous dit que le microbe peut se trouver dans les aliments : avoine, foin, luzerne, eau.

Contage par les organes génitaux. — Dans le premier cas, la contamination peut se faire dans une écurie renfermant plusieurs juments; écurie mal entretenue, mal aérée, écurie où il y a, à l'intérieur, des égouts à purin dont les émanations peuvent provoquer une infection qui peut faire avorter les juments.

Nous pouvons citer un cas qui s'est produit dans un haras. A l'approche des naissances, les premières juments à terme, par date de mise-bas, étaient passées dans une écuries spéciale, dite accouchoir, pouvant contenir 10 poulinières environ sous la surveillance de deux gardiens de nuit. Cette écurie bien aérée, tenue aussi proprement que possible, a un sol en briques sur champ avec jointures cimentées permettant de laver à grande eau après chaque mise-bas. Pour écouler l'eau, le purin, le sang, quatre bouches d'égout avaient été installées avec conduites en dessous amenant tous ces liquides dans une citerne placée en dehors du bâtiment, à une distance de 6 mètres environ.

Deux juments, camarades de prairie placées le même jour dans cet endroit ont avorté la même nuit à deux heures d'intervalle, toutes deux presque à terme, l'une quinze, l'autre douze jours avant l'époque fixée. Chez ces deux juments mêmes symptômes : le fœtus paraissait avoir un souffle de vie, le pouls battait pendant quelques secondes, et malgré les tractions rythmées de la langue, les frictions énergiques faites pour le rappeler à la vie, il mourait en quelques secondes. Les enveloppes fœtales étaient rouges, noires, congestionnées, tout à fait anormales. Six autres juments placées ensuite dans cette écurie ont avorté dans les mêmes conditions. La contamination sévissait sur toutes celles qui séjournaient environ trois semaines à un mois dans cette écurie. Une autre poulinière restée vingt jours seulement dans cette même écurie a mis bas un produit donnant les mêmes signes d'empoisonnement, mais qu'on a pu rappeler à la vie à force de soins et après de nombreuses tractions de la langue ; les enveloppes fœtales ont révélé que le commencement d'infection avait eu lieu. Au contraire, les juments qui mettaient bas quinze jours après leur séjour dans cet accouchoir n'avaient rien : la durée pour l'intoxication était donc supérieure à ce laps de temps. Remarque qui a son importance : les mêmes juments lâchées à la prairie avec d'autres poulinières saines et ne couchant pas à l'accouchoir n'en ont contaminé aucune. C'est donc pendant la nuit que les juments devaient s'infecter.

Les hommes couchant dans l'accouchoir en plein hiver, avaient soin de fermer hermétiquement les portes et fenêtres, l'odeur était insupportable quand on entrait en pleine nuit dans cette écurie. Il n'y a aucun doute que ces avortements avaient été causés par les émanations venant de la citerne, soit que les siphons fonctionnaient mal ou pas du tout.

Après un cas aussi probant, le propriétaire n'a pas hésité à faire transformer l'écurie en supprimant les bouches d'égout et en bouchant la citerne. Les lavages et écoulements d'eau se faisant en dessus, au grand jour, comme dans les abattoirs, la cause du mal et avec elle ses effets funestes étaient supprimés.

Il ne doit exister dans une écurie aucun caniveau couvert. La présence de déjections fraîches ou d'urine émise récemment ne cause aucun préjudice à la santé des animaux ; mais la décomposition qui se produit dans les tuyaux obstrués ou sous les plaques de fonte insuffisamment lavées, est des plus pernicieuses.

Les microbes qui occasionnent l'avortement épizootique peuvent se trouver dans l'eau, dans l'avoine, dans les fourrages, dans les prairies.

La maladie microbienne peut être transmise aux autres poulinières après un avortement ; elle est des plus contagieuses et des plus dangereuses. La période d'incubation dans l'avortement contagieux paraît être aussi exactement que possible de vingt à vingt-cinq jours.

Dans un haras où il y a eu de l'avortement épizootique, il a été constaté que chaque avortement était souvent suivi d'un ou plusieurs autres, trois semaines après environ.

Le cas suivant nous paraît encore plus convaincant. Trois poulinières étrangères au haras, entrées le même jour dans cet établissement, ont avorté : la première, vingt jours après son entrée ; la deuxième, vingt-deux jours; et la troisième, vingt-quatre jours. Les juments n'étaient nullement malades; elles n'avaient pas de température au moment de l'avortement. Les températures prises matin et soir en pleine épidémie par un vétérinaire sur toutes les juments pleines n'ont révélé chez les avortées qu'un cas où la jument marquait 39°5 avant l'avortement. Cette jument avorta de deux produits (dont l'un était probablement mort avant l'autre puisqu'il était déjà en putréfaction) elle avait 40°,5 vingt-quatre heures avant l'accident. Les autres juments avortées avaient toutes une température normale au moment du part; mais, vingt-quatre heures après, on relevait 40 et 41° de fièvre à chacune d'elles. Cette fièvre causée par l'infection de la matrice tombait au bout de quelques jours après les premières injections données dans l'utérus. Les juments étaient tristes, très abattues, sans appétit pendant plusieurs jours; et, lorsque la fièvre était tombée, elles reprenaient très vite une physionomie meilleure. L'avortement avait lieu aussi bien sur des juments pleines de quelques mois que sur celles qui étaient presque à terme.

Dans le cas que nous citions plus haut de poulinières infectées dans l'écurie, le fœtus était encore vivant; dans ce dernier cas, au contraire, le fœtus était toujours mort. Dans le premier cas, la poche des eaux sortait rouge, congestionnée; le délivre l'était moins au fond de la matrice; les juments avortées n'avaient pas ou peu de fièvre. Dans le deuxième cas, la poche des eaux, paraissait normale, mais l'ensemble du délivre était, au fond principalement, congestionné, putréfié.

La plupart des fœtus étaient mal placés, ce qui était un nouveau danger pour les mères; on y trouvait toutes les mauvaises positions : tête renversée entre les jambes, dans le flanc ; jambes repliées en dessous, ce qui a pu faire croire, au commencement de l'épidémie, à des avortements accidentels ; il n'en était rien, c'était, au contraire, le fait du fœtus qui devait se débattre au moment de l'asphyxie.

Comme nous venons de le dire, les juments n'étaient pas malades avant l'avortement : pas de température, bon poil, bon appétit, très bonne physionomie; il était donc impossible de les écarter des autres avant l'avortement, ces sortes d'accidents se produisant inopinément et le plus souvent la nuit.

Le meilleur moyen d'enrayer l'épidémie est d'enlever toutes les poulinières du milieu infecté, de les isoler autant que possible par petits lots; de leur donner une nourriture rafraîchissante. Pour désinfecter l'intestin, donner par jour 50 grammes de sulfate de soude et 10 grammes de bicarbonate. Lignières recommande le terpinol à la dose 20 à 30 grammes par jour en électuaire, dans du miel. Tous les jours, lavage des yeux, de la bouche, des naseaux, de la vulve, avec une solution antiseptique et à l'aide de tampons de coton hydrophile. Il est bon de confier à un personnel spécial le soin des juments avortées en ayant soin que ces hommes n'aient aucun contact avec les juments saines.

Les hommes employés aux malades auront toujours une blouse d'infirmier et une paire de sabots qu'ils quitteront en sortant de l'infirmerie ; les sabots seront passés dans une solution d'hypochlorite de soude; il est bon aussi d'étaler devant chaque box une couche assez épaisse de chlorure de chaux.

Isolement des poulinières. — Les juments avortées seront immédiatement séparées des autres et envoyées à l'infirmerie ou tout autre endroit isolé. Le box sera débarrassé, vidé, nettoyé et désinfecté à à fond; le fumier sera brûlé; les boxes voisins, surtout s'ils communiquent entre eux, seront également évacués et désinfectés de la même façon.

Traitement. — La poulinière avortée sera couverte et tenue très chaudement; la température sera prise matin et soir. Les injections utérines seront commencées dès le premier jour, très chaudes. Si la jument faisait des efforts trop violents après l'injection, il y aurait lieu de la promener en main pour éviter ces efforts, qui pourraient amener un renversement de la matrice.

En dehors des injections que nous avons indiquées plus haut, Moussu recommande de faire, les premier, troisième, sixième et dixième jours après l'avortement, des injections intra-utérines avec le mélange suivant :

Iode	1 gramme
Iodure de potassium	5 grammes
Eau distillée, stérilisée	2 litres

pour une injection tiède.

Après chaque injection, lavage de la vulve, de l'anus et du périnée ; administrer 3 grammes de salicylate de quinine, le matin, à midi et le soir, quand la jument a une température au-dessus de 39°.

Les délivres et fœtus morts à la naissance, ne doivent pas être mis au fumier, mais enfouis ou brûlés.

CHAPITRE XIII

LA MISE-BAS

De la mise-bas. — Les premières douleurs de la mise-bas se manifestent de la façon suivante : les juments tournent en box, sont surexcitées, s'arrêtent à chaque instant, se campent sur leurs membres postérieurs pour uriner; elles ont de petites coliques bien différentes des coliques ordinaires ; commencent à transpirer ; se couchent; regardent leurs flancs ; puis font des efforts expulsifs de plus en plus accentués, qui amènent entre les lèvres de la vulve le sac amniotique, qu'on appelle vulgairement la poche des eaux.

Ce sac se crève et la jument jette les eaux.

Si tout se passe bien, on voit apparaître les sabots des deux pieds antérieurs, puis la tête et enfin le corps complet du produit.

Parturition normale. — Les poulinières peuvent accoucher debout ou couchées; le plus ordinairement elles sont couchées, ce qui est préférable. Les juments qui accouchent debout sont en très petit nombre : ce sont des juments nerveuses, impressionnables ; la présence des hommes qui les surveillent, les empêche quelquefois de se coucher.

Si, au bout d'un quart d'heure à vingt minutes, le travail reste stationnaire, malgré les efforts de la jument, il y a lieu d'intervenir pour l'aider. On s'assurera d'abord que la présentation est bonne, en introduisant dans le vagin la main enduite d'un corps gras, pour s'assurer de la présentation du fœtus, qui, normalement doit venir les deux membres antérieurs les premiers, la tête allongée sur ces deux membres. On déchirera la poche des eaux si elle ne l'est pas. Il arrive quelquefois qu'un des membres ou même les deux viennent se butter en haut du rectum, derrière la commissure supérieure de la vulve ; il suffit de les repousser légèrement et de les ramener à l'extérieur. On aidera ensuite la mère, en tirant doucement d'abord sur les pieds du fœtus, tout en ayant soin de faire coïncider chaque traction avec les efforts de la jument.

Un homme assis sur la croupe de la jument lorsqu'elle est couchée peut, en écartant la vulve et en ouvrant le passage, faciliter

Appareil pouvant remplacer six hommes, pour aider la mise-bas dans les cas de part laborieux.

la sortie pendant qu'un autre homme ou plusieurs, tirent sur les pieds du fœtus.

Malprésentation. — Les présentations anormales sont assez nombreuses. Les cas les moins difficiles sont ceux dans lesquels un seul membre se présente avec la tête, l'autre étant replié sous la poitrine ; ou lorsque c'est la tête seule, les deux membres étant repliés ; ou encore les deux membres et la tête retournés, le fœtus se présentant par la nuque. La tête peut être aussi complètement retournée ; l'encolure peut être fléchie, soit d'un côté, soit de l'autre : dans ce cas, l encolure n'étant pas allongée vient butter contre l'entrée du bassin et fait obstacle à la sortie du fœtus.

Dans la majorité de ces différents cas, un homme habile, ayant un peu de sang-froid, peut opérer le rétablissement de la position normale. Avant tout, on fera relever la jument si elle est couchée et on lui mettra un tord-nez pour l'empêcher de faire des efforts inutiles et gênants; on lui fera lever un pied de devant si c'est nécessaire, afin que l'opérateur soit le moins possible gêné dans ses mouvements.

Pour ce travail délicat, il faut prendre les plus grands soins de propreté, se savonner les mains et les bras à l'eau chaude lusoformée avant de les enduire d'huile phéniquée. On introduit le bras dans le vagin pour bien se rendre compte de la position du fœtus; s'il s'agit d'une jambe repliée, on glisse la main en suivant l'avant-bras jusqu'à l'articulation du genou que l'on tire en avant; on va ensuite saisir le boulet pour le ramener à l'extérieur en pliant les articulations et en repoussant le fœtus au fond du vagin, ce qui est beaucoup plus facile, la jument étant debout. Quand à la fois la tête et les pieds se présentent repliés, on commence par les pieds, car on a plus de facilité ensuite pour repousser le corps avec l'autre main pendant qu'on fait la version de la tête.

Quand l'encolure reste fléchie, que la tête ne vient pas s'allonger sur les membres antérieurs, le meilleur moyen est de passer une ficelle avec un nœud coulant dans la mâchoire inférieure et de tirer lentement pour la ramener en bonne position.

Il faut opérer doucement, sans brusquerie, savoir profiter, pour faire ces versions, du moment où la jument cesse ses efforts, et cela sans perdre de temps, car, au bout d'une demi-heure environ, le poulain serait mort.

Aussitôt l'opération terminée, les jambes et la tête en bonne position, il faudra enlever le tord-nez, sortir du box pour permettre à la poulinière de se recoucher, et continuer l'opération d'extraction du fœtus la jument étant couchée.

En cas de mort apparente du nouveau-né (ce qui peut arriver s'il a été serré et s'il est resté longtemps au passage), il faut avant tout provoquer la respiration artificielle par des tractions rythmées de la langue et faire en même temps de légères pressions intermittentes sur les côtes; on peut aussi leur souffler de l'air dans les poumons; c'est une pratique assez courante que les vieux éleveurs ne manquent pas de faire aussitôt que le fœtus a cessé de faire corps avec sa mère; ils ouvrent la bouche du nouveau-né et lui soufflent de l'air dans les poumons. On peut recommander de faire

LES POSITIONS DU FŒTUS AU MOMENT DE LA MISE-BAS

Position normale.

Tête retournée sur les reins.

Tête se présentant seule, les membres antérieurs repliés en dessous.

Tête repliée entre les deux membres antérieurs.

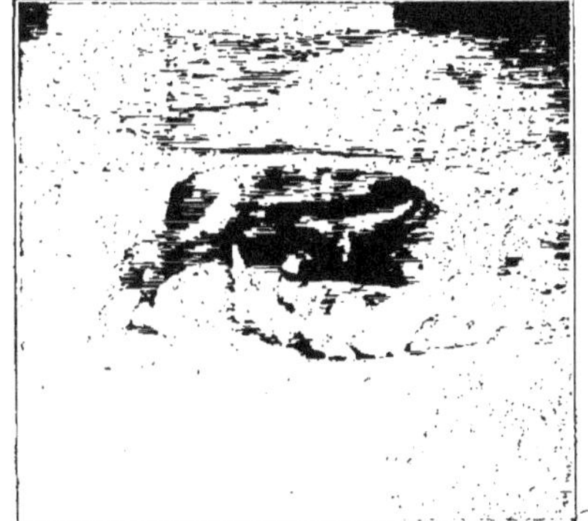

Jambes repliées et tête retournée dans le flanc.

Présentation par la nuque, le cordon ombilical passe autour du jarret.

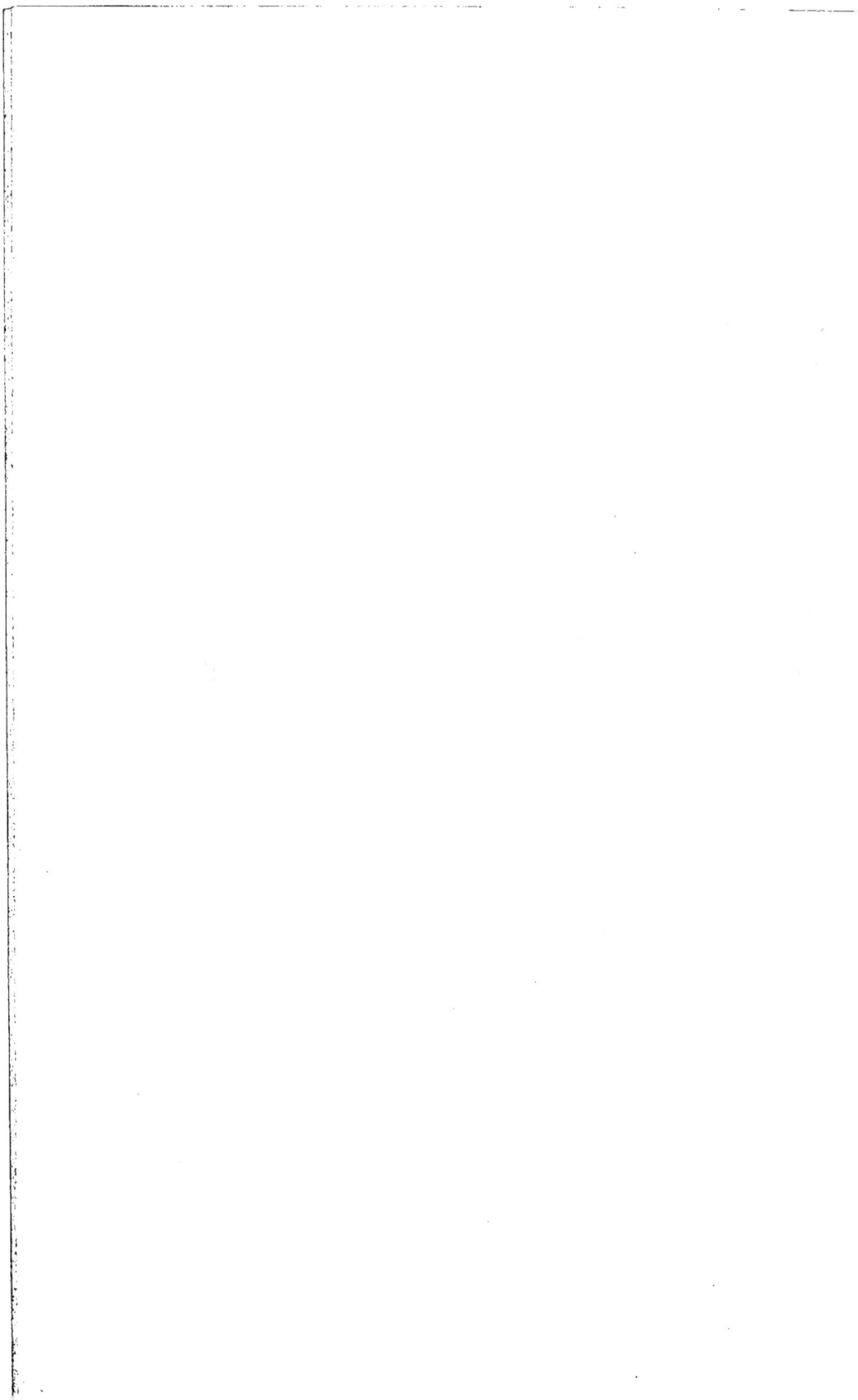

prendre au poulain une inhalation d'oxygène dont tous les haras devront avoir une provision.

On ne doit pas désespérer même si, au bout d'une demi-heure, on n'obtenait pas de résultat, les tractions devant parfois être continuées longtemps.

On s'aperçoit que le fœtus est vivant quand les mouvements du thorax sont perceptibles ou lorsqu'en plaçant la main à plat sur les côtes on peut se rendre compte des mouvements du cœur.

Cordon ombilical. — Aussitôt après la naissance du produit, il faut rompre ses enveloppes fœtales, si elles sont encore intactes.

Le cordon ombilical peut se rompre tout seul quand il est bien à maturité. Dans ce cas, il se détache facilement, sans hémorragie. Souvent, il n'y a même pas lieu de faire une ligature. Si, au contraire, le cordon n'est pas rompu, on devra avant de le couper en faire une, à environ 2 centimètres du nombril; puis une seconde à quelques centimètres plus loin; cette dernière permet de trancher le cordon entre les deux ligatures et évite l'écoulement du sang.

Pour cette opération et dans le but de parer à toute éventualité d'infection ombilicale, on fera :

1° La ligature du cordon ombilical avec un fil stérile (ces fils stériles peuvent être préparés par un pharmacien et enveloppés dans une enveloppe fermée);

2° Un lavage du moignon et de la région ombilicale, au sublimé alcoolique à 2 pour 1.000;

3° Le tamponnement de cette même région à la teinture d'iode avec du coton hydrophile;

4° Le tamponnement consécutif à la solution alcoolique saturée d'acide picrique. Durant les huit jours qui suivront la naissance, le tamponnement devra être effectué le matin à la teinture d'iode, le soir à l'acide picrique.

Il faut se méfier des gros cordons ombilicaux qui souvent produisent une grande abondance de sang: dans ce cas, faire une ligature solide, pas trop près de l'extrémité pour ne pas pincer la peau et afin qu'il soit possible de mettre une seconde ficelle s'il se produisait une hémorragie ou en cas d'insuffisance de la première ligature.

Ces précautions peuvent paraître exagérées, mais elles ont pour but d'éviter les nombreux cas de toxi-infection d'origine ombilicale, tels que : diarrhée, rhumatismes, arthrites des jeunes poulains, etc.

Pendant les huit premiers jours de la naissance, il y a toujours lieu de surveiller de très près le nombril des nouveau-nés. Certaines juments les lèchent et avec leurs langues rugueuses font saigner l'ombilic et entretiennent ainsi la plaie. En prenant les précautions indiquées ci-dessus, et au besoin en ajoutant sur le moignon une couche d'huile de cade ou de goudron de Norvège, on empêchera sûrement, les mères de lécher cette partie du corps de leurs produits.

Les poulains qui souffrent d'infection au nombril deviennent tout d'un coup tristes ; ils baissent la tête ; ils sont gênés dans leur démarche; ils ont la queue serrée entre les jambes. Souvent, quand on examine le nombril superficiellement, on ne remarque rien, mais il suffit d'exercer une pression pour faire sortir quelques gouttes de pus.

Pour bien se rendre compte du mal et pour faire un nettoyage approprié, il faut coucher le jeune animal et donner les soins indiqués plus haut.

La formule suivante de M. Desoubry, nous a donné des résultats excellents :

Poudre iodoforme	40,00
Naphtol	30,00
Camphre	15,00
Sublimé corrosif	0,50
Éther sulfurique (quantité suffisante pour faire un litre)	

En injections ou vaporisations sur la plaie.

Massage du poulain par la jument. — Soins immédiats à donner à la jument : litière, boissons et nourriture. — On fera, aussitôt ces premiers soins donnés, une bonne litière à la mère et à son petit, en ayant soin de bien garnir les coins et le périmètre du box, avec de la paille. Le produit se séchera vite dans la paille propre, il y sera aidé par la mère, qui léchera son nouveau-né sur toutes les parties du corps.

Cette opération n'a pas seulement pour effet de sécher le corps du jeune en le débarrassant de son enduit sébacé. La langue un peu rugueuse de la mère frictionne la peau et excite ainsi la circulation cutanée et musculaire.

Si la mère ne léchait pas son produit, on pourrait frictionner ce dernier avec un bouchon de foin, et faire usage d'un torchon, pour le sécher plus rapidement.

Au bout d'une demi-heure, après avoir fait quelques culbutes dans la paille, le poulain sera debout et se dirigera instinctivement du côté des mamelles pour chercher à téter. Si le foal ne s'y mettait pas, au bout de quelques heures, on le ferait téter en le soutenant et en lui mettant le mamelon ou tétine dans la bouche ; mais il est bien préférable qu'il y aille de lui-même. Si le poulain n'était pas vigoureux, s'il manquait de force (ce qui arrive quelquefois aux poulains nés avant terme), on lui ferait boire au biberon un peu de lait de sa mère, recueilli dans un récipient, ou un peu de lait de vache sucré et coupé avec un peu d'eau d'orge ou d'eau de graine de lin ; on peut aussi donner de légers grogs dans lesquels on mettra une cuillerée à bouche d'eau-de-vie.

Pour cet usage, les biberons Massonnat sont très pratiques : faciles à tenir, pourvus d'une large ouverture qui permet d'y traire la jument et d'en faciliter le nettoyage, ils sont munis d'une tétine qui peut être enlevée pour l'asepsie complète de l'appareil.

La jument, après la mise-bas, sera couverte assez chaudement, tout au moins pendant la saison froide et recevra un seau d'eau tiède additionnée d'un peu de son et de farine d'orge ; on lui lavera proprement le pis et la vulve avec une solution d'eau tiède boriquée. Il faut éviter d'abattre le premier lait qui est utile pour purger le poulain et faire évacuer rapidement le méconium.

On laissera ensuite la jument se reposer autant que possible dans un box qui ne soit pas en communication avec ceux des autres poulinières ; leur voisinage immédiat pourrait la tourmenter, l'énerver et causer des accidents au poulain.

Les mises-bas sont quelquefois suivies de violentes coliques ; les juments se couchent, se relèvent et suent abondamment ; ces coliques n'ont pas souvent de suites sérieuses, mais il y a lieu de surveiller les mères qui pourraient en se débattant blesser leur produit.

Des accidents graves qui peuvent arriver aux poulinières après la mise-bas. — On distingue : le coup d'air par la vulve que l'on observe chez les juments sorties trop tôt, par un temps froid ou par un temps venteux.

L'hémorragie interne pouvant amener la mort presque subitement en quelques heures ; cet accident arrive généralement tout de suite après la mise-bas.

Le premier lait a la propriété de purger légèrement le poulain et de chasser le méconium (matière visqueuse, brun verdâtre, qui s'accumule dans l'intestin du fœtus); mais il est bon, pour en hâter l'expulsion, dès que le produit est debout, d'administrer à ce dernier plusieurs petits lavements d'eau tiède et glycérine, d'huile d'olive, de décoction de graine de lin; on peut introduire un doigt (imbibé d'huile) dans le rectum pour en extraire le premier crottin.

Pour les lavements des jeunes poulains, on se servira d'une seringue d'une contenance d'un quart de litre avec une canule à bout très arrondi longue de dix centimètres.

Il arrive quelquefois que, malgré le premier lait purgatif et les lavements donnés, le poulain est pris de coliques, tourne dans son box, la queue serrée, cesse de téter, se regarde le ventre, se couche sur le dos les quatre jambes en l'air. Ces coliques peuvent commencer quelques heures après la naissance; mais, le plus souvent, dix ou douze heures après, quelquefois vingt-quatre heures. On peut être certain que neuf fois sur dix, en pareil cas, le méconium n'est pas complètement évacué. Les premiers lavements ont servi à vider l'entrée du rectum, mais il reste plus profondément des crottes très dures, grosses comme des œufs de pigeon, que le colostrum (premier lait) n'a pas encore délayées; elles empêchent les gaz de s'évacuer et donnent au nouveau-né de petites coliques sourdes et continuelles.

On peut, dès l'apparition des premières coliques, faire prendre une petite purgation composée de trois cuillerées à bouche d'huile de ricin mélangée avec une quantité égale d'huile d'olive.

Les lavages de l'intestin donnés avec une longue canule en caoutchouc que l'on introduit assez loin dans le rectum, donnent également de bons résultats. Ces lavages à l'eau bouillie boratée doivent être administrés lentement à 38° ou 40°.

Dans les cas désespérés, soit que les coliques deviennent de plus en plus graves ou que le poulain donne des signes d'asphyxie, on peut, en dernier ressort, avoir recours aux injections hypodermiques de pilocarpine. M. Desoubry a obtenu des résultats encourageants sur plusieurs nouveau-nés considérés comme perdus. Nous pouvons citer le cas du poulain *Tabou* par *Flying-Fox* et *Overdue*. Ce poulain, né à cinq heures du matin, très fort et très vigoureux, était debout une demi-heure après sa naissance et, à sept heures, on le voyait téter sa mère, paraissant gai et bien portant. A neuf heures, on le trouve dans la paille, les yeux éteints, les extrémités froides. Nous le fîmes relever et maintenir debout par deux hommes ; nous nous aperçûmes alors qu'il était ballonné, et que le lait qu'il avait bu lui ressortait par les naseaux. Quoique le considérant comme perdu, nous lui fîmes pendant dix minutes des tractions de la langue qui le ranimèrent un peu. Nous continuâmes les tractions, puis il reçut une injection d'éther en attendant l'arrivée du vétérinaire.

Ce dernier, appelé en hâte, déclara que le poulain ne vivrait pas. Il lui fit néanmoins une injection de pilocarpine de $0^{gr},02$. Cinq minutes après, exactement, le poulain commençait à baver, à faire des vents ; il était sauvé, mais n'avait plus de force. Pendant trois jours on a dû lui donner à boire le lait de sa mère au biberon ; il s'est remis à téter le quatrième jour seulement.

Ce poulain, dans la suite, est toujours resté très indépendant ; à la prairie, il ne s'occupait jamais de sa mère que pour la téter et il n'était pas rare de le voir en compagnie des autres poulains ou complètement isolé, du côté opposé à celui où se trouvait sa mère. Pour le conduire au paddock et le rentrer à l'écurie, on avait dû lui mettre un licol et le conduire en main ; sans cette précaution il se sauvait régulièrement à l'extrémité du paddock.

On s'aperçoit que le poulain est complètement débarrassé de son méconium quand le premier lait purgatif a fait son œuvre, qu'il a délayé le tour des crottes ; lorsque les matières expulsées sont jaunâtres le poulain fait alors des vents, les gaz sortent, il est de suite plus gai, se remet à téter, porte la tête plus haute, fait des petits sauts de gaîté autour de sa mère : ce sont là les indices qu'il ne souffre plus. Certains poulains très résistants, supportent des coliques qui durent plus de douze heures, sans répit ; nous en avons vu souffrir durant vingt-quatre heures ; ils se roulaient dans tous les sens tant que la purgation n'avait pas fait son effet : ils ont été sauvés. Par contre, d'autres sont morts au bout de quelques heures ; à l'autopsie, on trouvait quelques crottes de méconium très dures que la purgation n'avait pas encore eu le temps d'atteindre et de délayer et l'on se rendait parfaitement compte que le poulain aurait été sauvé s'il avait pu résister quelques heures de plus.

Du délivre. — Les enveloppes fœtales ou délivre sont, dans le plus grand nombre des cas, expulsées peu d'instants après la sortie du fœtus. Quelquefois elles le suivent immédiatement. Elles tardent surtout chez les primipares et lorsque l'accouchement a été un peu prématuré, parce que l'agrégation du placenta à la muqueuse utérine est plus résistant.

Le séjour de ces enveloppes dans l'utérus ne peut pas se prolonger longtemps, sans inconvénient. Le sang n'y circulant plus, elles s'altèrent, se putréfient avec la plus grande facilité. Les produits de cette fermentation putride passent dans les vaisseaux utérins et de là dans la circulation générale, par laquelle ils infectent toute l'économie. C'est le phénomène de la septicémie, toujours mortelle. Il faut s'empresser de pratiquer par la vulve des injections d'eau phéniquée au centième, qui ont pour but d'arrêter la fermentation putride.

Il importe donc extrêmement de provoquer la sortie du délivre, lorsqu'elle ne s'est pas effectuée naturellement, environ douze heures au plus, après la parturition. En ce cas, le cordon ombilical reste pendant, en dehors de la vulve. Il convient de commencer par y exercer de faibles tractions bien ménagées afin de ne pas risquer de rompre le cordon lui-même, sans désagréger le placenta. Si l'on veut que celui-ci cède quelque peu, on continue jusqu'à sa désagrégation complète, mais sans rien brusquer. S'il ne cède pas du tout, on renonce aux tractions et l'on attache à l'extrémité pendante du délivre un petit sac de sable du poids de 500 à 600 grammes. La traction constante et uniforme de ce poids suffit le plus ordinairement pour opérer la délivrance[1].

On doit tenir la jument chaudement, au besoin lui appliquer sous ses couvertures un petit sac d'avoine grillée.

Pour cela, on prendra environ 20 litres d'avoine, placés dans une grande bassine que l'on met sur le feu en remuant continuellement le grain; quand l'avoine paraît suffisamment grillée, on la verse dans un sac que l'on applique sur toute la partie des reins. C'est un vieux système très connu, à la portée de tous et qu'on ne saurait trop recommander. Si, au bout de vingt-quatre heures, la jument n'était pas délivrée, il faudrait alors intervenir et délivrer la jument de force.

Pour cette opération assez délicate, difficile en certains cas, il faudrait opérer de la façon suivante : La jument est placée debout avec le tord-nez pour empêcher les efforts. L'opérateur doit bien se savonner les mains et les enduire d'huile phéniquée. Maintenir le délivre de la main gauche en tirant légèrement; introduire la

1. *Le Pur Sang.*

main droite au fond de la matrice en suivant le délivre que l'on contournera en décollant tout autour les parties du placenta encore adhérentes, et souvent fortement attachées après les avortements, le fœtus n'étant pas à maturité.

En pareil cas, il y a toujours à craindre pendant ou après l'opération un renversement de la matrice occasionné par les efforts de la jument ; quelquefois ce renversement est suivi d'hémorragie, de coliques, légères au début, de contractions utérines, et l'on constate la perte de la gaieté, de l'appétit ; il se produit de la fourbure, de la vaginite ou de la métrite septique, si on n'a pas soin de donner au moins pendant une dizaine de jours des injections utérines : deux fois par jour au début et ensuite une fois seulement. A moins d'une grande expérience, cette opération et les soins consécutifs réclament l'intervention du vétérinaire.

Du renversement de la matrice. — Le renversement de la matrice peut survenir après un avortement ou après une mise-bas laborieuse. La jument, en faisant ses efforts, fait ressortir la matrice par la vulve. Cet accident, qui paraît inquiétant, n'est pas souvent suivi de complications graves.

Il faut, comme pour les versions difficiles, faire relever la mère et tâcher de la maintenir debout. Ensuite, on remet en place la matrice en la repoussant dans sa cavité et en ayant soin d'allonger le bras pour s'assurer qu'elle a bien repris sa position normale.

Pour la maintenir en place, on peut appuyer un sac plié en quatre et maintenu sur l'orifice par deux hommes, tant que la jument fait des efforts ; sans cette précaution la matrice pourrait ressortir à nouveau.

Il existe, du reste, un appareil spécial pour empêcher le renversement de la matrice ou maintenir celle-ci en place lorsque l'accident se produit.

Le renversement de la matrice peut être très grave si la poulinière a en même temps une hémorragie ; cas que nous avons eu avec une jument anglaise Edothea appartenant à M. Platt ; cette jument avait avorté de deux produits à onze heures du soir. Le lendemain, n'étant pas délivrée, elle a été couverte chaudement, et on lui a attaché un petit sac de sable pour peser tout doucement sur le délivre. Vingt-quatre heures après exactement, la jument, toujours non délivrée, est prise de très violentes coliques ; elle est fumante, se roule dans son box, très énervée. Nous essayons alors de la délivrer de force par les moyens indiqués plus haut ; mais la jument faisait de tels efforts qu'elle poussa la matrice presque hors du vagin ; nous nous aperçûmes vite que ce renversement était compliqué d'une hémorragie intense ; bientôt le box n'était plus qu'une mare de sang. Nous avons profité de ce renversement pour décoller au plus vite les attaches du délivre ; la jument se roulant continuellement, la matrice était dans la paille, dans le sang et le fumier. Nous avons fait relever la jument, qui, à bout de force, pouvait à peine se maintenir debout ; nous avons remis la matrice en place en la faisant maintenir par deux hommes à l'aide d'un sac plié et appuyé sur l'orifice. Au bout d'une demi-heure environ, la jument était assez calme, mais froide ; le pouls très faible, l'œil pâle. Les soins suivants lui ont été donnés : injection de spartéine, couvertures chaudes, enveloppement des quatre membres de ouate et de flanelles, avoine grillée sur les reins. Le lendemain matin, la jument était très abattue, mais bien réchauffée et avait 39°,5 de température.

Le vétérinaire, appelé, a conseillé une petite saignée, malgré l'hémorragie abondante de la nuit. Les injections intra-utérines ont été commencées avec une canule longue et à double courant à l'eau bouillie boriquée et vin rouge en alternant avec des injections au sublimé : 1 gramme pour 4 litres d'eau ; la température s'est maintenue pendant trois jours de 39° à 40°, et, le huitième jour, elle avait une température normale.

Cette jument ne s'est nullement ressentie de ce grave accident et, grâce aux injections soigneusement données, il ne lui est rien resté du côté de la matrice. Son propriétaire aurait pu la faire saillir un mois après, si tel avait été son avis.

De la difficulté de certaines poulinières à se laisser téter. — Juments qui refusent de voir leur poulain. — Certaines juments primipares font des difficultés pour se laisser téter ; ce sont des juments chatouilleuses, qui ruent et winnent aussitôt que le poulain les approche pour chercher le pis.

Il suffit quelquefois de prendre la jument et de la tenir par la tête. Mais souvent elles sont méchantes et sont encore plus irritées par la présence de l'homme ; elles donnent des coups de pied dangereux pour le produit, si celui-ci va se placer derrière.

Dans les cas difficiles, il faut mettre un tord-nez à la mère ; au besoin, relever une jambe de devant avec le trousse-pied et insister jusqu'à ce qu'elle soit docile et qu'elle laisse volontiers faire son produit. C'est l'exception quand, au bout d'un ou deux jours, la jument ne se laisse pas téter. Nous avons pourtant vu une jument qui n'a jamais voulu donner du lait à son poulain sans être tenue en main par un homme : il fallait, la nuit dans son box, ainsi que le jour dans la prairie, la prendre par la tête pour qu'elle laissât boire son poulain ; sans cette précaution elle se tournait pour lui lancer des coups de pieds.

Choice, la mère de *Caïus*, a tué son premier produit qu'elle n'a

La première sortie après la mise-bas.

jamais voulu laisser téter. Cette poulinière a été très douce avec ses autres produits.

Cela n'arriverait pas si l'on avait soin, quelques semaines avant la mise-bas, de les habituer progressivement à se laisser toucher le pis et tirer les tétines.

Première sortie. — La question de la première sortie de la jument et de son poulain se décide selon l'état de l'atmosphère. S'ils se portent bien tous les deux et que la température soit douce, on peut les mettre dehors dès le lendemain ou le deuxième jour de la naissance ; mais, s'il fait froid et humide, il n'y faut pas songer ; il est préférable d'attendre quelques jours, à moins d'avoir un manège fermé, où l'on puisse promener à l'abri la mère et son petit pendant un quart d'heure environ.

Nous sommes partisans de sortir les jeunes poulains avec leur mère, dès les premiers jours de leur naissance, parce que notre expérience nous a appris qu'il était souvent très dangereux de ne les mettre au paddock qu'au bout de plusieurs jours; il arrive, en effet, que les poulinières restées plusieurs jours en box sont fraîches, galopent beaucoup, envoient des ruades de gaîté qui peuvent atteindre leur poulain; nous avons vu des accidents graves: un poulain tué net d'une ruade à la tête; un autre mort des suites de deux coups de pied reçus dans les côtes; ces accidents sont arrivés avec les juments les plus douces du haras. On n'a pas à craindre les mêmes accidents, en sortant la mère et son petit dès les premiers jours. Ces premières sorties ne doivent pas être de longue durée. Pendant les premières semaines, on les laissera peu de temps à la prairie, surtout par les temps humides: les jeunes poulains galopent beaucoup, attrapent chaud et se couchent parfois sur l'herbe mouillée, ce qui peut occasionner des refroidissements et des douleurs rhumatismales.

Dans beaucoup de haras, on a un endroit spécial pour sortir les nouveau-nés, les premiers jours : un petit paddock à proximité des écuries, de façon à pouvoir surveiller les ébats de la mère et de son produit; on doit les rentrer si la mère fait trop galoper le poulain.

En Amérique, notamment chez M. S. J. Unzue, au Haras de San Jacinto, il existe un petit paddock aux angles fortement arrondis, entouré complètement par un grillage en fil de fer très souple de $2^m,25$ de hauteur; les nouveau-nés font leur première sortie dans ce pré sans courir aucun danger de se blesser.

Les jeunes poulains doivent sortir tous les jours, plus ou moins longtemps suivant la saison et le temps qu'il fait; ils doivent être habitués de bonne heure au grand air ; il faut éviter même en hiver de calfeutrer leur box.

Variation progressive du régime. — Le genre de nourriture à donner à la mère et au petit n'a point de règles fixes; on le décide d'après la saison et l'époque de la parturition. Si les juments mettent bas au début de la saison, avant l'herbe et la venue des fourrages verts, il faudra remplacer par des mashes et des barbottages, des carottes, beaucoup de farineux pour pousser la jument au lait.

Pendant les deux ou trois premiers jours, donner des breuvages chauds, des mashes composés de grains cuits, une demi-ration de luzerne de préférence au foin et pas d'avoine.

A partir du troisième jour, on pourra donner le matin une ration d'avoine, une demi-botte de luzerne ; à midi, barbottage clair et paille, le soir, mash, demi-botte de luzerne. Ce régime pourra être suivi jusqu'au moment de présenter la jument à l'étalon vers son neuvième jour. Pendant la saison d'herbe, on pourra donner un mash tous les deux jours seulement. Les poulinières, à ce régime, seront présentées à l'étalon dans les meilleures conditions et avec les plus grandes chances d'être fécondées.

Présentation à l'étalon. — Les juments peuvent être saillies à partir du septième jour, quand elles sont en chaleur; il est préférable de ne les faire saillir que vers le neuvième jour.

CHAPITRE XIV

L'ALLAITEMENT

Allaitement naturel. — Le poulain, dans les trois premiers mois de son existence, peut prendre de 6 à 12 litres de lait, selon que la jument est plus ou moins bonne nourrice. Sans avoir des données bien précises, on peut admettre qu'une jument, peu après la mise-bas, donne autour de 10 litres de lait par jour. Ce lait offre la composition suivante :

Matières azotées	15 gr.	par litre
Graisses	10 —	—
Sucre de lait	60 —	—
Matières minérales	2 à 3 —	—

Le lait maternel suffit grandement à l'alimentation du poulain pendant les six premières semaines.

Quand les poulinières sont mauvaises laitières — cela arrive souvent aux jeunes mères dont le lait est insuffisant ou trop aqueux — leurs produits ne profitent pas, ils ont le poil terne, piqué, le ventre gros, et ne sont pas frais d'aspect. A ces poulinières, il est bon de donner une alimentation très substantielle, composée surtout de farineux, de grains cuits : orge, lentilles, lécithines de céréales, son mélassé, albuminoïde phosphoré. En un mot, tout ce qui peut activer la production laitière.

Nous pouvons signaler les intéressantes expériences faites par M. Wallet, au haras de la Gaillarderie. Cet éleveur a soumis des poulinières suitées au régime de l'albuminoïde phosphoré pour obtenir une croissance plus rapide des foals. Après une durée de six semaines à deux mois du régime, la taille des poulains s'était accrue dans des proportions telles que les poulinières qui avaient reçu l'albuminoïde avaient des produits beaucoup plus gros et beaucoup plus forts que les témoins nés quelque temps plus tôt.

Aux poulains, on pourra donner un supplément de lait de vache que l'on donnera dans un vase, car il est difficile de faire adopter le biberon aux poulains qui tettent leur mère.

On obtient également de bons résultats en leur donnant des œufs

Poulain buvant du lait de vache à la tasse.

frais : de quatre à six par jour, qu'on leur fait gober entiers avec les coques.

Il suffit de faire lever la tête au poulain, de lui ouvrir la bouche : introduire l'œuf, refermer la bouche, en maintenant la tête haute, le poulain avale le contenu de l'œuf et mâchonne ensuite la coquille.

Allaitement artificiel. — Plusieurs causes imposent l'allaitement artificiel, les unes d'impérieuse nécessité, les autres de convenance économique.

Sous le premier chef se rangent : la mort de la mère, l'absence ou l'insuffisance du lait chez elle, le refus de se laisser téter, le manque de force et de vigueur du foal à la naissance.

Sous le second, le désir que l'on a d'utiliser le lait d'une jument dont le poulain est mort et l'intention de nourrir plus abondamment qu'il n'eût pu l'être par sa mère un jeune sujet dont on veut rendre le développement hâtif.

On a beaucoup discuté sur les avantages comparés de l'allaitement maternel et l'allaitement artificiel. A notre avis rien ne vaut l'allaitement maternel. Tous les poulains ne supportent pas également bien l'allaitement artificiel.

Le poulain s'y plie mal, met un gros ventre, est atteint de diarrhées, et le pourcentage de mortalité est élevé.

L'allaitement artificiel au lait de vache peut se faire au baquet ou au biberon. On peut habituer très vite les jeunes poulains à boire dans un vase quelconque (plat, casserole, baquet). Ils s'y mettent très vite en leur donnant à téter le doigt trempé dans le lait. L'allaitement au plat se fait très bien, mais le lait avalé précipitamment est moins bien digéré; de plus les poulains en perdent beaucoup. On n'a pas cet inconvénient avec le biberon mural Massonnat. Ce biberon est d'une contenance de 2 litres et demi; on peut le fixer au mur à une hauteur appropriée à la taille des jeunes poulains que l'on veut allaiter; l'animal tète seul, sans aucune aide; et cela lui permet de boire à petits jets comme s'il tétait sa mère.

Il faut se préoccuper de la propreté des récipients et de la pureté du lait qu'il est bon de faire bouillir.

Les poulains élevés exclusivement au lait de vache doivent être rigoureusement réglés dans leur régime. Pendant les premières semaines, il est nécessaire de leur donner à boire toutes les deux heures; continuer ainsi jusqu'au moment où ils commencent à manger l'herbe à la prairie, et le peu d'avoine et de mash qu'ils consomment en box avec leur mère. Lorsqu'ils prennent la nourriture solide il ne faut plus leur donner du lait la nuit, mais seulement le matin, à midi et le soir. Les poulains élevés de cette façon viennent très bien, mais il faut les surveiller de très près, leur donner des petits lavements lorsqu'ils sont échauffés, les purger s'il y a lieu, et leur donner souvent des mashes et des barbottages clairs.

Substitution d'un poulain d'une mère à une autre ou adoption par une jument d'un poulain dont la mère viendrait à mourir. — On peut dans un cas urgent, soit en cas de décès au moment de la mise-bas de la mère d'un bon poulain, donner à ce dernier une autre mère nourrice, ou substituer ce poulain à une autre mère dont le produit serait de moindre valeur. Cette substitution peut se faire assez facilement au moment de la mise-bas : il suffit de frotter le poulain que l'on veut faire adopter, avec le délivre de la jument ou à défaut récolter de l'urine de cette dernière et en badigeonner le jeune animal. Il y a lieu, pour certaines juments, de les faire tenir par la tête les premières fois que le poulain veut téter sa nourrice. Ce changement de poulain se fait plus difficilement, s'il a lieu quinze jours ou trois semaines après la mise-bas. Nous avons réussi à faire prendre à une jument, qui avait mis-bas depuis quinze jours, un foal dont la mère était morte en le mettant au monde; mais nous avons été obligés de faire tenir la jument à la longe pendant trois jours de suite pour l'empêcher de donner des coups de pieds et laisser téter le poulain; le quatrième jour, elle n'y faisait plus attention et lui donnait son lait sans aucune difficulté dans le box ou à la prairie.

On peut également faire téter deux chèvres à un poulain orphelin.

Diarrhée des jeunes poulains à la naissance. — La diarrhée, que les jeunes poulains peuvent avoir à la naissance, commence le plus souvent dès les premiers jours, souvent le second jour qui suit la mise-bas. Elle est excessivement grave et des plus contagieuses pour les autres nouveau-nés. Nous conseillons d'appeler immédiatement un vétérinaire, car un produit est enlevé en peu de temps par cette affection, surtout lorsqu'elle atteint le jeune animal dans les deux ou trois premiers jours de la naissance.

Le poulain qui a de la diarrhée fait des excréments que l'on voit partir en fusée et qui sentent mauvais; il a l'œil triste, se regarde le ventre, ne tète pas régulièrement. Il faudra le tenir au chaud, lui bander le ventre avec de la ouate et de la flanelle, ou lui appliquer une petite couverture spécialement confectionnée.

En attendant l'arrivée du praticien, on peut administrer quelques petits lavements avec de l'eau bouillie, un peu d'amidon et une cuillerée à café de laudanum; on pourra aussi faire prendre de légers petits grogs dans lesquels on aura délayé deux jaunes d'œufs, en y ajoutant un paquet composé de :

	Grammes
Poudre de cannelle	1 »
Poudre de gomme	2 »
Benzo-naphtol	0,50
Salicylate de bismuth	0,25

(*Formule de M. Desoubry.*)

On alternera avec une limonade (eau et sirop de groseille), dans laquelle on mettra de 25 à 30 gouttes d'acide lactique[1]; il sera

1. Les grogs et la limonade seront donnés toutes les deux heures.

nécessaire de rafraîchir la mère le plus possible, de lui tirer du lait pour que le poulain la tète un peu moins.

Les poulains qui ont de la diarrhée ne doivent pas être mis en contact avec les autres poulains; de même qu'on ne doit pas placer une poulinière prête à mettre bas dans un box où un poulain atteint de diarrhée a déjà séjourné.

La diarrhée, que les jeunes poulains ont vers le neuvième jour de leur naissance n'est pas dangereuse; elle est causée le plus souvent par le rut de la mère, et il n'y a pas lieu de s'en inquiéter, à moins que la chaleur ne persiste pendant plusieurs jours. Chez les poulains qui ont de la diarrhée, il est bon de graisser avec un peu de vaseline le pourtour de l'anus, le périnée et les fesses pour éviter la chute du poil occasionnée par les excréments qui sont de nature corrosive.

Dans chaque haras, il y a une écurie spéciale appelée accouchoir, dans laquelle on place les poulinières prêtes à mettre bas; c'est donc dans cet endroit que naissent presque tous les produits d'un stud. Nous conseillons de ne pas y laisser séjourner longtemps les nouveau-nés qui peuvent sans danger être transportés dans une autre écurie aussitôt qu'ils sont séchés et que la mère est délivrée. Pour le transport de ces jeunes poulains, deux hommes placés de chaque côté, les mains croisées sous le poitrail et derrière les fesses, le conduisent sans danger; la mère suit derrière.

Les boxes destinés à recevoir les nouveau-nés doivent être aussi sains que possible, passés à la chaux, désinfectés et garnis d'une bonne litière.

Régime de la mère. — Nous avons dit qu'il fallait à la mère, jusqu'au moment de la saillie, un régime rafraîchissant avant qu'elle soit présentée à l'étalon au bout des neuf jours. A partir de ce moment, la poulinière pourra être remise à un régime régulier; la nécessité d'une diététique rationnelle s'impose. Les mashes, les grains cuits, le vert, le son, les farines, les carottes doivent constituer la dominante diététique des mères.

Ration à donner aux juments suitées. — Matin :

Avoine	2 litres
Maïs	1/2 litre
Son mélassé	1/2 —

Midi :

Avoine	2 litres
Carottes	1 litre

Soir :

Avoine	2 litres
Maïs	1/2 litre
Fèves	1/2 —

Luzerne, 5 kilogrammes par jour ; mashes, quatre fois la semaine.

Au bout d'un mois à six semaines le poulain commencera à manger un peu de grain et de mash avec sa mère ; jusqu'à deux mois cela lui suffit grandement ; mais, à partir de cette époque, on commencera à lui donner une ration spéciale et, pour qu'il puisse la consommer à son aise, on attachera la mère. Pour cela il faut avoir deux mangeoires dans chaque box.

Un autre moyen consiste à arranger un coin du box où le poulain pourra seul entrer ; cette pratique est très usitée dans le Midi ; c'est en somme un double box où il y a toujours de l'avoine et ou le foal va manger quand il veut. Cette installation serait coûteuse dans un grand établissement et les poulains moins bien rationnés.

Nous préférons la méthode plus simple qui consiste à attacher la mère avec une chaîne. Cette chaîne, accrochée à un anneau au-dessus de la mangeoire, et autant que possible dans l'encoignure, doit avoir juste la longueur voulue pour que la jument puisse atteindre sa ration.

Si elle était trop longue, le poulain pourrait se prendre dans la chaîne et s'étrangler ; il faut éviter que ces chaînes soient munies de mousquetons : le poulain en se frottant peut s'y accrocher. Nous avons vu deux graves accidents arrivés de la façon suivante :

Poulain, mort étranglé : la chaîne servant à attacher la jument avait fait le tour de l'encolure du poulain ; la mère a tiré au renard et l'a étranglé.

Pouliche : La chaîne à mousqueton défaite du licol de la mère était passée autour de l'encolure de la pouliche ; le mousqueton raccroché à la chaîne faisant nœud coulant, la pouliche s'est trouvée pendue et la mère détachée.

Régime des poulains de lait. — La quantité d'avoine à donner par jour aux poulains de lait est d'environ 3 litres à trois mois, et elle augmente graduellement de 1 litre environ par mois jusqu'à l'âge de six et sept mois, époque du sevrage ; ils doivent recevoir des mashes au moins quatre fois la semaine ; ces mashes peuvent être variés autant que possible.

Il est essentiel de changer le plus possible la nourriture des jeunes poulains : dans leur ration d'avoine, on peut ajouter une fois du son mélassé, une fois des carottes pendant la saison ; dans les mashes, on peut faire rentrer de l'orge, du seigle, du blé, du maïs cuits, de la farine d'orge, d'avoine et de maïs en alternant ; de la graine de lin, farine de graine de lin, carottes cuites, de l'huile de lin et de foie de morue, de l'albuminoïde phosphoré.

La jument suitée et son poulain doivent être rentrés à midi pour que ce dernier mange sa ration d'avoine.

Nous attachons la plus grande importance aux soins donnés aux poulains sous la mère, c'est-à-dire dès le plus bas âge ; il faut savoir mettre à profit cette période d'extrême croissance ; c'est dans l'avoine et dans les aliments physiologiques donnés de bonne heure, que réside en partie l'art de faire de bons élèves et tout le secret de la réussite.

C'est, en somme, l'éducation de leur estomac et de leur intestin qu'il y a lieu de faire progressivement en les habituant à se soumettre à une ration composée de grains et d'éléments solides. Il serait impossible de faire suivre le même régime à un poulain qui n'y aurait pas été habitué dès les premiers mois de sa vie. Les poulains mal nourris sous la mère et mis brusquement au régime des autres, au sevrage, n'arrivent pas à manger la même quantité et, si on veut les forcer, on provoque chez eux de l'inflammation d'intestin ou de l'entérite.

Soins à donner aux crinières et aux queues. — Beaucoup de poulains de lait mâchonnent la crinière ou la queue de leur mère ; lorsqu'ils sont sevrés, ils s'arrachent les crins entre eux. Cette mauvaise habitude est non seulement nuisible pour leur santé, mais les queues ainsi écourtées sont longues à repousser, rendent le poulain déplaisant et diminuent sa valeur marchande. Il faut, pour faire cesser cette fâcheuse habitude, leur enduire les crins avec de l'huile de cade, de l'huile d'aloès, de l'assa fœtida et mettre à leur portée une pierre de sel gemme.

Les poulains ont souvent des démangeaisons et se frottent la queue ou la crinière le long des barrières ; il y a lieu de leur savonner et de leur laver proprement ces parties avec une solution de lusoforme, de crésyl, de lysol ou d'eau vinaigrée ; on peut leur enduire le tronçon de la queue avec une pommade soufrée.

Les poulains de lait n'ont nullement besoin de pansage, mais les crinières et les queues doivent être entretenues proprement pour éviter les démangeaisons.

Première éducation des jeunes poulains. — Les poulains doivent être souvent approchés ; il faut les caresser beaucoup afin de les

La Camargo et son poulain, par *Flying Fox*, un mois après sa naissance.

rendre doux et familiers. La défiance, l'effroi continuels que manifestent certains chevaux ne viennent pas d'un mauvais caractère ni d'une mauvaise disposition naturelle, mais presque toujours de l'ignorance et de la brutalité de ceux qui les ont élevés ou soignés.

On devra les manier dans tous les sens jusqu'à ce qu'on puisse, sans les effaroucher, leur passer la main sur la tête, leur prendre les jambes, leur frapper les pieds, etc.

Du licol. — Le sevrage est en quelque sorte le premier dressage du cheval de course. C'est généralement à cette époque qu'il reçoit sa première leçon, qui consiste à lui passer un licol et à l'habituer à suivre l'homme. Cette opération délicate nécessite le concours d'hommes adroits, doux et patients. Cette éducation première du jeune poulain est destinée à lui former le caractère. Selon que ce dressage est plus ou moins bien fait, le poulain devient calme, familier ou reste longtemps impressionnable ; toute sa carrière se ressent de l'une ou l'autre de ces conditions.

Il n'est pas nécessaire d'attendre que le poulain ait six mois pour cette première opération; on peut, dès l'âge de trois mois, lui passer un petit licol et le promener à la longe deux ou trois jours de suite; la leçon ne sera pas oubliée, et il suffira de la répéter une ou deux fois à la veille du sevrage pour avoir des poulains très maniables.

A trois mois, le poulain fait moins de résistance qu'à six mois et son système osseux est assez résistant. Le poulain n'étant pas encore très fort, une fois le licol en place, on lui passe une plate longe, et il est conduit par deux hommes à l'endroit où on veut le promener, soit dans un manège rond, de sable ou prairie.

Pour prendre les poulains la première fois, surtout quand ils sont un peu farouches, il y a lieu, pour éviter les accidents, de prendre les précautions suivantes : placer le poulain entre le mur du box et sa mère, appuyer cette dernière pour que le poulain ne puisse pas se tourner ni reculer ; un homme habile lui saisira une oreille avec la main, soit par-dessus sa mère, ou en passant entre elle et le mur, pendant qu'un autre lui prendra la queue qu'il tiendra à pleine main bien relevée sur le rein. De cette façon il sera vite immobilisé, et l'on pourra facilement lui passer le licol ; on peut également le conduire en le tenant de cette façon jusqu'à l'endroit où il doit être promené en le faisant précéder de sa mère.

Une fois arrivé à cet endroit, on lui lâche la tête. A partir de ce moment, le rôle de l'homme qui tient la longe devient très important, car le poulain se livre à des bonds désordonnés ; il faut que la résistance qu'on lui oppose soit calculée pour qu'il ne se renverse pas ; un homme avec une chambrière fera son possible pour le mettre dans le mouvement en avant et tâchera de lui faire suivre sa mère promenée devant lui.

Souvent le poulain bondit, se cabre, se couche de colère et boude pendant un moment. Il faut supporter ses incartades et le promener sans brusquerie jusqu'à ce qu'il suive volontiers la jument, et se laisse caresser sans trop s'effaroucher. A la deuxième leçon, il s'y mettra de suite et, pour mieux lui faire comprendre ce qu'on exige de lui, au lieu de le laisser suivre sa mère, on le fera marcher devant elle.

Le poulain, ainsi dressé à trois ou quatre mois, oppose moins de résistance, devient de suite plus familier, se laisse prendre et caresser dans le box comme dans la prairie.

Au moment du sevrage, il est déjà très doux et très maniable.

Un poulain orphelin avec un mouton son camarade de box.

On peut plus facilement le sortir et surtout le prendre au licol pour le rentrer le soir.

Des pieds. — On devra également commencer à quatre mois à visiter les pieds des jeunes poulains. Les foals ayant été maniés, il n'y a pas lieu d'employer la force pour cette opération ; il faut, à moins d'y être forcé, éviter de prendre le poulain par les oreilles : les poulains qui ont été pris et serrés dans cette partie s'en rappellent longtemps et restent difficiles à brider.

Le poulain sera placé au milieu du box, tenu par la tête ; un homme tiendra la queue à pleine main, relevée sur la croupe ; le maréchal lui lèvera l'un après l'autre les quatre pieds, sans brusquerie, sans bruit et sans y mettre de force ; il donnera, s'il y a lieu, un petit coup de râpe à plat et autour de la couronne ; l'ouvrier doit faire ce travail seul, sans aide, en passant les membres antérieurs entre ses jambes et en tenant les postérieurs appuyés sur ses genoux ; il évitera de lever les membres trop haut et devra opérer avec la plus grande célérité.

Il faut, en principe, passer en revue les pieds des jeunes poulains tous les mois; mais, si l'on voit dans l'intervalle un pied dont la corne s'écaille ou se fend, on doit, aussitôt, le faire arranger par le maréchal. Il faut éviter de faire parer les pieds des poulains par un temps trop sec ou quand le terrain est trop dur ; on profitera, au contraire, d'un temps humide et frais, afin d'éviter les inconvénients de la dureté du sol.

Les mauvais pieds : pieds bots, pieds serrés en talon, cerclés, seront l'objet de soins spéciaux ; une application de cornière, faite une fois par jour sur tout le pied et autour de la couronne, donne de très bons résultats pour les pieds serrés, cerclés, secs.

Pour les pieds bots, il faut souvent abattre la corne aux talons, mais peu à la fois. Quand le poulain marche en pince et que la corne est usée, on lui fait poser un léger petit fer dont la pince sera un peu allongée et relevée. Aux pieds cerclés ou trop serrés : quelques rainures, faites au sabot depuis la couronne jusqu'à l'extrémité du pied, et suivies d'une application journalière de cornière donnent toujours de très bons résultats.

A la naissance, les juments suitées sont placées à la prairie, sans s'occuper de la séparation des produits mâles et femelles. Avant le sevrage, il est pourtant excellent de placer dans la même prairie et à côté l'un de l'autre les poulains à sevrer ensemble.

Des affections des poulains sous la mère. — L'arthrite des jeunes poulains, les vers, etc., sont les affections qui atteignent le plus souvent les jeunes poulains. Nous avons traité ces différentes questions dans le *Pur Sang*, mais nous y reviendrons pour indiquer les premiers soins à donner avant la consultation du vétérinaire.

L'arthrite. — Cette affection atteint assez fréquemment les poulains dans les studs de pur sang. On l'attribue soit au changement de régime imposé à la mère, vers la fin de la gestation, à la mauvaise qualité du lait, etc. On peut aussi l'attribuer à ce fait qu'une acidité spéciale du chimisme des juments ou des jeunes, crée toutes les conditions morbides de l'arthrite. Il y a donc lieu de rechercher, dans l'alimentation, le vice qui peut provoquer cette affection. L'analyse de l'urine des mères nous donnera la cause et dictera le traitement. On peut rattacher cette affection à l'infection du nombril dont nous avons déjà parlé au chapitre XIII, à propos des soins à donner au cordon ombilical.

Malformation des poulains. — Maintes malformations des poulains, à la naissance, peuvent s'expliquer comme des chimiomorphoses. Elles sont le résultat de phénomènes de nutrition anormaux dans les parois de la matrice.

Lorsqu'un poulain naît malformé, s'il n'y a pas d'antécédents héréditaires qui puissent expliquer le cas observé, on peut étudier la chimiomorphose et trouver un remède adapté.

Les membres défectueux des poulains. — Peut-on guérir les genoux creux et genoux de bœuf? C'est en donnant aux os de nouveaux rapports et par conséquent en modifiant leur fonction que nous pourrons modifier leur conformation, leur structure intérieure et leur architecture, parce qu'une conformation extérieure, meilleure, toujours en harmonie avec l'intérieure, pourra s'acquérir au service d'une nouvelle fonction instaurée par l'éleveur habile et intelligent. L'exercice des jeunes poulains sur le plan incliné, dont nous parlons autre part, paraît indiqué, l'action de l'animal dans l'appareil donnant une fonction spéciale au genou ; les galops en montant sur une piste où les animaux ne feront que passer dans le sens de la rampe seront également favorables.

On peut ferrer les poulains dès le plus jeune âge avec des fers en aluminium ; c'est alors de la ferrure orthopédique qu'on procède. Les tares qui peuvent amener à ferrer un poulain dès son plus jeune âge sont : le pied panard, pied cagneux, pied bot, pinçard, membres arqués.

Pour les animaux dont les poignets sont trop droits, quoique d'une bonne longueur, nous avons imaginé un appareil qui force l'articulation à se ployer en arrière. Au bout de quelques mois l'aplomb est redevenu normal en certains cas.

Chez des poulains présentant une déviation des membres, on a pu, en certains cas, obtenir un redressement presque parfait, en combinant l'action de l'orthopédie et de l'alimentation phosphorée qui combat l'ostéisisme, principale cause des aplombs déviés.

Poids aux pieds des poulains. — Une pratique qui donne de très bons résultats pour obtenir la perfection des aplombs, c'est le système employé par les Américains, pour les poulains trotteurs et qui consiste à placer des poids aux sabots pour corriger certains défauts. L'expérience faite sur les poulains de pur sang a très bien réussi; elle a permis de constater, après une certaine durée, qu'en augmentant ces poids dans une mesure raisonnable, le gain de force est considérable pour les muscles qui se rattachent aux membres et aux rayons. L'expérience a été poursuivie par MM. Wisler et Richardsons.

CHAPITRE XV

LE SEVRAGE

Sevrage. — Époque. — Le sevrage n'est pas une opération bien difficile ni dangereuse pour les poulains de pur sang, à la condition qu'il y soit procédé à une période où l'on estime que la séparation se fera dans les meilleures conditions, c'est-à-dire à partir du sixième mois de la naissance. A cette époque, les jeunes poulains auront l'estomac et les intestins habitués à recevoir une nourriture solide; la séparation pourra se faire spontanément, les mères et les jeunes n'éprouveront plus qu'une déception toute morale, rapidement atténuée par l'éloignement absolu.

Les poulains peuvent être sevrés à quatre et cinq mois, mais il est bien préférable de ne les séparer définitivement de leur mère qu'à six et sept mois. Les poulains sevrés trop tôt n'ont jamais une aussi forte constitution que ceux qui tettent encore après le sixième mois; ils végètent quelquefois très longtemps.

Lorsqu'il s'agit de poulains d'élite auxquels on tient à assurer une robuste constitution, il est bon de prolonger l'allaitement jusqu'au septième ou huitième mois, tout au moins pour ceux dont les mères n'ont pas été saillies ou ont été reconnues vides. L'usage général est de sevrer les poulains à six mois, parce que la jument pleine à nouveau ne peut suffire à la fois à l'allaitement de son foal et au développement du fœtus qu'elle porte dans ses flancs.

Cette pratique de laisser téter les poulains jusqu'à huit mois est assez usitée chez les éleveurs argentins, même pour les produits de poulinières saillies et pleines à nouveau.

En vérité, on chercherait en vain les inconvénients que cette méthode peut avoir, lorsque les juments sont soumises à un bon régime alimentaire.

Les juments trop grasses produisent souvent des animaux petits, sans doute parce que la nutrition prend une direction anormale, qui profite à la mère et non au fœtus. Ces mêmes poulinières produisent mieux, font des animaux plus forts, mieux constitués quand elles nourrissent étant pleines, parce que l'allaitement de leur produit empêche qu'elles prennent cet état pléthorique si nuisible au développement de l'embryon. Nous avons essayé cette méthode sur plusieurs sujets que nous avons sevrés à huit mois ; les poulains mangeaient 8 litres d'avoine et arrivaient à se sevrer d'eux-mêmes sans difficulté aucune ; ces foals n'avaient pas subi le moindre arrêt dans leur croissance et s'étaient développés au contraire d'une manière étonnante.

Les mères qui étaient pleines ont mis bas des poulains de grande taille, bien établis et ne paraissant nullement avoir souffert durant la vie utérine, car ils étaient gras avec un poil frais, court et soyeux.

Nous avons aussi remarqué que l'avortement était l'exception chez la jument qui allaite.

Des poulains sevrés trop tôt. — Les poulains de lait les mieux soignés, les mieux élevés ont presque toujours une mauvaise période à passer qui coïncide généralement avec le moment où ils perdent leur premier poil, à l'époque de la mue : environ du quatrième au cinquième mois. Soit du fait de la mue ou quelquefois des premiers vers qui commencent à les affecter, ils marquent un temps d'arrêt dans leur croissance, mangent moins bien, sont échauffés, moins gais ; ils ont le poil piqué, prennent un gros ventre. Leur état, sans être inquiétant, demande cependant des soins immédiats. S'ils sont échauffés, on leur donnera une purgation, des rafraîchissements, des mashes tous les jours, renfermant des grains cuits avec une cuillerée de bicabornate de soude ; on fera prendre des vermifuges, même si on ne voit pas de vers. Certains éleveurs croient que c'est le lait de la mère qui est mauvais et qui empêche le poulain de profiter ; ils sèvrent à ce moment-là un poulain qui est maladif et lui suppriment le lait dont il a tant besoin ; c'est une faute grave, car le poulain sevré dans d'aussi mauvaises conditions ne peut manger une grande quantité d'avoine sans danger d'entérite ; il végète longtemps et perd ainsi un temps précieux, alors que, s'il était resté sous la mère, il aurait repris très vite sa santé et son appétit des meilleurs jours.

A partir du septième mois, quand les poulains sont en bonne condition et en parfait état de santé, ils peuvent être sevrés sans aucune crainte; la séparation doit se faire brusquement, mais il faut avoir soin de placer les jeunes assez loin de leurs mères pour qu'ils ne s'entendent pas hennir et s'appeler réciproquement ; on ne doit plus leur permettre de se voir.

Les poulains ayant subi un premier dressage, comme il est dit ailleurs, dès l'âge de trois et quatre mois et étant très maniables, on les promène une dernière fois en main; puis, on leur met à chacun un petit bout de longe fixé à l'anneau du licol pour avoir plus de facilité pour les tenir lorsqu'on les lâchera à la prairie.

Le soir, les poulains seront amenés accompagnés (pour la dernière fois) de leurs mères dans le box destiné à les recevoir après le sevrage; on rentre deux juments et leurs poulains dans le même box; on ressort les juments en laissant les deux foals enfermés; les poulinières sont conduites dans des boxes assez éloignés.

Les poulains doivent être placés deux par deux en choisissant ceux qui sympathisent à la prairie. Il faut, en principe, que les poulains aient chacun leur box, parce que les plus forts empêchent les plus faibles de manger; mais, pendant les premiers mois du sevrage, ils peuvent rester ainsi deux par deux : ils s'ennuient moins. Aussitôt qu'ils ne font plus bon ménage, on doit les séparer; il est alors plus facile de les surveiller, au point de vue de la nourriture et des digestions. Les pouliches peuvent rester deux par deux plus longtemps que les mâles, qui se mordent, jouent, se cabrent dans leur box, aussitôt que, pour une cause quelconque (mauvais temps en hiver), ils restent quelque temps enfermés.

Vente au sevrage. — Ce système de vente qui eut son heure de vogue, à l'époque où le nombre des grands haras de pur sang était plus restreint, a diminué d'importance depuis quelques années. Il était plus particulièrement appliqué, et il l'est encore dans une certaine mesure dans le Midi (plaine de Tarbes et les environs de Pau). Les poulains sont vendus généralement quelques jours après leur naissance et livrés au moment du sevrage. Pour ce mode d'achat, voici les conditions le régissant.

Un éleveur vend par exemple, en février ou en mars, moyennant une somme fixée, un foal qui ne sera livré à l'acheteur qu'au mois de septembre. A dater du moment où l'acheteur et le vendeur sont d'accord sur la chose et sur le prix, la vente est régulièrement établie et tous les risques sont à la charge de l'acheteur jusqu'à la livraison. Toutefois, le vendeur doit à l'animal les mêmes soins qu'il donne à ses propres animaux, car si cette condition n'est pas remplie et que l'acheteur puisse le prouver, la vente peut être résiliée. Dans le cas où cette preuve ne peut pas être faite, le poulain, quel que soit son état, au moment de la livraison, est bel et bien la propriété de l'acheteur, qui, même en cas de mort de ce dernier, doit verser le montant intégral du prix d'achat.

Ce point de droit établi par deux jugements rendus par le tribunal de commerce de Joigny, en 1879, a été encore consacré par un arrêt de la cour de Caen en 1901, confirmant un jugement du Tribunal de commerce de Joinville.

On conçoit aisément que cette jurisprudence puisse intéresser au plus haut degré non seulement les propriétaires qui gardent quelquefois pendant un certain temps, avant de les livrer, les étalons ou les chevaux de course qu'ils ont vendus, mais encore les éleveurs qui n'effectuent la livraison de leurs foals que vers le mois de septembre ou octobre, alors que les achats ont eu lieu, le plus souvent, dès le mois de mars ou avril.

Juments après le sevrage. — Les soins à donner à la mère après le sevrage sont presque nuls. La jument rentrée dans son box est laissée tranquille jusqu'au lendemain matin. Le meilleur moyen de diminuer d'abord et de faire cesser ensuite la sécrétion mammaire consiste à réduire la ration pendant une huitaine de jours, et à donner de légers purgatifs au sulfate de soude. Il faut lui abattre du lait matin et soir pendant quelques jours, puis une seule fois par jour, sans vider complètement le pis, toutefois. Il est bon de faire, sur les mamelles, une onction d'onguent populeum, de vaseline ou d'huile camphrée pour les distendre et prévenir l'inflammation.

Dès le lendemain du sevrage la jument sera lâchée à la prairie, autant que possible dans un paddock éloigné de son poulain; l'exercice qu'elle prendra empêchera dans une certaine mesure l'inflammation des mamelles.

Il arrive chez certaines mères qui ont beaucoup de lait que, malgré ces précautions, les mamelles continuent à donner un lait qui, ne trouvant pas d'écoulement, séjourne dans les vaisseaux, les engorge ; le pis devient dur, les juments sont raides, boitent et ont de la fièvre. Cela peut causer de graves perturbations dans certaines parties de l'organisme.

Dans ce cas, il y a lieu de faire des fomentations d'eau chaude sur toutes les parties engorgées et de frotter les mamelons avec une pommade iodurée; cette friction doit être faite avec soin pour ne pas irriter ces parties déjà sensibles et pour arriver à faciliter le jeu des tissus et des fluides par la disparition du lait. Il y a lieu de

Le premier poulain de *La Camargo* un mois avant le sevrage.

forcer les juments à prendre de l'exercice, au besoin de les promener en main plusieurs fois par jour.

C'est après le sevrage de leur poulain qu'on s'aperçoit le mieux que les juments sont pleines ou non; les poulinières pleines ne perdent pas beaucoup de ventre, sont moins défaites, moins creuses dans le flanc que les juments vides; à la prairie, elles sont moins folles, galopent moins; elles ont de suite tendance à prendre de l'embonpoint. Les vides reviennent presque toujours en chaleur dans les huit ou dix jours qui suivent le sevrage; il est donc facile, en les observant un peu, en les présentant au besoin à un boute-en-train, d'être fixé sur leur gestation. On a, du reste, un intérêt sérieux à être fixé à cette époque de l'année, d'abord pour les engagements à faire pour les Poules de produits, ensuite, au point de vue du régime à faire suivre à ces juments. Les vides n'ont besoin que d'une simple ration d'entretien, presque insignifiante, à cette époque de l'année; elles doivent coucher dehors et l'herbe doit suffire à leur entretien. Au contraire, les juments pleines recevront une ration de :

Avoine	6 litres
Maïs	2 —
Son mélassé	1 —
Carottes	1 —
Foin	5 kilogr.

La croissance. — Nous ne voulons pas retracer ici la physiologie de la croissance; cependant, en synthétisant les faits, on peut dire que la croissance est caractérisée par deux phénomènes dominants : 1° par les multiplications cellulaires; 2° par la pénétration et la fixation dans les éléments anatomiques des substances importées dans l'organisme par les aliments. La croissance n'est donc que la modalité de la nutrition pendant la période de développement des êtres vivants, époque où l'assimilation l'emporte sur la désassimilation.

La diversité de structure des différents organes impose aux corps vivants la nécessité de trouver dans les aliments les substances chimiques indispensables à leur édification cellulaire.

Au début de la vie, le lait, chez les chevaux, remplit toutes ces indications. C'est là un fait vérifié aussi bien par la clinique que par la physiologie. Il serait sans doute intéressant de connaître l'action particulière de chacune des parties constituantes du lait. Mais le régime lacté exclusif ne tarde pas à être insuffisant, et la croissance se trouve déviée de ses lois normales, si l'alimentation solide ne vient pas apporter certaines matières chimiques qui constituent les éléments organiques.

C'est ce qui explique les insuccès obtenus avec le lait desséché que l'on a voulu faire entrer dans l'alimentation des yearlings et des chevaux à l'entraînement.

Nous n'insisterons pas sur le rôle de l'alimentation dans les phénomènes de croissance; nous avons traité ces questions dans d'autres ouvrages et brochures parus en ces dernières années. Nous nous contenterons de mettre sous les yeux du lecteur quelques données qui établissent en quelque sorte les lois de la croissance.

La croissance chez le poulain de pur sang. — Nous sommes heureux de pouvoir mettre sous les yeux de nos lecteurs les résultats inédits d'expériences exécutées dans un des plus grands haras d'Autriche, expériences qui ont porté sur la taille d'un grand nombre d'animaux nourris normalement. Les études ont été faites de 1897 à 1904. La première année du poulain a présenté, paraît-il, tant d'irrégularités qu'il a été tout à fait impossible d'en rien tirer de général : les différences de développement, pendant la gestation et la lactation, sont tout à fait individuelles, et ce n'est que vers la fin de la première année que les différences commencent à disparaître. Depuis la première jusqu'à la deuxième année révolue, cinquante-deux poulains ont gagné 125^{mm},4, la taille mesurée jusqu'au garrot, mais les membres de devant, mesurés jusqu'à l'articulation cubito-humérale, n'ont gagné que 27 millimètres.

Le maximum de croissance a été de 202^{mm},5 et 182^{mm},9, observés chez deux poulains de la même mère ; le minimum a été de 52^{mm},25. Cette grande différence n'a pourtant pas eu d'autre effet, nous dit l'auteur de cette communication, que de faire disparaître les irrégularités de la première année ; car, après la deuxième année, tous les poulains ont gagné, terme moyen, 130^{mm},9, pendant que trente pouliches n'ont atteint que 121^{mm},5. Le maximum de la croissance des membres de devant a été de 65^{mm},3 à 52^{mm},25 chez onze poulains, et pour neuf elle a été presque imperceptible.

De la seconde à la troisième année, quarante-trois poulains ont gagné 38^{mm},2 (vingt poulains mâles 35 millimètres et vingt-trois pouliches 40^{mm},75) ; le maximum a été de 104^{mm},5 chez un seul ; on a obtenu 78^{mm},4 chez deux individus et 52 millimètres chez neuf autres sujets. Les membres antérieurs n'ont gagné que 10^{mm},5, le maximum a été de 52 millimètres chez un seul individu ; on a obtenu 27 millimètres chez neuf individus ; chez vingt individus, la croissance a été nulle.

Entre la troisième et la quatrième année, la taille a gagné 23 millimètres (moyenne de vingt-neuf cas) ; et cette augmentation est, dans la plupart des cas, due à la croissance des névrospinales du garrot. Le maximum a été de 52 millimètres dans un seul cas ; sept individus ont gagné de 32 à 40 millimètres ; chez trois poulains, la taille est restée tout à fait stationnaire. Les membres n'ont gagné, en moyenne, que 5 millimètres ; chez trois sujets, 27 millimètres ; chez seize poulains, la croissance a été nulle.

Entre la quatrième et la cinquième année, on a observé une

croissance de 26 à 30 millimètres due aux membres seulement, la profondeur du corps n'a rien gagné.

Ces chiffres offrent un intérêt de premier ordre, aussi demanderons-nous à ceux de nos lecteurs qui élèvent de vouloir bien étudier cette question, qui est très importante dans l'étude du problème de la croissance. Il serait possible, si l'on pouvait ajouter d'autres observations à celles que nous venons d'énumérer, de dégager une loi générale du développement chez les chevaux dont il est inutile de souligner l'utilité pratique.

Sur cette question de la croissance, nous trouvons, dans la thèse de doctorat de M. le vétérinaire Saint-Yves Ménard, un moyen empirique de reconnaître si un cheval a ou n'a pas achevé de se développer. Il peut être utile de savoir exactement si le jeune cheval de course qu'on possède depuis trois à quatre ans ou celui qu'on se propose d'acquérir grandiront encore et dans quelles proportions s'élèvera leur taille. Voici le moyen indiqué. On tend une ficelle de la pointe de l'olécrâne au milieu de la face postérieure du boulet; puis on reporte cette ficelle de la même pointe du coude au garrot en contournant la paroi thoracique.

Si le bout arrive juste au garrot, l'animal a achevé sa croissance, il ne grandira plus; si, au contraire, elle dépasse le garrot, l'animal doit grandir encore. On croit même que son développement en hauteur sera exactement égal à la longueur du bout de ficelle qui déborde. M. le professeur Neumann déclare avoir vérifié l'exactitude du procédé sur une cinquantaine de chevaux. Tous les adultes présentaient une égale distance du coude au boulet d'une part, du coude au sommet du garrot d'autre part; et tous ceux qui n'atteignaient pas cinq ans avaient moins de longueur entre le coude et le garrot. Cette différence est d'autant plus marquée qu'on se rapproche davantage de la naissance.

Ce procédé repose sur ce que les proportions relatives des régions du corps sont variables aux différents âges, la croissance ne suivant pas la même marche dans toutes les régions du corps.

Cette observation, toute empirique qu'elle soit, peut avoir une grande importance pour la zootechnie. Elle peut être une garantie pour l'éleveur, de la précocité de telle famille ou de tel animal.

CHAPITRE XVI

L'ÉLEVAGE DU YEARLING

La précocité du yearling. — La tendance de l'élevage de pur sang est d'accélérer le développement hâtif du poulain pour en réaliser le plus rapidement possible la valeur maximum. L'éleveur cherche à réduire l'intervalle improductif qui sépare la naissance du jour où le sujet a atteint sa plus-value.

La précocité nécessaire aux nouvelles fonctions du poulain de pur sang doit être obtenue au mois d'août, époque où les yearlings sont dirigés sur les établissements de vente aux enchères ou dans les centres d'entraînement.

Si la précocité en zoo-économie est indispensable à toutes les races, elle l'est encore plus pour le pur sang, sujet à qui on demande, à l'âge de deux ans, alors que l'organisme est encore en voie d'évolution, le maximum de travail aux allures vives, mode d'exploitation qui réduit ou détruit à tout jamais, si la précocité n'est pas réalisée, la durée du moteur.

On peut dire, au point de vue biologique, que la croissance est la conséquence de l'assimilation fonctionnelle; elle ne peut se produire que s'il y a un excès de l'assimilation sur la désassimilation, de la réparation sur l'usure des tissus, de l'alimentation sur l'excrétion.

Ce que l'éleveur doit donc obtenir, c'est l'animal précoce, mais n'oublions pas que cette précocité comporte une limite, et qu'il ne faut pas pratiquer le « forçage » à outrance, de manière à produire les poulains géants que nous ont montrés quelques lots de yearlings à Deauville. Car, si nous nous en rapportons aux notions de mécanique introduites dans ces dernières années en biologie, nous voyons que des considérations mathématiques, tirées elles-mêmes de la pesanteur, nous montrent que, pour chaque race, il y a un maximum de taille, et que les animaux qui approchent de ce maximum sont dans un état d'infériorité.

Les lois de la géométrie et de la mécanique nous apprennent que, si la surface d'un corps croît comme les carrés, le volume de ce corps augmente comme les cubes. Dans ces conditions, la pesanteur et la nutrition doivent imposer à chaque type animal un poids maximum. En effet, la force d'un muscle est proportionnelle à la section droite de ce muscle, et non à sa longueur; or, cette section étant une surface croît comme les carrés, c'est-à-dire plus lentement que le volume du corps lui-même. L'assimilation continuant, il doit donc arriver un moment où le poids du corps n'est plus en harmonie avec la force musculaire chez les très grands poulains.

Tout animal voisin du maximum de poids compatible avec sa forme est, par cela même, dans un état d'infériorité. En effet, cet animal galope plus difficilement, il ne profite pas de l'entraînement au même titre que les poulains harmoniques, équilibrés, et il finit par constituer une non-valeur. L'exemple que nous offre *Maintenon*, qui fut un cheval d'ordre, est tellement rare, qu'il ne suffit pas à infirmer notre théorie.

D'une manière générale, cela nous montre qu'il faut que l'éleveur sache diriger le poulain en croissance, pour amener à leur parfait développement la masse confuse d'aptitudes qui, chez lui, sont en germe.

L'alimentation intensive seule suffira-t-elle pour obtenir ce résultat? Nous ne le croyons pas. Nous pensons que le travail musculaire modéré offrira des ressources précieuses à l'éleveur de yearlings, grâce à son action décisive sur le développement des poulains. Mais il importe de savoir l'utiliser au mieux, pour développer l'ensemble de l'organisme, ses divers organes ou appareils, pour en perfectionner le fonctionnement sans troubler toutefois l'équilibre qui existe naturellement entre eux, de telle sorte que la valeur physique de cet organisme augmente, qu'il soit rendu plus fort et partant plus précoce.

Nous savons qu'il est dangereux de prescrire de l'exercice aux jeunes poulains. Ceux-ci possèdent une gymnastique à eux, la meilleure que l'on puisse jamais leur donner : ce sont les ébats à la prairie. Il n'y a là qu'une indication à suivre rigoureusement, c'est de les placer dans des paddocks assez vastes pour qu'ils puissent galoper à leur aise.

Plus tard, lorsque vient le mois de juin, en prévision de l'entrée du poulain dans une écurie d'entraînement, l'exercice obligé devient un besoin impérieux. Cet exercice consistera en plusieurs galops dans la prairie. Ces galops devront être toujours exécutés deux heures au moins après le repas du matin pour obtenir un effet utile sur la nutrition. Mais il ne faut pas perdre de vue qu'à cette époque de la vie le squelette du cheval est encore fragile et loin d'être complètement ossifié. Aussi exclusion absolue de galop dans la prairie par les temps de sécheresse.

Quelques éleveurs soucieux de faire prendre un exercice supplémentaire à leurs yearlings ont disposé leurs paddocks de façon à obliger les poulains à galoper. M. Unzue, entre autres, a eu l'heureuse idée d'installer les abreuvoirs à l'extrémité des prairies des poulains, pour forcer ces derniers à faire de longs temps de galop pour aller boire. En France, un éleveur connu a fait établir à l'instar de M. Haggin, l'éleveur du Rancho del Paso, une piste où les youngsters sont poussés à toute allure plusieurs fois par jour.

Un nouveau mode d'exercice pour les yearlings. — Il est un mode d'exercice qu'il serait peut-être intéressant de voir appliquer dans les haras importants : c'est celui qui pourrait être donné avec l'appareil dit manège vertical ou plan incliné. Bien garni de gros feutre sur toutes ses faces intérieures, monté sur billes, avec un frein permettant de graduer la résistance à volonté, on pourrait obtenir par son emploi le développement de certaines articulations et de certains groupes musculaires chez les poulains asymétriques qui présentent de légères anomalies de structure dues à un arrêt de croissance.

Les poulains qui ne galopent pas à la prairie offrent le plus souvent un alanguissement des fonctions vitales les plus importantes, par défaut de stimulation; chez eux, l'assimilation et la désassimilation sont insuffisantes; les combustions se font d'une manière incomplète; il y a du ralentissement de la nutrition, d'où croissance moins rapide; d'ailleurs ces poulains, dès le début du dressage, se trouvent dans un état de fatigue, de dépression très prononcé, qui les expose à mal résister aux fatigues sévères de l'entraînement. Il y aurait donc intérêt à forcer cette catégorie de poulains à une gymnastique artificielle.

Moyens scientifiques pour obtenir la croissance normale chez les tardifs. — Pour rendre la croissance normale chez les poulains, aux moyens que nous avons examinés soit ici, soit dans d'autres ouvrages : procédé alimentaire par l'albuminoïde phosphoré du Laboratoire de physiologie du Pur Sang, aliments de croissance, méthode gymnastique, etc., la science moderne offre des moyens qui, pour n'être pas encore à la portée de l'éleveur, méritent d'être signalés. Nous voulons parler de l'action de l'électricité et du radium sur la croissance. Des expériences sérieuses, conduites par des savants renommés, ont donné des résultats qui concordent pour montrer que l'électricité est un facteur général de la croissance, produisant des effets analogues chez les enfants et les grands mammifères, auxquels une alimentation intensive n'avait pu faire acquérir un développement normal, sinon précoce.

Les propriétés si particulières du radium ont permis à Bohn d'établir qu'il suffit que les rayons de Becquerel traversent le corps d'un animal pendant quelques heures pour que les tissus acquièrent des propriétés nouvelles. Ces propriétés pourraient rester ainsi à l'état latent pendant de longues périodes, pour se manifester tout à coup au moment où normalement l'activité des tissus augmente.

Régime depuis le sevrage jusqu'à dix-huit mois. — Lorsque les jeunes poulains viennent d'être sevrés, ils réclament des soins particuliers. Il est tout naturel de penser que le poulain accoutumé au lait nutritif et abondant de sa mère perdra son embonpoint et sa vigueur, lorsque ce lait lui fera défaut. Il est donc essentiel de chercher les moyens d'atténuer les fâcheux effets de cette transition en apportant les plus grands soins à la qualité aussi bien qu'à la quantité de nourriture donnée au foal. On ne saurait assez se rendre compte de ce que l'on peut obtenir d'une nourriture abondante, bonne et judicieusement donnée. Les poulains bien soignés au sevrage ne s'arrêtent pas dans le cours de leur croissance, ce qui a une grande importance, car le temps d'arrêt, même le plus différentiel, a presque toujours des résultats funestes pour l'avenir.

Les poulains sevrés doivent être lâchés à la prairie une partie de la journée, lorsque le temps le permet; ils doivent être rentrés à midi pour prendre leur deuxième repas.

La ration journalière sera toujours donnée en trois fois.

Le lait qu'on leur supprime doit être remplacé par une nourriture tonique et rafraîchissante, telle que des barbottages, mashes, etc. Ils doivent toujours avoir de l'eau à boire à volonté, aussi bien à l'écurie qu'à la prairie.

Les mashes chauds donnés tous les soirs dans les premiers jours du sevrage et plus tard trois fois la semaine sont excellents. Nous avons déjà donné la manière de les préparer ; contentons-nous de dire qu'on ne saurait trop les varier : mashes à l'orge cuite, au seigle cuit, à la graine de lin, aux carottes cuites, à l'avoine ébouillantée ou cuite, au maïs, fèves, lentilles cuites, au thé de foin, aux caroubes cuites ; ajoutons qu'on peut faire entrer dans la préparation

Lot de Yearlings mâles.

de ces mashes tous les farineux : farine d'orge, de maïs, d'avoine, de seigle, de graine de lin.

Pendant les trois semaines qui suivent le sevrage, on pourra ajouter aux mashes 250 à 300 grammes d'albuminoïde phosphoré. Ce produit renferme des éléments dont l'action sur le jeune organisme est des plus importantes : il apporte, sous une forme particulière, des substances qui stimulent son appétit, remplacent avantageusement le lait, et ont une action prépondérante sur le système osseux.

Il est bon de faire alterner cette alimentation avec l'avoine, car il est utile de varier le plus possible la nourriture. Une nourriture uniforme peut fatiguer les jeunes poulains qui, comme les enfants, aiment la variété dans l'alimentation. On peut avec l'avoine leur donner des carottes coupées en petits morceaux ; certains poulains sont quelque temps sans vouloir en manger : il faut les leur couper très fines et avoir soin de bien les mélanger à l'avoine. On peut encore leur en mettre deux ou trois entières dans leur mangeoire ; ils s'amuseront à les mordiller et s'y habitueront plus facilement ; ces carottes doivent toujours être lavées et séchées avant d'être données. La carotte est l'un des meilleurs aliments pour les jeunes poulains.

Le peu de foin qu'on leur donnera (environ 2 kilogrammes par jour) sera de première qualité ; la luzerne et le sainfoin seront employés s'ils ne sont pas poudreux ; la luzerne paraît très bien convenir aux jeunes poulains : elle constitue un aliment très nutritif et d'un excellent usage.

La ration d'avoine doit être portée, au moment du sevrage, à 6 litres, quantité qui devra être progressivement augmentée à mesure que les foals avanceront en âge, dans la proportion d'un litre ou plutôt un peu moins d'un litre par mois, pour arriver à 14 litres lorsqu'ils prennent dix-huit mois. Les poulains robustes et jouissant d'une bonne constitution peuvent, sans aucun inconvénient, manger cette ration d'avoine, mais à la condition d'être bien rafraîchis soit par l'herbe, soit par les mashes. Si les rafraîchissements leur faisaient défaut, les poulains seraient vite constipés et risqueraient d'avoir des congestions intestinales.

Les poulains constipés sont tristes, leur rein n'est pas souple ; ils portent la tête basse ; ils marchent tout d'une pièce ; ils évitent de galoper à la prairie ; leur ventre est tendu ; leur appétit est capricieux ; ils ont une préférence pour l'avoine, qui leur est nuisible en pareil cas, plutôt que pour les mashes qu'on voudrait leur voir manger. Il faut immédiatement supprimer le grain et les mettre à un régime rafraîchissant : barbottages clairs, vert, carottes. Le lait, lorsqu'ils veulent en boire, est ce qu'il y a de meilleur pour la congestion intestinale ; on peut user de purgations légères et répétées. L'huile de foie de morue mélangée aux mashes composés de grains cuits nous a donné en maintes occasions d'excellents résultats.

Dans beaucoup de haras où il y a une vacherie, partant du lait à volonté, on en donne une certaine quantité à tous les poulains sevrés. Cette pratique a du bon, surtout quand les foals sont sevrés trop tôt. En tout cas, nous lui reconnaissons le grand avantage de les habituer à boire du lait, ce qui permet, en cas de maladie, de les mettre immédiatement à ce régime sans aucune difficulté.

Nous devons parler brièvement d'une préparation, très simple, qui a donné des résultats excellents, chez des poulains échauffés, malingres, convalescents ou malades : nous voulons parler des lécithines des décoctions de céréales, dont P. Fournier (Ormonde) a le premier conseillé l'emploi aux éleveurs de Pur Sang, depuis plus de six ans, c'est-à-dire bien avant que l'emploi de ces substances soit entré dans la diététique humaine. Ce sont, d'ailleurs, les précipités de ces lécithines qui ont été, pour cet auteur, le point de départ d'une série de recherches qui ont abouti à établir la formule complète de l'albuminoïde phosphoré.

Voici la formule de la décoction de céréales :

	kilogrammes
Blé (Japhet)	1,00
Maïs (jaune gros)	1,200
Seigle (d'hiver)	1,00
Orge (carrée d'hiver)	0,900
Avoine (noire)	0,800
Son	0,550

Toutes ces substances doivent bouillir dans 20 litres d'eau, pendant trois heures, de manière à ramener à 6 litres. Laisser refroidir et donner le liquide (en boisson) à la dose de 2 litres par jour pour un foal, 3 et 4 litres pour un yearling.

Pour réussir un bon poulain, un crack, il faut, c'est certain, une grande origine basée sur un bon croisement ; mais les bons soins et la bonne nourriture donnés dès le plus bas âge sont aussi des facteurs très importants.

L'emploi judicieux de l'avoine aide au développement du foal, de même que le manque de soins ou une nourriture insuffisante l'empêchent d'acquérir la force, la taille, l'ossature, la distinction qui le feront apprécier plus tard. C'est dans l'observation d'un bon régime alimentaire dès le plus bas âge, que réside en grande partie l'art de faire de bons chevaux et tout le secret de la réussite.

L'entretien des poulains de lait est donc de la plus haute importance. Combien de jeunes animaux, pour avoir été privés de soins et être entrés dans la mauvaise saison chétifs et malingres, n'ont pu bénéficier des effets de la nourriture plus riche, plus substantielle qu'on a voulu leur donner après le sevrage ? Il en est résulté qu'elle n'a pu produire les mêmes résultats que si elle eût été administrée à une date plus opportune.

Plus le poulain est généreusement soigné et nourri, plus il acquiert de valeur. Non seulement la nourriture riche donne la taille et la force, l'ossature, la qualité des tissus, mais encore elle aide à la distinction, à la physionomie, par conséquent à la beauté. A cette considération ajoutons que les poulains bien nourris se trouvent déjà doués de quelque force, pour affronter le premier hiver qu'ils passent sans en ressentir les rigueurs et arrivent au printemps tout prêts à supporter les effets fortifiants d'une bonne herbe nouvelle et tonique.

Les avantages obtenus par une alimentation rationnelle dès les premiers moments de leur existence sont donc certains et les sacrifices qu'imposent un régime riche sont plus tard largement compensés.

Les poulains négligés dans leur jeune âge, qui n'ont pu se développer suffisamment ou qui ont été réduits à un état maladif, ne peuvent acquérir plus tard cette beauté et ces proportions qui auraient pu devenir leur partage s'ils avaient reçu tout d'abord de meilleurs soins. On peut facilement le constater lorsqu'on voit des poulains nés de même père et de même mère auxquels (l'hérédité mise à part) un traitement différent a donné des formes, des proportions et des qualités dissemblables.

Des accidents et des affections pouvant survenir aux poulains après le sevrage. — Les poulains sevrés le soir et placés par deux dans chaque box, pourront dès le lendemain matin être lâchés au paddock.

Il arrive parfois qu'ils se battent la première nuit : cela arrive surtout aux poulains qui ne se connaissent pas. Aussi est-il bon de les placer ensemble quelque temps avant, par camarade de sevrage, dans le même paddock, afin d'éviter cet inconvénient.

Séparation des mâles et des femelles. — Les poulains doivent être sevrés successivement par petits groupes de quatre, six au plus à la fois. Dans les petits élevages on sèvre ensemble mâles et femelles. Nous préférons, quand la chose est possible, la séparation des sexes dès le sevrage, bien que les jeunes animaux puissent rester ensemble sans qu'on ait à redouter rien de fâcheux jusqu'au mois de février ou mars de l'année suivante.

A leur première sortie au paddock, ils galopent beaucoup ; il y a lieu de les surveiller, pour qu'ils ne se jettent pas dans les barrières en prenant leurs ébats.

En Angleterre, beaucoup de grands éleveurs séparent les mâles à partir du mois de mai et les placent un par un dans de tout petits paddocks contigus, afin d'éviter les accidents.

Nous sommes tout à fait opposés à cette méthode : le poulain seul dans un pré s'ennuie ; il reste souvent à la barrière, cherchant un camarade ; il marche le long des lisses, prend l'habitude de tiquer sur les barres ; il ne pâture pas aussi bien et ne prend pas un aussi bon exercice qu'en galopant avec des camarades. Quant aux accidents, nous n'en avons pour notre part jamais constaté aucun de grave, avec des poulains placés ensemble.

Les poulains à cette époque de l'année sont pleins de gaîté et de vigueur ; ils jouent, se pointent, se donnent même quelques coups de pied, mais il n'y a pas lieu de s'en inquiéter autrement. Nous

Un galop à la prairie.

conseillons pour les mâles, comme pour les femelles, de les laisser ensemble jusqu'à leur départ à l'entraînement, à la condition d'avoir de vastes paddocks et de laisser les poulains longtemps dehors afin qu'ils puissent prendre leurs ébats et de bons galops en peloton, galops qui sont en quelque sorte une préparation à la course.

Pendant la saison d'été, quand il est difficile de tenir les yearlings dehors, pendant le jour, à cause des mouches et de la grande chaleur, ils doivent passer la nuit dans les prairies et rentrer en box dans la journée.

Certains poulains nerveux s'exposent, à force de galoper et de s'énerver, à prendre une congestion ; il y a quelquefois lieu, dans les cas difficiles, de les remettre avec leur mère, ce qui est toujours ennuyeux, car le sevrage est à recommencer. Dans ce cas, il y aurait lieu de sevrer le poulain progressivement.

Le sevrage ayant pour résultat de constiper les poulains, il est bon, pendant les premiers jours, de saupoudrer leur boisson avec de la farine de lin. Cet excellent breuvage ne saurait être assez recommandé.

Les poulains échauffés ne profitent pas et finissent par ne plus vouloir manger. Il y a donc lieu de surveiller de très près leurs crottins. On peut, pour les relâcher, les purger légèrement s'il y a lieu, en ajoutant à leurs mashes une poignée de sulfate de soude et une cuillerée de bicarbonate de soude par poulain, pendant plusieurs jours de suite.

Les mashes confectionnés avec des carottes cuites et donnés une fois par semaine sont excellents comme diurétique.

Lorsqu'il y a lieu de purger d'une façon sérieuse, on doit employer de préférence l'huile de ricin, environ 50 à 60 grammes pour un poulain de six mois; la crème de tartre est également un purgatif très doux et très bon pour les jeunes poulains. Il faut éviter les purgations trop violentes, telles que les bols d'aloès. Les purgatifs trop forts offrent toujours du danger pour les jeunes animaux dont l'intestin est fragile.

Des vers. — Tous les poulains, dans une proportion plus ou moins forte, ont des vers qui peuvent occasionner des accidents très graves; leurs ravages, souvent rapides, peuvent, en peu de temps, détruire les meilleures constitutions. Cet état réclame donc la plus active surveillance.

La présence même d'un très petit nombre de vers doit nuire à la digestion, et, par suite de cette altération des fonctions digestives, la multiplication en devient plus facile et par conséquent plus dangereuse. Le nombre en augmente souvent dans une proportion tellement grande que fort souvent il y a réel danger pour le jeune animal, si l'on n'emploie pas des remèdes efficaces, capables d'arrêter les progrès du mal.

On s'aperçoit qu'un poulain a des vers, à l'apparition d'une poudre blanche au pourtour de l'anus et sur le crottin où ils se trouvent mêlés aux fèces; l'animal maigrit, met un gros ventre; il a les yeux ternes, sans vie; le poil piqué, l'appétit capricieux; on entend souvent un gargouillement des intestins. Il faut donc avant tout s'occuper des moyens de les détruire le plus promptement possible, en donnant des vermifuges.

Une vieille formule très usitée en Angleterre et facile à employer consiste à donner le matin, à jeun, un verre à bordeaux d'essence de térébenthine mélangée à une quantité suffisante d'huile de lin.

Le calomel, la santonine (1 à 2 grammes), la liqueur de Fowler, le seigle cuit, les carottes aident beaucoup à faire expulser les vers.

La préparation suivante :

	Grammes
Sulfure d'antimoine	4,00
Santonine cristallisée	0,10
Acide arsénieux	0,10
Strychnine	0,005

nous a toujours procuré d'excellents résultats.

Cette médication doit être donnée dans un peu de son frisé, le matin à jeun, pendant huit jours de suite; aux poulains difficiles on pourra la faire prendre dans du miel en électuaire. Cette préparation a le double avantage de chasser rapidement les vers et d'exciter l'appétit des jeunes animaux.

Vessigon des jeunes poulains. — Les jeunes poulains sont sujets aux vessigons qui sont la suite de galops rapides, d'efforts violents en se relevant, en se pointant (surtout chez les mâles) à la prairie.

On distingue le vessigon du genou, le vessigon rotulien, le vessigon articulaire avec cul-de-sac dans le creux et en avant au pli du jarret : ce dernier est le plus fréquent chez les jeunes.

Dans le vessigon du genou, on remarque une petite tumeur molle, grosse comme un œuf de pigeon, fluctuante, sans chaleur. Ce vessigon est assez tenace et revient souvent à l'entraînement, avec le travail.

Le vessigon rotulien, sorte d'allonge de la rotule, ne laisse pas souvent de traces. Il suffit d'appliquer un feu liquide avec le pinceau.

Le vessigon articulaire du jarret n'est pas souvent grave, mais parfois un peu long à guérir; traitement : douches froides et douches chaudes, massages, vésicatoires, feux liquides anglais, liniment Géneau. Nous avons également obtenu de très bons résultats par l'emploi du topique Weber, précédé d'une légère friction d'onguent rouge. On commence par frictionner légèrement tout le tour du vessigon avec de l'onguent rouge vésicatoire, simplement pour le faire pénétrer sous le poil, ensuite on recouvre avec de la mixture Weber composée de :

Goudron de Norvège	450 grammes
Savon vert	450 —
Poudre de tan	100 —

Cette mixture seule doit être employée tous les jours ou tous les deux jours, selon l'effet produit; elle sera appliquée soit à la main, soit au pinceau. Le poulain pourra être mis à la prairie comme s'il n'avait rien, sans collier de bois ni quenouille; il suffira, les premiers jours, de lui enduire le nez et les yeux avec une couche de vaseline pour éviter l'action vésicante de la mixture sur les muqueuses pour le cas où le poulain se frotterait sur la partie enduite.

Avec les vésicatoires employés habituellement, il y a nécessité de mettre un collier de bois (toujours dangereux avec un jeune poulain) ; il faut en outre laisser le poulain huit jours en box, ce qui est un inconvénient, car à sa première sortie il galopera, et risquera d'attraper un accident nouveau ou un effort. Le traitement du vessigon par cette méthode n'offre aucun danger; il agit lentement mais sûrement.

Nous avons réussi à faire disparaître des vessigons, même à des vieux chevaux, en l'employant d'une façon suivie pendant plusieurs mois; les animaux peuvent continuer à prendre leur exercice ou à faire le même travail pendant toute la durée du traitement. Le vessigon chez le yearling n'est pas très inquiétant. Nous pourrions citer quantité de bons chevaux ayant eu, étant yearlings, des vessigons qui ont disparu avec la méthode que nous venons d'exposer.

Capelets. — Pour faire disparaître les capelets, on pourra suivre le même traitement que pour les vessigons.

Grosseurs, exostoses, boulets. — Les jeunes foals ont souvent des grosseurs osseuses, sortes d'exostoses qui viennent vers les quatrième et cinquième mois, au moment de la sécheresse, lorsque les terrains sont durs; mais on les observe surtout chez les poulains mal nourris sous la mère.

Traitement : à l'intérieur, tonique, liqueur de Fowler (8 à 15 grammes par jour), albuminoïde ; sur les exostoses, légère friction d'onguent rouge et ensuite application journalière d'onguent topique de Weber. Généralement ces exostoses disparaissent assez facilement avec une bonne alimentation.

Préparation des poulains à la vente. — Préparer les poulains pour la vente, c'est la préoccupation de tous les éleveurs de yearlings. Il y a grand intérêt à n'amener aux ventes que des poulains en pleine condition. Les « rossignols » qui encombraient jadis les boxes de

Deauville et dont le montant des enchères paierait à peine aujourd'hui les frais de déplacement, n'existent plus.

On peut dire des ventes de yearlings en France que le bon se vend toujours bien, et que le mauvais n'a aucune valeur marchande. En disant « le bon », nous ne voulons pas parler de la qualité que l'entraînement pourra faire acquérir, mais du yearling de bonne origine, bien venu, bien établi, bien membré, bien présenté, en un mot en pleine condition comme état et comme santé.

Certains éleveurs préparent leurs yearlings un mois, six semaines avant la vente, en les laissant à l'écurie; ils les bourrent de grains cuits, de farineux, de caséine, de lait naturel ou desséché. Pour éviter les accidents, ces yearlings ne sortent plus au paddock, mais font des promenades en main. Cette manière de faire existe aussi en Angleterre : dans beaucoup de grands haras, les yearlings sont promenés en main ou mis très doucement à la longe pendant près de deux mois avant la vente. Combien de ces beaux yearlings vendus à prix d'or n'ont jamais vu un champ de courses?

Cette méthode est on ne peut plus condamnable. Il est aisé de comprendre qu'un poulain qui a été mis à l'engrais, pendant deux mois sans exercice (car nous n'appellerons pas exercice une promenade au pas, la durée de cette promenade serait-elle de trois heures par jour), fondra comme du beurre en arrivant à l'entraînement.

Les yearlings restant ainsi à l'écurie, sont plus sauvages, plus peureux, plus fougueux et risquent beaucoup plus d'avoir des accidents que s'ils étaient tous les jours lâchés dans leur paddock. Les yearlings préparés ainsi sont mous, sans vigueur; au toucher, les doigts restent marqués dans les chairs.

Au dressage ils causent des ennuis : le harnachement les blesse de tous les côtés; l'humeur leur sort par tous les pores. Si l'entraîneur veut aller trop vite avec eux, les suros, vessigons, efforts, ne tardent pas à venir les arrêter complètement dans leur travail. C'est le commencement des vésicatoires, apanage des poulains mal élevés. Ces poulains, négligés dans le bas âge, engraissés pour la vente, ne peuvent presque jamais courir à l'âge de deux ans.

A ce propos l'on peut dire que les courses de deux ans peuvent faire reconnaître les bons éleveurs; il ne sort en effet presque jamais un bon deux ans d'un mauvais élevage, et tous les chevaux d'un bon stud peuvent bien courir à cet âge. Certes il y a des familles précoces, mais il y a aussi des élevages dont tous les chevaux sont précoces, quelle que soit leur taille, leur origine, etc.

Nous croyons que la meilleure préparation des yearlings, qu'il s'agisse de les préparer pour la vente ou de les envoyer à l'entraînement, consiste d'abord à bien les élever depuis leur plus jeune âge.

Le yearling bien élevé, bien nourri, sera très en chair, musclé et ferme ; il suffit de lui passer la main sur l'encolure pour constater la dureté des chairs. Ce poulain n'a besoin d'aucune préparation de vente; il sera toujours plus beau, plus plaisant, que le poulain préparé, engraissé spécialement pour cela ; et il donnera d'autres garanties pour l'avenir.

La seule préparation que nous admettions pour la vente ou pour l'envoi à l'entraînement, c'est le travail à la longe. Rien n'est plus important pour la bonne carrière d'un cheval de course que le dressage: c'est le point qui a le plus d'importance pour son avenir, car tout cheval de course qui n'est ni doux, ni maniable, doit fatalement causer beaucoup de déboires à son entraîneur et partant à son propriétaire.

Dans un haras bien ordonné, c'est le stud-groom qui doit commencer le dressage des yearlings. Chargé de cette préparation importante il a grand intérêt à les apprivoiser dès leur enfance et à les préparer au dressage dès leur plus tendre jeunesse ; il sait qu'il aura ainsi la meilleure chance d'éviter les dangers d'accidents plus ou moins graves pour les hommes et pour les poulains.

Pour cela, il ne faut employer que des hommes très patients et très doux. Il suffit d'une maladresse ou d'une seule brutalité pour compromettre la carrière d'un bon cheval et en faire un révolté irréductible.

La première leçon de caveçon sera donnée de la façon suivante :

Le caveçon sera placé sur la tête du poulain, dans le box, avec douceur et sans bruit; on aura soin de boucler le caveçon assez haut pour qu'il ne tombe pas sur le bout du nez et l'on serrera le contre-sanglon qui passe sous la ganache, afin que l'appareil ne vienne pas à tourner sur l'œil. Le caveçon en place, on passera la plate-longe, longue de 10 mètres, à l'anneau fixé sur le chanfrein ; une seconde petite longe sera passée au licol et servira pour amener le poulain à l'endroit où on devra le longer. Cet endroit sera de préférence un manège, un paddock ou une cour entourée et sablée, avec un bon sol adhérent. Le poulain amené, on enlève la longe du licol qui a servi à le conduire, et l'a empêché de se défendre, de se pointer ou de se renverser.

La longe du caveçon doit être tenue par deux hommes ; le stud-groom s'approche du poulain qu'il prend par la tête, le caresse et lui fait faire ainsi quelques tours au pas pour lui donner confiance. Ensuite il vient se placer en arrière à demi-cercle, la chambrière allongée derrière la croupe du poulain ; il se contente de le mettre dans le mouvement en avant sans jamais le frapper ; neuf fois sur dix le poulain obéira de suite à main gauche.

Pour le mettre à main droite, on l'arrêtera en le calmant de la

Val-d'Or, à dix-huit mois, au moment de son départ au dressage.

voix, et après l'avoir caressé on le mettra au pas sur le cercle. La chose est souvent plus difficile à cette main qu'à l'autre ; on y arrive cependant assez vite en marchant sur le poulain toujours dans la direction de l'épaule, la chambrière allongée et en lui donnant un peu de longe. Les yearlings ne doivent pas être longés court.

Quand le yearling aura ainsi été mis aux deux mains, il sera promené une demi-heure avant d'être rentré.

On ne doit jamais frapper l'animal : il faut s'efforcer de lui faire prendre confiance au lieu de lui inspirer la crainte.

Un mauvais commencement de dressage est la plus mauvaise chose pour un cheval. Il peut être dompté dans la lutte engagée avec un dresseur brutal, mais il conserve une rancune ou une appréhension qui paralyse ses qualités natives. Le dresseur intelligent doit s'appliquer à faire du dressage de persuasion, c'est-à-dire une éducation entièrement basée sur la douceur et la patience, au lieu de vouloir tout brusquer par la force et la brutalité. Plus on met de temps pour dresser un yearling, plus on va vite en réalité.

La première leçon donnée, comme nous l'indiquons plus haut, avec douceur, doit être de courte durée ; elle ne laissera pas ainsi au poulain une mauvaise impression.

Cette leçon sera reprise dès le lendemain ; le yearling sera longé aux deux mains, au trot et au pas, pendant trois quarts d'heure au plus, sur un grand cercle, pour éviter, autant que possible, de fatiguer ses jarrets.

Dès la troisième leçon on pourra lui mettre le bridon sans rênes (puisque le poulain n'a pas encore eu le surfaix) ; ce bridon sera muni d'un gros mors à dragées qui l'occupera et l'habituera à mâchonner. L'exercice sera toujours suivi d'une promenade d'un quart d'heure, au pas ; le poulain se séchera vite et pourra ensuite être remis au paddock.

Pour la vente, nous ne croyons pas qu'il soit nécessaire de faire plus ; les poulains, longés de cette façon tous les jours, perdent un peu de leur ventre, prennent du muscle et de l'expression. Ce travail se fait sans les changer de milieu et l'on continue à les lâcher comme avant, dans la prairie.

Manière de mettre le surfaix et la croupière aux yearlings. — La mise du surfaix avec croupière et rênes est l'une des choses les plus délicates et les plus importantes du dressage chez le yearling. Ce travail peut être fait au haras, mais à la condition d'avoir un manège ou un terrain spécial. Le plus souvent ce travail est fait par le premier garçon, head lad, à l'arrivée des poulains à l'entraînement.

Le yearling, après avoir été longé aux deux mains avec la bride à dragées pendant une huitaine de jours, sera amené avec le caveçon et la bride au manège ou dans tout autre emplacement. Il sera tenu un peu court par un seul homme. Le premier garçon s'approchera du yearling, portera la main gauche sur l'encolure et passera doucement avec la main droite, le surfaix sur le dos, puis il le maintiendra ainsi en suivant les mouvements du poulain. Si celui-ci cherche à se déplacer, le head lad bouclera le poitrail d'abord et sanglera légèrement ; il fixera ensuite les rênes au mors en les croisant sur le garrot (ces rênes doivent être préalablement fixées au surfaix). Il passera ensuite la croupière en se servant de la main droite et en maintenant, de la main gauche, la queue qui ne sera lâchée qu'après avoir bouclé et ajusté la croupière et ressanglé légèrement le surfaix. Ce travail doit se faire sans bruit. Il n'y a plus, après cela, qu'à donner un peu de longe et à laisser le yearling faire ses ébats, sauts de mouton, ruades, bonds successifs.

On peut, si cela est nécessaire pour faire porter le poulain en avant, faire claquer le fouet mais sans le frapper. Au bout d'une demi-heure environ, quand le yearling est tout à fait tranquille, on lui enlève ce harnachement, et on lui fait faire une promenade d'un quart d'heure pour le sécher avant de le rentrer dans son box.

Nous ne sommes pas partisans de laisser aux yearlings le surfaix à l'écurie, c'est là un procédé dangereux. Le lendemain, la leçon doit être recommencée.

Époque de l'envoi à l'entraînement des yearlings. — Les yearlings mâles sont généralement envoyés à l'entraînement vers le mois d'août ou de septembre. A cette époque les poulains commencent à se pointer, à se mordre ; de plus, les mouches les tracassent ; c'est le moment des accidents.

Puisqu'il est démontré que les pur sang peuvent être dressés à cet âge avec avantage, et qu'en outre les courses de deux ans viennent d'être avancées, pour permettre aux écuries d'éliminer les sujets médiocres, nous ne voyons pas d'inconvénient à ce qu'on envoie au travail les premiers nés, les plus forts, dès le commencement de juillet.

Préparation des yearlings en Amérique. — En République Argentine, les poulains sont vendus alors qu'ils ont près de deux ans. Abondamment et savamment nourris, ils subissent, avant leur départ pour l'entraînement proprement dit, une véritable préparation qui permet de sélectionner les bons et de faire les rebuts avant la lettre, si l'on peut dire.

Les poulains sont d'abord mis à la longe ; puis ils sont conduits sur des pistes spéciales par des hommes montés sur des poneys. Ils sont astreints à un véritable travail qui les éprouve, et ceux qui cassent à la suite de ces premiers exercices ne sont point envoyés aux ventes. Le système est tout différent de celui appliqué en France, où trop fréquemment on tient les poulains dans du coton.

Les poulains anormaux. — La question de l'élevage des poulains anormaux mérite d'attirer l'attention de tous ceux qui s'intéressent à l'avenir de la race pure, qui perd annuellement, par le fait de la non-réussite de poulains de grande origine, d'excellents éléments de reproduction, dont l'utilisation pourrait augmenter la prospérité dans une certaine mesure. Cette question pose, en outre, un important problème économique pour l'éleveur, qui est souvent obligé de considérer, comme déchets de son stud, des animaux sur l'avenir desquels il avait fondé de grandes espérances : attente d'un beau prix de vente, s'il est producteur de yearlings ; espoir de faire de bons vainqueurs, s'il s'agit d'un propriétaire éleveur, exploitant lui-même la carrière de courses des produits qu'il fait naître.

Qu'est-ce donc que les poulains anormaux, et pourquoi les hommes qui sont chargés de veiller à l'amélioration du cheval d'hippodrome doivent-ils s'intéresser à leur élevage ?

Le langage médical vétérinaire applique le terme d'anormal à tout sujet qui se sépare nettement de la moyenne pour constituer une anomalie pathologique. En fait, les anormaux sont un groupe tout à fait hétérogène de poulains ; leur trait commun, qui est un caractère négatif, c'est que, par leur organisation physique, ces êtres sont rendus incapables de profiter des méthodes ordinaires d'élevage et d'entraînement. Les types les plus francs sont constitués par les ataxiques, les arthritiques, les rachitiques, les débiles, les tardifs, les instables, etc.

Faisons de suite quelques éliminations. Il y a dans la liste des anormaux des poulains dont le sort nous intéresse moins que celui des autres ; ce sont, d'une part, les ataxiques, les rachitiques, dont les affections sont incurables ; ce sont, d'autre part, les animaux débiles de médiocre origine qui ne pourraient faire, malgré tous les soins dont ils pourraient être entourés, que de mauvais racers ou des reproducteurs d'ordre inférieur.

Quand on a éliminé ces deux catégories de poulains, que reste-t-il ? Eh bien, il reste précisément les poulains dont il serait utile de parfaire l'élevage par des moyens scientifiques. Ceux-ci vivent dans les haras ou jumenteries, où leur grande origine les fait conserver, mais ils ne peuvent pas profiter de l'élevage ordinaire au même titre que leurs congénères du même âge. Ces poulains ne ressemblent pas du tout à la majorité des autres sujets. Sans constituer des non-valeurs absolues, ils ne sont pas suffisamment doués pour bénéficier du régime commun avec les normaux. Ils sont souvent négligés du personnel du haras, qui se désintéresse d'eux; et leur état ne s'améliore pas, au contraire. Beaucoup de ces poulains sont des instables; ils ont le caractère irritable, le corps toujours en mouvement; ils deviennent une cause incessante de trouble et d'ennuis pour le stud-groom et pour leurs camarades de paddock. Les soins d'un seul anormal, disent parfois les éleveurs, donnent plus d'occupation que ceux que nécessitent dix poulains normaux.

On est obligé de négliger ou ceux-ci ou celui-là; et les deux alternatives sont également fâcheuses. Alors que doit-on faire de ces animaux, qui sont pour ainsi dire rebelles au régime ordinaire du haras? Rien de plus simple, semble-t-il; envoyons-les dans un établissement d'élevage spécial, une sorte de sanatorium, dont la création est capable d'intéresser le monde de l'élevage et des courses à notre époque. Ces poulains atteints de débilité relative, frappés d'arrêt de croissance, peuvent, s'ils sont bien repris, redevenir normaux et faire, par la suite, des chevaux capables de gagner leur avoine. Ce qu'il leur faut avant tout, c'est donc une méthode d'élevage adaptée à leur organisation physique, et cette méthode d'élevage ne peut leur être appliquée d'une manière rationnelle que par des hommes spéciaux, et dans un haras dont l'agencement répondra aux exigences de l'hygiène générale, de la thérapeutique moderne.

De tout ceci résulte à la fois une définition très claire des anormaux à peine distincts des normaux, et une indication très simple de ce que doivent faire les éleveurs pour eux. Les poulains anormaux, tardifs et instables sont des poulains auxquels le simple haras ne saurait convenir. Leur place est donc dans un stud spécial, dont le Syndicat des éleveurs de pur sang devrait encourager la création, car, remarquons que ces poulains ainsi définis ne constituent pas une quantité négligeable; ils sont légion; et puisque le nombre est le facteur qui donne son importance à chaque phénomène économique, disons que l'amélioration organique de ces poulains est une question économique du plus haut intérêt.

Il n'existe pas de statistique à ce sujet, mais nous savons, par les exemples que nous offre chaque stud, que nous aurions à nous préoccuper d'un nombre assez élevé de poulains, de très grande origine, ayant de très grands engagements, qui sont défectueux dans leur structure, pas assez toutefois pour être considérés comme rebuts ou déchets d'élevage, et partant réformés.

A l'heure actuelle, que deviennent-ils lorsqu'ils sont en âge d'être entraînés? Nous avons dit qu'ils faisaient au haras le tourment des studs-grooms; à l'entraînement, ils sont un continuel sujet de trouble pour l'entraîneur. Ici on les supporte tant bien que mal, là on s'insurge contre eux, on s'en débarrasse comme on peut, on les renvoie de l'entraînement à la prairie; puis ils roulent d'écurie en écurie. Chaque entraîneur essaye de les éliminer comme on fait d'une pièce fausse qu'on se dépêche de remettre dans la circulation pour ne pas en subir personnellement la perte.

Conclusion : ces animaux coûtent très cher à nourrir, à entraîner et ne rapportent jamais un sou, parce qu'ils sont incapables de gagner une course. Là où d'autres poulains, plus solidement établis qu'eux, n'arrivent à remporter des épreuves qu'avec effort et grâce à un entraînement sévère, comment pourraient-ils ne pas échouer, eux qui sont si mal armés pour les luttes du turf? Ils deviennent des parasites qui consomment, sans aucune utilité pour l'écurie, une partie du gain des chevaux solides et résistants.

Si nous devions faire une étude complète du problème que nous examinons aujourd'hui, il nous faudrait une place plus grande que celle dont nous disposons. Entre autres détails, nous aurions surtout à examiner la production moyenne de chaque haras. Or, pour juger les fruits d'un élevage donné par un stud quelconque, il ne suffit pas de tenir compte des victoires retentissantes de quelques rares élèves, il faudrait aussi connaître l'état de tous les poulains qui y naissent.

Quelles que soient les critiques qu'on puisse faire, il y a un fait certain : c'est que les poulains anormaux constituent un chiffre important; c'est qu'élevés convenablement par des méthodes spéciales, ils sont presque toujours perfectibles et capables de faire des chevaux pouvant être entraînés avec profit; c'est que, privés des moyens que la science nous fournit pour obtenir les améliorations de nos animaux, ils grossissent la masse des bouches inutiles des écuries de course. N'est-ce point une raison suffisante pour que les grands éleveurs s'intéressent à l'élevage méthodique et mieux compris d'une catégorie d'animaux intéressante par l'origine et dont l'amélioration individuelle ne présente pas de bien grandes difficultés?

Pour mener à bien cette intéressante entreprise, il y a plusieurs points à étudier :

1° Quels sont les poulains qu'on devra faire sortir du haras pour les placer dans l'établissement spécial, dans le sanatorium dont nous envisageons la création possible?

2° En quel endroit pourrait être fondé cet établissement spécial? Comment le directeur et les hommes formant le personnel seraient-ils recrutés?

3° Quelles sont les méthodes d'élevage à employer pour obtenir le résultat désiré?

4° Par qui devrait être créé cet établissement, véritable école d'élevage?

5° Quelle serait, la possibilité du sanatorium étant démontrée, l'organisation scientifique et matérielle d'abord, puis administrative de cet établissement?

Les réponses à toutes ces questions nécessiteraient de nombreuses pages, aussi nous contenterons-nous d'ébaucher ici ce projet que nous soumettons au Syndicat des éleveurs de pur sang, dont les membres seraient directement intéressés à la création de ce nouvel établissement d'élevage, qui pourrait fonctionner sous le contrôle d'une Commission nommée par la Chambre syndicale.

Les hommes compétents et convaincus qui sont à la tête de cette association pourraient examiner ce projet, dont la réalisation paraît fort simple. Il serait ainsi donné aux éleveurs français de prendre la tête du mouvement, dans les questions d'amélioration des méthodes d'élevage, que nous avons tendance à emprunter trop souvent aux étrangers.

Embarquement des yearlings. — Les yearlings doivent toujours être embarqués dans des wagons J (vachères) qui seront prêts à les recevoir pour ne pas laisser les animaux longtemps attendre en gare.

Le wagon sera passé en revue pour s'assurer qu'il n'y a pas de clous aux parois intérieures. Une bonne méthode, facile à appliquer et que nous ne saurions trop recommander, consiste à désinfecter l'écurie avec un pulvérisateur.

La Société parisienne du Lusoforme vend un appareil pulvérisateur très commode, d'une contenance de 2 litres, avec lequel on peut facilement et rapidement désinfecter un wagon; il suffit d'emporter avec soi un peu de lusoforme ou un désinfectant quelconque.

On garnira le wagon d'une bonne litière, ainsi que le pont et les deux côtés, qu'on aura soin de garnir avec des bottes de paille. Le wagon ainsi préparé, bien paillé, le poulain entrera comme dans un box sans aucune difficulté.

Les poulains peuvent être placés seuls, ou deux au plus par wagon; il est préférable, lorsque les poulains se connaissent, lorsqu'ils ont vécu dans la même prairie, de les mettre par deux. Seul, le poulain se tourmente, hennit, et est très vite en sueur.

Au moment des grandes chaleurs, il y a nécessité de donner de l'air en ouvrant d'un côté les chassis du wagon, mais il est dangereux de laisser les poulains passer leur tête par ces ouvertures. Rien n'est plus facile d'empêcher cela, en clouant au milieu de chaque châssis, une traverse en bois.

Pour le débarquement, on prendra les mêmes précautions en couvrant le pont de paille et en faisant placer un homme de chaque côté pour éviter que le poulain ne se jette entre le wagon et le quai.

Voyages. — Les chevaux de courses de pur sang voyageant toujours en grande vitesse sont toujours accompagnés. Ces chevaux, placés dans des wagons-écuries, sont sous la surveillance du garçon de voyage.

Il n'en est pas de même pour les yearlings placés dans une vachère; l'homme, voyageant dans une autre voiture du train, ne peut venir les voir que pendant les arrêts, pour leur donner à boire quand il y a lieu et faire en sorte que dans les gares d'embranchement, son wagon ne soit pas oublié et laissé en panne.

Les yearlings paient actuellement le tarif des chevaux de course, tarif spécial de 0 fr. 10 par tête et par kilomètre. Pour bénéficier de ce tarif, l'expéditeur devra produire, pour chaque cheval transporté, un bulletin émanant d'une des Sociétés de courses, Société d'Encouragement ou Société des Steeple-Chases.

Mais, dans ce cas, le chargement et le déchargement des animaux doivent être effectués par les expéditeurs et les destinataires à leurs risques et périls. L'expéditeur doit, en outre, décharger la Compagnie de toute responsabilité pour les accidents qui pourraient arriver au conducteur et au cheval en cours de route, ainsi que pour tous les retards qui pourraient survenir dans l'expédition ou pendant le trajet.

Avec des animaux de grande valeur, nous estimons que c'est un avantage bien mince et qu'il est préférable dans certains cas de faire voyager les yearlings au tarif plein. Il est vrai que la valeur du cheval de course, étant pure affaire de convention, on est en droit de se demander, si les Compagnies et les Tribunaux accorderaient les grosses indemnités que ne manqueraient pas de demander les propriétaires des animaux accidentés.

Système de ventes. — Les ventes aux enchères dont nous parlons

L'exercice naturel des Yearlings.

plus loin, les ventes amiables, les ventes avec redevances, constituent les seuls modes employés.

Location de carrières. — Il arrive parfois que, lorsque l'éleveur ne trouve pas à dix-huit mois un prix suffisant pour un ou plusieurs poulains, il loue la carrière de course de ses animaux. Dans cette opération, il y a à tenir compte de la moralité du sportman qui loue et de la valeur de son entraîneur. Il vaut mieux louer à un prix plus réduit, mais il faut s'attacher à placer l'animal dans une bonne maison.

Cette opération de location de carrière est surtout indiquée lorsqu'on désire garder une pouliche pour en faire une poulinière.

La location est quelquefois plus favorable que la vente, car il arrive que, lorsque le ou les sujets loués sont essayés, le propriétaire qui loue achète les poulains pris tout d'abord en location.

L'éleveur tenu au courant, par l'entraîneur, de la tournure que prend le poulain dès les premiers mois de sa carrière, fixe un prix de vente qui dépasse, souvent de beaucoup, la somme qu'il avait mis comme réserve le jour de la vente aux enchères.

Les ventes de yearlings. — On épilogue ferme tous les ans sur les résultats des ventes de yearlings de Deauville. Bien qu'elle ne groupe pas la totalité des poulains élevés pour la vente, cette grande foire annuelle n'en fournit pas moins des indices presque mathématiques de la plus ou moins grande prospérité de notre élevage de pur sang.

Ces ventes offrent aux propriétaires d'écuries de course le moyen de recruter de jeunes poulains nés chez des éleveurs qui ne veulent pas exploiter eux-mêmes leur carrière.

Tous les ans, l'approche des ventes rend perplexe l'éleveur qui présente des animaux. Ces dernières années, on s'est plaint d'une mévente qui n'avait rien de bien réel, puisqu'elle ne frappait que la médiocrité d'origine des refusés.

On a pu constater au cours de ces ventes que les beaux poulains bien nés, au lieu de perdre de la valeur, en ont plutôt acquis. Il n'y a pas que les grands élevages qui se vendent bien, comme on se complaît à le répéter, les moyens et les petits éleveurs obtiennent de gros prix lorsqu'ils présentent des animaux réussis.

Il convient que les éleveurs qui se plaignent fassent un retour sur eux-mêmes et se demandent s'ils ont tout fait pour réussir. Parmi ceux qui ont échoué, il y a certainement des malchanceux. A ce métier difficile entre tous, parce qu'il exige des connaissances spéciales longues à acquérir : science des origines, connaissance du cheval, auxquelles il faut joindre une surveillance de tous les instants, une constante application des lois de l'hygiène et de l'alimentation, bien des gens se sont consacrés sans posséder les notions les plus élémentaires. Ils ont été attirés par la réussite exceptionnelle de certains éleveurs qui, profitant de l'ignorance des acheteurs, de la rareté des offres comparées à la demande ont fait de véritables fortunes, il y a quelques années, avec les produits de jumenteries sans valeur.

Le nombre des poulains présentés va en augmentant tous les ans, sans que la demande suive un accroissement parallèle. Et non seulement la quantité des sujets présentés s'élève, mais la méthode d'élevage s'étant radicalement modifiée, la plupart des yearlings offerts ont une excellente figure; il en reste donc sur le carreau que leurs propriétaires espéraient, avec une apparence de raison, vendre un bon prix. Les regrets sont d'autant plus amers et les plaintes plus véhémentes.

En réalité, il y a surproduction, une surproduction qui porte surtout sur les animaux d'origine médiocre. En feuilletant les catalogues, on est étonné de la quantité des poulinières sans ancêtres et sans performance qui ont été consacrées à la reproduction. Il n'est pas mauvais que la mévente vienne arrêter les éleveurs dans une voie doublement périlleuse pour eux-mêmes et pour la race menacée dans son avenir. Il ne faut pas oublier en effet que si le pur sang est arrivé au degré de perfection que tous les zootechniciens admirent, c'est parce qu'il est l'œuvre d'une sélection constante. On ne doit consacrer à la reproduction que des animaux d'élite sous peine d'une rapide dégénérescence. L'expérience appuyée du raisonnement a prouvé aux acheteurs qu'il ne suffisait pas qu'un poulain fût de bonne venue pour être un cheval de course. Ils se montrent plus difficiles. Nous ne saurions les en blâmer.

Assurances. — Une foule d'accidents et de causes justifient pleinement l'assurance des procréateurs. En outre, la valeur élevée de certains étalons et poulinières rend leur assurance pour ainsi dire indispensable. Les Compagnies d'assurances souscrivent des polices spéciales pour étalons et poulinières (mise-bas ou non mise-bas); pour foals et yearlings, des assurances annuelles et temporaires, etc.

En résumé, les modalités concernant l'assurance des animaux du haras sont nombreuses; elles correspondent aux particularités et aux diversités qu'engendre tout élevage de pur sang.

Les Compagnies d'assurances fournissent toutes les indications utiles pour ce genre d'opérations ; aussi croyons-nous inutile de les énumérer.

Les paperasseries de l'éleveur. — Les collections du *Stud-Book* français et anglais, de la *Chronique du Turf* ou du *Calendrier des courses*, le *Bulletin des courses de chevaux*, publié par la Société d'Encouragement pour les engagements à faire; les *Tables* de Hermann Goos; le *Livre pedigree;* les livres de saillies, de naissance, le livre des entrées et sorties des chevaux, le livre de maréchalerie, des denrées, enfin les livres de comptabilité que chaque éleveur tient à sa façon.

Médicaments les plus usuels. — Sel gemme en pierres, sel de nitre, sulfate de soude, bicarbonate de soude, moutarde, sublimé corrosif en paquets, crème de tartre soluble, huile de ricin, extrait de Saturne, huile de cade, laudanum, liqueur de Fowler, teinture d'aloès, teinture d'iode, éther, glycérine phéniquée, glycérine iodée, miel populeum, vaseline boriquée, soufrée, onguent, vésicatoire, boîtes de moutarde, égyptiac, goudron de Norvège, iodure de potassium, bromure de potassium, salicylate de soude, de quinine, liqueur Van Svieten; paquets de ouate hydrophile, de gaze iodoformée; rouleaux de bandes de toile, alcool camphré, embrocation, feu anglais, liniment Géneau, borax, permanganate de potasse, iodoforme, sel gemme, eau oxygénée, arnica, etc.

Instruments divers. — Une trousse garnie; balances : force maxima : 5 kilogrammes; lampe à alcool, verres gradués, seringues à lavement, seringues à injections hypodermiques, bocks à douches pour injections vaginales et utérines, sondes assorties, spatules en fer et en bois assorties, entonnoir en verre, etc.

Appareils à donner les breuvages. — Bouteilles de dimension à goulot enveloppé; bridons à breuvages simples et à entonnoir; bridons à breuvage à réservoirs en cuivre à robinet; mors à breuvage modèle Graillot avec canule pouvant aller au fond de la gorge, muni d'une rallonge de caoutchouc se montant sur un côté du mors et sur une seringue.

Instruments de manutention et d'hygiène. — Brouette à avoine à deux roues, brouette fourragère à deux roues, brouettes ordinaires, bascule, concasseur, hache-paille, coupe-racine, appareil à blanchir les boxes, pulvérisateur servant à désinfecter les boxes et au besoin à les blanchir, cribles pour distribuer l'avoine, appareil à fumigations.

Instruments de saillie et de mise-bas. — Entravons anglais (modèle Gasselin) comprenant les quatre entravons, le lac, la chaîne, la plate-longe, la capote d'abatage pour coucher les chevaux. Entraves de saillie, trousse-pied Trasbot, tord-nez ; colliers à chapelet, appareil de mise-bas Sarrazin, lacs, crochets, repoussoir, scie spéciale, appareil contre renversement de la matrice, bocks à douches pour injections vaginales et utérines, spéculum, appareil Certes ou seringue Cholet pour insémination.

Instruments agricoles pour prairies. — Herse à chaînons ou herse souple de Bajac, rouleau pour prairies, semoir à engrais, faucheuse, faneuse, rateleuse.

Thermomètre. — Importance d'avoir un thermomètre dans tous les pavillons où il y a des chevaux; aussitôt qu'un cheval boude, prendre la température.

Réception à la Châtaigneraie, par M. Edmond BLANC, des officiers de l'École de guerre, après une visite au haras de Jardy.

DEUXIÈME PARTIE

L'ENTRAINEMENT PRATIQUE

CHAPITRE PREMIER

L'ART DE FAIRE COURIR

L'art de faire courir est un point délicat : quel est le meilleur moyen de faire courir? Il sera toujours difficile de tomber d'accord sur la meilleure méthode de pratiquer le plus ruineux des sports.

Posséder une écurie de courses, gagner de beaux prix comme le grand prix de Paris, le prix du Jockey-Club, le prix de Diane, il nous semble qu'il n'y a rien de plus beau pour un sportsman.

Faut-il fonder un haras et élever? Faut-il acheter yearlings et vieux chevaux? Faut-il réclamer?

Aucun de ces trois systèmes n'est absolument le meilleur, mais chacun d'eux répond à une aspiration sportive différente, à un tempérament de joueur ou de sportsman, à une compréhension spéciale des courses, et surtout à des moyens financiers différents.

Une chose surtout contre laquelle le sportsman doit être mis en garde, c'est l'association qu'il faut éviter. Les associations mènent fatalement aux liquidations, et une liquidation peut se produire juste au moment où l'affaire ne demanderait qu'à bien tourner.

Dans les associations, tout est parfait, quand tout va bien, c'est la joie sans mélange quand de beaux poulains gagnent des prix. Les choses viennent à changer, on parle des fautes commises, des ordres mal donnés, du parti que l'on aurait pu tirer de tel autre cheval en l'employant autrement; on discute l'intelligence de l'entraîneur ou la probité du jockey.

Parmi les associations qui ont duré, on peut citer l'écurie Lagrange. Elle était menée, si l'on en croit Saint-Albin, par un autoritaire terrible qui ne prenait jamais l'avis de ses participants, tant il les considérait comme des quantités négligeables. Il avait soin de les tenir à l'écart des moindres événements qui se passaient ; c'est à peine s'il daignait leur montrer les chevaux à l'écurie, et encore il le faisait de si mauvaise grâce qu'il les empêchait de demander cette faveur.

Élevage. — L'élevage est la méthode la plus coûteuse, la plus luxueuse, assurément la plus intéressante, celle qui donne à la fois le plus de déboires et le plus de satisfactions. C'est le mode de procéder de celui qui veut créer une écurie durable et qui rêve d'attacher son nom à de grands succès.

Les courses classiques, en effet, sont presque toujours l'apanage des propriétaires éleveurs. Mais il est certain que, s'il faut une grande fortune pour choisir ce moyen, il faut aussi une inaltérable patience. Combien ont attendu un résultat quinze ou vingt ans, combien plus longtemps encore, et combien n'y sont point parvenus?

Il semble donc que ce n'est pas un raisonnement ou un calcul qui doit pousser le sportsman naissant à choisir cette voie, mais bien plutôt une vocation.

Mais celui à qui une tradition de famille, apportant avec elle des goûts et des connaissances innées ou acquises, imposera pour ainsi dire cette vocation, trouvera aujourd'hui dans l'histoire hippique du dernier demi-siècle, de bons enseignements, fruits de l'expérience.

En dehors de la difficulté de trouver des reproducteurs, il en est une plus grande peut-être encore, c'est de s'en séparer assez tôt, et de reconnaître un choix fâcheux, dont l'influence empoisonne une race, et retarde son essor de dix ans, et souvent davantage. Quant aux élèves, c'est avec un cœur de père qu'on les juge le plus souvent : on n'ose pas prononcer le mot « réforme », on s'encombre, comme le faisait M. de Lagrange, dans la crainte de donner une arme au voisin, et quand les poulains sont à l'entraînement, on veut les essayer, et les essayer encore, avant de prononcer leur déchéance qu'on croit être celle du stud, et puis, se dit-on, ils feront peut-être des trois ans, et puis peut-être ce ne sont que des quatre ans, et ainsi dix bouches inutiles ont avalé le gain des bons chevaux. Les frais de l'élevage s'ajoutant aux frais d'entraînement, l'on sait à quel chiffre effrayant l'on arrive.

Combien mieux vaut-il réformer avec décision. Si la vente dans ce cas-là ne couvre pas le prix de revient d'un yearling, au moins arrête-elle définitivement les frais d'une non-valeur.

Autant l'on doit admirer les quelques privilégiés qui ont pratiqué ce système d'une façon durable et heureuse, puisqu'ils ont fait notre race pure, autant le nombre des disparus doit rendre circonspects les jeunes enthousiasmes.

D'ailleurs, en France, où la richesse terrienne et la fortune en général sont moindres qu'en Angleterre, la gloire sportive du propriétaire éleveur ne peut être que l'apanage d'un petit nombre.

Achats des yearlings. — La plastique, l'origine et la façon dont les poulains ont été élevés, représentent les pôles principaux d'appréciation pour l'achat des yearlings.

C'est surtout dans les ventes aux enchères que nos propriétaires recrutent leurs futurs gagnants.

Ils trouvent à Deauville et à Paris le nombre de poulains et de pouliches (le choix du sexe est un avantage de ce système), qui doit former leur effectif, à des prix conformes à leurs moyens financiers et en général à des prix abordables et au-dessous du prix de revient. L'écurie de courses profite des déboires de l'éleveur.

Si le propriétaire ne se sent pas en mesure d'acheter lui-même, il ne doit, sous aucun prétexte, hésiter à demander l'assistance d'un connaisseur. Il n'est pas donné à tout le monde de savoir apprécier un poulain à sa juste valeur de cheval de course. Outre son bagage d'hippologiste et de généalogiste, il faut que le sportsman possède ce je ne sais quoi d'inné qui lui permette d'apprécier l'animal d'un coup d'œil d'ensemble, sans que rien lui échappe. Nous avons connu des « forts » en extérieur « théorique » incapables d'analyser et de juger sainement un yearling. Cela se voit tous les ans sur le marché de Deauville. D'autres, au contraire, moins instruits, saisissent d'emblée tous les détails de la conformation du poulain qu'ils ont devant les yeux et, l'origine aidant, en tirent des déductions logiques. Il y a là une situation analogue à celle qu'on appelait le « tact », « le tact sportif », le « sens pratique », dont on a voulu faire une faculté mystérieuse, une grâce d'état qui serait donnée à quelques sportsmen seulement. Certes, il y a des gens mieux doués que d'autres et ayant meilleur esprit d'observation et de jugement; mais, avec de la volonté, grâce à la suite des cas qui lui permettent de saisir des analogies et des différences, grâce aux déboires qui lui servent de leçon, le moins apte peut acquérir un jugement droit et relativement prompt et l'habitude de concentrer son attention sur les régions importantes d'un poulain de pur sang.

Chacun a sa manière d'examiner le yearling. Quel que soit l'ordre suivi, cet examen doit être complet, puisqu'on a le loisir de l'examiner à son aise. Le tout est de bien acheter, et si c'est assurément bien difficile, il l'est autant de donner des conseils pour l'achat. Le nombre des poulains présentés aux ventes s'est tellement accru que l'offre est supérieure à la demande. Devant cette situation favorable aux acheteurs, l'éleveur, pour tenter la convoitise, et imposer ses produits, use de tous les moyens pour les mettre en évidence.

Nous avons l'animal spécialement préparé pour la vente. Ce n'est plus un poulain, c'est un bœuf; la taille et le volume sont les desiderata à atteindre pour l'éleveur, et malheureusement un critérium pour les acheteurs.

Outre qu'une croissance trop hâtive est contraire aux lois naturelles; que l'envahissement des organes par la graisse, qui dissimule le squelette et cache ce qu'il faudrait voir, rend ces animaux lymphatiques, mous et peu solides, ils arrivent à l'entraînement dans les conditions les plus désavantageuses pour le travail et les plus favorables pour les maladies et les accidents.

Il faut qu'un entraîneur perde son temps à dégraisser, et avec quelle prudence, des malheureux dont les poumons et le cœur envahis par la graisse n'ont jamais fonctionné avec activité à la prairie, dont les membres mal trempés sont trop fragiles pour porter un poids anormal et qui ignorent ce qu'est la gymnastique du jeune âge, qui donne la bonne santé.

Aussi, en dehors des considérations d'origine, trop sérieuses pour être négligées, et des tares trop gênantes ou susceptibles de s'aggraver, faut-il, à notre avis, rechercher le poulain sec, vigoureux, manifestant le sang, et ayant une bonne allure de pas, bien cadencée, bien souple et énergique. Le manque de taille ou d'état ne doivent pas inquiéter ou arrêter l'acheteur, quand, bien entendu, ils ne sont pas excessifs. Alors que les mastodontes à l'entraînement vous ménagent tous les déboires, le poulain petit ou maigre s'améliorera instantanément.

L'attention surtout doit porter sur les défauts d'aplomb, source initiale des accidents, cause d'amoindrissement de la qualité, et sur la bonne direction des membres. Achetez un cheval brassicourt, mais jamais un animal avec des genoux renvoyés.

Souvent une particularité attire l'attention, et même l'admiration : c'est une exagération de puissance d'un point de force, de direction ou surtout de longueur dans un rayon.

On est surpris, on s'exclame, et l'on ne s'aperçoit pas que cette prétendue qualité est toute relative, que c'est un trompe-l'œil, que cette puissance et cette dimension sont normales, et ne paraissent excessives qu'en raison de l'amoindrissement ou de la petitesse d'un rayon voisin ; c'est un contraste, mais c'est un défaut de symétrie, un défaut d'équilibre. Voilà bien le gros écueil. Il faut des chevaux équilibrés si vous voulez avoir des chevaux solides, résistants et bons. C'est pour cette unique raison que vous trouvez

L'examen d'un yearling à Deauville.

en général de meilleurs chevaux, dans les animaux de dimensions moyennes ou petites, que chez ceux démesurément développés.

Chez les chevaux de grandes dimensions, à de rares exceptions près, vous avez le point faible, en raison duquel l'équilibre est ou sera rompu.

Le plus difficile dans le choix d'un poulain n'est pas de trouver ses tares et ses défauts, mais bien ses qualités, ou mieux sa qualité, c'est-à-dire ses moyens, sa solidité, son « âme ». A ce moment rapportez-vous-en à ses origines et sa famille, à son aspect extérieur, et aussi, mais en dernière analyse, à votre impression.

Beaucoup d'acheteurs se laissent emporter par le feu des enchères, et se disant comme excuse, je fais un sacrifice, mais je n'en fais qu'un, dépassent leurs prévisions, et abordent (une fois n'est pas coutume) les gros prix. Fâcheuse tendance : il vaut mieux acquérir 5 poulains à 5.000 francs l'un, qu'un seul pour

25.000 francs. Les meilleurs ne sont pas les plus chers, ceci n'est pas un paradoxe, mais une vérité conforme à toutes les statistiques. W. Day consacre un chapitre anecdotique fort intéressant à cette question, et son expérience venant s'ajouter à celle de son père est trop précieuse en enseignements pour être oubliée.

Faut-il acheter mâles ou femelles. — Beaucoup de raisons expliquent la préférence des acheteurs pour les mâles, dont l'emploi est, à l'ordinaire, moins délicat et plus lucratif tout à la fois. Mais le discrédit auquel sont tombées les femelles est, cependant, exagéré. Les grandes sociétés de courses et, plus qu'aucune autre, la Société Sportive, ont, depuis quelques années, accru sensiblement les allocations réservées au sexe faible et qui, à l'heure actuelle, s'élèvent à 561.000 francs. Au point de vue des éleveurs qui vendent leur production, il y a lieu de distraire de cette dotation les 50.000 francs des deux premières manches du *Triennal* des pouliches; il reste 511.000 francs, et c'est encore un beau denier.

La plupart des épreuves qui constituent le budget global des courses étant, d'ailleurs, ouvertes aux femelles, celles-ci jouissent, en fait, d'un privilège de traitement incontestable. Il est à noter qu'en obstacles elles bénéficient également, dans une assez large mesure, de dispositions tutélaires qui leur assurent les moyens d'éviter en certains cas la concurrence des mâles.

On ne saurait donc sans injustice prétendre que, dans l'organisation générale qui préside à la distribution des encouragements, le principe de protection nécessaire des pouliches soit méconnu. Toute la question est de savoir si, en présence des faits, il y a opportunité ou non à augmenter leur dotation spéciale sous le double rapport du nombre et de la valeur des allocations. Le problème est assez délicat, parce qu'il est, dans l'espèce, impossible d'accroître la part des unes sans diminuer d'autant celle des autres. A tout bien peser, cependant, il y a, au point de vue de l'élevage, un tel intérêt à ménager le tempérament des futures poulinières qu'il semblerait de bonne politique de concéder aux femelles de nouveaux avantages, à la condition de ne pas s'écarter des errements actuels qui, très judicieusement, encouragent surtout les pouliches de trois ans, et limitent la distance des épreuves qu'elles sont appelées à se disputer entre elles seules. Le *prix Fille-de-l'Air* et le *prix d'Amphitrite* sont, en effet, les seuls de sérieuse importance auxquels les vieilles juments soient admises, et, sauf dans le *prix Fille-de-l'Air* qui dépasse un peu cette limite, 2.400 mètres marquent le maximum des parcours imposés.

Un relèvement de leur valeur marchande comme yearlings serait la conséquence forcée d'une augmentation de la dotation spéciale des pouliches dans les programmes ; mais les éleveurs se feraient illusion qui croiraient que toutes sans exception bénéficieraient d'une plus-value proportionnelle. Il est infiniment plus probable, pour ne pas dire certain, que celles qui représentent le premier choix se paieraient plus ou moins sensiblement plus cher qu'aujourd'hui, mais la mévente des autres persisterait, s'accentuerait même sans doute, parce que l'éducation des acheteurs est faite maintenant et qu'ils ne veulent plus se charger des frais onéreux d'entretien de sujets de rebut.

En résumé le choix des acheteurs, entre les sujets qui leur sont présentés, peut être plus ou moins heureux, l'affaire, commercialement parlant, plus ou moins avantageuse, mais c'est toujours des mêmes établissements créancés par la valeur dûment reconnue de leur production, que sortent les bonnes fournitures. Quoi qu'on fasse, quelques mesures qu'on prenne, — à moins d'aller à l'encontre de la logique et du bien de l'élevage, — on ne détournera pas de ces maisons de confiance pour l'adresser à une autre catégorie de vendeurs une clientèle qui, non sans raison, rejette la fausse économie de la camelotte et préfère payer plus cher la chance d'être bien servie.

Réformes d'écuries. — Les établissements de vente en dehors des vacations consacrées aux yearlings sont souvent chargés soit des réformes, soit d'une liquidation totale d'écurie. Dans ce dernier cas, les chevaux sont plus ou moins connus, et l'on échappe aux surprises du hasard, mais les bons se vendent habituellement très cher.

Dans les réformes, il est rare de faire une bonne opération, et comme un cheval bon marché, quand il est mauvais, revient toujours à un prix élevé, il faut, si l'on veut se remonter quelquefois de cette façon, s'appuyer sur des données bien étayées. Et si le choix par exemple se porte sur un deux ans, avoir de sérieuses raisons (origine, antécédents, courses, entraînement, etc.), pour croire qu'il fera un trois ans. Quant aux vieux chevaux, au lieu de penser que le voisin est un maladroit, n'achetez que lorsqu'une perte de forme inexplicable, ou pour les juments une crise passagère inhérente à leur sexe, ou un développement incomplet (arrêt de croissance), ou des engagements contraires aux aptitudes où à la qualité d'un cheval, ou enfin une observation approfondie et contrôlée tenant à un défaut de ferrure, d'aplombs ou d'entraînement parfaitement réparable, vous permettent de croire que le temps vous donnera le résultat, que l'impatience ou l'ignorance des autres a empêché d'attendre et d'obtenir. La meilleure époque pour ces achats est en fin d'année (octobre et novembre) pour les deux ans et les steeple-chasers, et en juillet et août pour les vieux chevaux que l'on peut retrouver en forme à l'automne.

Prix à réclamer. — Faut-il réclamer? et comment faut-il réclamer? La réclamation est une excellente chose, et une source sûre, si elle sert à recruter soit une écurie d'obstacles, soit une écurie destinée à courir en province.

Mais espérer trouver un cheval de classe dans un prix à réclamer est fort hasardeux (bien que cela arrive), et dans tous les cas demande la plus grande circonspection.

Combien faut-il se méfier des racontars d'écurie dans un sens comme dans l'autre! Comment juger la valeur d'un vainqueur de prix à réclamer à moins qu'il n'ait régulièrement battu un cheval, dont vous avez la ligne, ou un cheval vous appartenant.

Les meilleures réclamations sont celles des poulains de deux ans, et le meilleur moment pour les faire, en fin d'année, quand les écuries encombrées se hâtent de liquider. En agissant avec prudence, et après avoir longtemps suivi, et observé un sujet, vous trouverez le poulain bousculé par l'entraînement, trop tardif pour faire un deux ans et dont le développement complété pendant l'hiver, en fera pour vous un utile serviteur plus tard.

En résumé, si l'élevage se suffit à lui-même pour former à longue échéance l'écurie de courses, s'il est la source des plus grands déboires comme des plus grandes satisfactions, il est fort coûteux et à la portée d'un petit nombre de privilégiés.

L'achat à l'amiable. — En nous proposant de donner des conseils pour l'achat des chevaux, nous avons eu l'intention d'indiquer ceux qu'il y a avantage à acheter. Quand on achète de vieux chevaux, c'est-à-dire des chevaux dont la forme est connue, il ne faut pas seulement connaître leurs performances, mais bien aussi examiner s'ils sont sains et dans quelles conditions ils ont couru;

il faut encore faire entrer en ligne de compte leur origine, leur taille et leur forme, et s'ils seront utiles au haras, soit comme étalons, soit comme poulinières.

L'essai au chronomètre. — Lorsqu'on essaiera un cheval maiden dans une allée d'entraînement, avant l'achat, il sera toujours prudent de le chronométrer, car le galop que fera le cheval devant les yeux de l'acheteur ne sera pas une épreuve suffisante pour constituer un critérium de sa valeur propre. Pour être bon, le cheval essayé de cette manière devra, s'il est en condition, fournir les 2.000 mètres qui sont pris comme distance d'essai en $2^{m},10$.

L'essai est fait pour savoir ce que vaut l'animal; mais il y a d'autres choses qu'il faut considérer; les engagements du cheval et les chances qu'il a de gagner tout ou une partie de ses courses. Un cheval qui a montré une forme à deux ans et l'a perdue à trois sans cause apparente, peut avoir beaucoup plus de valeur que celui qui ne peut gagner que de petits prix plus tard; en effet, dans le premier cas, on peut espérer que l'ancienne forme reviendra et que l'on retrouvera le prix d'achat. On sait que les juments courent généralement mieux en automne qu'au printemps.

L'époque la plus favorable pour l'achat. — Les meilleurs mois pour acheter des chevaux qui ont perdu leur forme sont les mois de juin, juillet et août; on peut espérer qu'ils redeviendront en automne aussi bons, sinon meilleurs que ce qu'ils ont été. Préférez un petit cheval, moyen, à un grand, un cheval qui est bien établi et a des pieds moyens à celui qui en a de trop grands; mais, quant aux jambes et aux chances de résistance, le plus fin connaisseur peut s'y tromper.

Nous dirons à ce sujet ce qui peut arriver : souvent celles qui paraissent les meilleures partent les premières, et les plus menaçantes résistent le plus longtemps.

Petits et grands chevaux. — Pour les courses, nous préférons un cheval moyen de $1^{m},58$ à $1^{m},60$ environ, bien d'aplomb sur ses jambes, et, s'il y a une inclinaison, qu'elle soit plutôt en avant qu'en arrière; car les genoux de veau, comme on les appelle, sont plus sujets aux efforts de tendons. Les pieds doivent être droits; mais, s'ils sont tournés, il est préférable de les prendre tournés en dehors, c'est-à-dire panards, que tournés en dedans, ou cagneux.

Un vraiment bon grand cheval sera meilleur qu'un bon petit cheval; mais, en règle générale, vous aurez trente petits chevaux bons pour un seul de grande taille.

Certes les grandes machines un peu décousues paraissent moins robustes que les individus plus compacts, plus rapprochés du sol. Mais il faut se rendre à l'évidence et constater que, très souvent, les meilleurs chevaux sont très haut perchés, un peu plus que le canon hippique ne le concède.

Flyers et Stayers. — Faut-il acheter des chevaux vites ou des chevaux de fond? Il faut acheter les bons, quand on les trouve à un prix avantageux, et quelle que soit leur aptitude. Le modèle peut-il nous donner des indications sur l'aptitude?

A notre humble avis, les qualités de vitesse et de fond sont absolument indépendantes de la taille et du volume. S'il est facile de citer parmi les stayers les plus célèbres des chevaux de petite taille et du modèle léger, il n'est pas impossible de faire le contraire. En ces dernières années, *Maximum*, *Amer-Picon*, *Elf*, *Lutin*, *Le Roi-Soleil*, qui sont des chevaux brillant incontestablement par le fond, étaient particulièrement légers. *La Camargo*, *Perth* qui, sans être des spécialistes, ont triomphé sur les longues distances, étaient également peu volumineux ou de petite taille. En revanche, des chevaux comme *Satory*, *Mirabeau*, *Aquarium*, ne manquaient ni de taille ni d'ampleur.

Il est des flyers minuscules, il en est aussi de gigantesques. Le *Nicham*, *le Nord*, *Wandora* que je cite au hasard de la plume, étaient d'une taille au-dessus de la normale. *Fantassin*, *Reine-Margot* sont tout au plus des poneys. *Caïus* et *Vinicius*, les deux plus forts chevaux de la génération de 1900, ne brillaient pas par le fond; il est, au contraire, à présumer que l'excès même de leur poids tendait à limiter la durée de leur effort. *Val-d'Or* et *Adam* possédaient aussi une vitesse extraordinaire. On pourrait multiplier les exemples à l'infini.

Nous croyons que le remède à la diminution de la taille et du volume que l'on déplore d'une manière générale résiderait plutôt dans l'élévation des poids. La substance du cheval est fonction du travail en mode de force qu'on exige de lui. Il faut un minimum de poids pour porter un poids donné à une vitesse donnée. Le pur sang actuel a accommodé sa masse aux poids moyens que lui impose le régime des courses en vigueur. Ses qualités de flyer ou de stayer dépendent d'autres facteurs plus difficiles à démêler.

Chevaux de quatre ans. — Il est toujours difficile d'acquérir un poulain de trois ans par la raison que lorsqu'il aura de la qualité et des engagements, on trouvera rarement un propriétaire qui consente à s'en défaire s'il est bon sportsman. Ce n'est donc qu'à quatre ans qu'on trouvera à vendre un cheval ayant de la qualité. Et c'est le plus souvent alors que se manifeste la véritable valeur du racer.

Le système qui consiste à classer les chevaux d'après les performances qu'ils ont accomplies à une période de leur existence où ils étaient en pleine croissance est radicalement faux.

Il favorise la précocité aux dépens des autres qualités du cheval. Or la précocité mérite, lorsqu'on se place au point de vue économique, d'être développée chez une race amélioratrice; il y a des limites au-dessous desquelles la sélection ne la fera pas descendre. Cette limite, le pur sang l'a atteinte. Il est adulte au cours de sa quatrième année. C'est à cet âge qu'il faut le juger, au moment où il peut être en possession de tous ses moyens.

Nous ne voulons pas dire par là qu'il faille retarder l'époque des débuts du pur sang, ni même qu'il y aurait avantage à faire de l'année de quatre ans celle des grandes épreuves.

Seulement il semble qu'il y a une disproportion trop éclatante entre la part que l'on fait aux jeunes chevaux et aux vieux.

A la fin de l'année de trois ans, les poulains sont à peine classés. Celui qui a la chance — c'est souvent le mot — d'être en tête a toutes sortes de bonnes raisons pour rester à l'écurie, surtout si c'est un mâle. Le haras l'attend. S'il recourt et qu'il soit battu, il est déprécié. S'il ne court plus il aura toujours donné des preuves insuffisantes de sa qualité. D'excellents sportsmen comme MM. Edmond Blanc et Caillault ont consenti à risquer la réputation de leurs cracks dans leur carrière de quatre ans. C'est un sacrifice auquel tout bon sportsman doit rendre hommage. Mais il ne devrait pas en être ainsi. Et il faudrait que ce fût à l'intérêt et non à l'amour-propre seulement qu'on s'adressât pour obtenir le même résultat. C'est beaucoup plus sûr.

Chevaux difficiles ou méchants. — Lorsqu'un propriétaire se défait d'un cheval difficile ou méchant, il est bon de le faire castrer, si on l'achète ; cette opération le rendra plus docile. C'est une précaution qui permettra de refaire une éducation nouvelle à l'animal et de le transformer, si l'entraîneur est habile et que l'animal ait vraiment de la qualité.

Les chevaux claqués. — On peut à très bon compte acheter des chevaux claqués. Lorsque cette occasion se présentera, il faudra faire appliquer un feu sérieux et faire castrer le cheval en même temps.

L'observation a prouvé l'avantage de la castration pour faciliter la remise sur pied d'un cheval claqué. Non seulement cette opération permet avec plus de commodité de laisser le cheval à l'herbage, où il se remet mieux que partout, mais encore elle évite que le cheval ne se charge de viande, ce qui le rendrait plus lourd et ce qui exigerait plus d'ouvrage lorsqu'on recommencerait sa préparation. Or, quelle que soit la qualité du raccommodage, il faut éviter ces deux écueils. Enfin le cheval castré voit son ossature se compléter plus rapidement, sa docilité s'accroître ; les vieux routiers, qui connaissent toutes les finesses cousues de fil blanc du métier, n'ont que trop de tendances à tourner au rogue.

Les rogues. — Nous engagerons les jeunes sportsmen, ceux qui peuvent monter eux-mêmes et bien, les chevaux difficiles, à acheter les rogues qui ont été bien essayés à leur début à l'entraînement et sur lesquels on avait fondé quelques espérances. Par un système d'embouchement mieux compris, par une diététique plus rationnelle, par la douceur et par le maniement de l'animal par le même homme, on pourra arriver à modifier le caractère. Il sera indiqué de boucher les oreilles aux rogues dérobards pendant la course à courir. C'est un moyen infaillible pour les faire aller droit devant eux.

En fait de chevaux rogues qui ont montré de la qualité, nous avons eu en ces dernières années des animaux de très grande classe. On peut citer dans la génération anglaise actuellement le deux ans *Prospector*, qui a paru un instant un des meilleurs et qu'on est amené, les anecdotes aidant, à considérer comme un cheval phénomène.

Prospector avait fait ses débuts dans les Surrey Stakes, à Hurst Park. Parti favori, il avait gagné arrêté après avoir fait tout le jeu. Le fils de *Pioneer* avait produit une excellente impression, et déjà on le considérait comme le meilleur deux ans qu'on ait vu. C'est un animal très particulier : il n'a jamais été essayé parce qu'il refuse de galoper avec les autres chevaux de l'écurie ; il n'a, pour ainsi dire, pas été entraîné, il fait son travail tout seul. Si on veut l'emmener avec ses compagnons d'écurie, il dérobe, et rien ne peut l'arrêter. On est obligé de changer tous les jours de piste. Quelque temps avant ses débuts à Hurst Park, il échappait à son cavalier et, après avoir galopé quatre ou cinq milles, il revint seul à l'écurie, cassa une barrière et rentra dans son box sans une écorchure. Dans sa course à Hurst Park, il s'est montré tout à fait docile. *Prospector* est né chez M. J. Gubbins, qui l'a légué, avec ses autres chevaux, à ses neveux, MM. Browning, qui ont adopté les couleurs de leur oncle déjà illustrées par *Galtee More* et *Ard Patrick*.

Conclusion sur la façon de créer une écurie. — L'achat des yearlings, système prudent, économique, est bien la formule la plus sûre comme la plus répandue.

Nous avons dit ce que la réclamation a de dangereux et de momentané.

En somme, à notre avis, et en se plaçant dans la situation de celui qui ne veut posséder qu'une écurie de courses, l'achat de yearlings s'impose, et se complète, pour combler les vides créés par les maladies, les accidents, par les réclamations ou les réformes.

Nous terminerons par ce conseil. Pour les possesseurs de petites fortunes, qui veulent se payer le luxe d'avoir quelques chevaux à l'entraînement, la sagesse consiste à ne pas monter un établissement d'élevage dont les frais soient assez considérables pour être forcés d'enrayer. Il faut qu'un propriétaire sache proportionner ses dépenses à ses ressources, de façon à durer quoi qu'il arrive.

L'écurie coopérative. — Puisque le Midi ne vend plus ses poulains, pourquoi ne chercherait-il pas un moyen d'écouler une partie de sa production, en comptant sur ses propres forces?

On a reproché, avec quelque raison d'ailleurs, à l'élevage de pur sang du Sud-Ouest de pécher par la valeur du plus grand nombre des poulinières. Pourquoi les éleveurs consciencieux qui soignent et qui possèdent de bonnes juments ne chercheraient-ils pas dans la coopération le moyen de remédier à cet état de choses. Cette coopérative aurait pour but l'exploitation de la carrière de courses des produits élevés par tous les membres de la Société.

Les participants à la Société pourraient fonder un établissement d'entraînement au moyen d'un emprunt amortissable en un certain nombre d'années; ils s'engageraient aussi pour un minimum de cinq ans à livrer à l'association tous les poulains que produiraient leurs juments. Au début de la troisième année, les poulains seraient sélectionnés, les mauvais seraient présentés à la remonte, les autres continueraient leur carrière de racers. Les ventes pourraient avoir lieu à tout âge jusqu'à ce que les chevaux soient consacrés à la reproduction.

Le bénéfice ainsi effectué servirait à payer les frais généraux et l'excédent serait réparti à la fin de l'année entre les sociétaires.

Pour devenir membre de l'Association, il faudrait posséder des juments poulinières, d'une catégorie déterminée; être admis par l'Assemblée générale et verser un droit d'entrée; la Société serait dirigée par un Conseil d'administration élu et non payé, aucun sociétaire ne pouvant refuser d'en faire partie.

CHAPITRE II

L'ORGANISATION ET LE FONCTIONNEMENT DE L'ÉTABLISSEMENT D'ENTRAINEMENT

Comme installation d'établissement, il y en a une certaine variété. Là, il ne saurait y avoir de règle fixe; il faut toujours s'inspirer seulement des règles de l'hygiène, qui se résument, avec les conditions de confort, à peu près à ceci :

Le box vaste, élevé, ventilé est devenu le seul logement du pur sang, ainsi que nous l'avons déjà vu. Il peut s'y mouvoir, s'y reposer à son aise, et si la fâcheuse maladie survient, la contamination n'y est pas immédiate.

Mais cet isolement même, cette solitude, constitue un inconvénient. Il faut au cheval, pour lui conserver son bon caractère, sa bonne humeur, son appétit, le voisinage et la société. Si la cour n'est pas trop vaste, lorsque les portières sont ouvertes, il a la vue des camarades d'en face et des boxes voisins.

Une bonne précaution est d'avoir une écurie isolée pour les nouveaux venus : poulains arrivant au dressage, chevaux arrivant d'un déplacement, ou nouvelles acquisitions; c'est du dehors que viennent les germes morbides; il faut les arrêter à la porte.

Le soleil purificateur doit pénétrer en maître, lorsque c'est possible, dans les plus petits recoins; les désinfections fréquentes lui viennent en aide et, au besoin, le suppléent.

La ventilation indispensable doit être continuelle; si le cheval a froid, on le couvre. L'eau ne doit être que très bonne, il est facile de se rendre compte de sa qualité et de sa température. Les annexes obligatoires sont de bons greniers, une sellerie, une pharmacie, une buanderie où l'on puisse préparer les mashes, et qui permet d'avoir toujours de l'eau chaude; enfin, une infirmerie bien isolée et bien exposée au midi.

A côté de l'écurie, coquet et souvent luxueux, se dresse le pavillon de l'entraîneur.

Les instruments et ustensiles les plus usuels, qui composent le matériel d'un établissement d'entraînement sont : brouettes, mannettes, cribles, seaux, pelles, balais, etc. ; les objets de pansage, les selles de course, d'exercice. En outre des selles d'exercice et des brides mises à la charge du premier garçon et tenues dans la sellerie ordinaire, il faut, pour les essais, des selles supplémentaires qui doivent être chargées de façon diverse, de manière à produire ce que l'on veut faire porter dans les épreuves publiques. Celles-ci doivent être sous le contrôle seul de l'entraîneur et gardées sous clef, quoique, en dépit de tous les efforts de déguisement, les lads de nos jours aient généralement le talent d'estimer correctement les moyens de leur cheval, et qu'il y en ait beaucoup qui ont l'esprit plus malin que leurs maîtres ne le supposent. Mais, comme il est inutile de leur fournir les moyens d'apprécier l'importance de la charge et que l'entraîneur doit seller lui-même les chevaux avant les épreuves, ils ne manient même pas les selles. Il doit garder entièrement pour lui le poids mis sur chaque cheval. Ces selles doivent être tenues dans une caisse à part, et si on n'a pas une chambre exprès pour les mettre, la caisse peut être mise dans une cuisine ou tout autre emplacement sec et chaud. L'entraîneur aura soin de tenir un registre des essais et galops, il devra inscrire aussi la somme de travail fait par chaque cheval, tenant en un mot un journal régulier de leur travail.

En plus des selles d'épreuve particulière, il faut, pour des écuries d'entraînement, une foule d'objets, tels que peignes, brosses, gants de crin doux; on se sert beaucoup et avec succès des bandes de laine et de calicot ; des éponges, des couvertures ordinaires, des couvertures d'été, des tapis de bure ordinaires et autres pour les suées ; des selles d'exercice pesant sept livres, des bridons ordinaires et doubles, des mors à la Pelham, des martingales, enfin toute la variété d'ustensiles que l'entraîneur jugera utiles suivant le caractère de son cheval ; des guêtres pour exercice et voyage, genouillères de voyage, couvertures imperméables pour les jours de pluie, des époussettes, des courroies, couteaux de chaleur, tord-nez, ciseaux pour le poil.

Les remèdes les plus employés dans les écuries, tels que purga-

Ajax, par *Flying Fox* et *Amie*.

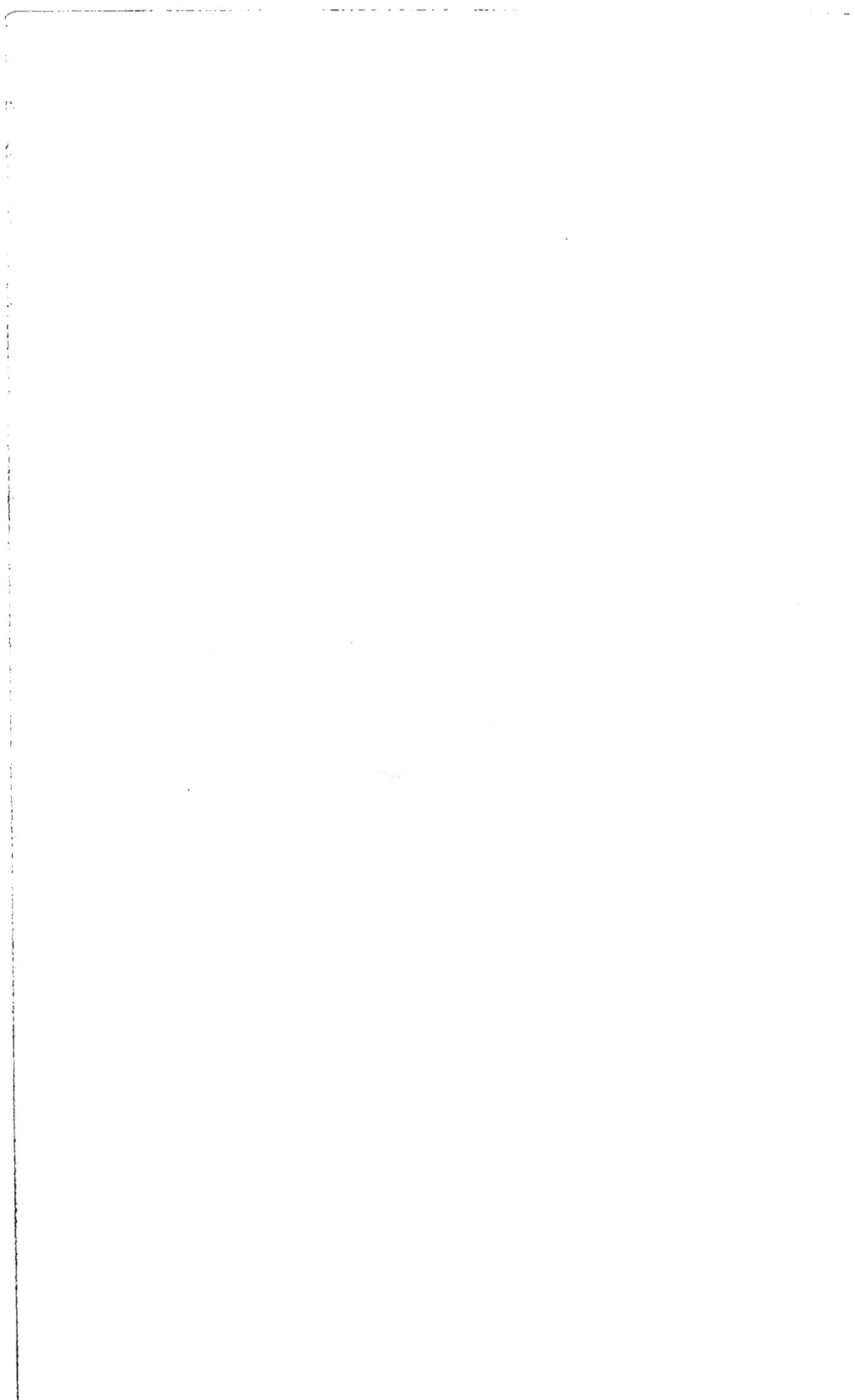

tifs, cordiaux, nitre, ajaxine, liqueur de Fowler, etc., etc., dont la plupart des entraîneurs font usage à leur gré, seront dans la petite pharmacie que tout entraîneur sérieux doit avoir sous la main. Des préparations spéciales pour les efforts ou coups supportés par les membres, doivent être tenues toujours prêtes, en raison de la fréquence des accidents.

L'entraîneur. — Les détails de l'entraînement sont nombreux. Entraîner est tout ensemble une science et une pratique ; il faut du temps pour l'acquérir théoriquement et la posséder dans sa perfection. Le bon entraîneur contribue à faire le bon cheval.

Son rôle, moins en évidence, moins scénique que celui du jockey, est plus capital ; l'amélioration de la race lui doit plus. Il recueille l'estime de tous en laissant au jockey une grande partie de la gloire publique que donne le succès.

Le jockey émérite qui vieillit se fait entraîneur ; quand il ne se sent plus assez de sûreté dans la vue, ni assez de force et d'agilité dans le corps, il met son expérience, sa pratique du cheval au profit de l'entraînement.

Chantilly, la métropole du turf, compte dans sa population sédentaire un grand nombre de ces doyens de la course. Beaucoup y sont venus enfants, y ont vécu et y meurent riches ou pauvres, selon le hasard de leur carrière.

Sans un bon entraîneur, l'avenir d'une écurie est compromis, de même que, sans un bon général, les meilleures troupes ne sauraient être menées à la victoire. C'est de cela qu'un propriétaire doit surtout se pénétrer.

Les entraîneurs paraissent être des gens heureux et la plupart n'ont pas de soucis matériels, mais au fond tout n'est pas rose dans le métier.

Levé le premier avec le soleil, et couché le dernier, l'entraîneur voit se succéder des jours pareils et toujours bien remplis.

Le matin, coup d'œil à son personnel, visite à ses chevaux dans leur box et travail. Les deux sorties prennent toute la matinée en hiver ; en été, le temps disponible est employé à la correspondance, à la lecture des journaux, aux comptes, etc. ; l'après-midi, presque toujours, se passe aux courses ; au retour des courses, nouvelle visite aux chevaux, et en hiver, après dîner, correspondance, etc.

Le repos est bien mérité.

Mais, à côté de ce travail matériel absorbant, l'esprit constamment tendu, l'entraîneur organise le travail de chaque cheval, les engagements à lui faire, son utilisation.

Peut-on oublier son personnel dont la direction est si difficile et si peu consolante en général ? Et le propriétaire ou les propriétaires, souvent difficiles, d'humeur changeante, de parti pris, ou malchanceux qu'il faut satisfaire, remonter et convaincre ?

Pour satisfaire à tant de conditions et d'exigences, il faut à l'entraîneur de l'intelligence, du savoir-faire, du calme, de l'énergie et une grande activité physique.

Presque toujours l'entraîneur, après avoir suivi la filière ordinaire, prend une succession de famille, ou s'établit lorsque l'âge, ou l'embonpoint, ou la fortune acquise l'y obligent ou le lui permettent.

Il arrive à cela avec un bagage récolté soit dans la famille même, soit au dehors, comme lad, head lad ou jockey.

Ce bagage est-il suffisant pour lui permettre d'exercer sans surprises et sans défaillance son nouveau métier? Nous ne le pensons pas.

L'entraînement n'est pas seulement une question de soins, c'est aussi une science, que l'on ne possède vraiment qu'après avoir acquis des connaissances théoriques et pratiques suffisamment étendues en élevage, en hippiatrique, en maréchalerie, en hippologie, en physiologie. Il faut, pour bien comprendre ce qu'est la machine qui vous est confiée, sa force, sa fragilité, la résistance de ses organes, ses moyens, son âme, avoir vu le cheval naître, grandir, se développer, s'en être servi ; en un mot, être un homme de cheval accompli.

Sans faire le procès de personne, l'on peut bien dire que ce métier a été jusqu'ici l'apanage exclusif de quelques familles; dans quelques-unes on se transmet régulièrement et fidèlement un héritage : la routine; c'est bien là ce qui a arrêté si longtemps les progrès et l'essor de l'entraînement.

L'ancien jockey ne voit qu'un côté du métier ; l'ancien head lad de même ; et le fils d'entraîneur fait comme ont fait son père et son grand-père. Cela est si vrai que, grâce au coup de fouet donné par la venue de quelques Américains, les progrès réalisés ont été plus considérables, en trois ou quatre ans, que durant les cinquante dernières années du XIXe siècle.

La meilleure preuve que cette science est incomplète, et nous dirons même naissante, c'est qu'il n'y a pas unité de doctrine et que chacun fait à sa guise, souvent même au petit bonheur. Nous savons bien qu'il n'y a pas d'école d'entraîneurs, où se donne un enseignement unique et approfondi, et qu'il ne peut y en avoir; mais une autre preuve encore que la bonne doctrine n'y est pas fixée, c'est que (à part W. Day, dont le livre est surtout anecdotique), aucun entraîneur n'a jamais écrit, nous ne dirons pas un précis des règles de sa méthode, mais même osé écrire les résultats de son expérience et de ses observations.

Nous avons la conviction qu'une évolution se fait et se fera plus ample, et que le mérite en reviendra aux propriétaires, aujourd'hui plus avisés, plus compétents, et dont l'influence, soit directement par la méthode qu'ils imposeront ou appliqueront eux-mêmes, soit indirectement par le contact et les conseils, amènera la consécration définitive.

Le head lad. — Un head lad capable est chose essentielle dans la direction d'une écurie; il a toute la confiance de l'entraîneur et est aussi soucieux des intérêts de la maison que celui-ci le pourrait être lui-même.

Il est la cheville ouvrière de l'établissement d'entraînement, la doublure de l'entraîneur, son confident nécessaire.

Rien ne doit lui échapper de ce qui concerne la surveillance des lads, des chevaux, etc... ainsi que nous allons le montrer.

Le premier devoir du head lad est de veiller à ce que tous les garçons soient levés et à l'ouvrage dans les écuries, à l'heure indiquée. Ensuite, il passera la visite des boxes et des stalles pour s'assurer de la façon dont les chevaux ont mangé leur avoine. Après son inspection, il fera son rapport à l'entraîneur qui, selon ce qui aura été mis à sa connaissance, modifiera la diététique de tel ou tel pensionnaire.

La façon de manger d'un cheval est un signe certain de sa condition et de son développement.

Son rapport terminé, le head lad veillera à ce que chaque box soit nettoyé à fond, les chevaux pansés et les couvertures placées derrière eux, prêtes pour l'exercice. Couvertures et selles ne seront pas mises avant le déjeuner; pendant ce repas, les chevaux pourraient saisir des brides ou des étrivières et causer quelque accident. Nous en avons vu de nombreux exemples.

Le head lad et les chevaux portant chacun son cavalier sont prêts. L'entraîneur se joint à sa troupe et tout le monde va sur le terrain d'entraînement.

Après le retour à l'écurie, l'exercice étant terminé, il est du devoir du head lad de bien s'assurer que tous les chevaux sont soigneusement pansés.

Le camail et la bride ôtés d'abord, le lad lave la tête et l'encolure de son animal. Ceci étant fait, il attache le cheval, prend camail et bride et va les déposer à la sellerie avec son propre paletot. Il revient alors avec le seau d'eau pour le cheval.

William Day, dans son excellent ouvrage *le Cheval de course à l'entraînement*, conseille d'ôter à l'eau que va boire le cheval sa crudité de fraîcheur. Nous croyons, pour notre compte, qu'au lieu d'eau chauffée artificiellement, il est préférable de la donner à la température ambiante.

Le boy donne à boire, puis un peu de foin à son cheval. Il lui lave les pieds et les jambes, essuyant celles-ci avec le plus grand soin.

La selle et la couverture sont ôtées et le pansement du corps est fait.

Quand ces diverses opérations sont terminées, le head lad avertit l'entraîneur que tout est prêt pour son inspection ; ce dernier apporte toute son attention à cette besogne. Un par un, tous les chevaux sont minutieusement examinés ; partout des tâtements, aux pieds et aux jambes, pour bien être certain qu'aucun accident n'est survenu pendant l'exercice du matin.

Puis, chaque cheval, aussitôt reconnu en bon état par l'entraîneur, est revêtu de sa couverture et de son surfaix ; une abondante litière de paille de blé est jetée sous lui. L'écurie est balayée, les boxes époussetés, les mangeoires nettoyées, puis les chevaux prennent leur repas.

Tout ceci doit être terminé avant midi. Après son repas, le cheval est laissé en liberté dans son box pour s'y reposer, et l'écurie fermée jusqu'à cinq heures.

A cinq heures, deuxième inspection de l'entraîneur ; les chevaux restent debout jusqu'à sept heures et demie ; après quoi ils sont enfermés jusqu'au lendemain matin.

L'attention la plus soutenue doit être apportée à la ventilation des écuries, qui se réglera selon les variations de la température.

Deux fois par semaine, on donnera aux chevaux un mash de son, de carottes et d'herbe, selon l'époque de l'année.

Nous ne sommes pas partisans de droguer des chevaux. Une médecine au printemps avant le commencement du travail est, à notre avis, tout ce qui est nécessaire. Le tonique le meilleur est le plein air ; la bonne nourriture, la meilleure médecine.

Le lad. — Comparée à ce qu'elle était il y a quarante ou cinquante ans, la vie d'un lad d'écurie est un plaisir continuel. Jadis leur existence n'était pas précisément rose. Aujourd'hui, tous les soins possibles sont prodigués aux lads.

Beaucoup d'entraîneurs prennent les garçons à l'essai pour un mois. Si, à la fin de cette période, ils voient qu'ils peuvent être utiles, ils deviennent apprentis pour un certain nombre d'années.

La *formule du contrat* d'apprentissage lie le lad à l'entraîneur, de la pleine volonté du premier et sur le consentement formel et écrit de son père ou de sa mère. L'entraîneur s'engage à enseigner au lad son art et toutes les connaissances qui lui seront nécessaires comme garçon d'écurie et jockey. Ledit apprenti servira fidèlement son maître, ne divulguera rien de ce qui se passe dans l'écurie. L'entraîneur paiera à l'apprenti une somme de tant, annuellement ; il lui doit le logement et la nourriture.

Telle est en résumé la formule du traité qui lie les lads employés dans les écuries anglaises.

L'entraîneur ne peut être rendu responsable des accidents arrivés à ses apprentis pendant les exercices professionnels.

« A Kingscleere, nous raconte Porter dans ses mémoires, il y a un homme surnommé le « captain », dont la charge toute spéciale est de s'occuper des dortoirs, des salles de bains et des lavatories des lads. C'est lui qui découpe à table. Il est muni d'un registre où il inscrit les faits et gestes des garçons, et ce registre m'est soumis une fois par semaine.

« Le rapport mentionne tout ce qui se casse et s'endommage par la faute des lads.

« La casse et les dégâts sont mis au compte de la totalité des lads ; par conséquent, il est de leur intérêt de chercher le délinquant et de lui faire payer ce qu'il a détérioré ou détruit. »

La vie des lads. — En dehors de sa besogne journalière, que nous avons déjà décrite, le lad a des distractions nombreuses dans son emploi même. Par exemple, il conduit aux courses les chevaux dont il a la charge spéciale ; au lieu des galops d'essai et d'entraînement, il a les émotions de la lutte en public.

Il est surprenant de voir combien peu de lads deviennent des cavaliers remarquables, quoique tous, au bout de deux ans de selle, s'imaginent être des Stern ou des Reiff.

Le jockey. — Le jockey est un produit de l'entraînement. Dès l'origine des courses, on constata l'avantage qu'il y avait à faire monter les chevaux par des hommes dont ce fût la profession. Lorsque le développement des courses de trois ans conduisit à l'abaissement du poids imposé aux chevaux, qui de 76 et 70 kilogrammes fut descendu à 56, puis à 58 kilogrammes, il fallut soumettre à un entraînement spécial les jockeys ; toutefois, de dix-huit à vingt-cinq ans, on peut assez aisément se faire maigrir jusqu'à ne peser que de 54 à 55 kilos, réduisant le harnachement, selle, étrier, cravache, à un poids de 3 livres environ. Il n'en fut plus de même après l'institution des courses au poids pour âge, et surtout des handicaps ; la nécessité d'équilibrer les chances obligea à échelonner les poids sur une différence de 20 kilogrammes au moins, tandis que la crainte de surcharger des poulains qui n'étaient pas au terme de leur développement, empêchait de relever le maximum ; on fut donc conduit à abaisser le minimum à des poids de plume ; aujourd'hui encore, en Angleterre, il est couramment de 38 kilogrammes ; en France, de 40 kilogrammes ; mais on a vu en Angleterre des jockeys monter au poids de 28 kilogrammes. Même quand il s'agit d'adolescents, on juge des efforts qu'ils doivent s'imposer pour réduire leur poids et ne pas engraisser, ce qui les empêcherait d'exercer leur métier. D'autre part, il est indispensable de conserver une vigueur musculaire suffisante pour conduire et maîtriser son cheval.

L'entraînement du jockey a donc le même objet que celui du cheval, mais plus accentué. Les procédés sont les mêmes : régime spécial, discipline sévère, nourriture sobre et calculée, se faire maigrir par des suées ; en quelques jours, par ce moyen, un jockey maigrit de plusieurs kilogrammes ; il fait à pied, chargé de lourds vêtements, des marches rapides et longues ; au bout, il trouve un grand feu préparé, se chauffe, se fait masser, revient à pied et recommence. Sa principale boisson est le thé ; l'usage des spiritueux, malheureusement fréquent, est nuisible. Dès que le jockey mange, il engraisse, d'autant qu'il se dédommage de ses jeûnes forcés par de vastes ripailles. Quand le garçon d'écurie ou lad devient jockey et qu'après avoir monté les chevaux à l'exercice on les lui confie en course, il a souvent quinze ou seize ans seulement ; il est rare qu'il monte plus d'une dizaine d'années, bien que les exceptions aient été nombreuses ; passé ce délai, il engraisse, cesse d'être un jockey de poids léger pour ne plus monter que dans les épreuves classiques où le poids est de 58 kilogrammes, ou tout au moins au-dessus de 50 kilogrammes. Quand il se retire, s'il le peut, il devient entraîneur.

L'honnêteté des jockeys. — Si les propriétaires et les amateurs du sport hippique croyaient à la moitié de ce qui se dit à propos de l'honnêteté des jockeys, ils renonceraient aux courses.

Quand la culpabilité d'un jockey, qui se livre à des pratiques

Trois fines cravaches : Stern, Ransch et Reiff.

frauduleuses, a été prouvée, qu'on le disqualifie immédiatement et à vie. L'idée d'une réhabilitation par la restitution de la licence ne doit jamais venir à un commissaire.

Le pauvre diable de commis qui a détourné l'argent de son patron donne comme excuse et comme circonstance atténuante la maigreur de son salaire. Il n'y a pas une pareille excuse pour le jockey ; il est assez bien rémunéré pour qu'il puisse se payer le luxe de l'honnêteté. Qu'on compare la rémunération d'un jockey à celle d'un entraîneur. Ce dernier n'a aucun engagement, à moins qu'il ne soit engagé comme entraîneur particulier. Même dans ce deuxième cas, son salaire est dérisoire, mis en parallèle avec celui du jockey.

Engagement de monte. — Quand vous avez retenu la monte d'un jockey pour une somme annuelle que ne touche pas un ministre, vous pensez avoir l'exclusivité de ses services. Pas du tout, il a le droit, dont il se hâte d'user, de se lier avec d'autres propriétaires pour sa seconde, sa troisième, sa quatrième monte.

Jamais, ou fort rarement, il n'est possible d'avoir un jockey pour monter dans un essai; quant à monter dans un galop un animal qu'il est appelé à piloter en public, c'est hors de question. L'entraîneur qui accepte une « prime de retenue », une commission, ne peut entraîner, lui, pour aucun autre propriétaire.

Un second point qui doit encore être mentionné : le jockey n'a jamais de mauvaises créances. Il lui est loisible d'exiger le montant de son engagement à ses divers patrons au début de la saison et se faire payer ses montes en adressant une lettre aux commissaires de nos grandes Sociétés. Il n'est aucune profession ni aucun métier jouissant d'une telle protection.

Si un jockey montait seulement pour l'écurie avec laquelle il a un engagement, chaque écurie aurait son serviteur exclusif, ce qui identifierait ses intérêts à ceux d'une seule écurie et ne l'éparpillerait pas sur plusieurs, comme c'est le cas à l'heure actuelle.

Si la règle de l'exclusivité du jockey était établie, il y aurait de meilleures montes que celles que nous voyons maintenant. Il y a une foule de boys qui savent monter et qui n'attendent que l'occasion de se montrer.

Comparaison entre l'entraîneur et le jockey. — Pourquoi met-on le jockey sur un piédestal, alors que l'entraîneur est laissé presque dans l'ombre? Voyez la vie toute d'anxiété d'un entraîneur et comparez-la à celle d'un jockey.

L'entraîneur doit avoir du succès tout d'abord; il doit, en outre, tout son temps et toute son énergie aux chevaux qui lui sont confiés. Il lui est interdit de s'en rapporter à un aide, à un lieutenant; chaque cheval exigera de lui une étude spéciale de sa constitution, de son caractère, de son tempérament; il le surveillera journellement, nous allions dire à chaque heure du jour, afin que l'animal dont il a la charge soit prêt au jour de la course. Il ne sera ni en avance ni en retard de huit jours dans son travail, car alors c'est la défaite.

Ayant accompli sa tâche et remporté une victoire bien méritée, qui reçoit les applaudissements du public ?

Pas l'entraîneur; le jockey!

On dit à peine que le vainqueur a été bien entraîné, mais on ne tarit pas d'éloges sur la façon dont il a été monté. De tous côtés on n'entend que les louanges du jockey.

« Si nous comparons, écrit M. William Day, le travail fait autrefois par les jockeys à celui qu'ils accomplissent de nos jours, nous trouverons des différences stupéfiantes; il en est de même des garçons d'écurie.

« Jadis il n'était pas étonnant de voir dix ou douze jockeys en train de se faire maigrir, revenant d'une promenade de huit ou dix milles, totalement exténués; maintenant cela ne se fait plus, excepté peut-être encore par quelques rares spécimens, restant de la vieille école. Alors, on pouvait voir, à Newmarket, des jockeys monter en bottes et en culottes, avec une selle légère attachée à leur taille, ou bien la portant eux-mêmes aux balances et sellant le cheval qu'ils avaient à monter.

« De nos jours, MM. les jockeys se rendent, après le bain turc, sur le champ de courses dans leur coupé, s'habillent comme des gentlemen, à la dernière mode du jour; on leur porte leur selle jusqu'aux balances et leur valet de chambre bride leur cheval. »

Et dire que depuis l'époque ou Day écrivait ces lignes, les habitudes de luxe des jockeys n'ont fait qu'augmenter !

Le garçon de voyage. — Un rouage important et indispensable dans les grandes écuries, c'est le garçon de voyage, soigneux, attentif, dévoué, sobre, essentiellement débrouillard, prévoyant et évitant les accidents et incidents des déplacements ; il doit être pénétré de son rôle, et convaincu qu'il porte en lui la fortune de l'écurie et ses espérances.

CHAPITRE III

TERRAINS D'ENTRAINEMENT ET CHAMPS DE COURSES DE PARIS ET DE LA PROVINCE

Un facteur qui joue un rôle important dans le travail de l'entraînement est l'état du terrain; il y a une relation étroite entre l'élément fatigue, la conservation de l'intégrité de l'appareil locomoteur et l'état du sol.

On sait le rôle joué dans l'étiologie des lésions du pied, des tares articulaires ou tendineuses par les réactions, qui sont en raison directe de l'intensité des percussions, sur un sol meuble, élastique (piste gazonnée); les répercussions sont diminuées dans une large mesure et l'élément douleur, qui interrompt si fréquemment le travail régulier de l'entraînement, est supprimé. Dans ces conditions, le maximum de travail est fourni avec le minimum de fatigue; on peut donc augmenter la vitesse sans avoir à redouter les effets néfastes de la fatigue ou du surmenage.

Sans un bon terrain, l'entraînement n'est donc pas possible.

Il n'est pas, en matière de préparation du cheval, une vérité plus indiscutable. Un mauvais terrain, en effet, n'est pas seulement la cause de nombreux accidents, mais il rend impossible une bonne préparation, surtout quand sa nature varie, et qu'il devient alternativement dur et lourd suivant les intempéries. Ce n'est plus l'entraîneur qui règle le travail de ses chevaux suivant leur tempérament et l'époque de leur préparation, mais bien le beau ou le mauvais temps.

Ajoutons qu'un mauvais terrain amène fatalement la perte de la qualité.

La démonstration est trop facile à faire, qu'un terrain lourd la diminue pour insister et ajouter que l'on voit, sans approfondir plus longuement la question, quels pires résultats peut produire l'alternance de ces deux états.

Et si les bons centres d'entraînement sont dans le nord de la France et en Angleterre, ce n'est pas tant en raison du terrain lui-même que des moindres variations de température, qui maintiennent

L'hippodrome de Saint-Cloud.

son uniformité, et de l'humidité plus grande qui l'entretient en bon état.

Pour notre part, nous sommes bien convaincus que c'est là la véritable explication de la différence de qualité qui existe, d'une façon générale, entre les chevaux du Nord et les chevaux du Midi, bien entendu à valeur égale d'origine, de sang et de bon élevage. Et nous estimons à la perte d'une classe au moins l'influence néfaste d'un entraînement sur un terrain défectueux.

Que doit être un bon terrain? Ni argileux, ni sablonneux, ni obtenu avec du sable rapporté sur un fond d'argile.

Le terrain argileux passe d'une excessive dureté avec la chaleur à une lourdeur extrême avec la pluie.

Quant au sable, qui rend toujours une piste plus ou moins lourde, s'il est meilleur en hiver, il devient dur en été, poussiéreux et gênant.

Quant aux inconvénients d'une piste artificielle fabriquée avec du sable, si le fond est trop perméable, le sable lui-même diminue; si le fond est trop solide (argileux, par exemple), les pires accidents sont à redouter, car l'épaisseur du sable ne peut être uniforme, et le sabot du cheval viendra quelquefois en contact avec le sol résistant.

Les meilleures conditions se trouvent réunies dans une terre légèrement friable où se rencontrent mélangés, des détritus végétaux et un peu de silice; cette couche, suffisamment épaisse, reposant sur un fond calcaire, assez perméable pour empêcher les eaux de pluie de séjourner à la surface, tout en maintenant assez de fraîcheur dans la couche supérieure.

L'on peut avoir aussi, sur le même emplacement, des pistes hersées et des pistes gazonnées.

Les terrains de défrichement, dans certaines régions, réunissent tous ces avantages. Qui ne connaît nos belles pistes de Chantilly et de Maisons-Laffitte, si douces, si élastiques, si facilement verdoyantes, bien assises sur le sol crayeux du bassin de la Seine, et si bien entourées d'ombrages protecteurs, où l'espace et la fraîcheur permettent aux chevaux les promenades à la fois délassantes et variées, au lieu de la fatigue et de la monotonie de l'aller et du retour, toujours invariables, sur la route poudreuse et brûlante de l'hippodrome provincial.

Mais si Chantilly, Maisons-Laffitte ou Compiègne, si favorisés par la nature, sont devenus nos grands centres et ont groupé tous nos pur sang, cette affluence même est devenue un inconvénient grave. L'encombrement est une gêne et une préoccupation, il occasionne des accidents, rend les pistes moins bonnes, et surbordonne quelquefois le travail à la bonne volonté, ou à la discrétion du voisin.

Enfin et presque tous les ans à l'ouverture des courses plates ou d'obstacles, à Paris, les premières épreuves nous montrent des chevaux, dont la neige et la glace ont arrêté ou gêné la préparation. Il a fallu subir l'hiver toujours plus ou moins rigoureux dans le Nord.

En province, non seulement les sols propices à l'entraînement sont très rares, mais leur entretien n'existe pas, ou se fait d'une façon sommaire, et seulement à l'époque des réunions de courses.

Certains, dont la réputation a été surfaite, comme Mont-de-Marsan par exemple, sont à peu près exclusivement sablonneux, et de ce fait lourds dans les parties hersées, durs et poussiéreux en été.

L'Angleterre possède certaines contrées exceptionnellement favorisées, comme les pays de Southdower, et Newmarket ; mais, ici surtout, l'encombrement est considérable, et les chaleurs de l'été apportent, certaines années, une grande sécheresse et la dureté du sol qui en est la conséquence.

Heureux ceux qui possèdent un petit Chantilly bien à eux, où loin des regards indiscrets des voisins, à l'heure qu'ils ont choisie, sur la piste fraîchement hersée, ou joliment et uniformément verdie, tout à leur aise, dans le calme propice au bon travail pour les hommes et les chevaux, sans crainte de la rencontre et de l'accident fâcheux, ils peuvent promener et galoper leurs bons pur sang. La voilà, la dépense utile et rémunératrice de tous les sacrifices.

Plus d'accidents, plus de chevaux quinteux et rebutés, mais des animaux dont la préparation se fera comme on le voudra et pour le moment choisi.

Cela est-il suffisant pour décider celui dont les moyens permettent un tel rêve à le transformer sans hésitation en une réalité?

L'heureux possesseur d'un terrain semblable, surtout s'il est étendu, n'aura, pour le mettre facilement en état, qu'à s'inspirer de quelques règles élémentaires, pour y tracer des pistes auxquelles il donnera les dimensions les plus grandes possibles, du moins en longueur, leur largeur, subordonnée au nombre de chevaux, ne doit être une préoccupation que pour celle réservée aux essais.

L'idéal serait d'avoir deux pistes droites de 1.000, 1.200, ou mieux 1.500 mètres, et une piste continue elliptique de 2.500 mètres ou de 3.000 mètres, dont les deux grandes dimensions seraient parallèles et intérieures aux deux pistes droites; ou mieux encore, deux lignes parallèles reliées par une courbe, de façon à diminuer les tournants et dans tous les cas à n'en avoir que de bien ménagés.

Une piste spéciale gazonnée et soigneusement entretenue s'impose pour les essais et certains galops.

Une combinaison heureuse, mais particulière à certaines contrées, permettra quelquefois d'avoir un terrain d'entraînement sur un plateau, et d'entretenir au bas de ce plateau, dans les bas-fonds, une piste utilisable par les temps d'extrême sécheresse.

Quant à la direction à donner aux pistes, sur un terrain qui n'est pas absolument plat, les avis de ceux qui ont envisagé cette question ne sont pas uniformes, bien que la majorité des entraîneurs déclarent catégoriquement que le terrain montant s'impose, au moins sur la partie terminale, et que les pistes descendantes doivent être bannies.

Ils appuient leur opinion sur ce fait qu'un cheval ne peut acquérir sa condition (muscles et poumons) que par des galops en montant, et avec moins de chances d'accidents, tandis que des galops en descendant ne lui permettront jamais d'acquérir sa forme, et détermineront le plus souvent des claquages.

Tout le monde admettra que, dans la montée, le jeu des poumons est plus actif, et la puissance propulsive augmentée dans une partie de la masse musculaire seulement; mais aussi, que l'amplitude de la foulée est diminuée, et partant la vitesse.

Tout le monde admettra aussi que si, dans la descente, la fatigue imposée aux poumons et aux muscles est diminuée, la vitesse est augmentée, lorsqu'il s'agit, bien entendu, d'un cheval sain et équiibré.

Il s'ensuit que ces deux exercices trouveront leur indispensable application dans des cas parfaitement définis et fréquents, pour certains animaux et à certains moments de leur préparation.

L'utilisation de la montée se fera avantageusement pour des animaux fragiles, ou dont l'entraînement devra être plus rapidement achevé ou repris. Et pour ceux à qui nous voudrons donner de la vitesse ou chez qui nous voudrons l'augmenter, une ligne descendante sera un heureux auxiliaire. Aussi pensons-nous que la meilleure piste d'entraînement doit être plate, sur la plus grande partie de son étendue.

Une piste spéciale, de pente raisonnable, que l'on abordera à volonté, dans un sens ou dans l'autre, complètera utilement le système, familiarisera suffisamment les chevaux ainsi préparés avec les accidents de terrain pour leur permettre d'aborder, sans surprise, les hippodromes mouvementés.

L'entretien d'un terrain d'entraînement de bonne nature est facile. La herse plus ou moins forte suivant la friabilité du sol suffit, et souvent même le fagot d'épines, à l'exclusion, bien entendu, du rouleau, qui tasse et durcit le sol. La pluie du ciel suffira la plupart du temps, et si un avantage, ou un dernier perfectionnement permet l'arrosage, on s'en servira pour abattre la poussière par les temps trop chauds, et pour l'entretien de la piste gazonnée.

Un aménagement plus perfectionné n'est possible et nécessaire qu'aux hippodromes régulièrement fréquentés des environs de

Paris, où l'eau, généreusement répandue par d'excellents systèmes d'arrosage, met sous les pieds du pur sang un tapis merveilleusement élastique et doux, et sous nos yeux un enchantement d'éclatante verdure.

D'ailleurs, rien dans l'ensemble et les détails d'installation de nos grands hippodromes ne prête à la critique, et si vraiment, entre les Sociétés qui en ont la garde, l'émulation et le désir d'arriver à la

L'hippodrome d'Ostende.

perfection ont précipité le résultat, on peut dire aujourd'hui que, dans des cadres différents, elles ont toutes appliqué le confort et le luxe modernes avec un goût et une munificence que l'étranger n'a pu encore égaler.

Chez M. Ed. Blanc, le travail des chevaux se fait presque exclusivement sur l'herbe. On sait quel énorme avantage cela constitue. La supériorité de l'entraînement anglais réside dans l'excellence du terrain herbé des grands centres. Les chevaux peuvent être mis en condition sans baisser d'état. Les membres fatiguent moins et leur action s'assouplit et devient légère.

M. Ed. Blanc a néanmoins fait tracer une piste de sable qui sert quand le terrain est détrempé ou durci par la gelée.

Les pistes gazonnées de La Fouilleuse fatiguent beaucoup moins que les allées sablonneuses de Chantilly et de Maisons ; elles permettent d'accentuer le travail sans amener le surentraînement fatal consécutif à un terrain tirant.

Nous pouvons résumer cette question des terrains par les propositions suivantes :

La nature de la piste a une si grande influence sur le poulain qu'on peut affirmer qu'elle contribue efficacement à l'accroissement de la vitesse ou qu'elle peut compromettre à tout jamais ses futurs succès. Un sol dur et sans élasticité ébranle les articulations, rend les canons douloureux (ostéite) et ne tarde pas à paralyser le jeu régulier des membres.

Un terrain trop mou fatigue les boulets et les jarrets, et met un obstacle à la vitesse.

Un sol gazonné, mais élastique et bien nivelé, est, à tous égards, le terrain le meilleur. Mais, par les grandes chaleurs de l'été, il a un inconvénient; il est glissant et même très dur, si le sol n'est pas composé d'une terre légère et un peu sableuse.

Une fois en passant, et le jour de la course, un cheval peut supporter un sol, même très résistant, pour peu qu'il soit uni ; mais, pour des exercices et une préparation, mieux vaut encore un sol gazonné ou un terrain sableux qu'une piste dure.

Un entraîneur qui veut se faire une réputation doit donc, avant tout, s'établir dans un milieu où la nature du sol soit favorable aux exercices des jeunes chevaux. La piste qu'il utilisera devra-t-elle être complètement plane? Certains répondent par la négative. Il faut, d'après eux, que le jeune cheval soit exercé à soutenir de temps à autre son allure, en montant et en descendant, et un terrain légèrement accidenté ne peut que fortifier ses articulations et ses reins.

Pour les exercices de vitesse, une piste parfaitement unie et sans le moindre accident de terrain est préférable.

La promenade et tout le travail se font sur le sable. Les galops vites se donnent sur l'herbe.

Il serait trop long de faire l'étude des terrains de tous les hippodromes de province. Ce volume n'y suffirait pas. Mais nous pouvons donner quelques indications générales supplémentaires qui pourront, avec ce que nous avons déjà dit, aider les sportsmen et les organisateurs de courses.

Il faut se pénétrer que les tournants étroits arrêtent les chevaux dans leur action. Quand on ne disposera pas d'une surface pour former de larges tournants, il y aura indication à relever ces derniers, comme on l'a fait en Amérique et sur les vélodromes. Grâce à ce relèvement des tournants, les chevaux, tous les chevaux, quelle que soit l'étendue de leur action, pourront donner, pendant toute la durée du parcours, l'amplitude maximum de leurs foulées. N'oublions pas toutefois que le champ de courses tient lieu de banc d'épreuve, si l'on peut s'exprimer ainsi, pour apprécier le degré jusqu'où ses qualités sont portées. Il ne doit donc pas être artificiel. Si l'on doit enlever des pistes, les cailloux, y boucher les trous, en raser les bosses dangereuses, il faut par contre se garder du travers moderne qui consiste à en faire de véritables billards.

La piste telle que nous la comprenons devrait posséder les montées et les descentes qui éprouvent tour à tour la force de propulsion de l'arrière-main, la résistance de l'avant-main à la surcharge; elle doit aussi présenter des tournants où les aplombs réguliers assurent une supériorité.

Les courbes devront avoir autant que possible 60 mètres de rayon minimum pour rester planes. Au-dessous de ce rayon, il y a indication de les relever dans le sens extérieur pour éviter les dangereux effets de la force centrifuge.

Avec des hippodromes ainsi tracés nous pourrons compter que la sélection se fera dans les meilleures conditions possibles.

Les hippodromes de province les mieux établis sont ceux de Deauville, de Caen, de Nice, de Marseille, de Tarbes, de Pau, etc.; par contre, ceux de Bordeaux, de Lyon, et de quelques autres grands centres laissent à désirer, et mériteraient une amélioration qui serait bien vue de tous les propriétaires intéressés.

Que les commissaires de courses n'épargnent pas leurs peines pour procurer aux sportsmen un terrain convenable et assez varié pour qu'il y en ait toujours une portion en état de servir aux exercices de l'entraînement. Il y a des terrains qui ne deviennent à peu près jamais durs, sans cependant se détremper, et ceci est un avantage sans prix; mais ces genres de terrains sont généralement en exploitation, en raison de leur grande valeur, et peu d'écuries particulières peuvent en avoir à leur disposition. Dans plusieurs régions, il y a des plateaux de bonne qualité, où pendant les saisons humides la terre est sèche ; il y a aussi souvent à portée, un espace de terre bas et mousseux propre à faire courir pendant la sécheresse.

Un semblable arrangement est aussi commode pour l'entraînement que le meilleur terrain du monde.

La seule objection que l'on puisse présenter, c'est que l'on n'y trouve point de collines et qu'il est moins commode pour le galop préparatoire, qui demande pour la fin une élévation graduelle. Toutefois l'entraîneur fera son choix, et, s'il ne peut pas avoir tout ce qu'il désirerait, il fera pour le mieux.

Pour les gelées et les grandes sécheresses, il faut des pistes préparées au tan ou en terre labourée, ou bien une piste en fumier consistant en vieille litière, établie dans un endroit commode, pour faire trotter et même donner un bon exercice ; mais cela ne répond pas au but comme le tan, qui est plus élastique que la paille, et peut être mis à la profondeur nécessaire, de manière à atténuer fortement les chocs qui se produiraient sur la terre glacée.

CHAPITRE IV

L'HYGIÈNE DU CHEVAL DE COURSE

Les règles d'hygiène s'appuient aujourd'hui sur des théories scientifiques et expérimentales assez connues pour ne pas être d'un usage à peu près universel.

De l'air et de la lumière, nous l'avons déjà dit, voilà la formule. Dans les établissements où elle est oubliée ou négligée, c'est le cortège ininterrompu de désagréments physiques et moraux : la gourme infectieuse, la péripneumonie et le typhus, et à côté de ces résultats morbides, la tristesse, la fatigue, l'énervement et ses conséquences.

Désinfection des boxes. — L'air doit être constamment renouvelé, et au besoin il est facile de le purifier soit par des appareils ozonateurs, soit par de l'oxygène pur, dont nous avons eu l'occasion d'étudier ailleurs les merveilleux effets. De temps en temps une désinfection s'impose et peut être facilitée par un déplacement des chevaux ou toute autre cause d'absence. Il suffit d'une solution spéciale à base de lusoforme pour anéantir sur les murs et le sol, tous les germes morbides.

La destruction des mouches dans les boxes. — La destruction des mouches est chose importante dans l'hygiène du cheval à l'entraînement. Un grand journal quotidien nous a indiqué le moyen de supprimer leur multiplication en employant l'huile de schiste dans les endroits où elles déposent leurs œufs. L'expérience a montré que notre méthode, assez simple, est beaucoup plus efficace.

L'hygiène animale exigeant que les chevaux trouvent constamment à l'écurie le repos et la quiétude nécessaires à leurs fatigues, on s'est ingénié à trouver les moyens capables d'empêcher l'envahissement des habitations par les mouches.

On y arrive quelquefois en tenant fermées les portes et les fenêtres, surtout celles situées du côté du soleil. On recommande les rideaux d'arbres au voisinage des écuries, l'usage des volets, de persiennes ou d'écrans appropriés, l'emploi d'un fin treillage en fil de fer ou d'une toile grossière barrant les ouvertures, les verres colorés, le badigeonnage des carreaux avec des solutions antiseptiques et odorantes (chaux, crésyl Jeyes, etc.). Tous ces moyens sont bons, mais généralement insuffisants. Quelques-uns présentent des inconvénients, celui, par exemple, de ne pas permettre une aération ou un éclairage suffisants dans les écuries. Dans tous les cas, ils sont inefficaces contre les insectes ailés présents dans l'écurie.

Or voici qu'on aurait découvert deux remèdes simples et pourtant efficaces, qui auraient pour propriété de combattre et même de détruire les mouches au sein des habitations de nos animaux. La nouvelle nous vient d'Allemagne. Elle est rapportée par le journal *l'Agronome*.

D'une enquête faite par la Société générale d'Agriculture allemande, il résulte que deux moyens paraissent devoir être employés pour se débarrasser des mouches qui infestent les écuries.

Le premier consiste à mélanger une solution d'alun au lait de chaux destiné au blanchissage des parois et des voûtes. L'alun est une substance astringente, facile à obtenir et coûtant 25 centimes le kilogramme. Les mouches disparaissent rapidement des locaux badigeonnés à l'aide de ce mélange, parce que l'alun détruit la matière visqueuse qui permet aux mouches de grimper sur les verres polis avec une facilité inouïe et qui leur donne le moyen de s'attacher aux voûtes. L'alun, à cause de ses propriétés astringentes, enlève cette matière visqueuse en proportion telle que bientôt les insectes meurent épuisés.

Le deuxième moyen consiste à mélanger au badigeon ordinaire une certaine quantité de chaux provenant de la décomposition du carbure de calcium ayant servi à la production du gaz acétylène.

Ces moyens sont simples, peu coûteux et en tous cas faciles à essayer.

Température de l'écurie. — On admet généralement que la température de l'écurie ne doit pas descendre au-dessous de 6°. La marge, on le voit, est assez considérable, et on n'aura à redouter un pareil abaissement de température que rarement. Pour éviter au cheval les inconvénients certains des trop grands froids, il suffira de le couvrir plus ou moins chaudement.

Couvertures. — Certains sont opposés d'une façon absolue à l'usage des couvertures. Autant nous trouvons que l'usage inverse, qui consiste à étouffer un animal pour lui garder un poil luisant et une robe lustrée, est condamnable, autant nous sommes d'avis d'utiliser les couvertures en cas de nécessité, mais seulement à ce moment-là.

Le vêtement du cheval le plus pratique et le plus chaud nous paraît être la couverture dite américaine, qui protège bien tout le corps, et qu'un système très pratique de courroies permet de fixer sous l'animal et l'empêche de tourner, ce qui arrive souvent avec un simple surfaix.

L'abus qu'on fait des couvertures dans les écuries d'entraînement et dans les studs nous incite à mettre sous les yeux du lecteur d'intéressantes expériences, qui montreront le rôle pernicieux du vêtement dans la nutrition chez les animaux en général et chez nos chevaux de course en particulier.

La précision apportée dans les différentes opérations, l'autorité de l'auteur, M. Maurel, professeur à la Faculté de Médecine de Toulouse, garantissent la valeur et l'intérêt scientifique qui s'attachent à ces observations, dont les entraîneurs et les stud-grooms pourront, par déduction, tirer parti dans l'hygiène du cheval de course. La première expérience a été faite avec un cobaye recouvert d'un manteau. Elle a été partagée en cinq périodes de trois à cinq jours : trois pendant lesquelles l'animal a été découvert et deux pendant lesquelles il a été vêtu.

En ce qui concerne le poids, durant les trois périodes pendant lesquelles l'animal a été découvert, le poids a augmenté respectivement de 4, 7 et 9 grammes par jour, soit une moyenne de 7 grammes ; et durant les deux périodes pendant lesquelles il a été vêtu, il a perdu 6 grammes pendant la première et 10 grammes pendant la seconde, soit une moyenne de 8 grammes par jour.

En ce qui concerne les déchets alimentaires, leur poids moyen a été de 40, 38 et 35 grammes pendant les périodes où il était nu, soit une moyenne de 38 grammes ; et durant les deux périodes pendant lesquelles il a été vêtu, de 52 et 59, soit une moyenne de 55 grammes.

Ces résultats font d'autant mieux ressortir l'influence du vêtement que, ainsi qu'on peut le voir dans les moyennes générales publiées, la quantité d'aliments et leur valeur en calories sont restées les mêmes. La quantité totale d'aliments, en effet, a été par jour de 203 grammes, pendant que l'animal était découvert et de 208 pendant qu'il était vêtu; quant à leur valeur en calories, elle a été de 134 dans le premier cas et de 133 dans le second.

Ces dernières expériences permettent donc de considérer, au moins comme très probable, que les effets constatés chez le cobaye sous l'influence du vêtement dans les conditions précitées ci-dessus sont sensiblement indépendants de la nature du tissu, puisqu'ils sont restés les mêmes avec le molleton, la soie et un mince tissu de coton.

Mais de plus, si nous envisageons maintenant l'ensemble de ces expériences, nous pensons qu'elles permettent de considérer comme désormais bien acquis :

1° Que le vêtement porté un jour sur deux, ou même pendant les périodes de deux à trois jours en alternant, fait baisser le poids de l'animal, même quand la quantité et la valeur en calories des aliments ingérés restent les mêmes;

2° Que dans les mêmes conditions, le poids des déchets alimentaires est augmenté. Ce poids s'élève au-dessus de la quantité normale quand l'animal est couvert, et quand on le découvre au moins pendant les premiers jours, il tombe au-dessous;

3° Mais que, quand les périodes se prolongent, le poids des déchets alimentaires tend à revenir à l'état normal;

4° La fétidité, très marquée lorsque les déchets alimentaires sont très augmentés, diminue au fur et à mesure que leur poids revient à l'état normal;

5° La perte de poids peut donc s'expliquer en partie par l'exagération des déjections; mais leur fétidité permet de supposer que cette perte de poids est également due à une moindre utilisation des aliments; et c'est en effet ce qui ressortira des expériences que nous allons également résumer.

Pendant ces nouvelles expériences, l'animal a été couvert avec le vêtement en molleton qui a servi à faire les premières. Toutes les conditions des expériences sont restées les mêmes. Mais, d'une part, la totalité des urines a été recueillie et l'urée a été dosée; et, d'autre part, les déchets alimentaires ont été desséchés à l'étuve.

Or, étant donné que l'on avait les quantités et la nature des aliments ingérés, on a pu établir les rapports d'abord entre le poids total de ces aliments et le poids total des déjections à l'état frais, et ensuite entre l'azote alimentaire et l'azote uréique. Ces divers renseignements sont contenus dans un tableau où toutes ces quantités ont été rapportées au kilogramme d'animal.

L'examen de ce tableau a fait ressortir les faits suivants :

1° Pendant qu'il était découvert, ce cobaye de 500 grammes a conservé son poids, quoique son alimentation ne fût que de 252 calories, tandis qu'il a perdu 9 grammes par jour et par kilogramme quand son alimentation valait 262 calories, pendant qu'il était couvert;

2° La valeur en azotés des aliments ingérés a été un peu supérieure pendant qu'il était couvert; et néanmoins, pendant ce temps, la quantité d'urée a été sensiblement inférieure : 1gr,58 au lieu de 2gr,44. On doit donc en conclure qu'au moins en ce qui concerne les azotés, ceux ingérés pendant que l'animal était couvert ont été moins utilisés;

3° Cette hypothèse se trouve confirmée par le rapport de l'azote uréique à l'azote alimentaire; l'animal découvert, ce rapport a été de 66 0/0; et, couvert, il n'a été que de 52 0/0;

4° Cette hypothèse se trouve également confirmée par le rapport du poids total des déchets alimentaires au poids total des aliments. Ces matières n'ont représenté que le 1,97 0/0 pendant que l'animal était découvert et elles sont arrivées à 6,18 0/0 quand il était couvert.

Ces constatations semblent donc autoriser les conclusions suivantes :

1° La diminution du poids sous l'influence du vêtement, constatée dans cette expérience, comme du reste dans les précédentes, doit être expliquée en partie par l'exagération des déjections solides pendant que l'animal est couvert, et par leur diminution quand on le découvre;

2° Mais cette dernière expérience ne laisse aucun doute sur ce second point, qu'une partie de cette diminution doit être également expliquée par une utilisation moins bonne des aliments ingérés.

La moindre utilisation des azotés ingérés nous paraît établie par le rapport de l'azote uréique à l'azote alimentaire; et la moindre utilisation des hydrates de carbone est également rendue très probable par le rapport du poids des matières sèches au poids total des aliments.

Quant aux corps gras, la faible proportion contenue dans les aliments pris par ce cobaye les rend négligeables.

De l'examen de ces intéressantes expériences, nous pouvons déduire des applications pratiques chez le cheval de pur sang, que l'on a tendance à couvrir exagérément. Et nous constatons que les entraîneurs qui ne couvrent pas leurs chevaux sont ceux qui les amènent le mieux en condition, en muscles, le jour des épreuves. Le père Trouilh, de Pau, qui a fait courir, dans le Sud-Ouest, pendant un demi-siècle, n'a jamais mis une couverture sur le dos des chevaux qu'il entraînait lui-même; M. Lieux fait de même; les meilleurs entraîneurs sont connus comme ennemis du vêtement.

Ces observations montrent ce fait inattendu, que le cheval doit perdre de son poids lorsqu'on le couvre d'une couverture et nous pouvons expliquer cette diminution du poids de l'animal par ces deux causes : exagération du crottin et moindre utilisation des aliments ingérés.

Mais, de plus, ces recherches conduisent à une autre conclusion, et c'est peut-être la plus importante. Elles servent, en effet, à démontrer l'influence considérable qu'a la surface cutanée sur le tube digestif; et, quoique cette influence se soit traduite, dans ces recherches, par des résultats différents au point de vue de la quantité des aliments ingérés, elle n'en confirme pas moins les recherches de M. Laulanié sur le « vernissage » des animaux, en ce qui concerne cette relation.

Soins spéciaux des poulains. — Si l'application de toutes les prescriptions hygiéniques est facile pour les chevaux déjà entraînés, elle demande une certaine prudence et beaucoup d'attention pour les poulains arrivant au dressage.

Le changement de régime est tel pour eux que leur organisme éprouvé par une nourriture plus intense, secoué par le travail, affaibli par une croissance soudaine, est guetté par les maladies et reçoit de ces différentes causes des contre-coups dont les empreintes sont quelquefois ineffaçables.

C'est sur eux spécialement que doit se porter la surveillance de l'entraîneur et du head lad, qui les confient pour les soins aux hommes les plus sûrs et les plus doux.

A côté des vieux chevaux, leur existence de travail commence, et, comme les autres pensionnaires de l'établissement, ils voient se renouveler régulièrement, tous les jours, les mêmes événements.

En hiver à six heures, en été à quatre heures, les portes des boxes s'ouvrent toutes grandes, le lad s'approche de son poulain, l'attache au rack-chain, enlève le crottin, repousse la paille dans un coin, donne un coup de brosse et de torchon, met selle et bride, s'il doit sortir. Ce pansage sommaire sera complété soigneusement au retour, et le soir à cinq heures, ou pendant le travail pour les chevaux qui ne sortent pas. Chaque lad a sa musette et ses outils pour éviter les contagions, et c'est avec un soin parfait que la brosse, le bouchon de foin, la main et le torchon, débarrassent la peau de toutes les impuretés qui l'encrassent, débouchent les pores, et donnent à la robe le brillant qui plaît et séduit.

Les jambes sont lavées, soigneusement séchées, et les bandes enroulées, s'il y a lieu. A leur tour, les pieds sont nettoyés au cure-pieds, lavés, examinés et graissés le plus souvent possible, surtout pour les chevaux en plein travail.

Massage. — Un bon massage appliqué par un homme fort et adroit vient aider la condition et délasser les muscles.

Toutes ces opérations doivent être faites avec douceur et décision, car la brutalité et la crainte sont le point de départ de manifestations de mauvais caractère, et de défenses qui deviendront indéracinables.

Nous ne donnerons pas une grande extension à cette question; nous nous bornerons à étudier les effets physiologiques du massage sur les muscles du cheval fatigué.

Le point de départ de ces recherches a été fourni par Zabludowsky, qui a, en 1888, montré que les muscles du cheval fatigué se rétablissent rapidement sous l'influence du massage, bien plus rapidement que par le repos pur et simple, de même durée que le massage ; et nous avons vu que, chez le pur sang, les muscles, fatigués par un travail moyen, se restaurent presque complètement par un massage de vingt minutes, alors qu'un repos de durée triple ne suffit point à leur rendre leur vigueur initiale. Ces faits indiquent que le massage diminue considérablement et, dans un temps donné, supprime les effets de la fatigue modérée. Nombre d'entraîneurs ont vu que, dans le cas où l'on emploie le massage, le travail produit dans la même unité de temps est le double de la quantité fournie lorsque la restauration musculaire ne s'opère que par le repos. C'est là le fait général.

Le massage donne donc une somme sérieuse de force aux muscles, si reposés soient-ils ; l'action bienfaisante du massage est-elle proportionnelle à la durée de celui-ci ? Un massage de trente minutes est-il six fois plus avantageux qu'un massage de cinq minutes, par exemple?

Des expériences très simples montrent que non. Un massage de vingt minutes détermine une action à peu près maxima, qui n'est que faiblement dépassée quand le massage dure trente à quarante minutes; le massage de dix minutes donne des résultats sensiblement inférieurs. Il est vraisemblable d'ailleurs que la durée favorable, minima, du massage, varie selon les muscles : ce chiffre de vingt minutes, indiquant la durée « nécessaire et suffisante » ne se rapporte surtout qu'aux membres.

Maintenant, il y a bien des choses dans le massage : quel en est l'élément le plus important ? Est-ce la friction, est-ce la percussion, est-ce le pétrissage? C'est évidemment le pétrissage, car entre les expériences où l'on pratique exclusivement l'un de ces trois modes, ce sont celles où l'on a pratiqué le pétrissage qui fournissent le travail le plus considérable. Mais le mieux est d'employer les trois procédés. Les massages se font deux fois par jour chez les chevaux de course.

Massage électrique. — Nous trouvons dans un journal anglais un intéressant article sur les nouveaux procédés employés par John W. Atkinson, touchant l'art de soigner les jambes des chevaux : nous en donnons ci-dessous la traduction.

« Faire rendre à son capital le plus vite possible de petits bénéfices, est souvent une bonne devise en matière de commerce. Mais le but de la majorité des propriétaires de chevaux de course est, hélas! d'obtenir un rendement rapide en même temps que de « gros » bénéfices. Dans la plupart des cas on soumet dès leur plus jeune âge aux fatigues et aux efforts de l'entraînement de jeunes chevaux devant prendre part aux grandes courses de deux ans avec de gros engagements, et paraissant devoir se distinguer très vite ; nous n'exagérons certainement pas en disant que là est souvent la cause des insuccès prématurés d'animaux qui laissèrent fonder sur eux de belles espérances. En outre de la question d'âge et de développement, il existe peut-être quelque vice dans la méthode d'entraînement des jeunes chevaux de course ; telle est, en tout cas, l'opinion du « professeur » John W. Atkinson, un expert en tout ce qui touche l'art du rebouteur et de la guérison des divers accidents auxquels est exposée l'humanité souffrante. Il s'est fait une spécialité dans le monde des sportsmen et de tous ceux, en un mot, qui se livrent aux exercices de la vie en plein air. Son opinion sur ces sujets vaut d'être citée.

En course.

« Dans une entrevue avec ce praticien avant son départ pour sa tournée d'automne aux États-Unis, nous avons pu rassembler quelques détails de son opinion la plus récente sur le traitement qui devrait être appliqué pour assurer le bon développement des ligaments, tendons, jointures et muscles de nos chevaux de course et de chasse. Il prétend, et avec justesse, que les mêmes lois régissent l'entraînement de l'athlète et du cheval, et spécialement du pur sang, et que tous deux sont ou devraient être spécialement préparés pour la course ou la lutte qu'ils sont destinés à soutenir ; le cheval, par surcroît, doit porter un poids et bien qu'admirablement approprié par sa conformation naturelle, l'ardeur et le courage provenant de son origine, pour un effort soutenu et une grande vitesse, il ne faut pas oublier que ce poids forcé qu'il a à porter, impose peut-être un effort imprévu sur les parties locomotrices de son anatomie. La place ou la façon dans laquelle le poids doit être placé de préférence sur le dos du cheval est sujet à controverse, mais il paraît certainement probable que la selle du jockey moderne, importée par les Américains, et maintenant utilisée généralement par nos jockeys, doit jeter le poids de préférence sur les jambes de devant du cheval ; beaucoup de gens attribuèrent, en son temps, la chute du cheval français *Holocauste*, lorsqu'il courut le Derby, au poids portant sur ses jambes de devant par suite de la position très en avant de Tod Sloan.

« Il paraît évident que, si les théories du professeur Atkinson supportent l'épreuve de la pratique, et si son système de massage, d'assouplissement des divers tendons, d'excitation des nerfs, etc., vient en aide à la nature, de façon à développer les muscles, tendons et ligaments, le jeune cheval de course sera alors plus en état de supporter les exigences requises, et un grand pas aura été fait dans l'art de l'entraînement. Mais le développement des muscles n'est pas la seule chose nécessaire pour donner au cheval de course, la classe dont il a besoin pour triompher ou pour assurer la victoire de l'athlète. Il faut toujours prendre en considération les qualités personnelles ; le courage et la décision de l'athlète luttant les dents serrées ; le feu et l'énergie du cheval de course répondant toujours au moindre désir de son cavalier et prenant la lutte à cœur ; cela sont les qualités qui changent une défaite en victoire et avec celles-ci, nous craignons qu'aucun professeur, fût-il aussi habile que possible, ne puisse lutter avec toutes chances de réussite. L'éperon a, sans aucun doute, donné à un cheval peureux du courage et de la vigueur pendant le court espace de temps nécessaire pour gagner une course de 1.000 mètres.

« Beaucoup de chevaux qui, dans leur enfance, avaient donné des signes de faiblesse, ont beaucoup profité de l'habile traitement du professeur Atkinson ; parmi ceux-ci on peut mentionner *Ard Patrick*, *Quintessence* et *Prince-Vladimir* (*Quintessence* souffrait continuellement de rhumatismes et dans son cas il est facile de comprendre qu'un soulagement devait naturellement être procuré par d'habiles massages et frictions). Les photographies qui accompagnent l'article que nous venons de citer montrent divers mouvements et positions adoptés par le professeur Atkinson pour développer celles des parties de l'anatomie du cheval qui sont en traitement ; elles ne représentent néanmoins que quelques-unes des méthodes et positions employées par lui dans divers cas; il appelle aussi l'électricité à son aide, pour stimuler les centres nerveux, et le courant est appliqué par un système de massage après avoir passé par le corps de l'opérateur; le mérite de l'électricité, appliquée de cette façon au traitement des chevaux, reste encore à prouver, et on peut douter que le profit momentanément acquis demeure stable une fois le stimulant éloigné.

« Si le Dr Atkinson peut permettre au tendon affaibli de supporter la fatigue du galop en terrain creux, ou au ligament suspenseur rompu de marcher en terrain dur, il aura fait beaucoup; car en tant qu'il s'agit de courses, la plupart des hommes du métier vous diront aujourd'hui que le meilleur remède pour un ligament suspenseur rompu est l'application d'une marque à la craie blanche sur les tempes et la détonation d'un pistolet ami.

« Les propriétaires de chevaux de course et de chasse suivront sans doute, avec intérêt, les résultats d'un traitement qui, d'après le professeur Atkinson, doit donner en une heure de meilleurs résultats que ceux qu'on peut obtenir en plusieurs jours par l'exercice sur les champs d'entraînement, et qui, à son avis, devra devenir un excellent appoint à la routine ordinaire des procédés d'entraînement. Il y aura sans doute diversité d'opinion en ce qui concerne les résultats à obtenir du système Atkinson. La routine et les préjugés sont difficiles à vaincre; mais, dans cet âge du radium, tout semble possible. »

Visite de l'entraîneur. — C'est pendant les opérations inhérentes à la vie de l'écurie de courses que l'entraîneur rend visite à ses chevaux, les examine, voit l'état de leurs membres, de leurs pieds, se rend compte de leur santé, de leur condition, s'assure de leur appétit, et prend sur ces données des décisions qui vont déterminer le travail à venir, le repos ou les médicaments.

Litière. — Le pansage terminé, le lad arrange la litière et la renouvelle s'il le faut. Habituellement, c'est sur de la bonne paille de blé que les pur sang reposent leurs membres et se couchent.

Quand un cheval a des pieds malades ou délicats, ou quand il est gros mangeur et dévore sa litière, on remplace très avantageusement la paille par de la tourbe.

Propreté de la mangeoire. — Avant de remplir les mangeoires on les nettoie; les grains laissés vont grossir la ration des poules, et le foin piétiné celle des vaches.

Flanelles. — L'usage des flanelles s'est généralisé, et leur emploi méthodique et rationnel est consacré par la pratique, à ce point qu'il semble difficile de concevoir un cheval de pur sang sans le jeu complet de flanelles.

Ces bandages, bandes de flanelle épaisses, bien que très souples, longues de 4 à 6 mètres, larges de 0,15 à 0,20 employées judicieusement constituent un moyen pratique de prévenir les accidents toujours à redouter pour les tendons et les boulets. L'effet nocif des percussions violentes sur l'appareil tendineux est atténué dans une large mesure par l'emploi des flanelles.

Outre leur rôle de contention et de protection, les flanelles sont utilisées pour reposer les membres fatigués. On les emploie soit à titre préventif (pendant l'entraînement, la course, à l'écurie) ou à titre curatif; le but cherché variant, il en résulte que la manière de poser les flanelles change suivant le mode d'utilisation du cheval et aussi le moment de cette utilisation.

Décrire la façon dont on met les flanelles semble inutile et pourtant la chose a son importance, n'en jugerait-on que par la minutie et la scrupuleuse attention qu'y apporte l'entraîneur ou le head lad.

Nous allons résumer en quelques mots la technique à suivre : cette bande quelquefois en toile, le plus ordinairement en flanelle, ou en tricot a l'une de ses extrémités repliée en cornières formant triangle, elle est munie d'une ligature d'environ $0^{m},80$. Pour assurer la fixation, on enroule en spirale la bande autour des canons, en commençant le plus près possible du genou ou du jarret; les tours de bandes doivent être réguliers et superposés; cinq à six tours suffisent pour arriver au boulet. Une précaution qui a une grande importance pratique consiste à éviter de faire des plis particulièrement dans la partie touchant directement la peau.

La pression exercée par la flanelle doit être régulière dans tous les cas ; le degré de compression varie selon qu'elle doit être utilisée comme appareil de soutien ou de contention.

La mise de la flanelle varie selon l'utilisation du cheval (écurie, voyage, promenade, entraînement, course) nous allons envisager ces différents cas.

A l'écurie, la compression est douce : le premier tour monte très haut, finit très bas ; il embrasse une partie du pli du genou et du pâturon, de façon à bien soutenir l'articulation du boulet ; le degré de compression sera plus accusé si le cheval doit faire une promenade ou subir un déplacement.

A l'exercice, afin d'éviter la gêne mécanique articulaire, les flanelles montent moins haut et descendent moins bas ; pour la course, où la liberté des mouvements des articulations doit être complète, le premier tour commence à la partie supérieure du canon, et le dernier s'arrête à la partie inférieure.

Pendant la course, la flanelle devient un appareil de soutien et a pour but de prévenir le claquage possible ; elle doit maintenir les tendons dans toute leur intégrité et faire que le jour de la course le cheval soit indemne au poteau.

On donne la préférence à la flanelle quelque peu usagée, la fixation étant plus facile à réaliser ; la compression sera régulière et énergique, le galon fixant la bande sera enroulé en tours les uns sur les autres sans être trop serrés ; le tout sera arrêté par un nœud ordinaire fait à la face externe du canon, de façon que le cheval dans ses foulées ne puisse défaire le nœud qui provoquerait le déroulement de la flanelle. Perdre une course pour une flanelle semble impossible, et pourtant cela s'est vu.

L'effet curatif des flanelles est intimement lié au degré de compression : insuffisante, l'effet utile est nul ; de plus elle peut être pour les chevaux utilisés avec ces appareils une cause d'accidents (chute) ; trop forte, elle constitue une gêne mécanique pour la locomotion et peut être le point de départ d'œdème, d'engorgements ; irrégulière, elle peut déterminer des escarres.

En résumé, le degré de compression doit être suffisant pour assurer la fixité sans trop comprimer la région.

Les flanelles sont employées sèches ou humides ; leur effet curatif varie dans une large mesure. Les flanelles sèches sont employées surtout à titre préventif, pour éviter les dilatations des synoviales tendineuses ou articulaires. Les flanelles humides sont trempées dans des solutions astringentes : eau blanche, alcool camphré ; elles agissent par la contention et par les effets sédatifs des substances médicales employées. Leur emploi est indiqué dans tous les cas où l'on observe dans les régions tendineuses ou articulaires les deux facteurs morbides : chaleur et douleur.

L'emploi méthodique des flanelles humides et suffisamment prolongé constitue un mode curatif sérieux des tendinites et des hydarthroses au début.

La flanelle de toile est surtout employée au point de vue thérapeutique. Depuis quelques années, au lieu de l'appliquer directement sur la peau on entoure la région de coton hydrophile et on la fixe par le procédé ordinaire. Le degré de compression est plus uniforme et les effets thérapeutiques sont plus accusés.

Les bains de rivière et les bains de sable. — Sur des sujets soumis à ces pratiques les résultats obtenus permettent de les conseiller à la saison chaude. Il serait intéressant pour rendre leur application possible de créer une installation spéciale à Chantilly et à Maisons-Laffitte, pour permettre aux entraîneurs d'y conduire leurs animaux en toute sécurité.

Les bains de rivière et les bains de sable ont été appliqués de la façon suivante par quelques entraîneurs :

Les poulains soumis à l'expérience prenaient des bains de rivière de quinze minutes de durée, puis, en sortant de l'eau, ils prenaient des bains de sable de vingt minutes, ensuite un nouveau bain de rivière et encore un bain de sable. En tout, le bain durait une heure dix minutes.

Il faut donner 30 bains combinés.

Les résultats obtenus ont été les suivants :

1° Augmentation de l'énergie musculaire et de la sensibilité cutanée; 2° abaissement de la température du corps et de la peau ; augmentation du poids du corps ; 3° diminution du nombre des pulsations qui sont plus vibrantes ; 4° la respiration ne change pas ; 5° une sensation de bien-être, un fort appétit, le bon fonctionnement de l'appareil digestif et l'amélioration du sommeil.

Le bain turc. — Si l'on s'en rapporte à des expériences faites en Australie, il serait intéressant, en certains cas, d'appliquer le bain turc lorsqu'il s'agit par exemple de mettre au point des animaux gros dont les membres sont fragiles.

En examinant par la phonendoscopie les principaux organes de chevaux soumis au bain turc, un auteur australien est arrivé aux résultats suivants:

Après un séjour de quinze minutes dans l'étuve sèche à 40° et de trois minutes dans l'étuve de 60°, les poumons et le cœur se dilatent dans tous leurs diamètres ; l'estomac se dilate s'il est vide et chasse le bol alimentaire s'il contient de la nourriture.

Le passage dans la douche froide produit une rapide contraction de tous les organes, suivie, après un temps plus ou moins long, d'un retour des organes au volume initial; l'estomac reste rétréci.

Les bains turcs sont donc une pratique très recommandable de gymnastique des organes sains. Mais ils ne peuvent faire du bien qu'aux chevaux ayant des tendances à l'engraissement; ils gêneraient sûrement les chevaux maigres.

Bains de lumière électrique. — L'animal est placé dans un box spécial et soumis à un bain de lumière et de chaleur produites par des lampes électriques.

Les effets de ce traitement sont surprenants : un cheval très fatigué, soumis pendant une demi-heure à ce bain, devient plein de vie. Toutes les écuries d'entraînement devraient posséder une de ces installations.

Pour faire suer les chevaux, on a l'habitude de les soumettre à un travail fatigant qui occasionne des troubles dans les organes internes, troubles qui ne se produisent pas avec ces bains et n'arrêtent pas la digestion, qui se fait normalement.

Purgations. — L'entraîneur éclairé ne fait jamais abus des médecines, il en connaît les inconvénients et même les dangers. Elles ont assurément pour conséquence de hâter la condition, en apparence du moins; mais, en revanche, leurs effets sont trompeurs; elles émacient et dessèchent en quelque sorte les muscles, en les débarrassant des tissus adipeux; elles produisent à l'intérieur le même phénomène, mais elles apportent dans l'économie générale une perturbation et une irritation qui ne peuvent se produire, sans danger, qu'à de longs intervalles. La médecine interrompt plus ou moins longtemps le travail, car il y a des natures qu'elle éprouve notablement et qui s'en trouvent très affaiblies.

D'après Withe, on doit disposer un cheval à prendre une médecine, en lui donnant, pendant un ou deux jours, du son mouillé qui relâche doucement les intestins, en expulse tous les excréments endurcis, et facilite en même temps l'opération de la médecine.

Environ un quarteron de son, divisé en quatre repas, sera suffisant pour vingt-quatre heures; et comme il convient de ne donner au cheval qu'une petite quantité de foin, Withe croit utile d'ajouter chaque fois environ 1 litre au plus d'avoine broyée, qui servira à conserver ses forces et sa condition. On lui offrira souvent de l'eau, mais peu à la fois.

Quand on purge un cheval pour la première fois, il est prudent de lui faire prendre une médecine très douce : si l'on donnait la dose ordinaire à un cheval dont les intestins seraient faibles ou irritables, il y aurait danger non seulement de produire une grande débilité et par là de contrarier le but de la médecine, mais aussi de provoquer chez l'animal une inflammation des intestins, ce qui arrive assez fréquemment. Si le premier bol n'opérait pas suffisamment, on peut en donner un plus fort après un intervalle de quelques jours.

Le matin est le meilleur moment pour donner un purgatif, après avoir fait jeûner le cheval deux ou trois heures. S'il est disposé à boire après avoir pris le bol, présentez-lui un peu d'eau tiède pour en hâter la solution dans l'estomac, et conséquemment en activer l'effet. Pendant le jour, on doit retenir l'animal à l'écurie, et lui donner comme nourriture du son mouillé et peu de foin. On peut aussi lui faire boire abondamment de l'eau chaude, et s'il la refuse chaude, il faut la lui offrir presque froide. Le lendemain matin, il faut lui faire prendre de l'exercice, et alors la médecine commence à opérer. Si la purgation paraît suffisante, il ne sera pas nécessaire de le sortir de nouveau ; mais, quand on n'obtient pas promptement l'effet désiré, un exercice au trot pourra le provoquer. On lui donnera soigneusement, le même jour, du son mouillé et de l'eau chaude. Il ne faut pas négliger de le couvrir chaudement, surtout quand on le sort de l'écurie. Le jour suivant, la purgation doit ordinairement avoir fait son effet, et alors on lui donnera un peu d'avoine. Quand une médecine n'opère pas dans le temps ordinaire, que le cheval paraît malade et tranche, on lui procurera du soulagement par un lavement d'eau de gruau ; on lui fera boire largement de l'eau chaude et prendre de l'exercice.

L'aloès agit particulièrement sur le système sanguin de la veine porte, et son administration provoque la congestion des vaisseaux, aussi faudra-t-il éviter, par la mise de couvertures, tout refroidissement, qui pourrait avoir une répercussion grave sur l'organisme.

Ferrure. — Bien que chez le pur sang d'hippodrome, habitué à ne fouler que des sols peu résistants, les pieds soient en général de bonne nature, bien faits, et la ferrure spéciale rarement nécessaire, il est d'une absolue nécessité qu'elle soit bien appropriée, la plus légère possible, d'une grande solidité, et ne gênant pas les aplombs.

Aussi, dès que les poulains arrivant de la prairie viennent au dressage, faut-il examiner leurs aplombs, leurs pieds, voir si l'usure de la corne correspond bien aux défauts de la direction des membres, et au besoin prolonger l'épreuve en les travaillant quelque temps sans les ferrer. C'est sur ces données plusieurs fois contrôlées que le maréchal ferrant leur adaptera leur première ferrure.

La légèreté indispensable, et dont la diminution se traduit par une diminution de vitesse facilement calculable, est aisément obtenue par l'aluminium ou un alliage. Les procédés de fabrication et la qualité de la matière employée permettent de garantir une solidité parfaite.

Suivant la constitution du cheval et la nature du terrain, on lui appliquera, au moins pour l'épreuve même, des fers ordinaires, des fers genre américain, dont les avantages sont indiscutables, ou pour les terrains lourds des patins de cuir.

Il est utile et prudent de mettre une ferrure neuve pour les épreuves, et, pendant les périodes d'entraînement, de referrer toutes les trois semaines environ.

Pour montrer l'importance de cette question, nous devons rappeler qu'au mois de mars 1904 une mesure prise par la Société d'Encouragement et concernant la ferrure américaine, a appelé très sérieusement l'attention sur cette partie des soins hygiéniques, jusque-là considérée comme négligeable chez les chevaux de course.

L'étendue et la durée de leur carrière sont le plus souvent étroitement liées à la conservation des qualités normales de leurs sabots. En l'absence de ces qualités, l'aptitude motrice est au moins assez fortement diminuée, quelle que puisse être, d'ailleurs, la grande origine et l'excellence de la constitution des racers. C'est ce qui nous a déterminés à revenir sur cet intéressant sujet[1] afin de démontrer l'immense influence que la ferrure exerce sur le rendement mécanique du cheval de course, de signaler ensuite les principaux avantages que l'entraînement peut lui demander, les imperfections qu'elle présente, les améliorations qu'elle réclame, etc.

Posons d'abord les conditions d'une bonne ferrure. La première de toutes et la plus capitale est celle de maintenir toujours le sabot dans les proportions qui assurent la conservation de la direction normale des leviers du membre. Et c'est cette nécessité-là qui est à peu près généralement méconnue, parce que les conditions fon-

1. *Le Pur Sang.*

damentales en sont ignorées de la plupart de ceux dont c'est la fonction de les respecter.

Une des conditions essentielles de la conservation des propriétés naturelles de la boîte cornée est que ses diverses parties exercent leur fonction. Il faut pour cela que, dans l'appui du pied, chacune supporte la part de poids qui lui est normalement dévolue d'après les lois de la mécanique animale. Tous les systèmes enfantés par l'imagination féconde des entraîneurs et hommes de cheval sans avoir suffisamment étudié ces lois, sont des conceptions de fantaisie, dont il serait bon que la race pure fût enfin préservée ou délivrée. Tous ces redresseurs de la nature en sont le véritable fléau.

Ne perdons point de vue qu'il importe avant tout que la conformation du sabot soit telle, que tous les points de la face plantaire portent également sur le sol dans l'appui. Ce précepte résume toute l'hygiène de la ferrure, parce qu'il découle clairement de l'observation des faits naturels.

Nous ne ferons pas ici un traité de maréchalerie. Il convient seulement d'y consigner les notions de l'art, dont la connaissance est indispensable pour se mettre en mesure d'apprécier les conditions de la bonne exécution de l'opération par laquelle il se résume. Ces notions sont nécessaires, sinon pour diriger l'ouvrier dans l'accomplissement de son travail, du moins pour en juger les résultats et guider le choix qui doit en être fait. Il faut que celui qui possède des chevaux ou a la charge de leur hygiène soit capable de discerner entre le bon maréchal et le mauvais.

L'action de parer le pied n'est maintenue dans les limites utiles qu'à la condition de se borner à l'enlèvement de la partie de paroi qui excède la hauteur normale du sabot. Quant à la sole et à la fourchette, elles doivent être respectées. Il faut qu'elles s'usent par le frottement sur le sol.

Au lieu de cela, la plupart des maréchaux, afin que le pied ait meilleur aspect, jouent du boutoir sur toutes ces parties, les amincissent outre mesure en leur enlevant le revêtement extérieur qui les maintient hygroscopiques et prévient leur dessiccation; ils attaquent et détruisent les arcs-boutants, qui ont pour fonction de s'opposer au resserrement des talons et de permettre l'expansion de la fourchette; enfin, ils font de même pour la surface de la paroi, sur laquelle ils enlèvent, avec la râpe, la couche imperméable et luisante qui la protège également contre l'évaporation de l'eau dont la corne est imprégnée. Toutes ces pratiques sont aussi vicieuses que possible. On ne saurait mettre trop de soin à les éviter.

Suivant un entraîneur, dont la compétence est indiscutée et qui doit la plus large part de ses succès aux soins intelligents qu'il a su apporter à la ferrure, les pieds des chevaux de course, tant en France qu'en Angleterre, ne sont pas en général parés d'aplomb, mais encore l'opération est pratiquée d'une manière irrationnelle. Ainsi, comme nous l'avons dit, la fourchette est taillée à facettes, les barres et la sole sont amincies et le dessous du pied est creusé en cuvette.

Ce fait de creuser le pied a prouvé qu'il nuisait à la vitesse quand la course a lieu en terrain détrempé, le pied évidé, formant cloche, agit en quelque sorte comme une ventouse.

L'appui est plus long et l'enlevé est plus laborieux, ce qui se traduit par un effort mécanique très élevé. Si les resserrements, les bleimes, les seimes ne sont pas moins assez rares, avec le mode de ferrure qui avait été pratiqué jusqu'à ces derniers temps, il faut l'attribuer aux soins extrêmes dont les pieds sont l'objet dans les écuries d'entraînement, aux applications fréquentes de bouse de vache, de graine de lin, d'onguent et surtout au travail sur un terrain préparé.

Le point capital de la ferrure est donc que le sabot soit paré, en ayant soin de lui conserver ses dimensions normales ; que le fer soit d'égale épaisseur partout ; et que les clous qui l'attachent au sabot ne gênent pas les parties profondes, qu'ils soient implantés solidement dans les parties où ils ont le plus de prise et de manière à ne pas provoquer la déchirure de la corne par leur trop grand rapprochement ; à ces conditions la ferrure sera bonne.

Mais, pour qu'elle soit idéale, il faut encore que la ferrure du cheval de course soit légère et suffisamment résistante pour que le fer ne se brise, ni ne se déforme point pendant les galops rapides.

La légèreté est impérieusement exigée par la raison que le poids est une entrave à la vitesse. Un allègement de 500 grammes sur les quatre fers est chose à prendre en considération. Si, par exemple, un cheval de course parcourt $6^{m},43$ à chaque foulée de galop, il lui faut faire 155 foulées pour faire 1.000 mètres, c'est-à-dire enlever 155 fois ses quatre fers. Or, si les fers sont des fers ordinaires, comme on les utilisait encore il y a quelques années partout, le cheval soulève, en plus, 155 fois 500 grammes dans le parcours de 1.000 mètres, ce qui représente un effort total de $77^{kg},500$. Et puis il faut considérer que cet effort s'accomplit dans des conditions désavantageuses, le fer occupant l'extrémité du membre et, de ce fait, étant en quelque sorte porté à bras tendu. Il s'ensuit un supplément de fatigue.

Pour obtenir une ferrure suffisamment légère, on a été forcé d'abandonner le fer anglais, dont la fabrication même exige un poids trop élevé. Le fer encore employé dans un certain nombre d'écuries d'entraînement, pour l'exercice, sort des mains du forgeron avec son ajusture toute faite, en sorte que le ferreur n'a plus qu'à lui donner sa tournure pour l'adapter au pied. Cette ajusture consiste dans un biseau creusé, aux dépens de l'épaisseur du fer, sur sa face supérieure, depuis la limite circulaire interne de son tiers antérieur environ jusqu'à sa rive interne, dans toute son étendue, à l'exception des éponges, qui sont conservées planes dans toute leur largeur. Le tiers antérieur de cette face supérieure du fer forme lui-même une surface absolument plane. C'est sur lui, ainsi que sur les éponges, que repose, quand le fer est placé, le bord plantaire de la paroi que le couteau a nivelé horizontalement; et, à cause de cet usage, la surface plane ménagée sur la courbe du fer, en dehors du biseau de son ajusture, est désignée sous le nom de siège, et l'on appelle « seated shoe » le fer qui présente cette disposition. Concentriquement à sa rive externe et à une très petite distance de sa limite, une rainure est creusée à l'aide d'une tranche, laquelle rainure règne sur toute la courbe antérieure du fer depuis la pince jusqu'au milieu des branches. C'est dans le fond de cette rainure que les étampures sont percées. Tel est l'antique fer anglais, qui a eu une si grande vogue. On conçoit aisément d'après cette description qu'il ne peut pas présenter la même légèreté que le fer américain que nous allons décrire, ni *a fortiori* le poids de plume du fer en aluminium dont nous nous occuperons tout à l'heure.

Nous avons sous les yeux un des fers que portait *Flying Fox* lorsqu'il était à Kingsclere. En le comparant aux fers légers d'aujourd'hui, on croit voir un fer de limonier, et l'on se demande comment les chevaux pouvaient galoper librement avec de pareils poids à leurs extrémités. La pratique du training, en s'américanisant, adopta rapidement le fer aujourd'hui interdit et auquel, disait-on, Leigh devait tous ses succès. Il est fait avec une baguette spéciale d'acier à section trapézoïdale dont les dimensions sont : 3 millimètres de hauteur, 9 millimètres pour la face supérieure et 6 millimètres pour la face inférieure. La rive interne est plus inclinée que la rive externe. La face inférieure porte une rainure de 4 millimètres de largeur et 2 millimètres de profondeur sur toute sa longueur. Les éponges en biseau viennent affleurer le talon. Ce fer est en outre muni d'une lamelle brasée de 7 centimètres de longueur, 6 millimètres de hauteur, à section prismatique, qui s'enchâsse en pince et perpendiculairement à la face inférieure formant saillie. Le bord de cette lamelle offre l'aspect tranchant d'un couteau non aiguisé. Il est donc facile de se rendre compte du danger qu'elle présente, danger que les nombreux accidents enregistrés ont montré dans toute sa réalité.

Ce nouveau fer, qu'on croyait à l'origine simplement appelé à grossir le nombre déjà respectable des inventions que la fantaisie a fait naître en maréchalerie, avait conquis tous les suffrages. Une pratique déjà longue avait montré que cette ferrure était favorable au cheval de course par sa légèreté et par son rôle précieux dans l'appui, aussi eut-elle la faveur de tous les professionnels qui ne s'inquiétèrent point des risques que présentait son usage. Il est certain que si l'issue d'une course dépend souvent d'une glissade, si légère soit-elle, au moment où l'animal dans une arrivée donne toute sa mesure, cherchant un appui ferme sur le sol, grâce à ce mode de ferrure, non seulement le cheval ne peut glisser, mais il conserve le terrain acquis dans chaque foulée, grâce à l'appui en pince que favorise le fer américain, et il ne dépense pas inutilement ses forces pour maintenir son équilibre dans les tournants. En raison des avantages mécaniques et des dangers qu'offre à la fois ce genre de ferrure, il importe de savoir l'approprier à la conformation particulière des pieds de chaque cheval. Plus que tout autre il exige que les pieds soient parés d'après la ligne des aplombs. C'est là une condition qui, comme nous le disions plus haut, est trop souvent méconnue. Point n'est besoin d'insister longuement sur l'application de ce système de ferrure, puisque son usage a été interdit par le règlement.

Nous signalerons, en passant, qu'en Australie, où les chevaux courent assez souvent sans être ferrés, on emploie des demi-fers très légers en acier. Nous ne nous rendons pas compte le moins du monde de l'utilité de cette demi-ferrure, si ce n'est pour les yearlings.

Mais ce qui est surtout en pleine vogue là-bas, c'est la ferrure en aluminium, qui tend tous les jours à se propager davantage, à cause des avantages d'adhérence et de légèreté qu'elle présente, l'aluminium étant environ trois fois plus léger que le fer. On a donné à la ferrure de course en aluminium la forme anglaise que nous avons déjà décrite au cours de ce paragraphe.

Rompant avec cet usage, les maréchaux français au service des écuries d'entraînement ont façonné des fers en bronze d'aluminium (6 à 10 0/0 de cuivre) d'un modèle spécial, qui ont satisfait aux conditions de la bonne ferrure. Ce modèle laisse, en effet, toute la liberté, toute la force à la fourchette, qui repose sur le sol et permet au talon de se dilater normalement.

Pour forger le fer en aluminium, les maréchaux éprouvent quelques difficultés.

Ce métal peut être forgé à froid, mais, naturellement mou, il devient cassant si on le martèle.

L'HYGIÈNE ALIMENTAIRE

La question de l'alimentation joue un rôle considérable dans l'entraînement du cheval de course : elle est la clef de toutes les pratiques qui ont pour objet la préparation du cheval destiné aux luttes du turf.

Comment nourrir le pur sang ? a fait l'objet d'une étude spéciale où Curot et Fournier ont étudié tout ce qui est relatif à la diététique du cheval de course. Nos lecteurs voudront bien se reporter également aux ouvrages *le Pur Sang* et *le Demi-Sang*, qui complètent tout ce qui a trait à l'alimentation du cheval d'hippodrome.

Nous nous contenterons à cette place de donner quelques indications sur la manière de distribuer la nourriture.

La façon de donner vaut peut-être mieux que ce qu'on donne. C'est la tâche du head lad, qui doit connaître l'appétit de chaque cheval suivant l'appétence du sujet ; c'est lui qui réglera la ration.

N'oublions pas que la valeur propre de la ration doit fournir à l'entraîneur une indication pour la dose de travail qui conviendra à chaque cheval, puisque le travail mécanique que devra fournir l'animal est en raison directe du nombre de calories introduites dans l'organisme par la voie alimentaire. Les gros mangeurs assimilant bien leur ration pourront être soumis à un travail sévère, tandis que les poulains doués d'un faible appétit devront être entraînés avec plus de ménagement. Il serait utile de calculer à l'avance le nombre de calories que pourra dépenser un cheval durant une semaine ou un mois, d'après le rationnement considéré au point de vue énergétique.

Il ne faut pas se dissimuler que le pur sang constitue, dans le groupe des animaux producteurs et transformateurs d'énergie, un cas très particulier. En raison du travail spécial en mode d'extrême vitesse qui lui est demandé, de ses conditions particulières de vie, de sa précocité, et du tempérament que tous ces facteurs, accumulés depuis des générations, ont créé chez lui, cet animal échappe aux conditions générales qui régissent l'exploitation rationnelle des moteurs animés. On se plaît à présenter l'antithèse du cheval de course et du cheval de gros trait lent, et à remarquer que l'une et l'autre sont deux solutions élégantes, quoique opposées, du problème de la production dynamique des équidés. Et l'on ajoute que la production la plus onéreuse, énergétiquement parlant, c'est celle de la vitesse ; on montre que cette dernière nécessite une dépense extrêmement forte et, après avoir essayé d'en calculer la loi d'accroissement, on arrive à ce résultat frappant que, dès que la vitesse de l'allure s'élève, la dépense correspondante augmente, non en raison directe, non pas comme le double, mais comme le *carré* de cette vitesse. A une vitesse A, triple d'une vitesse *a*, correspond une dépense *neuf* fois plus grande.

On conçoit donc que l'alimentation d'un moteur soumis à un pareil surmenage ne soit pas, de tous points, comparable à celle d'un cheval de trait, ni même à celle d'un moteur en service ordinaire d'attelage léger ou de selle.

Un facteur important à combattre chez le cheval de course, c'est l'épuisement de l'influx nerveux. Qu'importe, en effet, à l'organisme, une réserve kilogrammétrique colossale, si l'insuffisance de potentiel nervin n'en permet pas l'utilisation intégrale? Pourquoi bander le ressort jusqu'à l'imminence de rupture, si le déclic qui va libérer cette force de tension ne peut point fonctionner?

En d'autres termes, le rendement mécanique peut être entravé ou anéanti par l'état d'épuisement nerveux de l'animal, situation malencontreuse dont nous avons maints exemples : que de chevaux, dans le parcours d'une course, sont « vidés » pour les raisons que nous venons de dire!

La conséquence immédiate de ces remarques est une sorte de dualité dans les qualités demandées à la ration du pur sang, et dans cette dualité : apport alimentaire d'abord, puis action sur le système neuro-musculaire, nous trouvons le grossissement de ce qui se passe chez les moteurs les plus pratiquement et banalement industrialisés.

Que disent en effet les auteurs classiques au sujet de la composition théorique de la ration d'un moteur?

Que cette ration comporte les éléments suivants :

1° Ration de simple entretien ;

2° Ration de production, laquelle se décompose à son tour en :

a) Ration de travail de transport ;

b) Ration de travail utile ;

c) Ration de surexcitation fonctionnelle.

Ce dernier terme, fort peu encombrant dans la ration d'un cheval de trait lent, devient le gros morceau dans celle de nos galopeurs. Tous les systèmes organiques sont soumis à un travail supplémentaire considérable, qui atteint son maximum d'intensité dans l'appareil régulateur, accélérateur et excitateur de toute la machine, dans le système nerveux.

Le pur sang a donc besoin, dans sa ration, à côté des aliments plastiques et dynamophores proprement dits, de principes doués d'une action élective sur le système neuro-musculaire.

Les denrées ordinaires ne remplissent point suffisamment ce double but ; aussi, pour obtenir un résultat qui reste cependant au-dessous de ce que l'animal peut fournir, est-on obligé d'employer les meilleurs d'entre elles à des doses excessives. Pour obvier à cet inconvénient et combler une lacune dans la technique alimentaire des chevaux de vitesse, nous avons cherché à réaliser quelques combinaisons qui nous paraissent de nature à satisfaire au désidératum ci-dessus exprimé, c'est-à-dire qui permettent d'introduire dans la ration, sous une forme aussi réduite que possible et avec le maximum de digestibilité, des « aliments minéraux et nervins », si nécessaires.

L'alimentation minérale. — Partant de cette opinion, que la valeur d'un cheval de course est en raison directe de la richesse de son organisme en principes minéraux, nous serons obligés de modifier l'alimentation actuelle, si nous voulons répartir avec moins d'écart la qualité de course sur la totalité de la race pure. Il est indéniable que le pur sang est insuffisamment nourri, au point de vue minéral, s'entend. Recevant en aliments minéraux un peu moins que le nécessaire, son économie est sans cesse exposée au déficit. Soit que le travail imposé à la machine animale vienne à augmenter ; soit que les fonctions et particulièrement les fonctions assimilatrices puissent se troubler légèrement ; soit que la température ambiante s'abaissant, le rayonnement du corps s'exagère ; soit que le sommeil apporte une réparation insuffisante, etc., chacune de ces causes, en diminuant les recettes ou en exagérant les dépenses, viendra augmenter le déficit, et s'il n'y a pas de réserves minérales, ce sera grâce à ces substances que se fera dès lors l'entretien de quelques-unes des fonctions de l'organisme. Pour éviter ces déficits et ces pertes, l'économie doit donc disposer de réserves en minéraux et en métalloïdes, afin qu'il puisse s'établir une sorte d'équilibre, où les dépenses ne dépasseront jamais les approvisionnements. Nous verrons sous l'action d'un nouveau régime augmenter la vitalité, la résistance de nos chevaux de course.

Aliments nervins. — A propos des aliments spéciaux qui nous occupent, nous devons exposer aujourd'hui une série de considérations que nous n'avons pas encore eu l'occasion de développer, relatives aux divers rôles que jouent les aliments dans l'organisme. Elles sont indispensables pour expliquer l'emploi des préparations alimentaires que nous préconisons.

Voici un cheval de course sans force apparente ; il est dans l'incapacité de fournir l'effort qu'on exige de lui à l'entraînement ou en course. On lui fait une injection hypodermique d'éther ou de benzoate de caféine ; presque aussitôt ses forces se raniment, l'aptitude au travail renaît, ses fonctions s'activent et se régularisent. Les agents utilisés dans cette circonstance, l'éther, le benzoate de caféine ou tout autre doping, sont cependant des matériaux entièrement impropres à fournir par eux-mêmes (n'étant pas sensiblement transformés dans l'économie), la moindre quantité d'énergie utilisable ; mais ils ont la faculté d'agir sur les centres nerveux pour exciter leur activité.

Ces substances sont aptes, en un mot, à placer momentanément l'organisme dans un état de résistance ou d'activité qui lui permet de réagir contre l'obstacle qui l'empêchait auparavant d'utiliser ses réserves.

De ces médicaments, dits nervins, aux aliments excitateurs, il n'y a qu'un pas. Lorsque, à un cheval éprouvé par les épreuves, nous donnons une préparation alimentaire spéciale et qu'aussitôt l'aliment absorbé, et bien avant que ses parties assimilables aient eu le temps de passer dans les vaisseaux, la sensation de bien-être, l'énergie, la force, sont augmentées, nous ne pouvons admettre que le sujet ainsi traité ait trouvé dans cet aliment, à peine absorbé, lorsqu'il en sent déjà le réconfort, la source et la cause efficace de l'énergie dont il devient aussitôt capable. Cet aliment a donc agi sur les nerfs qu'il a mis en tension ; il a fait disparaître l'influence empêchante créée par la fatigue, par les toxines peut-être.

Il a permis pour quelque temps au cheval qui est en état d'infériorité fonctionnelle de consommer aux dépens de ses réserves, les graisses, les sucres, les matières azotées, etc., jusque-là indisponibles, et dont il peut tirer dès lors de l'énergie utilisable.

Cet aliment, excitateur des nerfs, contient des principes combustibles propres à fournir de l'énergie à l'économie animale par sa transformation ultérieure; dans ce cas, il agit à la fois comme aliment proprement dit et comme excitateur des centres d'activité.

Cette aptitude à mettre ainsi l'économie en état de fournir plus de travail, de produire rapidement en un temps court une somme d'énergie qu'elle ne pouvait dépenser que plus lentement avant de recevoir l'action excitante, semble être tout particulièrement remarquable dans certaines préparations alimentaires, à ce point que les excitations qu'elles fournissent arrivent d'emblée à un degré que les aliments habituels ne sauraient jamais faire atteindre. Comme le coup de cravache qui tire encore un effort du cheval à bout de force, cet aliment peut porter l'organisme au point d'excitation nécessaire à l'excès de production momentanée d'énergie qu'on veut obtenir. Des observations et expériences déjà faites sont propres à bien éclairer ces vues. Il s'agit de deux poulains bien conformés, d'excellente origine, qui, chaque fois qu'on voulait les galoper vite, refusaient de fournir l'effort qu'on leur demandait. Ni suppléments de ration, ni coups de cravache, ni éperon, rien n'y fit. Nous avons donc ajouté à leurs aliments habituels notre préparation spéciale. A partir du jour où nous commençâmes les expériences, et tant que le nouvel aliment fut mélangé à leur alimentation journalière, ils firent tout ce qu'on leur demandait. Nous les avons suivis pendant trois mois, toujours au même régime et toujours intrépides et résistant aux fatigues du training.

Ainsi ces chevaux, qui recevaient de l'avoine en abondance et du foin à discrétion, ne pouvaient fournir l'effort nécessaire que sous l'action de l'excitateur spécial, élevant leur système nerveux à un état de tension suffisant.

On sait que la dépense d'énergie se compose de deux parties

Adam, par *Flying-Fox* et *Amie*.

bien distinctes : la perte en calorique et la production de travail mécanique. A l'état normal, et chez un poulain en santé, on peut estimer que ce travail ne représente que 10 0/0 de l'énergie totale introduite par les aliments, et qu'un bon cheval ne saurait fournir sous forme de travail utile que 12 0/0 environ de l'énergie alimentaire, l'évaporation cutanée et le rayonnement calorique représentant tout le reste de l'énergie totale dépensée. Or, sous l'influence de l'alimentation spéciale qui nous occupe, une plus grande proportion de l'énergie disponible est transformable en travail; l'économie, en un mot, est mise en un état tel que son rendement en chaleur étant proportionnellement diminué, son rendement en travail est augmenté d'autant.

Le régime alimentaire peut se généraliser d'après les données suivantes :

M. Cagny, au Congrès de l'alimentation rationnelle du bétail (1898), citait, à titre documentaire, l'importance qu'attache un de nos entraîneurs les plus distingués, R. Carter, à l'alimentation. « L'entraîneur le plus capable, disait-il, aura beau diriger avec habileté et surveiller avec soin l'entraînement de ses chevaux, il n'obtiendra pas de résultat s'il néglige tout ce qui se rapporte à l'alimentation et au bien-être de ses chevaux pendant leur séjour à l'écurie. »

Cette opinion est corroborée par celle d'un doyen du turf, qui disait que « savoir nourrir est plus difficile que de savoir entraîner ».

La diététique à l'entraînement s'est légèrement transformée, bien que le père Jennings ait décrété que les chevaux de pur sang devaient être nourris exclusivement d'avoine, de foin, de paille et de vert (luzerne et carottes). Sous l'influence de ces données empiriques, pendant de longues années, et même actuellement encore, la trinité d'avoine, foin, paille résumait la diététique du pur sang. Aujourd'hui, nos entraîneurs modernes, abandonnant la routine, ont écouté, timidement il est vrai, les conseils qui leur ont été donnés et, en présence des résultats avantageux obtenus, ils se sont inclinés. A l'avoine classique on a ajouté, dans certaines écuries, les fèves, le maïs, le sucre et ses dérivés.

Avant de faire la critique de la diététique actuelle employée pendant la période d'entraînement, nous allons indiquer le régime le plus employé dans les écuries de course (nature des denrées, quantités, modes de distribution).

A l'entraînement, d'après les renseignements qui nous ont été fournis de diverses sources autorisées, les chevaux mangent en moyenne de 12 à 14 litres d'avoine par jour en quatre repas; ils reçoivent en outre deux portions de foin (1 à 2 kilogrammes chaque fois) et deux bottes et demie de paille de premier choix.

On mélange généralement à l'avoine une poignée de luzerne et une poignée de carottes coupées ou de foin haché.

Outre ce régime, on donne, l'hiver, deux fois par semaine, le mardi et le samedi, un mash composé de gros son, d'orge, de graine de lin, d'avoine.

Ce régime subit quelques variantes pendant la saison du beau temps. En mai, on donne à chaque repas, au lieu de foin ou de carottes, une bonne poignée de vert haché.

Quelquefois on adjoint une « poignée » de pois ou de féveroles concassés deux fois par jour à l'avoine.

En été, selon la température et l'état du cheval, on donne deux fois par semaine deux mashes froids (son et avoine), en remplacement du vert, à l'un des repas de la journée.

L'heure de la distribution des repas varie à l'entraînement. Nous indiquons ci-dessous la distribution adoptée dans la plupart des écuries de courses :

PREMIÈRE SORTIE

Premier repas, vers 8 heures...........	6 à 7 litres d'avoine. 1kg,200 de foin. Faire boire.
Deuxième repas, vers midi..............	4 litres d'avoine. Faire boire.
Troisième repas, vers 5 heures.........	4 litres d'avoine. Faire boire.
Quatrième repas, vers 7 h. 1/2..........	2 lit. 1/2 d'avoine. 1kg,200 de foin.

Les quantités de grains indiquées correspondent à une ration de gros mangeur; il convient de remarquer que, vu l'heure matinale de la première sortie, les chevaux sortent pour ainsi dire à jeun[1].

DEUXIÈME SORTIE

Premier repas, vers 5 heures...........	2 lit. 1/2 d'avoine. 1kg,200 de foin. Faire boire.

1. Nous sommes convaincus que les chevaux travaillent avec beaucoup plus de profit, lorsqu'ils ont reçu le matin avant le travail une légère ration de grain.

Deuxième repas, vers 10 h. 1/2..........	6 litres d'avoine. Faire boire.
Troisième repas, vers 5 heures.........	4 litres d'avoine. Faire boire.
Quatrième repas, vers 7 h. 1/2..........	2 à 3 litres d'avoine. 1kg,200 de foin[1].

Vers neuf heures, on fait une visite pour appliquer, s'il y a indication, la muselière aux gros mangeurs.

Nous allons examiner maintenant la qualité des denrées mises en distribution et le rationnement pendant la période de l'entraînement.

Qualité des denrées. — Les denrées employées (avoines noires, pesant 50 kilogrammes à l'hectolitre, orge, maïs, féveroles, graines de lin, son), et les fourrages (foin, luzerne, paille) sont de première qualité pour porter le facteur appétence à son maximum.

On attache tellement d'importance à la qualité des aliments dans l'hygiène alimentaire du pur sang, que les chevaux, lorsqu'ils voyagent, emportent leur avoine et leur fourrage. Les Anglais font même suivre l'eau de boisson.

Rationnement. — Les chevaux à l'entraînement, contrairement aux autres moteurs, ne sont, en général, rationnés ni pour les aliments ni pour les boissons ; mais on recherche pratiquement à déterminer la quantité dont chacun d'eux a besoin.

Pour connaître l'appétit de chaque cheval (ration individuelle), on procède par tâtonnements ; lorsque l'on a constaté que le sujet consomme intégralement la ration qu'on lui donne, on augmente un peu l'un des repas ; s'il continue à tout absorber, on augmente un peu plus ce repas, ou on ajoute à un autre. Lorsque la ration est bien établie, il suffit parfois d'ajouter 1 demi-kilogramme d'avoine à un repas pour trouver des restes au bout de deux à trois jours, si ce n'est pas dès le premier jour.

Comme on peut le remarquer, la satiété constitue ici la règle du rationnement. A cette façon antihygiénique de procéder, les entraîneurs répondent que les chevaux de course ont toujours été bien nourris depuis leur naissance, que leurs ascendants ont été

1. *Comment nourrir le Pur Sang.* Asselin et Houzeau, éditeurs.

entretenus dans les mêmes conditions et qu'ils possèdent de par l'hérédité une aptitude digestive élevée ; mais, malgré cette puissante faculté assimilatrice, ils n'en sont pas moins victimes de la suralimentation qu'on leur impose.

On trouve cependant quelques sujets dits « gros mangeurs », qu'il faut rationner.

Étude critique du régime à l'avoine et du régime à préconiser. — Vu son mode très spécial d'utilisation, le pur sang peut être considéré comme le plus gros consommateur d'énergie, et, malgré un apport alimentaire considérable, le potentiel énergétique dont il dispose peut être épuisé en quelques minutes. Le travail automoteur et la surexcitation fonctionnelle atteignent en effet pendant la course plate une intensité extraordinaire et constituent des dépenses énergétiques extrêmement élevées.

Pendant l'entraînement, il en est de même ; l'animal, éprouvé sur des distances croissantes ou à une allure de plus en plus vive, a vite fait de dissiper les réserves accumulées. C'est pourquoi, devant baser cet entraînement sur des données physiologiques, nous dirons que les courbes d'accentuation du travail et de l'alimentation devront être parallèles aux diverses périodes.

Nous savons que, dans la diététique actuelle, il est loin d'en être ainsi ; le pur sang est un suralimenté depuis le début jusqu'à la fin de l'entraînement. Si l'alimentation intensive est justifiée, dans une certaine mesure, pendant la période du training, on ne saurait l'admettre pendant la période de repos de fin octobre à février.

Il est donc rationnel de diminuer, pendant la période d'inaction, la ration pour éviter le surmenage digestif. Cette remarque s'applique surtout au rationnement des chevaux de plat, car, pour les chevaux de steeple, le travail n'est pas interrompu d'une façon complète.

De même que, pendant l'entraînement, on augmente par un travail gradué l'activité locomotrice, on doit, par une sage progression dans l'alimentation, augmenter l'aptitude digestive du sujet.

Le surmenage de l'appareil locomoteur est aussi à redouter que celui de l'appareil digestif, l'un et l'autre compromettant l'avenir du sujet; malheureusement les entraîneurs prennent des soins méticuleux pour éviter le premier et font preuve d'une grande négligence, d'une indifférence coupable envers le second.

Il faut donc, en tenant compte de ces données, augmenter progressivement la ration, de façon que le sujet possède l'aptitude digestive et assimilatrice la plus élevée pour la dernière période de l'entraînement, où le rendement énergétique est porté à son maximum. Ce résultat, d'où dépend, en grande partie, le succès du moteur, ne peut être obtenu dans la majorité des cas, si l'on donne, au début, des doses élevées d'avoine, qui déterminent des troubles digestifs graves se traduisant par une inappétence plus ou moins marquée.

Le problème à résoudre est donc le suivant : apporter à l'économie le plus de matériaux nutritifs sous une forme assimilable, tout en évitant les troubles organiques : état pléthorique, inappétence, gastro-entérite consécutifs à la suralimentation.

On peut affirmer — et la pratique journalière le prouve, — que l'alimentation exclusive à l'avoine ne permet pas de résoudre la question ; les sucés, les brûlés en sont la démonstration évidente.

Une des raisons du grand succès de l'avoine comme aliment type du cheval a été la conséquence de ce que l'on croyait l'avoine pourvue d'un principe excitant spécial, l'avénine. Sur la foi de la découverte de Sanson, les partisans de l'avoine trouvèrent là un argument sérieux à l'appui de leur thèse ; les indécis furent convertis, et il fallut une ardente conviction aux contradicteurs pour continuer à soutenir la valeur dynamophore des aliments dépourvus d'avénine.

Régimes divers à l'entraînement. — Dans les pages qui vont suivre, nous allons étudier les différents régimes diététiques du pur sang pendant la période de l'entraînement.

Nous envisagerons successivement le régime des chevaux à inappétence; régime des convalescents; régime des purgations ; régime pendant les déplacements sportifs ; régime avant la course ; régime après la course.

Régime des chevaux à inappétence. — L'inappétence, que l'on observe si fréquemment sur les chevaux à l'entraînement, ne constitue pas une identité morbide propre ; elle est, dans la majorité des cas, un symptôme d'affections diverses. En dehors des maladies internes, l'inappétence chez le pur sang à l'entraînement peut être symptomatique :

a) Du surmenage ;

b) D'une suralimentation irrationnelle ;

c) D'une stomatite consécutive aux tractions maladroites exercées sur les barres par les lads ou les jockeys ;

d) D'un mauvais état de l'appareil dentaire;

e) De l'isolement;

f) Du tempérament (sujets nerveux, irritables, dits petits mangeurs).

Pour vaincre l'inappétence, qui interrompt souvent le travail régulier de l'entraînement, les moyens à employer, vu la diversité des causes étiologiques, sont variables et d'ordre différent. Si elle est liée à un état pathologique, traiter la maladie causale; si elle est consécutive à la suralimentation, instituer un régime diététique spécial; si elle est due à un mauvais état de la dentition, pratiquer le nivellement dentaire; si elle dépend d'une stomatite, faire des lavages buccaux; enfin, lorsqu'elle est attribuable à l'isolement, supprimer la cause en donnant un compagnon d'écurie.

Parmi les chevaux à inappétence, il convient, au point de vue étiologique, de faire deux catégories distinctes : les fatigués par un excès de travail et les fatigués par un excès d'avoine, en un mot les surmenés et les suralimentés.

L'inappétence observée dans les deux cas peut être partielle ou totale, selon le degré d'atonie du tube digestif.

Régime des chevaux fatigués. — Il n'entre pas dans le cadre de cette étude d'examiner les causes étiologiques de la fatigue et du surmenage; nous nous contenterons de faire remarquer que l'inappétence observée chez les surmenés est intimement liée au degré d'intoxication de l'organisme.

Le repos, la demi-diète, l'emploi d'aliments rafraîchissants (vert, tubercules, mashes), l'antisepsie intestinale (purgations, naphtol) sont la base du traitement; le degré d'intoxication variant avec la mesure dans laquelle la résistance organique a été dépassée, nous ne pouvons donner ici de régime fixe. L'hygiène du travail constitue le véritable préventif.

Chevaux fatigués par l'avoine. — Le pur sang à l'entraînement peut être considéré comme le type du « suralimenté à l'avoine »; le surmenage de l'appareil digestif obtenu avec une denrée échauffante est la cause déterminante des nombreux cas d'inappétence observés. Sous l'influence de ce régime prolongé, l'irritation intestinale se déclare dans un délai variable avec l'individualité, mais les troubles gastro-intestinaux, pour être retardés, n'en sont pas moins fatals.

Nous allons indiquer le régime diététique des « sucés » et des « brûlés » par l'avoine, aliment le plus généralement employé dans les écuries d'entraînement.

Le nombre des repas n'est pas modifié, seule la quantité d'avoine est diminuée selon le degré d'inappétence du cheval ; deux fois par semaine, le repas du soir est remplacé par un mash tiède.

La diminution ou la suppression totale de l'avoine, l'emploi d'un régime rafraîchissant sont les dominantes diététiques à réaliser; l'état des excreta (couleur, odeur, consistance) constitue le meilleur critérium.

La prophylaxie réside entièrement dans l'emploi d'une diététique rationnelle, où les doses massives d'avoine seront exclues et remplacées par d'autres denrées qui jouissent de propriétés hygiéniques puissantes : maïs, sucre et ses dérivés.

L'hygiène alimentaire (variété des aliments, multiplicité des repas) permettrait de diminuer, en grande partie, le nombre des chevaux à inappétence, qui forment toujours un contingent élevé dans les écuries d'entraînement et constituent un obstacle sérieux au travail progressif de l'exercice.

Dans ces chevaux, il faut faire deux catégories distinctes : 1° les sujets qui présentent de l'inappétence sans symptômes généraux graves et ceux qui, au contraire, présentent des signes morbides; les premiers ne sont pas arrêtés, le travail est seulement modifié; quant aux seconds, ils quittent temporairement l'entraînement pour être soumis à un repos et à un régime diététique approprié. L'indisponibilité varie dans une large mesure (quelques semaines à quelques mois), selon le degré d'irritation intestinale. Pour les sujets qui présentent un degré d'atonie du tube digestif accusé, qui résiste à l'emploi des poudres condimentaires, le régime du vert suffisamment prolongé constitue le meilleur mode de traitement.

Avec le régime lacté avant la mise à l'herbe, qui donne des résultats positifs, on évite le retard de la remise en travail.

En résumé la diététique des chevaux à inappétence variera selon que l'on aura affaire à des « suralimentés » ou à des « surmenés ». Dans les deux cas, l'inappétence existe ; mais les causes étiologiques différentes font varier, dans une certaine mesure, le traitement. Pour les premiers, la suppression totale de l'avoine constitue une indication absolue ; pour les seconds, elle n'est que relative (demi-diète).

Dans les deux cas, on utilisera les condiments et les produits sucrés, qui exerceront une action utile sur les facteurs appétence et digestibilité, si déprimée à cette période.

Parmi les premiers, nous signalerons l'emploi de l'énergétine, dont l'action condimentaire a été démontrée par l'expérience, et, parmi les seconds, la sucrosine, dont l'effet hygiénique est depuis longtemps consacré par la pratique. (*Comment nourrir le Pur Sang.*)

L'alimentation suivant la taille et le poids du cheval de course. — Pour le proportionnement de la ration alimentaire à la taille et au poids du corps, on devra se rappeler qu'il a été établi qu'à l'état de repos ou de simple entretien, 72 centièmes de l'énergie virtuelle emmagasinée avec les aliments sont dissipés à la surface du corps sous forme de chaleur rayonnée ou perdue par conduction, et 28 centièmes sont transformés en travaux divers ou rejetés à l'état de chaleur latente de vaporisation avec l'eau expirée ou perspirée. Or si cette partie de l'énergie perdue est proportionnelle au poids P de l'individu qui fonctionne, la chaleur perdue par rayonnement est (toutes autres choses d'ailleurs restant égales) proportionnelle à la surface du corps S.

Supposant l'animal bien placé dans des conditions normales de santé, représentons par m la chaleur perdue par l'unité de surface S du corps exprimé en décimètres carrés, et par n la chaleur perdue en même temps (ou l'énergie dépensée) par unité de poids P, exprimée en kilogrammes, nous aurons, en représentant par C la quantité de chaleur correspondant à l'énergie totale dépensée, au cours d'une période de vingt-quatre heures par exemple :

$$(a) \qquad mS + nP = C.$$

Nous savons aussi que, entre l'énergie mS rayonnée par la surface et celle nP perdue sous forme de travail, chaleur de vaporisation, etc., existe la relation expérimentale :

$$(b) \qquad \frac{mS}{nP} = \frac{72}{28}.$$

D'autre part, pour les cas normaux ou moyens, il nous est possible de connaître la relation habituelle qui existe entre le poids du corps et sa surface.

Pratiquement le poids et la surface du corps du cheval sont loin d'être proportionnels à la taille ; plus celle-ci diminue, plus elle augmente relativement la surface et par conséquent les besoins alimentaires. Les chevaux petits mangent donc plus que les gros pour un même poids ; ils excrètent aussi une plus grande quantité d'acide carbonique par la peau et le poumon ; ils consomment plus d'oxygène et semblent avoir besoin d'une quantité relative plus grande de substances albuminoïdes.

Ce qui est certain, c'est que l'énergie alimentaire nécessaire par kilogramme corporel pour entretenir le fonctionnement varie avec le poids du sujet et diminue très notablement à mesure que ce poids augmente. En calculant le nombre moyen de calories consommées par jour et par kilogramme par des sujets moyens, nous voyons que le besoin en albuminoïdes est proportionnellement plus grand chez les poulains au-dessous de la taille moyenne que chez les grands chevaux.

L'alimentation suivant le sexe. — Le poulain de pur sang doit avoir à sa disposition une nourriture abondante composée d'aliments de choix. On doit éviter de lui donner des aliments nervins, et un rigoureux dosage des principes minéraux qui ont une action reconnue sur les cellules sexuelles s'impose. Chez la pouliche comme chez le poulain il est inutile, en effet, de provoquer prématurément le développement hâtif des fonctions de reproduction qui arrêterait ou troublerait la croissance normale et réagirait sur les autres fonctions.

Lorsque les sujets sont à l'entraînement, le meilleur des excitants de l'appétit sera un bon exercice pour les poulains, le travail modéré pour les pouliches. Pendant sa première année d'entraînement, le cheval, alors qu'il n'a pas encore deux ans, mange autant qu'un adulte, quelquefois plus.

L'animal doit donc pouvoir pleinement satisfaire son appétit. Il faut que l'on veille à ce que les animaux reçoivent une ration en rapport avec leurs besoins physiologiques ; que la qualité des aliments soit bonne ; que les grains soient bien nettoyés ou criblés ; que les mashes et tous les aliments cuits soient préparés avec soin. De deux à quatre ans tout travail est accompagné d'une énorme dépense. C'est l'âge où le corps de nos racers prend sa forme définitive, devient viril, se fortifie et se dépense.

Les mêmes règles s'appliquent à la pouliche ; encore faut-il modérer le travail et veiller à ce qu'elle s'alimente sainement et largement, surtout en matériaux azotés, phosphorés et minéraux, afin de lui conserver toutes les qualités nécessaires à la fonction de poulinière qu'elle devra remplir plus tard, après une carrière de courses que nous voudrions aussi courte que possible.

Chez la jument adulte, que, dans quelques cas particuliers, on laisse au travail, le régime doit être environ de 4/5e ou de 5/6e de celui d'un poulain de son poids ; en se rapportant à la ration d'entraînement que nous avons indiquée par ailleurs et en observant les matières minérales qui entrent dans son alimentation, on doit augmenter la teneur de la ration en éléments reconnus comme ayant un rôle énergétique...

Méthode permettant de fixer le régime alimentaire. — Afin de pouvoir résoudre les questions que pose l'alimentation du cheval, il y aurait lieu de suivre une méthode qui nous fixerait sur bien des points encore obscurs. Il suffirait de faire des expériences dans lesquelles il faudrait remplir les conditions suivantes pour plusieurs chevaux aussi semblables que possible, comme taille, poids, tempérament.

Ces chevaux devront être constamment surveillés de façon à recueillir complètement les urines et les fèces. Ne jamais laisser uriner les chevaux en dehors des boxes.

L'évaluation du travail exécuté par le cheval en un temps donné résultant de l'effort, du poids et du chemin parcouru, il sera toujours facile d'avoir la dépense mécanique employée quotidiennement. Des pesées régulières sur une bascule sensible feront connaître tous les jours, aux mêmes heures, le poids vif des chevaux au repos, avant et après le travail.

Les chevaux devront boire à discrétion à des heures fixes, et le volume de l'eau bue sera exactement mesuré chaque fois.

Le poids et la composition de chacune des rations distribuées sont déterminés rigoureusement ; il en est de même des restes laissés dans la mangeoire, qui sont défalqués, de sorte que l'on connaît exactement la quantité et la nature des aliments ingérés.

Les fèces et les urines sont analysées.

Il faut encore enregistrer l'état de l'atmosphère, la température, l'humidité, la pluie, etc., qui influent sur les conditions de l'expérience.

Lorsqu'on a examiné tous ces facteurs, on peut fixer définitivement le régime qui conviendra à chaque cheval de course, le régime qui lui donnera le moyen de fournir le rendement mécanique maximum.

Variation du régime avec les climats et les saisons. — Le cheval de pur sang vivant sous les latitudes les plus diverses et les plus opposées, il peut être intéressant d'étudier cette question des climats et des saisons au point de vue alimentaire.

Dans les saisons et les climats froids, la chaleur rayonnée et le refroidissement pulmonaires étant plus grands, il faut nécessairement, pour un même travail extérieur, une alimentation plus riche; et réciproquement une alimentation plus pauvre suffira dans un pays chaud. Et, comme c'est la chaleur rayonnée, ou devenue latente par évaporation de l'eau pulmonaire ou de la sueur qui diminue la proportion d'énergie disponible et transformable en travail, il s'ensuit que, chaque fois que cette perte par refroidissement sera faible, le cheval pourra vivre, fonctionner et travailler également avec une moindre alimentation. Nous avons vu, par exemple, des chevaux arabes se contenter d'un régime qui leur apportait un nombre de calories diminué qui aurait été insuffisant pour des chevaux de pur sang anglais entraînés en Angleterre ou dans les centres d'entraînement des pays froids. Ils n'en étaient pas moins bien portants, bien musclés, et ils fournissaient un rendement élevé en travail.

Dans les pays intertropicaux, la ration d'entretien est d'environ les cinq sixièmes de celle des climats moyens.

Pour la ration d'entretien qui convient au pur sang, dans nos climats, la quantité des matières azotées assimilables de la ration d'entretien doit être celle que nous avons fixée dans un autre ouvrage.

Un travail modéré augmente de 1/6° environ les dépenses correspondant à la ration d'entretien.

Pour l'application, la meilleure de ces données, le poids des chevaux doit être normal, c'est-à-dire proportionnel en kilogrammes à celui du périmètre thoracique, etc. (méthode Crevat). Pour la ration de travail, les nombres de calories doivent être augmentées de 1.600 à 4.500, suivant les cas.

Dans les climats froids où l'activité musculaire est plus intense, les grains et les aliments nervins doivent entrer dans le régime en quantité relativement plus abondante et d'autant plus que le cheval est soumis à un entraînement plus sévère.

Lorsqu'il s'agit, dans une saison froide ou un climat glacial, de permettre au cheval de résister aux refroidissements, ce sont les aliments ternaires et particulièrement le sucre et les aliments gras qu'on doit accumuler dans son alimentation.

Dans les climats chauds et les saisons chaudes, au contraire, en raison de l'évaporation abondante qui se fait chez le cheval à la surface du corps et qui maintient la température des organes à 37°,5 environ, le régime s'enrichit en aliments verts, aqueux, qui viennent remplacer l'eau évaporée par la peau pour rafraîchir le sang, etc. ; à ces aliments s'ajoute, comme une sorte de constante, la proportion des matériaux protéiques indispensable à l'entretien des tissus. Ce qu'il faut dans ces aliments, c'est éviter au cheval les aliments trop gras, trop amylacés. Mais, chose intéressante pour les mêmes fonctions, le même entraînement et un rendement analogue en travail, le cheval consomme à peu près la même proportion de matières protéiques et en emprunte à peu près la même quantité aux herbes et aux grains, que le climat soit froid et humide ou chaud et sec. Seul le taux des principes ternaires s'élève dans les climats froids. C'est ce que démontrent en particulier les faits relatifs aux chevaux à l'entraînement en Angleterre, Allemagne et Russie qui sont des pays froids et ceux relatifs aux Indes, à la République Argentine, à l'Australie, etc., qui montrent bien que les principes gras et amylacés sont bien les principes qu'on doit fournir au cheval de course dans son régime lorsqu'il doit résister au froid.

Quant au travail mécanique, il est fourni en très grande partie par les corps gras et les substances amylacées, mais non entièrement, car les albuminoïdes de la ration augmentent avec ce travail, quoique beaucoup moins que les corps ternaires, et non pas proportionnellement au refroidissement ou au climat très froid, mais bien à la fatigue du cheval. Et même, chose inattendue, d'après des communications de physiologistes russes, c'est en été et non pas en hiver que les chevaux de ce pays consomment le plus de graines dont la teneur en graisses est très élevée.

Ces faits d'observation, recueillis en dehors de toute théorie préconçue, sont bien conformes à ceux qu'ont fait connaître les expériences de laboratoire qui nous montrent : qu'à mesure que le milieu se refroidit, l'animal ne perd pas sensiblement plus de substances azotées, et par conséquent n'en consomme pas davantage, mais il brûle de plus en plus de carbone emprunté aux matières ternaires qui disparaissent proportionnellement au refroidissement du milieu, matières dont le besoin se fait par conséquent de plus en plus sentir, si les températures moyennes diminuent progressivement. Il semble cependant qu'on ait fait la remarque qu'à poids et à travail égaux les chevaux nés et élevés dans les pays tropicaux mangent presque autant que ceux des climats froids. L'énorme évaporation de la peau dans les climats très chauds expliquerait peut-être la nécessité d'une alimentation qui suffise à pourvoir à cette perte de calorique latent.

Régime des purgations. — On emploie les médecines sur les chevaux qui, malgré le travail sévère de l'entraînement, restent en état, avec un abdomen plus ou moins volumineux et n'acquièrent pas toute la puissance respiratoire dont ils ont besoin, pour courir les épreuves auxquelles ils sont destinés. On purge aussi, mais plus rarement, et surtout avec des doses moins élevées, les poulains que l'entraînement fatigue, qui perdent l'appétit, digèrent mal et deviennent constipés. En général, les chevaux se trouvent bien de cette pratique, à la suite de laquelle les fonctions digestives se rétablissent, en même temps que les autres fonctions se régularisent. Seulement il ne faut pas en abuser, comme on le faisait à une époque qui n'est pas encore bien loin de nous. Le conseil est du reste à peu près inutile car l'entraîneur moderne connaît les inconvénients et même les dangers des médecines.

Les entraîneurs anglais ont l'habitude d'user fréquemment des bols à base d'aloès; on pourrait même dire que, pour eux, la purgation fait partie de l'entraînement. Il est d'usage, chez eux, de purger tous les chevaux d'une façon systématique avant la reprise du travail.

Les entraîneurs américains sont, au contraire, beaucoup plus modérés dans l'emploi des purgations; ils ne donnent des bols qu'après avoir pris l'avis d'une personne compétente et en restreignent l'emploi, pour ainsi dire, au titre exclusivement médical.

Le régime diététique des jours qui précèdent la purgation et de ceux qui suivent a une grande importance, au point de vue de l'effet thérapeutique observé; nous l'avons déjà indiqué, au cours de ce chapitre, au paragraphe relatif aux purgations.

Régime pendant les déplacements. — Ces déplacements sont fréquents par suite de l'utilisation spéciale du pur sang; il vaut mieux, au point de vue hygiénique et énergétique, ne pas les faire *in extremis ;* il est indispensable que les chevaux arrivent plusieurs jours avant la course.

A égalité de classe, les déplacements longs handicapent sérieusement les chevaux, dont la nervosité est excessive. Aussi faut-il prendre toutes les précautions, pour en atténuer les effets, par une diététique spéciale.

Dans les déplacements sportifs de courte durée, pour éviter la perte de condition, le régime en voyage ne sera pas changé tant sous le rapport de la quantité que de la qualité; car il ne faut pas oublier que, dès le lendemain de son arrivée, le cheval reprend son travail régulier.

Pour que le facteur appétence, qui est souvent capricieux en voyage, ne subisse aucune variation, les denrées qui constituent l'alimentation normale du cheval (avoine, foin) doivent le suivre dans ses déplacements ; il en est de même pour l'eau destinée aux boissons.

Quand les voyages sont longs, il faut surveiller attentivement l'hygiène alimentaire; l'examen des excreta servira de guide précieux pour le régime à instituer, et dont les rafraîchissants doivent constituer la base (mashes, aliments sucrés).

L'observation montre que les chevaux qui se nourrissent bien pendant un long voyage (voyage par mer pour les chevaux exportés en Amérique, en Australie, etc.) ont une tendance, sous l'influence de la stabulation permanente, à prendre beaucoup d'état; ces sujets seront soumis à une demi-diète, de façon à les maintenir dans leur condition normale et à éviter les troubles pathologiques (congestion, fourbure), qui résultent de la suralimentation.

Pour éviter la solitude, on donne le plus souvent, dans les voyages de quelque durée, un camarade au cheval; cet élément psychique n'est pas négligeable, car il a une action favorable sur l'appétence.

Repas avant la course. — Les considérations sur l'énergétique musculaire permettent d'affirmer que le cheval ne court pas avec les aliments qu'il ingère le jour de la course, mais avec sa réserve dynamogénétique. Aussi, pour cette raison, est-il indiqué de diminuer la ration le matin de l'épreuve. Un cheval « bourré » est dans de mauvaises conditions pour disputer une épreuve.

C'est l'influx nerveux qui doit dominer, et non l'apport nutritif; cette particularité montre l'importance qu'il faut attacher aux aliments dits « nervins ». L'Énergétine à base de kola et de sucre, pendant les quelques jours qui précèdent, par ses propriétés énergétiques, doit être la dominante diététique.

Les indications hygiéniques sont les suivantes : pour ne pas réduire le coefficient respiratoire, la ration de foin est supprimée. Après son travail du matin, le cheval reçoit environ 2 litres et demi d'avoine; après ce repas, on lui met la muselière et on le laisse au repos jusqu'au moment de la course. Pour éviter la surcharge alimentaire et tout trouble digestif, la distribution de l'avoine doit avoir lieu trois ou quatre heures environ avant l'épreuve.

Le rationnement ne porte pas seulement sur le fourrage et le grain, la quantité d'eau de boisson est diminuée dans une large mesure pour éviter tout effet dépressif.

Les substances pseudo-dynamogènes ingérées en temps utile augmenteront le potentiel énergétique du sujet, de même les aliments dynamophores ou nervins, énergétine, sucrosine, etc. Ces substances ayant fait l'objet d'une étude chimique et physiologique spéciale dans *Comment nourrir le Pur Sang* [1], nous y renvoyons le lecteur.

Repas après la course. — Rien n'est plus difficile et n'exige plus de tact que de conserver un cheval en condition dans l'intervalle qui sépare deux courses; le facteur appétence servira, avec l'état du cheval après l'épreuve, à l'établissement du régime alimentaire; de plus, la diététique variera selon que le cheval doit courir à bref délai ou être soumis, pour des raisons de convenance ou de nécessité, à un repos plus ou moins prolongé, tant sous le rapport qualitatif que quantitatif.

Dans le premier cas, on ne changera rien dans son régime, à moins d'indication absolue (forme clinique du surmenage) pour ne pas modifier sa condition et lui conserver intact son potentiel énergétique si difficilement acquis. On évitera avec soin de lui donner des mashes, qui, par leur effet débilitant, baisseraient sa condition.

La diététique suivante devra être adoptée lorsque le sujet sera soumis à un repos plus ou moins prolongé. Il sera inutile d'instituer un régime rafraîchissant pour calmer la surexcitation résultant de la suractivité fonctionnelle; les tempérants (eau vinaigrée

1. *Loc. cit.*

eau acidulée) sont indiqués ; on leur adjoindra l'action des mashes et des produits sucrés.

Deux heures après la course, alors que le sujet est complètement calme, que les grandes fonctions, respiration et circulation, sont normales, on donnera un mash ; l'emploi de la graine de lin et du sel de nitre évacueront, par la diurèse qu'ils produisent, les produits de déchets qui résultent de la contraction musculaire et déterminent, outre l'encrassement de la machine, un léger degré d'intoxication entraînant une inappétence plus ou moins complète.

Pour combattre la dépression nerveuse consécutive à la course, qui se traduit, dans la majorité des cas, par une atonie de l'appareil digestif, il y a indication, surtout quand le cheval doit fournir une autre épreuve à bref délai, d'utiliser le pouvoir énergétique et reconstituant de l'ajaxine.

Si l'adynamie est profonde, si la sidération est complète, on aura recours avec profit, aux substances pseudo-dynamogènes, aux aliments nervins, dont l'énergétine constitue le type.

Distribution de la nourriture. — Tous les entraîneurs ne sont pas d'accord sur la façon de distribuer la nourriture quotidienne. Les auteurs qui ont écrit sur l'entraînement ne le sont pas davantage.

Parr déclare que deux repas par jour sont suffisants ; W. Day donnait cinq repas ; M. de Lagondie est d'avis de donner quatre repas : le matin, à midi, à trois heures, et le soir, avec de l'avoine à chaque repas, et du foin le matin et le soir ; Le Hello, cinq repas composés de la façon suivante : avant le travail, un tiers de la ration d'avoine ; après le travail, un tiers de la ration de foin ; à midi, un tiers avoine ; après le pansage du soir, un tiers avoine, et, le soir, un tiers foin.

On le voit, les idées sont différentes, et nous savons que chaque entraîneur a des coutumes particulières.

Mais tout le monde est d'accord pour affirmer que la régularité des repas est une condition indispensable de la bonne santé, et qu'un trop petit nombre de repas rend les animaux gloutons ou leur enlève l'appétit.

« Il est aussi universellement reconnu qu'une partie des aliments de force doit entrer dans le repas qui précède le moment où le travail doit se faire. » (Le Hello.)

Voici le système que nous avons choisi et que nous croyons en harmonie avec les règles d'une bonne hygiène, la durée du travail et les obligations de la vie des chevaux et du personnel de l'écurie :

Le matin, à six heures en hiver, à quatre heures en été, quelques gorgées d'eau et 2 litres d'avoine.

Une heure après, départ pour le travail ; vers neuf heures, après le pansage, une partie de la ration de foin ; à midi, on donne à boire et une ration d'avoine (3 ou 4 litres); à quatre heures en hiver, à cinq heures en été, après le pansage, on donne à boire de nouveau et le reste de la ration journalière d'avoine (4 à 6 litres); enfin, à six heures en hiver, à sept heures en été, avant de fermer les portes, la deuxième ration de foin.

Si le premier lot prolonge sa sortie du matin, on distribue le repas de foin aux chevaux restés à l'écurie avant la sortie du deuxième lot.

Les aliments habituels sont : l'avoine, le foin, la paille, l'énergétine et une eau bien saine.

Il est inutile d'ajouter que le foin et l'avoine doivent être d'une qualité irréprochable.

Le foin doit être remplacé, surtout pendant l'hiver, par de la bonne luzerne; quant à la paille, elle n'entre et ne doit entrer que pour bien peu de chose dans l'alimentation du cheval de course.

En dehors de ces aliments habituels, on ajoute à l'avoine, des fèves (surtout pour les chevaux maigres) et des féveroles, du maïs, de l'albuminoïde phosphoré et de l'ajaxine dont nous parlerons tout à l'heure.

L'eau de boisson. — L'eau qui doit être de qualité parfaite, provenant soit d'une source, soit d'une citerne, ne devra jamais être donnée trop froide, mais à peu près à la température de l'écurie.

Les chevaux à l'entraînement boivent relativement peu, la quantité d'eau absorbée doit osciller entre 15 et 20 litres. Pour éviter une trop grande ingestion d'eau à la fois, il est prudent de laisser un seau dans le box.

L'eau minérale au cheval de course. — La médecine vétérinaire a eu depuis longtemps recours aux eaux minérales, et entre autres documents on peut lire dans les rapports présentés à l'Académie de Médecine, les succès obtenus à Cauterets, à Luchon, au Mont-Dore sur les chevaux atteints de maladies chroniques des voies respiratoires.

L'eau de Vichy, de Contréxeville, d'Évian, etc., a été employée avec succès sur des poulains, des reproducteurs, des animaux à l'entraînement, dans des affections diverses. Nous avons, pour notre part, conseillé l'emploi de l'eau de Lamalou dans le traitement de la « maladie des chiens » chez des poulains dont on a vu l'état s'améliorer après deux mois de ce régime.

Pour la guérison plus rapide des chevaux atteints de gourme, de pneumonie, dans les cas d'appauvrissement du sang, d'atonie, de débilité générale ou partielle, nous préconiserons l'emploi d'une eau minérale ferrugineuse et chlorurée sodique, dont les effets à l'intérieur sont remarquables dans le traitement des affections énumérées ci-dessus qui atteignent le plus fréquemment les chevaux de course. Elle excite l'appétit et porte son action sur le système sanguin, active l'hématose et relève l'énergie de tout l'organisme. Cette eau, de découverte récente, est surtout intéressante parce qu'elles contient les dominantes minérales du corps du cheval, telles que la minéralogie biologique a pu les fixer.

Les mashes. — Une ou deux fois par semaine, le repas d'avoine du soir est remplacé par un mash, composé de la ration habituelle d'avoine, de fèves ou féveroles, de graine de lin, avec une cuillerée ou deux de sulfate de soude, quand cela est nécessaire, le tout lié avec 1 litre de son et arrosé d'eau chaude. Les feuilles de luzerne tombées des tiges qui constituent un aliment essentiellement nutritif, doivent être utilisées dans les mashes, destinés au cheval de course.

Vert, carottes, sel. — A certaines époques, soit pour rafraîchir les intestins surchauffés, soit pour donner un coup de fouet aux appétits rendus languissants par l'uniformité de la nourriture, le sel, les carottes et le vert sont d'un précieux secours. Le vert ne doit être donné que modérément, du moins aux animaux en travail, et mélangé au foin sec.

Le sucre. — Enfin, dans la période finale d'une préparation, le sucre, à peu près universellement employé aujourd'hui, apporte à la machine animale le charbon qu'elle consomme avec tant d'avidité.

Comme l'emploi du sucre pur ne pouvait être sans inconvénient indéfiniment prolongé à haute dose, les aliments sucrés permettent, en dehors des périodes intensives, d'utiliser les bons effets dans une proportion atténuée.

De tous ses dérivés et de préférence aux préparations mélassées, nous choisissons l'énergétine (sucre, avoine, kola) et la sucrosine (orge, riz, sucre et soya).

Enfin, un aliment, dans lequel nous avons la plus grande confiance en raison des bons effets que nous avons constatés, et qu'il faut donner régulièrement, c'est l'*albuminoïde phosphoré* dont nous avons parlé dans la première partie de cet ouvrage; son action sur les poulains, sur les animaux d'ossature fragile, lymphatiques ou usés, est d'une efficacité certaine et considérable.

Un autre facteur essentiel de la formation de la ration quotidienne par l'association des substances nutritives, c'est la quantité respective de chacune.

Certains, traduisant leur opinion par le vieil aphorisme que « l'avoine, c'est le cheval », estiment que c'est le seul élément locomoteur actif et excitant; qu'il faut la donner à discrétion, et que c'est une gloire de pouvoir dire : « Mon cheval mange 18 litres. »

Mais nous savons aujourd'hui que la ration de production d'énergie et de vitesse peut être composée d'autres éléments que l'avoine, le sucre, par exemple, éléments plus facilement digestibles, moins volumineux, moins fâcheux pour l'organisme, et ayant plus d'action sur le système nervo-moteur. Aussi estimons-nous qu'il est bien préférable et plus scientifiquement rationnel de limiter la ration d'avoine et de la faire varier, suivant le volume des animaux, entre 8 et 12 litres maximum; d'augmenter le foin ou la luzerne et d'en porter la ration à 6 et même 8 kilogrammes, donnant ainsi une importance plus grande à ce que nous appellerons la *ration d'entretien*, convaincus que nous obtiendrons ainsi un équilibre bien plus parfait dans les différentes fonctions de l'organisme.

CHAPITRE V

LE DRESSAGE DU YEARLING

L'arrivée des yearlings dans les centres d'entraînement est un événement. Chaque entraîneur examine curieusement ceux des autres écuries, cherchant, par une comparaison mentale, à établir une différence entre les nouveaux venus et ceux qu'il possède lui-même.

L'époque du dressage est une question importante. C'est en septembre que commence généralement la première éducation du jeune animal. Il est bon d'attendre que les poulains aient atteint la puberté : pour les poulains tardifs chez lesquels la sexualité ne s'est pas encore manifestée, il est bon d'attendre jusqu'en octobre ou novembre.

N'oublions pas que les résultats hygiéniques de l'exercice, tel que nous le comprenons et le recommandons pour les yearlings, sont d'ordre général et intéressent l'économie entière. En effet, grâce à une circulation plus active, à un afflux de sang plus généreux, grâce à une absorption plus grande d'oxygène au niveau du poumon qui se développe en même temps qu'il est mieux irrigué, les combustions intimes augmentent d'intensité et s'opèrent d'une façon plus complète; c'est-à-dire que la nutrition s'améliore, comme en témoigne d'ordinaire l'appétit, qui devient plus vif chez les poulains. Par la suite, on peut constater bientôt une augmentation de poids, de force et de vitalité, liés à un meilleur équilibre des échanges nutritifs, et dépendant aussi de l'utilisation comme de la réparation des forces dans les conditions les plus avantageuses, du fait d'une capacité de résistance accrue et d'un fonctionnement plus parfait, du cœur plus vigoureux, du poumon amplifié dans le thorax élargi, des muscles grossis et plus puissants. L'entraîneur ne doit pas du reste perdre de vue que cette augmentation du volume et de la force musculaire n'est qu'un des éléments de l'augmentation de la force de résistance de l'organisme du poulain, but final de l'exercice préparatoire, et qui doit permettre au yearling de rester en équilibre physiologique normal au moment de ses débuts à l'entraînement.

Une visite à Chantilly, en septembre, montre les pelouses en pleine

La première sortie des yearlings : 1er *Val-d'Or*; 2e *Saint-Michel*.

activité de dressage de yearlings. On y revoit les scènes, renouvelées tous les ans, qui prouvent que la méthode encore employée par quelques entraîneurs est, à peu de chose près, ce qu'elle était il y a cinquante ans. Ceux qui l'appliquent paraissent ignorer que du dressage dépend l'avenir du cheval. Un mauvais début entraîne la perte des meilleures dispositions du caractère, au moment où il est précisément en formation, et compromet toute une carrière. De plus — et cette autre conséquence est plus fréquente qu'on ne le croit — le peu de résistance des membres et du squelette en général permettent des lésions bien faciles, souvent peu ou pas apparentes, mais fatales et inguérissables. Or le nombre des chevaux rétifs et le nombre encore plus considérable de chevaux réformés pour boiteries, ou dans l'impossibilité de continuer à être entraînés, sans cause visible, indique bien que le vice fondamental est le dressage. Un entraîneur reçoit-il un poulain, qui ne connaît que sa prairie et sa liberté! le soir même il est mis à la longe, violemment travaillé par un gaillard vigoureux et fortement houspillé par le fouet de chasse d'un aide. Il sort de là tout en eau, rentre dans son boxe où, pour le reposer, on lui passe un bridon de dressage aux rênes bien tendues, dont le mors va excorier ses barres et les durcir. Le lendemain matin, nouvelle séance de longe, cette fois avec une selle; le soir, même exercice, seulement avec un gamin sur le dos; et, si le poulain s'avise de se défendre, le fouet et la fatigue auront vite raison de sa résistance. Le jour suivant, rendu hors d'état de manifester la moindre répugnance, il aura sa place dans la reprise et arpentera la route et les allées d'entraînement.

Si vingt poulains arrivent à la fois, la même chose se produit pour chacun d'eux. Qu'ils soient petits ou grands, forts ou débiles, doux ou quinteux, la fatigue aura raison de tous, et vous les verrez, quarante-huit heures après leur débarquement, tout dressés, quel dressage! allant à la promenade, la tête basse, raides, tristes et rompus. Leur souplesse, leur gaieté, ils la retrouveront dans un mois, deux mois, peut-être jamais.

Il n'est pas douteux que le dressage, comme l'entraînement du reste, doivent être conduits suivant les aptitudes et les moyens de chaque cheval. Donc, et avant tout, un examen approfondi du poulain destiné aux courses s'impose. Cet examen doit porter sur la structure du corps, sur le caractère et le tempérament.

En ce qui concerne le caractère et le tempérament, on peut dire que le poulain naît avec des prédispositions particulières, qu'il doit à sa famille, à son sexe, etc.; il ne naît pas avec un caractère tout formé : c'est sous l'action du milieu où il est élevé, grâce aux habitudes, que la puissance et la direction de l'entraînement, la forme et l'intensité de sa sensibilité, le degré de coordination et d'énergie de ses réactions volontaires lui font contracter, qu'il acquiert cette manière propre de se conduire que l'on désigne sous le nom de caractère, et l'on peut soutenir que, durant toute la vie du cheval, le caractère ne cesse pas de se modifier d'une manière plus ou moins profonde, avec plus ou moins de rapidité ou de lenteur. Il est incontestable cependant que, si puissante que soit l'influence du milieu, si étendues que soient les modifications qu'impriment à la structure mentale les changements produits dans l'organisme par les conditions extérieures, le tempérament que chaque cheval apporte avec lui en naissant conditionne tout le développement de son caractère.

Ce tempérament diffère d'une famille à l'autre, d'un sexe à l'autre et, toutes choses égales d'ailleurs, d'un individu à l'autre. A quoi tiennent ces différences? Les poulains chez lesquels l'intégration est prédominante ont un tempérament impressionnable; ceux, au contraire, qui sont en prédominance de désintégration, ont un tempérament actif. Bien que les deux fonctions, sensitive et motrice,

R. Denman surveillant le travail des yearlings :
1er *Val-d'Or*; 2e *Saint-Michel*; 3e *Jardy*.

impliquent à la fois chacune intégration et désintégration, le premier de ces processus caractérise en effet la sensation, le second, la réaction motrice. A coup sûr, un cheval peut être impressionnable avec une extrême intensité de réaction motrice, et les deux processus physiologiques peuvent être également développés, mais chez la plupart des individus, l'une des deux fonctions a une activité plus grande, ce qui entraîne une diminution corrélative pour l'autre, en raison de la loi du balancement organique. Chacun de ces types se subdivise à son tour, et l'on a ainsi le tempérament impressionnable à réaction prompte et peu intense (sanguin ou vif) et le tempérament impressionnable à réaction intense et plus lente (nerveux). Une division analogue parmi les actifs donne les ardents et les lymphatiques.

Si l'on ajoute à ces quatre types les équilibrés, chez lesquels les deux processus sont également développés, et les apathiques, chez lesquels ils le sont également peu, on a un tableau complet des tempéraments purs. Mais il faut admettre que, dans la race de course, les types purs sont rares et que, d'ordinaire, on est en présence de tempéraments mixtes.

Il y a là pour l'entraîneur un champ d'observations très vaste, permettant de découvrir des indices qui, ajoutés aux renseignements fournis par l'éleveur, aux antécédents généalogiques, aux ressemblances, etc., doivent déterminer la méthode d'entraînement à suivre pour chaque sujet. Si l'on rapproche les particularités qui caractérisent et différencient le cheval et la jument, on voit que ce qui caractérise le mâle, c'est l'activité, l'aptitude aux grands efforts; ce qui caractérise au contraire la pouliche, c'est en général le tempérament impressionnable, des tendances moins combatives.

Il y a donc intérêt, au point de vue du travail, à tenir compte de cette différenciation, si l'on veut agir d'une manière rationnelle.

Pour le dressage du yearling, les entraîneurs ont différentes méthodes. Les Américains montent le poulain du premier coup et le mettent à la suite d'un cheval sage qui sert de maître d'école. Ils le confient à des lads sérieux qui ont bien soin de ne pas l'effrayer. L'animal doit avoir une bride avec des rênes très courtes, pour que le gamin puisse l'empêcher de plonger; car, s'il a sa tête libre, rien ne le dirigera, et, s'il arrivait à se débarrasser de son cavalier le premier jour, la leçon serait si mauvaise qu'il recommencerait le lendemain.

Le premier mors que l'on met au poulain est un filet épais muni d'un petit faisceau dans le milieu. La bride ne doit pas être montée trop longue, pour que le poulain ne passe pas sa langue par-dessus le mors, ni trop courte, car on ne pourrait pas la faire mouvoir sans durcir les barres.

On habitue le poulain à marcher, à trotter, à tourner, puis, on l'envoie au galop en ligne droite; c'est alors que commence l'entraînement; on le bride alors avec un mors de filet plus petit, le mors de filet ordinaire que l'on trouve chez tous les selliers qui vendent le harnachement du cheval de course.

Un système moins rapide et qui nous paraît s'éloigner le plus des inconvénients signalés est le suivant :

D'abord, un entraîneur ne doit se faire envoyer les poulains que successivement, par petits lots, au moment où leur développement peut supporter les fatigues du dressage.

La première précaution à prendre est de leur mettre de légères guêtres en feutre, peu serrées, simplement pour les protéger, même quand ils ne sont pas ferrés.

Il faut ensuite les mettre à la longe, avec une longe très longue (les allures vives sur un petit cercle étant impossibles et dangereuses), alternativement aux deux mains, et sur un très bon terrain.

Lot de yearlings, trois semaines après leur arrivée au dressage.
Dans ce lot : *Val-d'Or, Jardy, Adam, Génial, Saint-Michel.*

Ce même exercice se répète (mais seulement quand le poulain tourne seul, sans fatigue et dans une action facile), avec une selle, puis avec une selle pesante, dont le poids, au moyen de plaques de plomb placées dans les poches fixées aux quartiers, doit arriver progressivement à 50 kilogrammes.

Avant de hisser un gamin sur son dos, on l'a habitué aux jambes par des branches battant les flancs. Le travail à la longe est simplement un assouplissement et un exercice de santé ; car la longe, avec l'aide de la chambrière pour accélérer les allures, avec un lad sur le dos, ne peut être que néfaste pour un poulain déjà fatigué, écrasé par un poids instable, qui sent sa tête tirée en dehors par le gamin, en dedans par la longe, ses hanches rejetées en dehors d'un cercle trop étroit. Il se désunit forcément, risque à chaque foulée un écart d'épaule ou de hanche, ressent d'effroyables tiraillements musculaires, pendant que ses articulations, surtout ses jarrets, produisent des efforts très violents.

Il faut donc éviter ces graves inconvénients, et s'en tenir à un travail de longe doux et renouvelé aussi longtemps qu'il sera nécessaire.

Pendant ce temps, et entre les repas, on lui mettra dans son box un mors sans articulation, en forme de segment, avec au centre de petites clefs mobiles; les rênes de ce mors, d'abord très modérément ajustées, seront tendues progressivement, permettant au poulain de faire connaissance sans danger pour ses barres avec le filet qui pourra le conduire jusqu'au moment où il galopera.

Quand enfin le poulain, bien assoupli, portera sans fatigue la selle pesante, qu'il s'appuiera sans appréhension sur son mors, il ne restera plus qu'à mettre un lad sur son dos, avec les précautions habituelles ; à le faire promener d'abord avec deux longes, fixées au licol et tenues à droite et à gauche par un homme, puis derrière un cheval, au pas et au trot; puis enfin à sa place dans un groupe.

Le poulain est alors prêt pour le travail sur piste; on peut dire que son dressage est terminé et que son entraînement commence.

La méthode de dressage de John Porter. — Voici maintenant le système, tout de douceur et de patience, qu'employait John Porter.

Les yearlings, nous dit le célèbre entraîneur, sont passés aux mains de l'entraîneur et leurs peines sérieuses vont commencer. Il faut qu'ils soient dressés et rompus à la bride et à la selle.

L'entraîneur s'assure d'abord que son élève a déjà été conduit à la longe. Dans ce cas, il commence par le dresser au premier mors dans la bouche, au caveçon et à la bride de caveçon sur la tête. Il est conduit pendant quelques jours dans ce léger équipement, et on lui enseigne à obéir à la longe qui le conduit.

La plus grande précaution doit être prise dans cette partie préliminaire de l'éducation du jeune cheval; presque toujours l'avenir en dépend. Il s'agit tout à la fois de lui inspirer confiance par une douceur très ferme et de l'empêcher de se blesser dans ses premières résistances.

Par mesure préventive contre ses propres atteintes, on lui mettra des guêtres. A son âge, un coup un peu fort reçu à la jambe peut, ultérieurement, donner lieu à la formation d'éclisses.

Ensuite l'entraîneur procédera à la mise d'un surfaix et d'une croupière, avec des brides de caveçon au surfaix.

La triple opération doit être faite d'une seule fois, ce qui maintiendra le surfaix à la bonne place; autrement celui-ci pourrait glisser sur l'encolure ou sur les flancs.

Maintenant, il s'agit d'habituer le yearling à porter un poids sur le dos, ce qui est effectué par le placement d'une couverture pliée sous le surfaix, occasionnant ainsi un léger frottement.

Ces diverses opérations demandent, dans leur exécution, une douceur extrême, de la patience et du soin.

Ainsi, par degrés, nous voici arrivés à la selle qui élimine le surfaix; la croupière et les brides y sont attachées.

Après quelques jours consacrés, pour le poulain nouvellement sellé, à l'habitude de sa charge légère, l'entraîneur procédera à son « embouchement », ce à quoi on arrive en bouclant, aux attaches des étrivières, les brides de caveçon, de façon à donner des pressions égales sur les deux côtés de la bouche. Le poulain, ainsi enrêné, est promené pendant une huitaine de jours; il peut alors être enfourché.

Cette opération est la plus délicate, et nulle erreur ne doit être commise en y procédant.

Il convient de placer sur le dos du poulain un homme, un lad compétent, capable de le manier avec fermeté et douceur, et, surtout, de ne pas se laisser impatienter. Nul mouvement de brusquerie ou de colère. Encore une semaine et le poulain peut être monté, en liberté, aux côtés de quelque vétéran ; dorénavant il prendra sa place dans la « file » de l'écurie.

Bientôt l'entraîneur diminuera les dimensions du mors et, finalement, il lui mettra le mors ordinaire d'exercice.

Il est surprenant de voir avec quelle rapidité un jeune cheval se met « en main », étant traité de la façon qu'indique l'entraîneur de Kingscleere.

CHAPITRE VI

LA PRÉPARATION DU CHEVAL DE COURSE

Les courses ne font pas toujours connaître les meilleurs chevaux ; car la manière dont les poulains sont entraînés, dont ils sont montés, l'habileté des jockeys, exercent une grande influence sur les résultats. Combien d'animaux admirablement nés, bien conformés, sont vaincus par des chevaux médiocres, mais bien préparés !

La préparation du cheval de course a été l'objet d'une foule de systèmes : depuis la méthode qui consistait à faire fournir un travail formidable aux chevaux jusqu'à celle qui consiste à mettre les animaux dans du coton. Le travail tel qu'il était pratiqué au commencement du XIXe siècle était beaucoup plus sévère que celui qui a été pratiqué par les entraîneurs de la période qui a immédiatement précédé l'ère actuelle, que l'on peut appeler l'ère des méthodes nouvelles.

Il faut dire que ceux qui résistaient à ce traitement étaient en condition suffisante et aussi prêts que les chevaux d'aujourd'hui. Cependant, nous vivons dans des temps plus humains, et pas un entraîneur ne voudrait retourner à cette pratique.

Autrefois on faisait boire les chevaux dans une auge, dehors, et on leur donnait un canter après. Cet usage est contraire au bon sens, et nous n'hésitons pas à le condamner. La nuit qui précédait le jour où il devait courir, le cheval était muselé pour l'empêcher de manger sa litière. Cela se fait peu aujourd'hui. « Il y avait d'autres usages de moins d'importance : ainsi, nous dit W. Day, à la fin du Houghton meeting, époque reconnue pour être la fin de la saison, on mettait les chevaux dans des boxes sans les sortir, les nettoyer, ni les couvrir ; on les nourrissait, et c'était tout ; ils étaient laissés là jusqu'au mois de janvier, on leur donnait des médecines et l'on commençait à les travailler. Rien de cela ne se fait à présent; car on a reconnu que la transition brusque du chaud au froid et *vice versa*, de même que de passer à un état de repos complet après avoir galopé tous les jours, a causé bien des cas de cornage et des causes de maladies diverses. Ainsi on ne faisait pas suer seulement les chevaux âgés, mais même les deux ans, une fois par semaine. Bien plus, c'était un travail extraordinaire, en outre de l'exercice régulier et quotidien ; le dimanche même n'était pas excepté. Les chevaux galopaient deux fois, certains jours, et la seconde fois pour suer. Chifney parle, dans son *Genius Genuines*, de chevaux suant 6.000 mètres deux fois par semaine, nous ne l'avons jamais vu faire qu'une seule fois, et pendant 4.500 à 5.000 mètres, et certes c'était assez pour satisfaire l'animal le plus gourmand d'ouvrage.

« Dans les jours les plus chauds, quand il n'y avait pas un souffle d'air, nous avons vu des chevaux, dont la sueur coulait depuis une demi-heure le long du corps, être essuyés, grattés et renvoyés à l'exercice. »

Le surmenage du cheval de course a été fortement atténué par les praticiens qui ont vécu il y a environ soixante ans. Les progrès réalisés sont, à cette époque, déjà appréciables. Le système anglais prédomine partout en Europe jusqu'à la fin du XIXe siècle. C'est alors que se produit une révolution sous l'influence des méthodes américaines.

Les systèmes d'entraînement qui ont précédé « l'invasion » américaine ont été étudiés, en France et en Angleterre, par deux hommes : un sporstman, M. de Lagondie, et un entraîneur célèbre, William Day. Nous donnerons le résumé de la méthode de préparation que nous indiquent ces deux auteurs, après avoir exposé notre méthode personnelle, qui se rapproche du système yankee, dont nous dirons quelques mots en particulier.

MÉTHODE D'ENTRAINEMENT BASÉE SUR L'ÉNERGÉTIQUE EXPÉRIMENTALE

Il y a un an, nous lisions dans un journal américain le jugement d'un homme du métier, qui donnait sa mauvaise opinion sur la gymnastique fonctionnelle que subissent les chevaux, qui nous est particulière depuis longtemps.

Nous n'éprouvons aucune hésitation à dire que la plupart des systèmes d'entraînement que nous voyons appliquer et qui sont actuellement le plus en vogue ne sont pas seulement vicieux en principe, mais tendent à détruire l'organisme, à abréger la durée d'utilisation du cheval comme racer et comme reproducteur, et font plus de mal que de bien.

Jusqu'à ce jour beaucoup d'entraîneurs ont agi selon des idées préconçues plutôt que d'après des règles scientifiques. Essayons de leur montrer ce que doit être un entraînement bien compris, qui fera bénéficier non seulement chaque individu, mais encore toute sa descendance, des hautes qualités acquises par un exercice savamment combiné.

En des interviews quelque peu difficiles, il nous a été donné de contrôler des faits que nous avions rassemblés sur l'entraînement, de grouper les notions nouvelles d'où nous avons pu dégager les raisons scientifiques des différentes méthodes appliquées dans les écuries de courses, par de rares intuitifs qui possèdent la science pratique de l'entraînement dans ce qu'elle a de plus raffiné et de plus nouveau.

Certaines données pourront paraître paradoxales aux esprits superficiels : elles sont pourtant conformes aux récentes découvertes de la physiologie expérimentale appliquée dans les laboratoires où des savants spécialistes ont étudié les lois du travail mécanique, lois qui régiront un jour le travail de nos racers et permettront l'adoption d'un système uniforme, qui conservera à la race pure toutes les qualités de vigueur et de force qui lui sont nécessaires pour l'amélioration de nos races moins nobles.

C'est une des premières fois, pour ne pas dire la première, que l'entraînement du cheval de pur sang a été abordé par son côté pratique. La détermination du travail, la mise en condition et les moyens à employer pour l'obtenir, l'hygiène du pur sang au training et une foule d'autres opérations : voilà bien des questions dont la connaissance importe à l'homme de cheval, au sportsman et dans lesquelles le physiologiste peut apporter quelque lumière. Or ce n'est guère par un examen superficiel qu'elles peuvent se décider. Il faut une méthode précise. Et quoique nous n'ayons pas la prétention d'avoir épuisé ce vaste sujet, nous croyons être arrivés à établir comment il doit être traité.

La qualité, la valeur que le cheval acquiert par l'exercice de l'entraînement est progressive ; mais elle atteint, au bout d'un certain temps, un maximum qui n'est que lentement et difficilement dépassé. Pour emprunter à la physiologie sa langue, nous dirons que la courbe de cette haute aptitude à galoper, acquise par l'entraînement, a la forme d'une parabole. Les progrès acquis se liront sur la ligne OA, OA', etc., et sur la ligne des x seront les durées, c'est-à-dire, si l'on veut, les mois consacrés à cet entraînement. On voit ainsi tout de suite que, pendant les trois premiers mois qui suivent le dressage du poulain, les progrès ont été considérables OA; pendant les trois mois suivants, un peu moindres, mais notables encore (AA'); alors que, passé ce temps, il n'y a

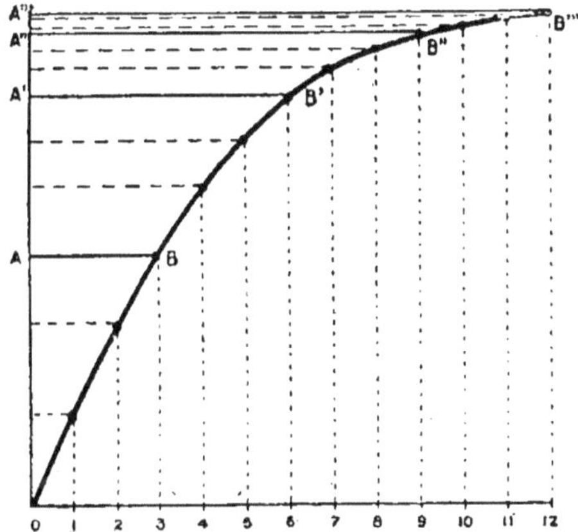

Forme parabolique de la courbe de l'entraînement.

presque plus de progression, si l'exercice a été rationnel et sans à-coups. Il est bien entendu que nous considérerons le poulain à chacune des étapes de sa carrière : deux ans, trois ans et quatre ans. A quatre ans, c'est à peine si, en six mois ou un an de travail, d'exercice normal, le cheval gagne un peu plus de qualité dans le sens de l'endurance.

Assurément, lorsqu'il s'agit de faire acquérir à un poulain plus de qualité qu'à tous ses compétiteurs, il faut l'entraîner aussi méthodiquement que possible, en tâchant de lui faire augmenter la courbe ci-dessus. Si faible que soit la progression, elle n'en est pas moins réelle; et c'est par un travail prolongé que l'on peut lui faire conquérir une supériorité éclatante.

Nous avons vu dans un précédent ouvrage[1] que l'entraînement du cheval de course, basé sur des procédés scientifiques, est bien loin d'être suffisamment étudié, non seulement au point de vue

1. *Le Pur Sang.*

théorique, mais au point de vue pratique. Néanmoins on peut constater un acheminement vers ce but par les nombreux progrès accomplis en ces dernières années.

L'entraînement place l'organisme du cheval de pur sang dans des conditions quasi-merveilleuses. Aussi il nous paraît intéressant de résumer ici les données scientifiques que nous possédons actuellement sur l'entraînement.

Toute activité est soumise chez le cheval à deux processus antagonistes : la fatigue et l'entraînement. En réglant mal l'exercice du poulain, on fait naître facilement la fatigue; en le réglant bien, on fait acquérir à l'animal les qualités de l'entraînement, qui se reconnaissent par une augmentation de force et de vitesse.

L'entraînement reconnaît deux causes. Le cheval devient plus fort par la pratique de la gymnastique fonctionnelle, parce qu'il s'habitue aux poisons qui sont produits pendant le travail musculaire. Mais il devient plus fort aussi, parce que ses muscles, excités par l'exercice, augmentent de volume. Les recherches des physiologistes tendent à scinder ces deux facteurs. Les chevaux deviennent plus forts avant que le grossissement des muscles n'atteigne son maximum. Et alors même que les muscles sont revenus à leur volume primitif par suite du repos prolongé, même pendant plusieurs mois, l'effet utile de l'exercice subsiste encore.

Malgré l'entraînement, le cheval n'évite jamais la courbature musculaire au début de toute accélération d'exercice ou de toute augmentation de distance.

L'état de résistance dans lequel l'entraînement place le corps du cheval s'appelle la forme.

La forme rend l'animal plus sûr de lui-même, plus endurant, plus courageux et plus fort. Sentant son pouvoir de résistance, il obéira mieux aux sollicitations de son jockey, dans les épreuves, parce qu'il saura qu'il peut atteindre et fournir la somme d'efforts qu'on exige de lui. On le pousse avec assurance, en cheval « riche » qu'il est vraiment, parce qu'on a appris à savoir ce qu'il vaut exactement au point de vue de la course à courir.

La forme est donc le but de l'entraînement, elle est variable selon chaque sujet, car elle dépend d'une infinité de causes : hérédité, famille, évolution, sexe, chimisme intérieur, etc., etc. C'est donc une erreur de croire que tous les sujets peuvent atteindre un égal degré de forme, même par un entraînement spécial.

La fatigue et l'entraînement. — Il ne faut jamais pousser le travail jusqu'à la grande fatigue, car l'intégrité de toutes les fonctions de l'économie doit être absolue quand on désire faire arriver un cheval à l'apogée de sa forme. Dans le cas contraire, quand l'exercice est poussé à l'excès, l'organisme ne se prête plus à un régime d'entraînement trop intense.

Ce conflit qui s'engage entre l'entraînement et la fatigue lors de l'activité nous explique un fait en apparence paradoxal, c'est que le repos peut être quelquefois nuisible au travail. Il est nuisible quand il tombe dans la période d'entraînement qui précède l'apparition de la fatigue chez le poulain ; il peut être encore nuisible n'étant pas assez long pour faire dissiper la fatigue ; il l'est assez pour faire perdre les qualités de l'entraînement. Cette lutte entre la fatigue et l'entraînement s'engage chaque fois que le cheval galope trop sévèrement ; mais chaque fois l'entraînement remporte une victoire plus grande, et cela jusqu'au moment où le degré suprême de l'entraînement est atteint.

Nous avons vu que, sous l'influence de l'entraînement, le travail disponible des muscles du cheval de course augmente considérablement. Cette augmentation n'est pas due uniquement à l'hypertrophie des muscles, car elle se produit bien avant que les muscles n'aient changé de volume. On peut se demander quels sont les procédés employés par l'organisme animal pour atteindre ce résultat. Pour répondre, il suffit d'examiner le chimisme organique chez le cheval entraîné et chez le cheval non entraîné.

Étude du chimisme organique du cheval entraîné. — L'examen des déchets azotés nous fournira des indications d'une précision suffisante sur le sort des matières albuminoïdes. L'un de nous a montré dans un précédent ouvrage le mécanisme qui a permis de constater ces observations, aussi ne les résumerons-nous que pour mémoire.

Suivant Chibret, l'exercice musculaire agit sur l'excrétion de l'urée selon l'état d'entraînement du sujet. Avec un entraînement suffisant, l'exercice assez modéré pour ne pas amener de courbature, détermine une augmentation de l'urée. Cette augmentation disparaît et fait place à une diminution à mesure que l'entraînement préalable est moindre ou que le travail augmente de façon à augmenter la *courbature*. En sorte que l'entraînement réalise les conditions d'une oxydation plus complète de la matière azotée ;

en cas d'absence d'entraînement, le travail musculaire s'effectue avec gaspillage de la matière azotée.

En appliquant les idées que Bouchard et A. Gautier ont rendues classiques, nous proposerons une hypothèse qui attribue la *courbature de la fatigue* à une sorte d'intoxication de l'organisme par des produits de désassimilation, en particulier par l'acide lactique et les déchets azotés. Nous avons observé que les sédiments urinaires, composés en grande partie d'urates, apparaissent chez le cheval à l'entraînement à la suite d'un travail intensif; ils font défaut, si le travail est peu intense et dure peu. Mais l'état du sujet a bien plus d'influence que la violence de l'exercice pour augmenter ou diminuer la quantité de sédiments rendus à la suite du travail. Plus le cheval se rapproche de la forme, et moins abondants sont les dépôts de l'urine pour une même quantité de travail. A mesure qu'il acquiert par l'exercice plus de résistance à la fatigue, les urines perdent leur tendance à faire des dépôts. Si un même poulain parcourt chaque jour une même distance donnée nécessitant la même dépense de force, il arrive que cet exercice, après lui avoir donné, les premiers jours de fortes courbatures, ne produit plus, au bout d'une semaine, qu'un malaise insignifiant. Il arrive aussi que ses urines, après avoir donné lieu à des précipités très abondants au début, ne présentent plus en dernier lieu qu'un imperceptible nuage. A mesure que les sédiments deviennent plus rares, la sensation de fatigue consécutive tend à diminuer, et le jour où l'urine garde, après le travail, toute sa limpidité, l'exercice ne laisse plus à sa suite aucune espèce de malaise; la courbature ne se produit plus.

Il y a donc un lien étroit, une relation constante entre la formation des sédiments uratiques et la production de la courbature.

Cette remarquable corrélation se trouve dans toutes les circonstances qui peuvent faire varier les effets du travail. Si l'on fait passer le cheval d'une distance à laquelle son corps est fait à une distance exigeant l'augmentation de la dépense musculaire, il éprouve de nouveau les malaises de la courbature, et ses urines recommencent à présenter des sédiments. C'est ce que l'examen de nombreux échantillons d'urine nous a permis de constater.

Le chimisme musculaire est par conséquent modifié par l'entraînement; il y a oxydation plus complète des tissus, qui a pour effet non seulement un dégagement plus considérable d'énergie, mais aussi la destruction de déchets, véritables poisons, qui naissent pendant le travail et qui ont besoin d'oxygène pour être détruits. Cette oxydation plus complète, l'absence ou la réduction des toxines doivent s'accompagner certainement d'un bien-être spécial, chez le cheval de course. La douleur musculaire, due probablement non seulement à l'excitation mécanique des terminaisons nerveuses sensitives contenues dans les muscles, à leur froissement lors des contractions répétées, mais aussi à leur excitation chimique par les poisons de la fatigue, la douleur musculaire disparaît peu à peu à mesure que l'entraînement, sur une distance donnée, se prononce.

La douleur disparaît avec les progrès de l'entraînement. L'Américain Hough a constaté que la disparition de la douleur dans les muscles entraînés coïncide avec une régularité plus grande de la courbe ergographique; en même temps, la forme générale de la courbe change : chez le cheval entraîné, la hauteur de la courbe descendra plus rapidement au commencement du travail que vers la fin, et demeurera finalement à une hauteur fixe pendant longtemps. Chez le cheval non entraîné la hauteur descend continûment. De toutes les données énumérées, il ressort clairement que l'entraînement réalise des conditions plus économiques de travail. C'est là *la définition énergétique de l'entraînement*. Le travail accompli par un cheval bien entraîné est plus productif, c'est-à-dire qu'il s'accomplit avec une dépense moindre. Le rendement mécanique est bien plus considérable quand l'entraînement est appliqué suivant l'aptitude de chaque sujet que quand on entraîne ensemble et sans discernement tout un lot de chevaux. Cela implique un dosage de travail spécial pour chaque poulain. D'où obligation pour l'entraîneur de se livrer à l'étude du tempérament, à celle de la valeur énergétique et des moyens mécaniques de chaque animal, en tenant compte bien entendu de l'origine et de l'aptitude que doit comporter le pedigree du poulain.

Et on comprendra dès lors toute l'importance physiologique du problème ainsi posé, car immédiatement s'impose la nécessité absolue d'étudier à fond les lois énergétiques qui règlent l'acquisition des hautes qualités de l'entraînement. Ainsi il serait urgent de connaître les phénomènes calorifiques des muscles entraînés; ces données devraient être confrontées avec les évolutions de leur travail mécanique.

La définition de l'entraînement que nous venons de donner permet d'introduire la notion de l'entraînement dans une formule physio-énergétique intéressante. Si nous désignons par E_c la valeur de l'énergie puisée par unité de temps par un organisme animal dans son milieu, c'est-à-dire la valeur totale de l'énergie potentielle attachée aux matériaux qui seraient soumis à l'oxydation, c'est-à-dire aux matériaux consommés, par E_f et E_r les énergies respectivement attachées aux matériaux fixés et aux résidus rejetés par l'organisme, et enfin par E_e l'énergie totale libérée par l'organisme pendant l'unité de temps, énergie totale qui se subdivisera, en général, en deux parties : E_t, énergie thermique, emmagasinable au calorimètre, et E_c, énergie utilisable sous forme mécanique, on aura, pour un organisme en voie d'évolution :

$$E_e = E_u + E_t = E_c - (E_f + E_r),$$

et pour un organisme ayant atteint son état de complet développement :

$$E_e = E_u + E_t = E_c - E_r.$$

Or, dans l'entraînement, l'énergie disponible, utilisable sous forme mécanique E_u, augmente ; elle augmente parce que E_r (résidus) diminue. Il convient d'ajouter à cette définition, que la diminution de E_r dans l'entraînement est due à une oxydation plus complète de E_c par les tissus.

Et comme conséquence générale, nous voyons que l'entraînement augmente le degré d'utilisabilité, la formule obtenue :

$$R = \frac{E}{E_c} = \frac{U[E_c - (E_f + E_r) + E_t]}{E_c}$$

exprimant la valeur du rendement total dans la mesure où il dépend des énergies organiques disponibles des individus (U exprimant la moyenne générale, à l'époque considérée, des degrés d'utilisabilité de la race attachés à l'énergétisme des individus qui caractérisent la race pure de course).

Entraînement et surentraînement. — C'est à la lumière de ces notions que nous allons examiner quelques faits relatifs à l'entraînement du pur sang. Le but de tout entraînement est de donner une plus grande endurance au corps dans toutes ses parties.

Il est de première importance que l'entraîneur connaisse à fond les qualités physiques des poulains qu'on lui confie. L'éducation de l'entraîneur constitue donc une nécessité très importante de l'art de l'entraînement. Il doit agir de façon à développer et à conserver chez les chevaux les plus hautes qualités de l'entraînement afin qu'ils sortent victorieux des épreuves auxquelles on les destine. Sans cet art, le temps pendant lequel les chevaux sont maintenus au training est complètement perdu. Comme nous allons le voir par la suite, il ne suffit pas à l'entraîneur de faire acquérir à des chevaux les qualités de l'entraînement, c'est-à-dire la forme, il faut encore qu'il sache la leur conserver intacte, pour pouvoir l'utiliser dans les meilleures conditions, au moment où se disputent les épreuves.

La question la plus importante qui se pose, à notre point de vue, est de savoir au bout de combien de temps s'acquièrent, chez le cheval, les qualités suprêmes de l'entraînement. Malheureusement cette étude n'a pas été faite d'une façon systématique, ni dans les laboratoires, ni dans les écuries de courses. Une étude méthodique de la physiologie de l'entraînement devrait nous indiquer non seulement la durée du temps nécessaire pour que le cheval arrive à la forme, mais aussi la fréquence, le rythme et l'intensité de la méthode de travail la plus favorable; c'est aussi la physiologie de l'entraînement qui nous indiquera au bout de combien de temps se perd la condition, et s'il est utile ou nuisible pour les muscles du racer de continuer à les exercer, bien qu'ils soient arrivés à leur maximum de puissance. Cette étude devra être poursuivie pour les différents modes d'entraînement : plat, haies, steeple-chases.

Ainsi une étude systématique de l'entraînement général du cheval de course manque; et pourtant, avec les méthodes physiologiques que nous possédons actuellement, rien ne serait plus facile que de donner une précision vraiment scientifique à ces recherches. Or, par une fatalité inconcevable, elles n'ont pas attiré d'une façon soutenue l'attention des savants. Déjà, dans *le Pur Sang*, l'un de nous a indiqué l'intérêt qu'il y aurait à étudier la courbe de l'entraînement du cheval en fonction du temps, ainsi que la courbe de la perte de la condition. Les particularités de cette courbe pourraient être évaluées mathématiquement, et nous arriverions de cette façon à établir les lois de l'entraînement. Ces études demandent beaucoup de patience et de temps, mais le résultat serait des plus intéressants.

Mais, à défaut d'une étude complète sur l'entraînement, nous possédons différentes observations intéressantes, et qui sont suffisamment démonstratives pour former notre conviction.

La mise en forme demande, en moyenne, suivant les entraîneurs compétents, quatre, six mois, quelquefois un an pour le cheval de courses plates, et environ quatre mois pour le steeple-chaser. Il faut à peu près deux mois à un cheval précédemment bien entraîné pour la retrouver au commencement d'un nouvel entraînement. D'autre part, la perte de la forme est très rapide ; elle diminue dans l'espace de quinze jours à un mois, dès qu'on arrête le cheval dans son travail. Par contre, un animal qui a été une fois en forme la reconquiert très facilement et plus vite qu'un autre sujet qui ne l'a jamais possédée.

Les qualités de l'entraînement se perdent donc pendant le temps où les chevaux se reposent; suivant un entraîneur connu que nous avons consulté, elles se perdent très vite au commencement ; ensuite leur marche est ralentie. Il existe aussi des différences individuelles dont il faut tenir compte. Il est difficile de déterminer rigoureusement le temps nécessaire qu'il faut pour entraîner chaque sujet. Pour des deux ans que nous avons observés, le temps moyen fut trouvé de quatre à six mois. Les galops d'essai dont nous nous occupons dans une autre partie de ce travail tendent à augmenter encore le travail et la résistance par une prolongation de l'exercice n'aboutissant à aucun résultat favorable. Au contraire, ils ont pour résultat une diminution de l'endurance.

La seconde question qui se pose est de savoir ce qui se passe chez le poulain après l'acquisition des qualités suprêmes de l'entraînement. Si on continue à lui faire exécuter un travail intensif, le rendement restera-t-il stationnaire, ou bien subira-t-il une augmentation ou une diminution? Eh bien, l'expérience a montré d'une façon indéniable que l'excès d'entraînement est nuisible pour le travail. Ces effets peuvent être étudiés pour les muscles et aussi pour le système nerveux.

Au commencement de l'entraînement d'un cheval adulte pris pour témoin il y a toujours diminution de poids ; on constate une augmentation consécutive, et au bout de trois mois d'entraînement, le poids gagne d'une façon sensible. Cet accroissement de poids est dû principalement à l'hypertrophie des muscles des membres et des rayons. Au bout de trois mois d'exercice, la musculature des quartiers, des avant-bras, de l'épaule, de l'encolure, etc..., n'est plus à reconnaître ; elle est hypertrophiée, résistante. Cette hypertrophie des muscles des organes locomoteurs se fait d'habitude aux dépens du développement général du corps ; lorsque les poulains sont surmenés, certains muscles ne varient pas, et les muscles respiratoires peuvent même diminuer de volume.

Or l'hypertrophie des muscles n'est nullement nécessaire pour leur bon fonctionnement. Nous verrons par ailleurs qu'elle peut être nuisible à la santé. Sur les hippodromes, nous avons rassemblé de nombreuses preuves qui montrent que les chevaux qui ont des muscles de volume médiocre peuvent fournir un assez grand travail et mieux fonctionner que des animaux aux muscles plus volumineux. Nombreux sont les chevaux légers qui ont fourni une carrière de course remarquable; il serait sans intérêt d'en publier la liste, leurs noms étant connus de tous les turfistes. Ce fait, parfaitement confirmé en physiologie, montre que, en restant grêles, des muscles peuvent acquérir l'aptitude à résister au travail mieux et plus que des muscles de volume supérieur.

L'effort des muscles est une chose absolument différente de leur travail physiologique. Et même le travail des contractions musculaires suit telle loi, selon que les contractions sont extrêmes (train de course), ou qu'elles sont d'intensité moyenne (canter). L'effort excite plus la fonction formatrice du muscle que le travail normal. L'effort est un phénomène presque morbide, qui excite le muscle et provoque le gonflement des fibres musculaires.

La contraction des muscles n'augmente pas leur volume tant qu'elle reste physiologique. On le voit par les muscles de la respiration, par le diaphragme et par les muscles intercostaux, lesquels sont très grêles, bien qu'ils fonctionnent toute leur vie. De même, le muscle cardiaque, bien que fournissant un travail considérable, ne s'hypertrophie pas dans les conditions normales. Il ne s'hypertrophie que dans les maladies valvulaires, à cause du travail excessif qui est imposé au cheval de course.

Nous pouvons conclure que la grosseur des muscles est chose absolument distincte de leur aptitude à fournir un long parcours, une grosse somme de travail mécanique. Que la section des muscles soit plus grande, cela permettra à l'animal de parcourir rapidement une courte distance, mais non de fournir une longue épreuve. C'est ce qui explique la différenciation des flyers aux muscles volumineux et des stayers dont la musculature est légère. Les chevaux les plus vites sont ceux qui ne parviennent presque jamais à remporter une victoire sur une distance excédant 1.600 mètres. On remarque enfin, que les chevaux taillés en athlètes sont souvent incapables de fournir le travail prolongé que nécessitent les parcours des prix Rainbow, Gladiateur, alors que des animaux légers, presque grêles, peuvent fournir un nombre de kilogrammètres bien plus considérable, et ce sont ces derniers qui composent la majorité des vainqueurs de ces épreuves à long parcours : *Omnium II*, *Elf*, *Amer-Picon*, *Camisole*, etc., pour ne citer que les plus connus.

Les effets de l'entraînement sur le système nerveux du pur sang. — Nous venons de voir que l'hypertrophie des muscles est un phénomène presque anormal, et que la section plus grande d'un muscle peut tout au plus permettre d'exécuter un grand effort musculaire, en un temps très court, mais ne lui donne pas une aptitude plus considérable au travail.

Nous allons essayer de prouver maintenant que l'hypertrophie musculaire est nuisible pour la santé générale du cheval de course. Dans ce but, il est nécessaire d'étudier les effets de l'hyperentraînement musculaire sur le système nerveux.

Si, pendant l'entraînement, il se produit, pour une raison quelconque, un manque d'équilibre entre les recettes organiques et les dépenses, il naît un état de « neurasthénie » particulière, qui se reconnaît chez le pur sang par des troubles de la digestion, du sommeil, par une irritabilité excessive du système nerveux, et aussi par ce fait que la limite supérieure de l'entraînement s'acquiert plus vite, c'est-à-dire que son niveau s'abaisse. Les chevaux hyperentraînés deviennent irritables et leur endurance diminue. Dans cet état, toute tentative d'entraînement reste sans effet et peut devenir nuisible.

La neurasthénie par hyperentraînement joue un rôle important dans la vie des chevaux de course, et non seulement des sujets isolés, mais des écuries entières peuvent être hyperentraînées. Un entraîneur des plus réputés a constaté que la limite supérieure de l'entraînement ayant été acquise, la prolongation du travail qui avait été nécessaire pour obtenir la forme ne fait que diminuer l'endurance. Il est donc indiqué de donner un travail modéré aux chevaux en pleine condition de course. A côté de ces états d'épuisement du système nerveux, qui sont passagers et ne s'accompagnent pas de lésions matérielles, l'abus des organes locomoteurs peut conduire à des maladies organiques de la moelle épinière. N'est-ce point là la cause de cette affection spéciale qui atteint un nombre assez élevé de poulains et qu'on désigne sous le nom de

« maladie des chiens ». On pourrait l'expliquer par l'hérédité qui conjugue les tendances provocatrices de cette maladie, lorsque, dans le pedigree d'un produit, se rencontrent les noms d'individus qui ont été par trop surmenés à l'entraînement.

On a observé, d'autre part, à l'autopsie, un certain nombre de lésions cardiaques et, notamment, la dilatation du cœur par excès de travail, et, en outre, de nombreux cas d'accélération du pouls pendant le repos. C'est ce qui explique que des chevaux bien nés qu'on croit bien entraînés, soient battus par des chevaux d'origine moins fashionable confiés à des entraîneurs médiocres.

Grâce aux recherches physiologiques, nous pouvons saisir la raison de cet épuisement nerveux qui accompagne l'hypertrophie musculaire. Nous avons remarqué que l'extrême prépondérance du système musculaire chez les chevaux véritablement athlétiques provoque l'épuisement de tous les autres organes, qui, pour nourrir les muscles et pourvoir à leur action motrice, finissent par s'affaiblir considérablement. Leitenstorfer trouve que, sous l'influence de l'hyperentraînement, il se produit une disproportion entre le développement du système musculaire et le système nerveux au détriment de ce dernier, et cela explique la neurasthénie spéciale du cheval de pur sang et même la dégénérescence médullaire. D'après nous, l'entraînement n'a pas un effet aussi favorable sur le système nerveux que sur le système musculaire. Le cheval de course qui est bien entraîné parviendra donc, par l'habitude de l'exercice, à exécuter le parcours de son aptitude, jusqu'à le parcourir presque automatiquement; mais quand ses muscles auront atteint leur plus grande puissance, les actions nerveuses dont il dispose n'auront pas augmenté dans les mêmes proportions que le travail extérieur. Ce fait nous explique pourquoi l'entraînement musculaire ne peut pas dépasser certaines limites et pourquoi les racers sont souvent frappés par les conséquences du surmenage : leur système nerveux ne s'entraîne pas suffisamment, et il doit commander à des masses musculaires de plus en plus puissantes. C'est la débilité relative du système nerveux comparativement aux muscles hypertrophiés qui fait le danger de l'hyperentraînement.

Pour admettre cette explication, il n'est nullement nécessaire de considérer les centres nerveux comme des producteurs d'énergie. Aujourd'hui, il semble acquis que les centres nerveux ne jouent que le rôle de commutateurs à l'égard des organes, en leur envoyant les excitations nécessaires pour les maintenir à l'état d'activité.

Mais la source de l'énergie disposée par les centres nerveux se trouve dans les muscles. La fatigue, l'épuisement des centres nerveux ne sont donc pas analogues à la fatigue, à l'épuisement des muscles. La fatigue des centres nerveux nous apparaît moins comme une dépense des réserves que comme une incoordination, comme un dérèglement de leurs fonctions de commutateurs et de régulateurs. Et il paraît compréhensible que, dans le cas qui nous occupe, l'extrême développement du système musculaire soit devenu un obstacle pour les centres nerveux dès l'accomplissement de leurs fonctions de régulateurs. Nous croyons qu'une déviation de la fonction régulatrice est à la base de tout épuisement nerveux chez le pur sang; seules, les causes de cette déviation peuvent varier. Dans le cas de l'hyperentraînement, cette cause est due à une surcharge de fonction nerveuse, occasionnée par le développement inaccoutumé du système musculaire. Ce qui confirme cette manière de voir, c'est le fait que le seul avantage évident, que l'entraînement amène dans la fonction nerveuse du mouvement volontaire, c'est une coordination plus facile du mouvement, qui permet au cheval d'arriver, en employant une énergie toujours moindre, à courir une épreuve de distance donnée. Il y a donc un perfectionnement dans la fonction motrice des centres, et elle touche principalement la coordination; mais elle est insuffisante et reste toujours au-dessous du développement musculaire.

On peut même aller plus loin. Ces faits si intéressants permettent d'expliquer d'autres phénomènes, à savoir que, dans l'entraînement musculaire, le cheval de course devient plus fort, plus apte à disputer une épreuve *avant que le grossissement des muscles ne devienne apparent*. Il y a là deux facteurs que l'on a pu scinder, en admettant que l'accoutumance aux poisons de la fatigue était le facteur agissant en premier lieu, tandis que l'hypertrophie ne venait qu'en second lieu. Sans nier la possibilité d'une accoutumance aux poisons de la fatigue, nous nous croyons autorisés à admettre, grâce aux données exposées précédemment, que cette augmentation de force constatée dans le muscle bien avant son hypertrophie est due aux effets de l'entraînement sur le système nerveux. Un physiologiste italien a constaté aussi que, alors même que les muscles sont revenus à leur volume primitif par suite du repos prolongé, même pendant des mois, l'effet utile de l'exercice subsiste encore dans une certaine mesure. En conséquence, nous formulerons les conclusions suivantes quant à l'entraînement du système nerveux et du système musculaire. Le système nerveux s'entraîne avant les muscles ; il en résulte une augmentation de force avant même que l'hypertrophie des muscles ne devienne apparente.

Mais l'entraînement du système nerveux reste bientôt stationnaire, alors que les muscles continuent à augmenter de volume ; il en résulte une disproportion entre ces deux systèmes, au détriment du système nerveux, qui s'épuise en de vains efforts, ne pouvant commander efficacement à toute la masse musculaire.

Mais l'entraînement du système nerveux, bien que très modéré, est plus durable que l'entraînement musculaire ; quand on arrête un cheval dans son travail, ses muscles reviennent rapidement à leur volume habituel, et pourtant les effets de l'entraînement persistent encore pendant des mois.

Nous arrivons ainsi à séparer l'entraînement du système nerveux, de l'entraînement musculaire, et nous verrons plus loin que pareille séparation peut être faite à propos de la fatigue de ces deux appareils. L'importance physiologique de cette distinction est très considérable.

Cette question nous amène directement à une autre; il y a un grand intérêt à savoir au bout de combien de temps se perdent et se retrouvent les qualités de l'entraînement qui constituent la forme. Ici également, les documents strictement scientifiques font défaut; mais tous les entraîneurs de Chantilly, de Newmarket, de Maisons-Laffitte sont d'accord pour affirmer que la condition se reconquiert très rapidement. D'après quelques praticiens, les qualités de l'entraînement se perdent totalement au bout du même temps qui a été nécessaire pour les faire acquérir au cheval.

Comme il est impossible d'entraîner un cheval continuellement d'une manière intensive, et comme, d'autre part, la condition se perd et se reconquiert très vite, il faut pratiquer dans les écuries l'entraînement intensif périodique, consistant en des périodes d'exercice et des périodes de repos ou de demi-repos. C'est l'unique procédé recommandé pour conserver les chevaux sur la brèche pendant toute l'année sportive. Aussi nous considérerons comme une erreur quand un entraîneur travaillera ses chevaux d'une manière uniforme pendant toute l'année. Cette méthode conduit aux déclins et aux interversions de forme que nous remarquons souvent : les chevaux deviennent hyperentraînés et baissent au point de vue de l'endurance et de la capacité de course.

Nous ne pourrions clore ce chapitre sur l'entraînement sans dire comment on pourrait élucider les points relatifs à l'énergétique du travail du racer. Il faudrait faire une étude complète et méthodique sur la physiologie du galop de course. Il faudrait étudier les modifications du pouls, du tracé sphymographique, du volume du cœur et du foie; le poids spécifique et la morphologie du sang; les fonctions simples mesurables du système nerveux, la température, la constitution des urines, la capacité vitale et la fréquence de la respiration. Enfin, il y aurait lieu de rechercher l'échange énergétique en déterminant la consommation produite par le travail, au moyen de deux coefficients : bilan nutritif et thermogénèse. Lorsqu'après plusieurs galops on trouve quelques traces d'albumine dans les urines, il faut en conclure que l'effort musculaire, même s'il n'a pas été très prolongé, a dépassé pour le cheval de course les limites physiologiques.

Mais, pour mener à bien ces études intéressantes, il faudrait sur les Aigles, par exemple, ou dans une grande écurie de course, un laboratoire doté de tous les instruments que nécessitent ces recherches.

La fatigue et l'entraînement. — Parmi les influences venant agir sur la forme, il faut nommer, avant tout, la fatigue. Ses méfaits sont nombreux, quoique mal définis. On pourrait écrire une monographie complète sur le rôle pathogène de la fatigue et relever ce fait, par exemple, que nombre d'affections sont presque toujours dues au surmenage; elles atteignent de préférence les jeunes chevaux qui ne sont pas encore habitués à la fatigue. Les écuries dirigées par les entraîneurs « sévères » sont celles qui fournissent le plus gros contingent de malades.

Nous avons déjà mentionné que la fatigue rend impossible l'acquisition de la forme; elle doit donc être évitée aux chevaux pour parer aux insuccès.

On n'observe pas le véritable épuisement après un travail de courte durée, fût-il très intense; c'est en cela que le système des déboulés courts et rapides des entraîneurs américains est à recommander : la fatigue ne vient pas par vraie fatigue des organes de la locomotion, mais par insuffisance respiratoire et cardiaque. Un court repos suffit alors pour faire dissiper ce genre de fatigue.

Le véritable épuisement nerveux ne s'établit pas après des galops de courte durée, mais seulement après un long surmenage des muscles du squelette, par la somme d'efforts répétés, comme les longs galops soutenus, comme le long exercice sur les obstacles. Pour faire disparaître cette forme de fatigue, le repos seul ne suffit pas : le sommeil et la prise d'aliments spéciaux deviennent indispensables. Des expériences poursuivies pendant plusieurs années ont permis d'élucider cette partie du problème.

L'apport insuffisant d'aliments riches exerce aussi une action neurasthénisante. A ce sujet, nous pourrions citer de nombreux exemples de chevaux entraînés sévèrement, mais insuffisamment nourris pour le travail qu'ils ont eu à fournir, et qui, par le fait de ce manque de nourriture étaient surexcités au plus haut point, avaient l'air minable et ne faisaient point honneur aux entraîneurs qui les amenaient sur les champs de courses.

Comment distinguerons-nous maintenant la fatigue physiologique de la fatigue pathologique? Nous poserons, comme principe général, que la fatigue n'est pas nuisible tant qu'elle reste localisée dans les muscles; elle ne devient nuisible qu'à partir du moment où l'action des centres nerveux s'affaiblit à la suite d'efforts trop longtemps répétés et trop soutenus.

En se conformant aux données que nous venons d'exposer, on peut et l'on doit appliquer la méthode qui consiste à régler le travail d'après l'examen de l'urine et le calcul des kilogrammètres que doit fournir le poulain pour une durée déterminée à l'avance.

Prenons d'abord le yearling moyen, d'appétit normal, ayant le tempérament supposé d'un vrai cheval de course. Après un bon demi-repos d'hiver, il devra être repris au mois de février.

Quinze jours avant le début de l'entraînement effectif, on recueillera l'urine excrétée pendant vingt-quatre heures; l'examen et l'analyse de cette urine nous montreront les principes à corriger dans l'alimentation de l'animal et le degré de résistance de son organisme. Puis il faudra prévoir le travail auquel on voudra soumettre le poulain (galops, canter, trotting, pas), pendant tout un mois de façon à calculer le nombre de kilogrammètres que l'animal aura à fournir pendant cette première période. Lorsqu'on aura l'analyse de l'urine et le nombre de calories établies d'après le calcul énergétique, il sera facile d'établir le rationnement qui lui conviendra.

Les jours où l'on donnera un galop vite, on fera l'examen de l'urine recueillie dans la journée, et l'on constatera une légère diminution de sédiments uratiques; si l'on observait une plus grande quantité de sédiments à un moment donné, c'est que la somme de travail fournie par le poulain serait trop considérable, et il faudrait modérer le travail. On suit la même méthode, le mois suivant, en produisant le travail pour arriver ainsi de mois en mois, à l'époque du début des deux ans, à amener un cheval en condition suffisante. Lorsque la période des courses battra son plein, il sera toujours indiqué d'examiner la sécrétion urinaire qui servira, si l'on peut dire, de manomètre à la machine qu'est le cheval de course, pour tenir chez ce dernier, en équilibre parfait, les facteurs travail et alimentation.

Chez le poulain de trois ans qui sera repris dès le début de janvier; on opérera de la même manière en observant plus de rigueur encore dans l'examen de l'urine et dans le dosage du travail.

Les chevaux de quatre ans, de cinq ans, ayant besoin d'un simple travail d'entretien de forme, on pourra se contenter d'une analyse d'urine tous les mois. Quant à l'alimentation, il sera facile de l'établir en se basant sur la connaissance de l'appétit de chaque sujet, sur sa façon de se dépenser en course, ou dans ses galops d'exercice.

L'évaluation du travail mécanique est évidemment difficile à déterminer exactement pour certains sujets, qui se dépensent plus que d'autres sur un même parcours et avec une même vitesse. Mais il faudra toujours laisser aller les chevaux dans les galops d'exercice sans donner aux hommes qui les montent l'ordre de les retenir, afin d'éviter toute perte inutile d'énergie vive employée. Car il faut tenir compte que lorsqu'un cheval tenu à pleines mains raccourcit son action, il dépense la même somme d'énergie que s'il s'étendait dans toute l'ampleur de sa foulée.

Il faudra établir dans cette méthode une distinction entre les types sensitivo-moteurs en prenant pour mesure l'accomplissement d'un travail, qui, déprimant pour certains sujets, est excitant pour les autres : suivant les sujets, il détermine des phénomènes dynamogènes se traduisant tantôt par un accroissement de l'énergie musculaire, tantôt par une diminution et par un accroissement de la sensibilité.

Des expériences ont montré qu'un travail de courte durée augmente la force des muscles, tandis qu'un long exercice la diminue.

En ce qui concerne l'action déprimante, MM. Kronecker et Cutter disent que le travail excessif semble verser dans le sang des substances nuisibles au fonctionnement musculaire. Que des substances nuisibles soient déversées dans le sang cela paraît plus que probable, mais cela n'est pas indispensable pour constater les effets déprimants généralisés. L'un de nous a montré que, chez certains sujets, le travail retentissait d'une manière inhibante sur la force dynamométrique. Cette action déprimante ne saurait être attribuée à une intoxication par les déchets de la contraction musculaire. Nous avons donc là affaire à une fatigue propre des sens nerveux volontaires dont le siège est nettement établi, mais dont l'origine reste inconnue. Il se pourrait, toutefois, qu'ici encore on puisse recourir à une explication vaso-motrice. Nous avons émis comme très probable l'idée que la fatigue des centres psycho-moteurs, qui diminue l'énergie du système nerveux et se traduit par une dépression de la force dynamométrique et par un émoussement de la sensibilité, s'accompagne d'une diminution de l'afflux sanguin dans les organes. Les effets vaso-moteurs seraient dus soit à une excitation soit à une inhibition (suivant les cas) des centres nerveux correspondants, qui subiraient la répercussion de l'état d'excitation ou de fatigue des centres moteurs.

Les données que nous venons d'exposer permettant aux entraîneurs de modifier les méthodes de travail appliquées jusqu'à ce jour, nous examinerons maintenant le détail des pratiques de l'entraînement en nous inspirant de ces données et des renseignements qui nous ont été fournis par des praticiens réputés.

Préparation proprement dite. — Avec l'introduction du thoroughbred en France, et en même temps que lui, nous sont arrivés d'Angleterre le personnel d'entraînement et de courses et la méthode ; l'un et l'autre (par calcul et tempérament), cherchant le silence et le mystère, ont réussi ainsi à nous faire prendre pour un monopole incontestable, et longtemps incontesté, ce qui n'était que le résultat mal défini d'aptitudes héréditaires et de traditions de famille.

Ce qui alors, pour la plus grande part du moins, n'était que de l'empirisme, tend aujourd'hui à devenir une science. Ceux qui la possèdent vraiment ne sont pas seulement parvenus à l'acquérir au moyen d'aptitudes naturelles, d'un goût spécial, d'observations apprises ou personnelles, mais aussi en s'appuyant sur des données sérieuses dues aux progrès incessants des connaissances de l'hygiène, de l'hippologie, de la biologie, de la médecine vétérinaire et aussi de la production et de l'élevage du pur sang, dont la valeur et les moyens ont grandi, et que le temps a permis de classer par familles, suivant le sang et aussi suivant les aptitudes.

Examen du cheval à entraîner. — Bien que le pur sang soit un animal artificiel, il est obligatoire de tenir compte du principe d'hygiène : *natura non facit saltus*, surtout au début du travail, au moment où se fait l'accommodement des organes à la vie intense de l'entraînement.

Il n'est pas non plus douteux que, tout comme une course, l'entraînement doit être conduit suivant les aptitudes et les moyens de chaque cheval.

Donc, et avant tout, un examen approfondi du poulain destiné aux courses s'impose. Cet examen doit porter sur la structure du corps, sur le caractère et le tempérament. Les avantages et les inconvénients de la conformation de telle ou telle partie du corps nous sont indiqués par les lois de la mécanique animale, dont il faut souvent s'inspirer.

Ces considérations doivent être aidées par les renseignements fournis par l'éleveur, les antécédents généalogiques et les ressemblances, etc...

Cet examen même, démontre mieux que tout raisonnement combien la durée de l'entraînement peut varier avec chaque sujet.

Il faut se souvenir que les pouliches sont généralement plus faciles à entraîner que les mâles ; elles sont plus dociles, plus résistantes et plus régulières, en dehors, bien entendu, de la période printanière, qui influe sur la virulence du sexe.

Avant de commencer l'entraînement, il sera nécessaire d'examiner individuellement chaque cheval et de considérer à quel degré il se trouve à l'égard de l'état d'entraînement, et aussi sa force de constitution, sa généalogie, et comme une conséquence de ces prémisses, sa puissance de travail. En faisant cette estimation, l'entraîneur est guidé par les observations suivantes, qui, pour un œil expérimenté, mènent à une conclusion avec assez de certitude. D'abord, la race ou le courant de sang qui a une grande importance, car certaines familles s'entraînent notoirement mal, tandis que d'autres supportent n'importe quelle dose de travail ; secondement, l'état des jambes, dont il faut tenir compte dans tous

Un beau lot.

les cas, parce qu'un cheval préparé à moitié, sur des jambes saines, vaut mieux que celui qui est tout à fait prêt, mais qui est porté par des jambes fragiles au point de ne pouvoir faire un temps de galop ; troisièmement, la fermeté de la chair au toucher et l'apparence générale qui indique soit un animal robuste qui se nourrit bien et mange de tout, ou bien un cheval délicat, à constitution molle, toujours difficile à entraîner. Naturellement, ces trois variétés demanderont un travail très différent. La première est assez aisée à mettre en état et ne demande que du travail régulier avec une suée par semaine et beaucoup de promenades au pas, etc. La seconde demande toujours la surveillance de l'entraîneur, et il faut, pour monter ces chevaux, des enfants soigneux, puisqu'un seul galop donné sans précaution arrêtera le cours de l'entraînement et les mettra de côté pour quelque temps, si ce n'est pour toujours. Ceux de la troisième variété peuvent avoir ou non de bonnes extrémités ; mais, dans tous les cas, ils demanderont autant de soins que ceux de la deuxième, de peur qu'un travail exagéré n'ôte l'appétit et ne détruise la santé des animaux. Chacune de ces classes d'animaux doit travailler séparément, relativement aux galops et aux courses ; mais, dans la promenade au pas, tous les chevaux peuvent être mis en file.

Sans ces différences de constitution, caractère, membres, famille et âge, l'entraînement serait un procédé fort simple, parce qu'il consiste théoriquement à donner tout simplement au cheval assez d'exercice pour mettre ses muscles et son haleine dans la condition la plus énergique et aussi à retirer toute graisse superflue, tant de la surface que de l'intérieur du corps. En fait, entraîner, c'est faire travailler le cheval ; mais le point délicat consiste à donner la quantité de travail convenable dans chaque cas particulier et à donner ce travail au moment opportun.

Les considérations suivantes sont celles qui pèsent principalement dans l'esprit d'un entraîneur habile dans ses décisions et modes de traitement relatifs à chacun des hôtes de son écurie. La première, la plus essentielle, est une bonne constitution et une santé robuste dès le commencement. Personne ne peut entraîner un cheval déjà réduit par la mauvaise nourriture ou les mauvais traitements au point d'être faible et probablement malade, sans qu'on s'en doute parfois. Un pareil animal doit être mis de côté pendant un certain temps, et aucune tentative d'entraînement ne doit être faite à son égard jusqu'à ce qu'il soit en chair, en bonne santé, et plutôt corpulent que maigre. Il ne devrait y avoir aucune partie souffrante, au moins aucune de quelque importance. Surtout faut-il que les poumons et les membres ne souffrent point, car, si l'un de ces agents principaux des efforts actifs est en défaut, toute chance d'amélioration par l'entraînement est perdue. Il était de coutume, autrefois, d'entraîner les chevaux au moyen des purgatifs et des suées jusqu'à ce qu'ils fussent aussi maigres et effilés que possible, et aucun cheval n'était considéré comme en état de courir s'il ne montrait sur son corps chaque muscle superficiel. Mais maintenant un meilleur système a prévalu : l'on a trouvé qu'aussitôt que l'haleine est assez soutenue pour permettre au cheval de parcourir sa distance sans être essoufflé pour plus d'une seconde ou deux, il est assez débarrassé de graisse, et il ne faut plus qu'un certain temps pour le mettre en état de courir. Aussi est-il très délicat, et seuls les entraîneurs de race peuvent poser une règle quant à l'apparence et à la somme du travail à donner. C'est à l'expérience, au jugement et à l'observation rigoureuse de la méthode énergétique que nous avons préconisée, à déterminer le travail auquel chaque cheval doit être soumis.

La durée de l'entraînement doit varier considérablement : d'après l'état du cheval, son âge et la distance de course que son aptitude lui permet de parcourir. Six mois peuvent être pris comme moyenne approximative du temps nécessaire pour mettre dans sa meilleure forme un cheval de trois ans, en supposant qu'il ait été préalablement entièrement débourré, qu'il ait eu des promenades au pas journalières, qu'il se trouve en bonne santé et qu'il soit net dans ses membres et dans sa respiration. Beaucoup de chevaux ont été amenés au poteau bien plus tôt, mais c'est, croyons-nous, la moyenne habituelle, et dans beaucoup de cas l'on a mis encore plus de temps à produire ce haut état de santé, qui est le résultat d'une nourriture riche et d'un exercice rationnel, mais qui peut rarement être maintenu longtemps.

Mais tout ce laps de temps n'est pas entièrement occupé à un genre de travail constant : marcher aujourd'hui, courir demain, galoper après-demain, et ainsi de suite. L'on a adopté le plan de diviser l'opération en deux ou trois degrés appelés préparation, et dans l'intervalle l'on donne quelques jours et jusqu'à une semaine entière de repos.

Il est connu qu'un cheval qui a cessé de travailler pendant longtemps, ou qui n'a encore rien fait, demande de l'habitude graduelle avant que ses os, ses muscles et ligaments, aussi bien que son cœur et ses poumons soient en état de supporter des exercices violents. C'est pourquoi, en supposant que l'on se propose de mettre six mois pour entraîner un cheval pour une course donnée, divisant cet espace en trois préparations, la première sera occupée par un travail lent et léger, la seconde par un travail un peu plus vite, et la troisième par le plus haut degré de vitesse auquel vous puissiez soumettre votre racer. Ainsi le travail d'entraînement peut être classé en première, seconde et troisième préparation, chacune plus sévère et à plus vives allures que la précédente.

Entraînement des jeunes chevaux. — Pour rendre plus facile l'étude de la méthode d'entraînement, il est, ainsi que nous venons de le voir, nécessaire de diviser cette durée en un certain nombre de périodes, chacune ayant son caractère bien défini et son but.

Une comparaison nous permettra de la rendre plus claire encore.

Supposons un homme à qui la pratique sédentaire du Sandow, ou de tout autre procédé similaire, aura permis d'acquérir une musculature puissante et proportionnée dans toutes les parties du corps ; si, sans autre préparation, il tente une épreuve de course, il est certain que sa musculature parfaite lui permettra de faire mouvoir sa masse avec puissance et légèreté, mais pourra-t-il produire un effort durable? Évidemment non.

L'essoufflement provenant de l'élévation de la température interne l'arrêtera aussitôt. Ses organes n'ayant pas été préparés, par l'entraînement qui leur convient, ne fonctionneront pas. Pour pouvoir fournir une épreuve, il lui faut donc mettre en condition ses muscles et tous ses organes; il en est de même du cheval.

Le bon sens comme l'expérience indiquent clairement que l'éducation des muscles doit se faire avant celle des organes de la respiration, et c'est dans cet esprit que nous avons adopté la progression suivante, divisée en un certain nombre de périodes, répondant chacune à une phase importante du développement et du travail, et dont l'ensemble constitue la durée comprise entre la fin du dressage et la fin des courses de trois ans.

Nous aurons à nous occuper ensuite des vieux chevaux, des steeple-chasers et des anglo-arabes.

1° Une période assez courte (un mois, deux mois au plus), dite période de débourrage, qui est le complément du dressage, et pendant laquelle on familiarise le poulain avec l'extérieur. On lui fait connaître les aides, les allures du pas et du trot bien cadencés, et enfin le départ au galop ;

2° Une période consacrée à exercer et à développer les muscles, fortifier les articulations et apprendre l'action régulière et cadencée du galop;

3° Une période où les organes (cœur et poumons) sous l'action d'un travail plus vite, aidé par la force musculaire déjà acquise, deviennent capables de supporter l'effort sans défaillir en même temps que la masse continue à se développer et à acquérir plus de densité;

4° Une période préparatoire aux courses de deux ans; les courses de deux ans;

5° Une période transitoire entre la deuxième et la troisième année et pendant laquelle, après un temps de repos, se poursuit le travail préparatoire aux courses de trois ans;

6° La période écoulée jusqu'à la fin des courses de trois ans, et pendant laquelle se fait l'adaptation plus particulière à une distance autant que possible conforme aux aptitudes du cheval, mais quelquefois imposée par les nécessités.

Le débourrage du yearling. — Le travail de débourrage, que l'on considère souvent comme peu utile et ennuyeux (et se trouve par là écourté), doit être rendu intéressant et agréable pour les hommes et les chevaux, et le bénéfice qu'on en retire s'en trouve double.

Pour mettre l'homme dans l'obligation absolue de se servir des aides, au poulain de les comprendre et d'y répondre, et en même temps de s'assouplir physiquement et moralement, de se fortifier dans tous les sens, et d'être attentif et gai, nous ne croyons pas qu'il y ait de meilleur moyen que la promenade quotidienne à travers pays, ni de meilleur préventif contre les tares naissantes, la fatigue, et les accidents du début.

C'est quand le yearling peut être monté que commence la période d'anxiété pour l'entraîneur, et c'est ici que son art et son expérience doivent se montrer. Sa tâche ne finit jamais; elle n'a, pour se guider, ni règles, ni méthode fixes. Tous les chevaux de course diffèrent de tempérament, de constitution, d'humeur et de santé. De là la difficulté d'agir comme le ferait un sergent instructeur avec de jeunes recrues, des « bleus ». Il n'y a pas deux chevaux semblables, chacun a des particularités morales ou physiques dont il doit être tenu compte.

Nous ne sommes pas partisans d'une éducation immédiate,

forcée. Une longue suite d'exercices modérés, pour faire tomber d'abord toute chair inutile, tel est le premier point à suivre. Ceci s'applique, bien entendu, aux yearlings achetés dans les ventes publiques. Les poulains élevés de la façon que nous avons décrite sont bien plus tôt prêts à passer aux mains de l'entraîneur que ceux produits uniquement en vue de la vente.

Les poulains étant habitués à marcher en file indienne, l'entraîneur ou le head lad, sur son hack, conduisant la reprise, évite les grandes routes, recherche de préférence les chemins de forêts et les allées des bois, les bords des champs et des prairies, profite de tous les accidents du sol, petits fossés, petits talus, pentes naturelles, pour habituer les poulains à monter, à descendre et à enjamber les obstacles insignifiants; il s'arrête, repart, profite d'un bas-côté de route bien doux pour un petit temps de trot, etc.

Il n'y a pas de procédé meilleur pour les rendre à la fois confiants, sages, forts, souples, adroits et obéissants.

La durée de ces sorties, augmentée progressivement, doit atteindre rapidement deux heures et demie et trois heures.

Quand les poulains sont devenus calmes et tranquilles, bien confirmés au pas et au trot, on utilisera une allée sablée si on en rencontre une dans le cours de la promenade, pour essayer les départs au galop.

Le hack conduira chaque fois deux ou trois poulains qui le suivront, mais à un galop toujours ralenti, jusqu'à obtenir un galop de chasse bien cadencé; on ne dépassera jamais 3 ou 400 mètres.

Cette allure leur est d'ailleurs si naturelle que tout se passera le plus simplement du monde; mais, comme il est essentiel d'obtenir une bonne action plus tard et surtout une action régulière, sûre, garantie contre les accidents (chevaux qui se touchent, qui se croisent, etc.), il faut se souvenir que « la précipitation est la pire des vitesses ». Les premiers temps, on prendra sur la promenade, et jamais à la fin, le temps de donner un canter; on arrivera progressivement à 7 ou 800 mètres, sans jamais dépasser cette distance, et sans jamais permettre une accélération d'allure, ce qu'on obtiendra toujours en mettant le hack en tête de la reprise. Le premier mois, on ne donnera pas plus de 2 ou 3 canters par semaine; les autres jours, on enverra les poulains ensemble, en paquet, au petit galop de chasse, sans jamais leur faire parcourir plus de 1.000 mètres. Durant cette période dont le pas et le galop ralenti font tous les frais, les articulations se fortifient, les membres et les tissus se durcissent, et le poulain, allégé et affiné par ce travail, prend un peu de silhouette. On commence à connaître son tempérament, calme, paresseux ou ardent, et à distinguer son action ; certains entraineurs font un premier essai à ce moment-là, vers la fin de l'année, mais cette habitude nous paraît condamnable et sans signification sérieuse.

Essais de yearlings. — A une époque de l'année où la terre est dure ou lourde et les poulains couverts de longs poils, il est impossible de les apprécier à leur juste mesure.

« Si un traitement de « poussée quand même » avait été infligé à certains des jeunes chevaux qui me sont passés par les mains, dit Porter dans ses *Mémoires*, beaucoup d'entre eux n'auraient jamais vu un champ de courses. Tels ont été *Ormonde* et *Common*, pour ne citer que ceux-là.

« Ces essais de yearlings, procédant de ce système de « poussée quand même » sont toujours décevants. Il y a des « jeunets » qui ont l'air de voler sur une distance de 6 ou 800 mètres et qui, dans la suite de leur existence, sont incapables de faire un mètre de plus que cette distance. Il nous semble bien préférable d'attendre, pour cette opération importante, que la troisième période soit bien commencée, non pour faire un essai (ce mot est impropre), mais une constatation et un choix, pour décider les réformes et désigner les poulains que l'on veut faire courir à deux ou à trois ans. »

Les deux ans. — Prenons maintenant le cheval, quand il commence sa carrière de deux ans. Que l'entraîneur, s'il est un maître dans son métier, juge tout d'abord si le poulain peut être entraîné ; ensuite, s'il doit courir, quelle est la meilleure époque pour l'envoyer au start. Il va sans dire que certains chevaux arrivent à maturité bien avant d'autres.

Nous répéterons ici, une fois de plus, l'avertissement de n'employer le système forcé sous aucun prétexte. Suivre cet avis d'une façon rigoureuse finit par être profitable à celui qui le pratique ; le deux ans qui profitera lentement mais sûrement d'un entraînement gradué et rationnel deviendra un des meilleurs trois ans de l'écurie ; voilà la grande probabilité. Et d'un autre côté, en ce qui regarde les insuccès, si l'entraîneur a amené un cheval à cette condition de « fit and well » désirable et que l'animal ne vaille rien décidément, il faut s'en défaire aussitôt. Il en est toutefois qu'on reforme trop tôt.

Chez les two year old, il se produit des douleurs osseuses de croissance. On réforme des chevaux hâtivement, alors qu'on aurait pu, par une diététique bien comprise, faire disparaître cette affection. C'est à l'analyse de l'urine que nous demanderons le pourquoi d'une foule d'insuccès d'entraînement.

Une course de chevaux de deux ans.

Inconvénients des courses de deux ans. — Il y a, dans la vie du cheval de courses, un âge où le corps a moins d'harmonie dans ses proportions, moins d'équilibre dans le jeu de ses fonctions. Cet âge fragile, où tout porte la marque d'un état précaire, c'est justement le moment choisi des débuts en public, c'est le moment des courses de deux ans.

Or la santé et l'avenir du poulain dépendent des conditions dans lesquelles cette phase de sa vie a été poursuivie. Cette allégation a-t-elle une preuve ? Chacun sait combien est rapide le développement des jeunes poulains, de la naissance à la puberté. Le labeur du développement se réduit chez eux à ce moment. L'ascension recommence dès le printemps de son année de deux ans pour se ralentir peu à peu dans le courant de la troisième année.

Des constatations de même ordre peuvent être faites en ce qui touche le poids. C'est pendant la deuxième et la troisième année que le poulain doit le plus acquérir. On comprend déjà que l'obligation de pourvoir à un développement si rapide entraînera des dangers particuliers. Qu'il y ait insuffisance d'alimentation, d'aération, de stimulation lumineuse, et le poulain ira très vite à la misère physiologique qui ruine un grand nombre d'éléments de reproduction de la race pure. Cela est d'autant plus certain que, durant cette terrible passe de son existence, l'index thoracique, c'est-à-dire le rapport qui existe entre le développement du poumon et celui de la taille, est réduit au minimum.

Cette période de deux à trois ans est donc celle où le poulain a particulièrement besoin, autour de son poumon, d'un air incessamment renouvelé et dans ses yeux de cette franche lumière du ciel qui stimule si énergiquement tous ses organes. La question du cœur n'est pas moins grave pour cet âge, car c'est également dans cette scabreuse période (dix-huit mois à trois ans révolus) que cet organe est surtout obligé de faire effort pour suffire à un organisme qui s'accroît plus vite que lui et qui se fait chaque jour plus actif. Cette deuxième année est donc entre toutes l'année critique du pur sang. Qu'une insuffisance d'air pur, une constriction du thorax, comme en occasionne journellement (pour très peu de temps heureusement) le sanglage très serré de la selle, se produisent, et le cœur, insuffisamment développé et actif, entraînera une diminution de la croissance et une non moindre diminution de la vitalité et partant de la qualité de course. Que le surmenage à l'entraînement, les stimulations brusques et congestives des dopings et d'une alimentation échauffante se produisent, et le cœur sera chez ces poulains en danger permanent de « flancher ». Ce sera souvent un cas qui fera réformer un poulain qui aurait peut-être eu une très grande valeur comme racer si son entraînement avait été bien conduit pendant l'âge critique que nous considérons.

En définitive, le poulain, à deux ans, n'est qu'un cheval qui se forme ; c'est pourquoi nous recommanderons les plus grands soins, les plus grands ménagements dans les exercices d'entraînement.

Il est certain que, si les courses vivent encore longtemps, l'on devra arriver, dans un temps très éloigné sans doute, à supprimer les courses de deux ans qui ruinent la race et la mènent à une dégénérescence totale. Mais cette question de finalité ne saurait nous intéresser aujourd'hui ; nous nous bornerons donc à recommander l'hygiène générale : dosage du travail, alimentation minérale, aération constante, désinfection des locaux, des objets de harnachement et de vêtement, l'entraînement modéré, si l'on veut atténuer le mal et retarder l'heure de la fin de notre cheval de course actuel.

L'entraînement des « two years old ». — Pendant cette période, où se produisent habituellement les phénomènes de croissance et les maladies ou accidents qui les accompagnent, la vitesse n'est augmentée que petit à petit, et une surveillance de tous les instants permettra de voir toutes les manifestations de la fatigue sur les membres, ou sur l'état général ; il en résultera un classement par catégories avec, pour chacune d'elles, une modification, soit de nourriture, soit de travail.

Pendant les trois premiers mois de la deuxième année, on augmentera l'allure du canter, donné deux ou trois fois par semaine sans arriver même au demi-train et toujours sans dépasser 800 mètres, en permettant de temps en temps (une fois par semaine environ) une vitesse plus grande quelquefois au départ, quelquefois et plus souvent à la fin. Tous ceux qui auront bien supporté cette partie importante de leur éducation pourront être galopés entre eux une ou deux fois.

Le résultat de cette petite épreuve, dont il ne faut pas tenir un compte absolu, vient s'ajouter aux données de toute nature déjà observées, à l'opinion acquise et permet de désigner ceux qui débuteront à deux ans ou du moins au commencement de la saison.

Après ce choix et une première réforme portant sur des animaux sans action, ou tarés, ou d'un développement trop insuffisant, l'entraîneur n'a plus sous sa direction que deux catégories d'animaux du même âge, les uns réservés pour leur troisième année, les autres devant débuter dans l'année courante.

La première catégorie prolongera jusqu'à la fin de l'année le travail modéré, c'est-à-dire les longues promenades au pas. Le galop de chasse porté progressivement jusqu'à 15 et 1.800 mètres, vers le mois de novembre avec, deux fois par semaine, puis trois fois, un canter de 800 mètres d'abord, puis 1.000, et enfin 1.200 mètres. Ce n'est que le jour où on verra les poulains devenir plus solides et plus adroits que l'on augmentera la vitesse sur 3 ou 400 mètres, sans cependant les détraquer dans leur action.

La deuxième catégorie poursuivra un entraînement régulier pour amener les poulains en condition en juillet et août, et cela par les moyens suivants : maintenir en état de progrès et d'équilibre le système neuro-musculaire par les promenades au pas, les galops de chasse et les canters; par des galops réguliers de 7 ou 800 mètres accomplis en cinquante-huit secondes environ pour 800 mètres; développer la vitesse naturelle par une action plus étendue et plus répétée (au plus, deux fois par semaine); apprendre à partir et à finir, en faisant 200 ou 300 mètres très vite ou bien en accélérant les 200 ou 300 derniers mètres (au plus deux fois par semaine).

Avec ce système, on peut, un mois avant la course avoir des poulains en condition et, dans cette période finale, leur donner quatre ou cinq galops sur 800 mètres avec un vieux cheval sûr et une fois pour s'éclairer sur leur valeur et leur aptitude, faire un essai, sur cette distance, avec un vieux cheval et le chronomètre.

Il est certain que les poulains de deux ans sont en général éprouvés par les courses que l'on ne peut, sans risquer de compromettre toute une carrière, les faire courir de juillet à novembre, et que, d'ailleurs, la distance des épreuves augmentant, on peut et on doit avoir pour les débuts des poulains prêts sur 800 et 1.000 mètres et en fin de saison sur 1.200 et 1.400 mètres.

L'entraînement de ceux-ci est identique à l'autre, et les galops des dernières semaines, que l'on pourra donner trois ou quatre fois sur la distance de l'épreuve, seront sagement conduits de façon à ne pas trop éprouver les chevaux.

Les courses de deux ans auront révélé la qualité de certains animaux; mais que faut-il en penser? Le poulain qui gagne à deux ans a des qualités de vitesse; mais comme la vitesse est une aptitude naturelle du jeune âge et s'en va avec lui, il faut, pour qu'il soit un cheval d'avenir, qu'il possède certaines qualités de fond.

On ne connaîtra l'étendue et la limite de ces qualités que plus tard. Donc les données des courses de two years old sont incomplètes et quelquefois trompeuses, car certains n'acquièrent plus rien. D'autres, au contraire, n'ayant pas donné toute satisfaction à cet âge, parce qu'ils sont incomplètement formés, se révèlent plus tard, quelquefois pendant l'hiver, quelquefois pendant la troisième année.

L'entraînement des chevaux de trois ans. — Après un temps de repos fin novembre et pendant le mois de décembre, le travail est repris pour l'ensemble des poulains; l'important est alors de déouvrir, le plus tôt possible, l'aptitude de chacun, aptitude qu'il faudra développer et ne pas essayer de contrecarrer, sous peine d'aller au-devant des pires déboires.

La vitesse est une qualité naturelle, surtout du jeune âge, que l'on conserve et que l'on augmente sensiblement par une gymnastique d'entraînement; approprier le fond, au contraire, est une qualité héréditaire qu'on peut améliorer, mais qui ne s'acquiert pas. Pour obtenir de bons résultats en course, il faut donc spécialiser les chevaux.

Le travail entre ces catégories distinctes ne sera cependant pas trop différent; le meilleur cheval, celui doué de plus de tenue et de la plus belle action, ne sera pas parfait, s'il n'a pas une pointe de vitesse pour finir une course, et s'il ne part pas vite; par conséquent il faudra conserver la vitesse chez les poulains qui en sont doués et chercher à l'augmenter chez les autres.

Pour cela, éloignant la préoccupation de la longueur des épreuves à courir à trois ans, se rappelant que le pas, les galops prolongés et lents entretiennent les muscles, que les galops courts et rapides donnent le souffle et aident à la reconstitution rapide du muscle, tandis que les galops longs et rapides brisent les organes et fondent la masse musculaire, qui ne se reforme pas, il faut s'en tenir doublement à l'usage déjà indiqué pour les deux ans et, en dehors des longs temps de pas, des galops de chasse prolongés que l'on peut porter progressivement à 2, 3 et 4.000 mètres, et même plus, suivant les chevaux, l'époque et les épreuves futures, donner des canters variables suivant l'état de préparation et le travail qui doit suivre ; et au moins une fois par semaine, un galop vite sur une distance variant de 400 à 800 mètres.

Le cheval conservera, de cette façon, la vitesse que l'âge n'a que trop tendance à lui enlever et sera constamment prêt à entrer dans la période finale, préparatoire à la course.

En un mois (pour aborder la première épreuve, beaucoup moins pour les autres), pendant lequel il suffira de faire exactement le même travail, en y ajoutant deux ou trois galops de plus (vites et sur de courtes distances), si l'état du cheval le demande, et trois ou quatre galops soutenus sur la distance de la course qu'il faudra parcourir une fois, on pourra affronter l'hippodrome. Au besoin, un essai avec un quatre ans sûr et placé au poids donnera une bonne ligne.

En opérant ainsi, les chevaux sont en bonne condition et, de plus, après la préparation finale de la course, on peut les maintenir longtemps dans leur meilleure forme.

Suivant le sexe (les femelles courent souvent mieux en automne), les aptitudes, les retards forcés, etc., l'entraîneur répartira ses sujets le plus tôt qu'il pourra, prévoyant leur emploi et leur rôle.

Vieux chevaux. — Nos programmes donnent une place de plus en plus importante aux chevaux de quatre ans et au-dessus; il y a intérêt à conserver à l'entraînement les vieux chevaux qui ont de la qualité.

Si un bon trois ans fait un mauvais cheval à quatre ans, c'est assurément qu'on lui a trop demandé, qu'il est usé prématurément ou écœuré. On en voit, au contraire, qui, en raison d'un développement tardivement acquis, se montrent meilleurs dans leur quatrième année.

L'entraînement des vieux chevaux est identique à celui des chevaux de trois ans; mais, comme la différence d'aptitude s'accentue davantage, il y a lieu de les spécialiser encore plus.

Les flyers, généralement chauds et ardents, faciles à entraîner, du moins comme somme de travail, serviront pour la préparation des jeunes chevaux avec lesquels ils sortiront.

Les stayers, froids en général, ayant une tendance à devenir paresseux devront être confiés aux hommes les plus forts et seront réveillés par des galops vites sur une courte distance.

L'expérience a démontré que les épreuves courues sur des distances exceptionnelles (les prix *Rainbow* et *Gladiateur*) sont l'apanage habituel de familles spéciales, plus que le résultat d'un entraînement particulier.

Le stayer ayant besoin de beaucoup plus d'ouvrage que le flyer, il faudra, en vue de ces épreuves, sortir au besoin deux fois par jour.

Le matin sera consacré à une promenade au pas de trois ou quatre heures entrecoupée de longs temps de galop de chasse.

Le soir, on donnera deux fois par semaine un galop sur 2.000, 2.400 mètres, plus tard, mais exceptionnellement, sur 3.000 mètres, suivant le tempérament du cheval et, deux fois par semaine, un galop vite sur 800 mètres et 1.000 mètres maximum ; c'est le moment de se servir du galop en montant. Quinze jours avant la course on pourra, si le besoin s'en fait sentir, si l'état du cheval le demande, donner un premier galop sur les 2/3 de la distance et un deuxième sur la distance de la course, mais à un train ne dépassant pas 1m,15s les 1.000 mètres. La raison et la prudence commandent de s'abstenir de tenter une préparation à ces épreuves, si l'on n'a pas un stayer éprouvé et ne présentant aucun point faible.

L'anglo-arabe. — Nous dirons ici un mot de l'entraînement du cheval anglo-arabe, non seulement parce que la race est intéressante par les services qu'elle rend, mais aussi parce que nous croyons que ses qualités d'endurance, d'adresse, de solidité, de vitesse, ne sont pas encore suffisamment mises en relief par les courses.

Le hasard, certainement, a déjà montré la qualité de quelques-uns, sans parler de *Taïaut*, qui gagna de bonnes épreuves à obstacles à Nice, et sur les hippodromes parisiens, *Oracle*, *Tuticau* et *Nana-Saïb*, viennent de faire leurs preuves.

Par leur conformation et leur action, les Anglo-arabes sont plutôt des chevaux de vitesse, et ils conservent cette qualité en vieillissant; ce sont donc de bons maîtres d'école (témoin *Trabanel*). Ils possèdent une trempe à toute épreuve, des membres d'acier; ils sont naturellement adroits, portent bien le poids, et sont surtout aidés d'une vue excellente. S'ils n'ont pas, en général, une qualité suffisante pour figurer en plat, ils peuvent faire d'excellents chevaux de steeple; il faut choisir les meilleurs dans la catégorie des 25 0/0 de sang arabe.

Leur entraînement est facile et peu de travail leur suffit; quoique les 25 0/0 puissent supporter le travail nécessaire au pur sang, il y a intérêt à ne pas les entraîner aussi intensivement; les 50 0/0, au contraire, se contentent d'un travail beaucoup moindre: quelques canters, de très rares galops.

La condition. — Il est de toute évidence qu'après avoir donné un galop aussi sévère qu'une course, si, le galop terminé, l'aspect extérieur (liberté des mouvements et facilité de respiration), troublé un moment, redevient très rapidement normal, on est certain que le cheval est en condition, surtout si ayant soin d'examiner son urine, cet examen satisfait aux conditions que nous avons indiquées.

Mais, considérant que la course est souvent un effort supérieur aux forces de l'animal même très prêt, pourquoi commettre l'imprudence de demander cet effort avant l'épreuve, de faire la course à la maison, et risquer des troubles fonctionnels, qui souvent laissent des traces indélébiles. Car un cheval, même en condition, soit qu'il « échappe » à son jockey, soit qu'il soit mal monté un instant, peut être « étouffé » en quelques secondes.

Nous considérerons la condition comme suffisamment constatée, si le travail s'étant fait normalement, le cheval après une préparation finale donnée comme nous l'avons indiqué, conserve son appétit, sa gaîté, sa souplesse, et n'est essoufflé après aucun travail d'exercice.

Par contre, si, pour une raison quelconque, on est obligé de faire un essai, le cheval qui doit donner la ligne, ayant déjà couru et étant prêt, on aura la certitude de la condition du cheval d'essai.

Les autres signes d'une bonne condition, particulièrement l'aspect extérieur dont se sert surtout le public, ne doivent pas impressionner l'homme de cheval : le brillant du poil est variable suivant le tempérament de l'animal ; en raison de l'usage des couvertures et des pratiques d'écurie, on voit en hiver certaines robes brillantes, alors que le poil doit être long.

De même, certains chevaux sont gras, d'autres maigres, et le public y attache une grande importance. Or, ces états différents tiennent la plupart du temps au tempérament même de chaque cheval; aujourd'hui, si on voit sur les hippodromes plus de chevaux gros que de chevaux secs, c'est que le travail est moins brutal qu'autrefois, et l'usage des suées abandonné.

En vérité, il est très difficile, non seulement pour le public qui doit se contenter d'un simple examen, mais même pour le propriétaire qui ne voit qu'une petite partie du travail, de juger le degré de condition. Seul l'entraîneur, qui voit ses pensionnaires manger et travailler, et les suit à tous les instants, peut juger en connaissance de cause.

Il arrive aussi qu'un cheval déclaré prêt, pour sa première exhibition, apparaît meilleur à chacune des sorties suivantes. Cela fait croire qu'il ne l'était pas au début, et on dit qu'il s'entraîne sur les hippodromes ; la vérité, c'est que le cheval a attendu d'être en pleine condition, en pleine force, pour grandir encore, se développer et acquérir, rien que par l'effet de la nature, une qualité plus grande.

Essais. — L'essai ne doit pas servir à constater la condition ; c'est un moyen dangereux, mais il sert seulement, en cas de nécessité, à connaître la valeur exacte d'un cheval. Il doit toujours se faire avec un animal qui a déjà couru, dont la ligne exacte est connue.

Il est toujours plus ou moins dangereux, puisqu'il est la représentation de la course et d'une course sévère. Il faut donc avoir des raisons très sérieuses pour s'y décider; et on doit se rappeler, qu'il est difficile à réussir et qu'il ne peut être répété impunément. Il ne faut pas davantage s'attendre, après un essai, à connaître l'exacte vérité, mais se dire qu'il aidera, avec toutes les données que l'on a déjà, à la découvrir. Il est oiseux de répéter que le cheval d'essai doit être parfait comme régularité et préparation, et avoir déjà donné, en course, sa mesure exacte.

Les hommes qui montent dans les essais doivent être autant que possible de bons jockeys, capables non seulement de bien monter de tous points aux ordres, mais encore de donner toutes les garanties de vérité, de ne pas imposer d'effort inutile, et surtout de rendre un compte rigoureusement exact du galop.

Pour les conditions de poids à établir, il n'y a qu'à se reporter à l'échelle bien connue de l'amiral Rouss.

Pour atténuer un peu l'inconvénient majeur de l'essai, qui consiste à voir battre le cheval que l'on essaie, après une lutte dure, nous sommes d'avis de lui donner une décharge de 4 livres sur les distances moyennes. Cette décharge représentera l'infériorité provenant de l'ignorance de la lutte.

Les essais pour les vieux chevaux se font sur la distance de la course visée; pour les deux ans, du moins dans le premier essai, qu'il faut faire avec un très bon vieux flyer, on adoptera invariablement 800 mètres (c'est d'ailleurs l'essai le plus sûr), les bons poulains les parcourront en quarante-huit secondes environ.

Dans tous les essais, l'usage du chronomètre est indispensable, non pas tant pour constater le temps total, que pour être sûr de la régularité du train, qu'il faut contrôler chaque 2 ou 300 mètres. Cette constatation est la plus sûre garantie de la bonne exécution d'un essai.

Il arrive souvent que le cheval qui a gagné un essai est battu dans la course par des animaux inférieurs au cheval d'essai. Cela tient souvent à ce que ce dernier ne s'est pas comporté comme il l'aurait fait sur l'hippodrome, et prouve que l'essai ne doit pas être un match, mais être fait avec plusieurs chevaux pour réunir les conditions de la course si nombreuses et si variables. Nous avons dit la seule démonstration qu'établit un essai. Certains, renversant le mot du marquis d'Anglesey : « La première chose c'est de trouver le bon cheval, la deuxième de trouver le mauvais », sont pressés d'essayer pour réformer. Nous croyons que c'est une bien mauvaise méthode, et que si l'essai permet de trouver les meilleurs il ne désignera pas les mauvais, surtout à deux ans ; plus tard, la réforme par l'essai devient sans objet ; on a bien d'autres indices pour supprimer les bouches inutiles.

En résumé, rien n'est plus trompeur et plus dangereux que les essais. Ils doivent être aussi rares que possible et exécutés par des jockeys. Dans un galop sérieux où un propriétaire tient à prendre la mesure de ses chevaux, qu'il se garde de mettre en selle un garçon d'écurie. Ceux qui essaient avec des lads feraient mieux de laisser leurs poulains au repos ; ils leur épargneraient une fatigue inutile et ne risqueraient pas de se former une opinion complètement fausse dans leurs engagements ou leurs paris.

Pour faire un essai sincère, il ne faut pas s'en tenir seulement à des jockeys, mais à des jockeys sérieux, des jockeys qui mettent de côté toute espèce d'amour-propre et ne s'amusent pas à monter de la même façon que dans une course. Cela est d'une très grande importance.

Dans une course, un jockey doit s'efforcer d'être plus rusé que ses adversaires, essayer de prendre de bons tournants, de donner en un mot tous les avantages possibles à son cheval. Dans un essai, ce n'est pas cela, il est indispensable qu'un cheval ne soit pas monté plus habilement qu'un autre. Un essai a besoin d'être sincère et c'est une faute grave de la part d'un jockey de profession d'y faire une malice pour en profiter ensuite dans une course.

Il n'y a que les essais en course publique qui signifient quelque chose.

Les galops d'essai ont lieu ordinairement les mardi et vendredi de chaque semaine, pendant la saison active des courses.

Avant chaque galop, les chevaux sont promenés longuement, en cercle, au pas. L'entraîneur choisit ensuite dans le lot les sujets qui doivent galoper ensemble. A l'extrémité du parcours, les lads mettent pied à terre et les animaux sont ramenés en main jusqu'à l'endroit où se trouve le reste du lot de l'écurie. Avant la sortie des pistes, tous les hommes descendent de cheval pour rentrer à l'écurie.

Le cheval entraîné seul. — Pourquoi le cheval entraîné seul, même avec l'aide du chronomètre, sera-t-il moins bon que le poulain entraîné dans une écurie nombreuse. Parce que ce dernier a été tiré dans son action et qu'il a *appris*, au contact de chevaux plus âgés, certains actes musculaires qu'il aurait ignorés dans l'entraînement isolé. Les aînés sont, dans les écuries d'entraînement, les éducateurs des jeunes, sans qu'on s'en doute; c'est pourquoi il est toujours indiqué de travailler les jeunes avec leurs aînés. Lorsqu'une écurie possède un bon vieux cheval, on est toujours sûr, en outre, que l'entraînement aura été régulier.

Entraînement des chevaux par la natation[1]. — Quand toutes les ressources du traitement classique des lésions tendineuses ont été épuisées sans succès (douches froides ou lotions chaudes, suivant les cas, massages, frictions, etc.), il reste, en dernier ressort, l'entraînement par la natation, qui permet aux « raccommodés » d'être mis en condition.

Tom Jennings et son frère Henri Jennings avaient déjà employé ce système d'entraînement avec un plein succès.

Plus près de nous, M. Devarennes, lieutenant au train des équipages, a employé ce procédé et en a obtenu d'excellents résultats.

La méthode est des plus simples et consiste à faire remonter le courant au cheval que l'entraîneur tient à la longe et précède dans un bateau quelconque.

Il est naturellement bon de s'assurer de points d'atterrissement commodes et rapprochés, afin de graduer les leçons. Les chevaux s'habituent très vite à leur nouveau métier et deviennent rapidement de bons nageurs. Ils progressent dans l'eau en mouvant leurs membres, comme à l'allure du trot.

L'entraînement à la nage a pour but, tout en ménageant les jambes, en les fortifiant même, de permettre au système musculaire de prendre l'exercice indispensable à la préparation à la course. Il n'est naturellement que préparatoire et ne dispense pas des derniers galops; mais, après un exercice aquatique progressif bien suivi, trois galops à huit jours de distance suffisent dans la plupart des cas.

Les bains prolongés déterminent chez quelques sujets à peau délicate un léger eczéma.

Des soins hygiéniques doivent être donnés au sabot à la sortie du bain pour éviter la dessiccation lente de la corne.

Parmi les chevaux entraînés dans l'eau, on peut citer l'exemple de *Fatma II* qui, il y a deux ou trois ans, a pu remporter le prix Duquesne, à Dieppe, grâce à une préparation par la natation. La

1. Parmi les différentes applications auxquelles a donné lieu l'entraînement dans l'eau, on peut citer l'installation originale de M. de Mum qui a fait établir un bassin formant couronne de 30 mètres de tour, où le cheval tenu en main est exercé facilement. Une disposition spéciale permet de chauffer l'eau pendant l'hiver.

fille de *Border Minstrel* avait les membres dans un état tel qu'il était impossible de songer à lui donner un ouvrage quelconque. M. Morand eut alors l'idée d'entraîner la jument à la nage, système qu'il employait avec *Marabout* et dont le vieux steeple-chaser se trouvait très bien. *Fatma II* a donc pris tout son travail dans la Seine, ayant un bachot de pêche comme leader. La jument s'accommoda très bien de ce nouveau régime, suivant docilement la barque d'où l'on graduait la durée de son immersion et la rapidité de ses évolutions. Entre chaque séance de nage, *Fatma II* faisait quatre ou cinq heures de pas allongé. C'est sans avoir pris un seul canter que la jument de M. Charron, pilotée avec entrain par le marquis de Saint-Sauveur, a pu accomplir le brillant parcours du prix Duquesne. Il est à remarquer qu'en rentrant au pesage, la gagnante ne donnait aucune marque de lassitude et ne soufflait pas, indice certain d'un excellent fonctionnement des voies respiratoires.

Sans être aussi heureuse, l'expérience n'en fut pas moins concluante avec *Marabout*. Entraîné de la même manière, ce steeple-chaser put accomplir le parcours, d'une sévérité presque légendaire, de l'ancien Steeple-Chase de Bade, franchir correctement tous les obstacles et couvrir les 6.000 mètres. C'est tout à fait à la fin de l'épreuve qu'un membre du pauvre éclopé « claqua » de nouveau.

Changements de forme. — Les changements de forme étant inhérents à la nature même des chevaux sont assez fréquents dans le courant d'une année de courses. Il faut éviter de faire courir trop souvent les chevaux ; et lorsqu'on s'aperçoit qu'ils en ont assez, les laisser au repos ; on les retrouvera plus vite et on ne les exposera pas à leur faire montrer des inégalités dans leur manière de courir.

L'épuration de l'écurie. — Rien de mieux que la réforme annuelle. Mais c'est un jeu dangereux. On risque de perdre le meilleur poulain qui tournera à merveille et viendra battre les anciens camarades d'écurie ensuite dans des prix importants.

Maladies et accidents bénins. — Le proverbe : « Il vaut mieux prévenir que guérir », établit bien ici la nécessité de reconnaître certains symptômes, d'arrêter dès le début certaines manifestations rapidement aggravées, et enfin de soigner les indispositions usuelles, les accidents fréquents, sans le secours du vétérinaire.

C'est le matin avant le travail, et le soir au pansage, que la visite approfondie de l'entraîneur, éclairé par les renseignements du head lad, révélera les moindres accidents ou symptômes; l'examen à la rentrée du travail, et les soins hygiéniques appliqués aussitôt, préviendront beaucoup de complications.

Le lavage des membres et des autres parties du corps, quand la boue et la terre y adhèrent, est nécessaire; l'abaissement de température qui en résulte doit être suivi d'une réaction amenée par le séchage complet; il faut faire de même pour la sueur, de façon à éviter les refroidissements; les couvertures ne sont mises que lorsque l'équilibre thermique est rétabli.

« Quant aux membres », dit M. Le Hello, « les lotions à l'eau chaude doivent être placées, en première ligne, dans le nombre des moyens dont l'efficacité a été reconnue de tous. »

Les médicaments vraiment curatifs ne doivent être appliqués que contre un désordre organique caractérisé. La chaleur anormale et localisée, et la sensibilité indiquent ces accidents et leur siège. Un membre fragile et plus tard malade est traité successivement suivant la gravité croissante du mal, par applications de terre glaise, blanc d'Espagne et vinaigre, douches, teinture d'iode, vésicatoires, et enfin par le feu; mais, si un cheval claqué et remis sur pied après un long repos (la précipitation étant toujours fatale) peut aborder la carrière d'obstacles, il est bien rare qu'il puisse accomplir une course plate. L'expérience est faite, c'est la vitesse qui a raison de la solidité des tendons, et quand ils sont raccommodés, il est prudent de ne pas tenter l'aventure.

Les crevasses sont prévenues par des lavages et séchages consciencieux; elles sont guéries par des pommades spéciales, ou simplement de l'eau phéniquée. Les pieds, en dehors des soins de ferrure, s'ils sont sensibles, sont enduits légèrement de goudron ou imbibés d'essence de térébenthine dans la fourchette.

Les formes sont des accidents très graves, qui rendent le cheval inutilisable ou à peu près.

Les suros rendent un membre douloureux; un vésicatoire en a raison, et s'ils sont le résultat d'atteintes habituelles, on les garantit par un protecteur.

Les sore-shins qui viennent déformer les canons peu solides s'accompagnent d'une sensibilité très douloureuse, et les suites sont plus longues, et quelquefois plus graves qu'on pourrait le supposer. On les traite par une et souvent deux frictions vésicantes, un demi-repos, et de l'albuminoïde phosphoré dans la ration.

Quand un cheval rentre boiteux, la cause de la boiterie est souvent indiquée par des signes visibles et certains; quelquefois, au contraire, le siège du mal est difficile à trouver. Un bon moyen consiste à procéder par élimination, et dans les conditions suivantes : on met le cheval au pas, puis au trot sur un terrain horizontal, et on détermine de quel membre provient la boiterie. Cela fait, on recommence cette opération en terrain très mou, puis en terrain très dur; il est certain que l'absence ou l'atténuation de boiterie dans le terrain mou indiquera que la cause du mal n'est pas dans l'épaule; si c'est le pied qui souffre, il est évident que le terrain dur donnera cette indication. Joignant à cela la façon de reposer le membre, on déduira que, si le membre reste fléchi au repos et au mouvement, c'est l'articulation qui est malade, que si c'est un tendon qui menace, le membre sera étendu obliquement en avant, et que si c'est le pied qui souffre, le membre sera ramené sous le cheval, et que le sabot reposera en pince, le boulet porté en avant pour soulager les talons. Ces signes objectifs n'ont qu'une valeur restreinte, car, dans bien des cas, la diagnose des boiteries est très délicate et exige, outre l'examen méthodique du membre, l'emploi d'injections révélatrices (cocaïne).

Les jeunes chevaux prennent généralement la gourme; outre l'isolement et la désinfection immédiate pour éviter la contagion, on les soumet à des traitements divers qui varient avec la localisation. Des injections de Bactérinicrine nous ont donné des résultats merveilleux. L'hygiène (suraération, promenades), un régime diététique spécial, sont des facteurs qui jouent un rôle important dans le processus de guérison.

Les vers sont combattus par une médication spéciale : par la cure de thymol.

Les blessures, les excoriations, guérissent, en supprimant tout contact, par des lavages phéniqués et au besoin des pulvérisations d'eau oxygénée. Les blessures au garrot, assez fréquentes, peuvent être graves, pas tant comme durée de guérison que comme influence sur le caractère du cheval, qui devient quinteux et difficile à seller.

Les maladies de la peau ne doivent pour ainsi dire pas exister dans une écurie de courses, car elles sont le plus souvent le résultat de la malpropreté.

Les coliques et les congestions sont malheureusement trop fréquentes pour que les soins immédiats ne soient pas connus de tous.

La dentition doit être surveillée, pour aider surtout, en extirpant les dents de lait le moment venu, la croissance des dents de remplacement et surtout pour vérifier l'intégrité des tables dentaires (surdents).

Les tiqueurs doivent être mis dans des boxes spéciaux.

Quant aux corneurs, nous croyons qu'il est préférable, au lieu de les opérer, d'obtenir, ce qui est possible dans certains cas (complications gourmeuses), une atténuation par un traitement approprié.

Suées et médecines. — L'usage des suées est à peu près abandonné aujourd'hui; si, exceptionnellement, on en donne, la réaction par des frictions et des massages est indispensable, et à la belle saison par l'hydrothérapie.

Aux troubles fonctionnels violents, suées et médecines exclusivement employées autrefois comme adjuvant du travail, ont succédé des procédés scientifiques, peu ou pas nuisibles à la machine animale.

Les suées répétées et les médecines obligatoires, aujourd'hui à peu près disparues, n'étaient que des coutumes barbares et affaiblissantes.

W. Day, un des rares entraîneurs qui de son temps fut opposé à l'usage des suées, raconte que certains de ses confrères sortaient leurs chevaux deux fois par jour, la deuxième fois pour les faire suer.

Certains animaux galopaient deux fois par semaine, 6.000 mètres, sous d'épaisses couvertures, et comme quelquefois ces moyens paraissaient insuffisants, on avait recours à l'usage des bains turcs.

Actuellement, et avec raison, on se contente des suées naturelles permises par un bon fonctionnement de la peau et occasionnées par le travail nécessaire à l'animal. Exceptionnellement, et avec prudence, on les provoque, si la mise en condition doit être rapide, pour alléger de vieux chevaux fragiles, venant du repos et devenus trop gros; il vaut mieux, cependant, si l'on a du temps devant soi, s'en tenir à une plus longue préparation.

Quant aux médecines réglementées autrefois avec une absolue régularité par le calendrier et pour tous les pensionnaires à la fois, elles ne doivent être données que rarement et en cas de nécessité reconnue; l'inappétence, l'aspect du crottin, le ballonnement, etc., sont les indices qui détermineront l'opportunité des purgations.

Ces pratiques anciennes et fâcheuses étant éloignées, il ne reste plus, pour préparer un cheval bien portant, qu'à lui donner nourriture et travail, et à maintenir, entre ces deux éléments — suivant l'âge, la force, la constitution, et l'origine du sujet — un équilibre parfait et ininterrompu, dont la constatation, toujours possible, par la mesure de la chaleur animale et l'analyse de l'urine notamment, s'impose, surtout dans la période finale.

Après un travail violent, si le cheval est raide, affaibli, sans appétit, un bain de sable, un bain de soleil, un bain de lumière électrique, des inhalations d'oxygène et des massages le remettront rapidement.

Les médecines doivent être données seulement en cas de nécessité; si le besoin de les administrer ne se fait pas sentir, on attend les périodes de repos.

Une pharmacie avec des remèdes constamment renouvelés est indispensable dans une écurie de courses. Pour les déplacements, on doit en avoir une très simple, avec lancette, bistouri, épingles, fil, bandes, seringue de Pravaz, un flacon d'éther, et un obus d'oxygène. Aux règles que nous venons de passer en revue, il nous faut ajouter l'importante question suivante.

Déplacement des chevaux par mer, chemin de fer, van. — A égalité de classe, le déplacement par mer handicape hautement les chevaux dont la nervosité est excessive. Aussi faut-il prendre toutes les précautions pour atténuer les effets du voyage en bateau.

Les chevaux qui courent sur place ont donc un avantage sérieux sur ceux qui sont obligés à de longs déplacements ; c'est un facteur qui mérite d'être pris en considération.

Dans certains cas, à la fatigue du voyage il faut ajouter l'influence du milieu. La pratique montre que les chevaux français qui courent en Angleterre, par suite des conditions climatériques différentes, subissent une dépression organique qui se traduit par une perte de condition. L'effet inverse ne se produit pas pour les chevaux anglais courant en France; l'action excitante du climat, due à une température plus clémente, n'abaisse pas leur forme et les maintient dans la condition primitive.

Les annales sportives confirment ces faits et montrent que la question d'acclimatement est un facteur non négligeable qui explique les variations. Dans certains cas, où à la fatigue résultant du chemin de fer, il faut ajouter encore celle résultant de la traversée sur mer, certains chevaux sont sérieusement éprouvés et

Dans un tournant.

laissent une partie de leur forme dans les voyages par voie d'eau.

Les indications prophylactiques sont les suivantes : assurer une ventilation suffisante, indispensable, lorsque la température dépasse 20° ; on prévient ainsi les accidents d'anhémathosie. Embarquer une quantité d'eau suffisante, et, si possible, de la glace pour la rafraîchir. Quant à l'hygiène alimentaire, donner l'avoine le soir, de préférence, et du son dans les heures chaudes de la journée.

Dans les trajets en wagon nécessités par les nombreux déplacements sportifs, il faut éviter, par la mise excessive de couvertures, les effets nocifs des refroidissements lors du débarquement. La répercussion organique est d'autant plus à craindre que les chevaux sont habitués normalement à une température élevée qui détermine un écart brusque. Les appareils protecteurs, flanelles, guêtres devront être appliqués avant l'embarquement.

Si la durée du trajet est longue, les mêmes soins hygiéniques (massages, frictions) appliqués à l'écurie seront donnés.

Le régime alimentaire n'est pas changé. Dans bien des cas, pour éviter l'inappétence partielle, les denrées qui constituent l'alimentation normale du pur sang (avoine, foin) suivent le cheval dans ses déplacements. Il en est de même pour l'eau. Malgré ces précautions, l'appétit est souvent capricieux en voyage, et c'est bien plus l'inappétence que la fatigue réelle du sujet qui fait baisser sa condition.

Pour éviter la solitude, on donne le plus souvent dans les grands déplacements un camarade au cheval.

L'avoine est donnée dans une mangeoire portative qui se fixe au wagon ; un râtelier en fer, qui se ferme et s'ouvre à volonté, permet la distribution du fourrage.

Une précaution indispensable, qui, lorsqu'elle n'est pas réalisée, peut être la cause d'accidents graves, consiste à ne pas laisser coucher le cheval en cours de route, car des accidents dus à un arrêt brusque pourraient en résulter.

Certains chevaux capricieux refusent d'entrer dans les wagons ; tel était le cas de *Rabagas II* qui, même yearling, n'a jamais pu être embarqué. Son irritabilité était telle que de graves accidents, en dépit des précautions prises, seraient arrivés.

Parfois, les chevaux voyagent dans des vans chargés sur un plateau.

Les vans, qui sont tout à fait à l'ordre du jour, actuellement, et qui permettent de transporter les chevaux sans danger de l'écurie au champ de courses et *vice versa*, ont subi depuis deux ans de très importantes modifications.

Ces nouveaux véhicules, construits d'après les données de MM. Edmond Blanc, Vanderbilt, de l'entraîneur Leigh, etc..., ont des roues excessivement basses, munies de gros pneumatiques, avec une suspension à six ressorts. De plus, tous les roulements sont sur billes, et des vans ainsi construits permettent, avec deux chevaux attelés, de traîner sans fatigue un et même deux chevaux à l'intérieur. Deux chevaux attelés suffisent amplement pour amener de Maisons-Laffitte à Paris des chevaux de course en cinquante minutes, sans aucune secousse ni la moindre trépidation; alors que les anciens vans, qui pesaient presque deux fois autant, nécessitaient, pour le transport de deux chevaux, trois gros percherons et une heure quarante pour faire le même trajet.

Il y a là une économie de temps très appréciable. Quant au confort, la comparaison n'en est même pas possible.

Méthode de préparation suivant M. de Lagondie. — Nous allons résumer, pour montrer les différences de méthode, le chapitre consacré à la préparation du cheval de course par l'excellent sportsman qu'était M. de Lagondie[1]. « L'objet principal de la première partie de l'entraînement est de durcir les membres et les articulations, de débarrasser l'intérieur de la graisse superflue et encombrante, et d'accoutumer le cheval à un long exercice au pas. Il est rare que l'haleine puisse être menée à perfection dans ce degré, car les allures très rapides ne pourraient être endurées, soit à l'intérieur, soit à l'extérieur, et la toux chronique ou des articulations enflammées suivraient immanquablement toute tentative de précipitation dans l'œuvre à accomplir. Quelques chevaux robustes pourraient peut-être supporter l'effort avec impunité; mais, dans tous les cas, le préjudice serait fort grand, et il faudrait arrêter l'entraînement pour réparer l'erreur première.

« Excepté avec des animaux fort goulus, qui persistent à manger leur litière, la muselière n'est pas employée avant l'époque que nous allons considérer; mais, pour de tels animaux, on peut être obligé de la mettre pour la seconde préparation; cependant les exemples de cette nécessité sont assez rares. C'est pour empêcher le cheval de manger du foin ou de la litière que l'on met cette muselière; car on a trouvé par l'expérience qu'une course rapide attaque la respiration quand l'estomac contient autre chose que du

1. LAGONDIE, *le Cheval et son Cavalier*. Paris, Lucien Laveur.

grain, et nuit à l'haleine plutôt que d'augmenter cette importante qualité. Suivant la constitution des divers chevaux, ils sont muselés en conséquence à certaines heures. Quelques-uns devront l'être pour la nuit après avoir eu leur foin; d'autres sont assez frêles pour qu'il vaille mieux ne les museler que le matin de bonne heure; quelques gros mangeurs doivent avoir la muselière immédiatement après leur dernier repas du soir, sans qu'on leur donne leur ration de foin, ou bien en ne donnant que demi-ration. Dans tous les cas, cette précaution n'a aucun rapport avec la ration d'avoine qui reste la même.

« Les suées, pendant la troisième préparation, sont données à des intervalles et avec une charge de couvertures calculée d'après ce que l'entraîneur aura appris par l'expérience de la deuxième préparation. Tous ces défauts varient selon chaque cas particulier, et il serait ridicule d'essayer de donner des règles fixes à cet égard.

« Déjà, j'ai décrit l'augmentation d'importance dans les suées de la deuxième préparation; je ne puis qu'ajouter que c'est d'après leurs résultats que l'entraîneur décidera ce qu'il y a maintenant à faire. Pendant la dernière préparation, la quantité d'exercice au pas peut être réduite en proportion exacte du degré de durée donnée aux galops et aux suées. Il est vrai, sans doute, que la répétition à la longue de l'exercice lent de la marche est à un certain degré contraire à une grande vélocité, et le cheval qui n'aurait jamais fait que de courtes distances au pas n'arriverait probablement qu'à être rapide pour une petite distance. Mais, comme en général on veut lui demander plus que cela, et que ses jambes lui permettront rarement de faire toute besogne aux grandes allures, on a recours à un compromis, et l'entraînement consiste en mélange de pas et de galop variant en longueur suivant les particularités de chaque âge. Toutefois, comme nous l'avons déjà remarqué, les suées ont un objet différent : elles doivent suppléer au travail du galop, qui est inutile au delà de ce qu'il faut pour former les muscles et l'haleine. Par ces soins, les jambes ne souffrent que l'indispensable, et cependant le cheval est maintenu léger et dispos, le cœur et les organes intérieurs conservant toujours leur jeu. Il n'y a pas de doute, néanmoins, que, si les jambes voulaient le permettre et si l'animal n'avait qu'une graisse ordinaire, on pourrait se dispenser des suées, et l'exercice au galop pourrait remplir le but; mais la pratique a fait reconnaître que la quantité de travail nécessaire pour cet objet ruinerait presque infailliblement les jambes, et l'on n'a trouvé d'autre expédient que de ralentir l'allure et de faire, à l'aide de couvertures, l'œuvre des courses rapides et répétées. On peut donc poser en règle que dans tous les cas, durant la préparation finale, un galop prolongé et modérément rapide, appelé une suée, avec ou sans couvertures, deviendra nécessaire, tous les huit ou dix jours, pour faire tomber la chair et la graisse superflues, et cela sans nuire aux membres de l'animal.

« Les galops que l'on fait faire au cheval dans cette dernière préparation ont principalement pour but de l'accoutumer à s'étendre à la meilleure allure et d'une façon régulière, sans se dérober ou se défendre, et aussi pour acquérir la puissance de parcourir la distance pour laquelle il doit concourir. Les procédés à employer dépendront beaucoup de la distance que l'on doit tirer du cheval, ou, en langage ordinaire, qu'il doit parcourir, et aussi de son caractère, de son âge et de sa généalogie. Il y a des chevaux qui supportent mal l'entraînement, et ne peuvent jamais sans danger courir la distance pour laquelle ils sont engagés, au train auquel ils seront probablement mis sur l'hippodrome. En fait, il faut les dorloter et ne leur demander que ce qu'ils peuvent faire, et les animaux de cette nature sont difficiles à mettre sur l'hippodrome, et seront peut-être deux ou trois mois avant de pouvoir recommencer à courir, par suite de l'effet produit sur eux par un effort auquel ils sont nécessairement inaccoutumés.

« Cette difficulté peut provenir soit d'un état extrême d'irritation nerveuse, ou de délicatesse de constitution, ou des deux à la fois. Dans beaucoup de cas, un cheval qui a été durement poussé, forcé ou autorisé à faire les derniers efforts, est si excité qu'il refuse de manger pendant plusieurs jours, ne prenant qu'une poignée de foin ou quelques grains d'avoine, et perdant plus de sa condition en peu de jours que l'on peut lui en rendre en deux ou trois mois. Il est évident que si l'on basardait souvent ce degré d'excitation pendant l'entraînement, toute chance de succès serait entièrement détruite, et l'on a, en conséquence, adopté le plan de toujours tenir le cheval en dedans de ses moyens dans les galops d'exercice, et, quoi qu'il arrive, on ne lui permet pas d'allonger assez, pour arriver aux tristes résultats que nous venons de décrire. Tout cela ne peut se découvrir que par l'expérience, et ce n'est que quand le mal est fait, qu'il est possible de découvrir qu'un cheval doit éprouver ces regrettables effets. Dans tous les cas, c'est un terrible échec, et ce n'est que pour des chevaux très supérieurs sous d'autres rapports qu'il y a lieu de persévérer avec un semblable tempérament.

« Cette disposition du cheval de course n'a aucun rapport avec le défaut de n'avoir tous ses moyens qu'en particulier, bien que l'on trouve souvent les deux réunis. Souvent un cheval paraissant de premier ordre, quand on l'essaye en particulier, ne peut souffrir la foule. On le trouve disposé à faire une dure besogne quand il n'y a ni bruit ni tumulte ; mais qu'il entende les cris de la multitude, même loin devant lui, son énergie semble l'abandonner, au point même qu'il cesse de lutter, ne se livre plus, comme on dit, vers le poteau de distance ou même plus près, quand il avait gagné en main selon toute apparence. Il n'y a d'autres remèdes à cette faiblesse de nerfs que des épreuves répétées en public, puisque naturellement on ne peut réunir ni imiter des foules en particulier. Il faut ainsi persévérer jusqu'à ce que le cheval s'accoutume à cette excitation, ce qui du reste ne réussira pas toujours. C'est presque un défaut de constitution, mais il peut provenir aussi, chez les jeunes poulains, du manque d'habitude des foules et du bruit. Quand on dresse de jeunes chevaux de grande valeur, souvent on les dorlote et on les tient à l'écart par crainte des accidents ; il en résulte qu'ils s'alarment aisément quand on leur fait voir du monde et deviennent impropres à l'objet pour lequel on les a si soigneusement conservés. Ici les soins ont tourné contre leur but, et c'est une des applications du proverbe : « Le mieux est l'ennemi du bien. » Quelquefois on a adopté avec succès l'expédient de tromper le cheval en le faisant courir avec couverture et camail, mais ce moyen est surtout employé quand, dans une occasion préalable, on a fort maltraité le cheval à la fin de la course, ce qui l'a rendu nerveux et peut-être vicieux en même temps.

« Alors, il faut avoir soin aussi d'ôter les éperons et de faire courir sans réminiscence de la sévérité employée précédemment ; mais, pour neutraliser les effets de la foule, un semblable expédient est de peu de valeur.

« La longueur des temps de galop est généralement en proportion de la course projetée, et l'on ne parcourt pas constamment la distance entière, mais seulement une, deux ou trois fois par semaine, suivant le caractère et la force du cheval. Ces longs temps de galop dépassent en général d'une bagatelle la distance à parcourir, à moins qu'elle ne soit très longue et que le cheval n'ait pas beaucoup de fond, comme pour la distance des prix de la Reine, cas où l'on doit compter sur les suées pour préparer l'animal et ne lui faire faire au plus, que des galops de deux milles (3.218 mètres). Si cependant il paraît fort, il est toujours préférable de l'envoyer sur la distance entière et quelque chose de plus, au moins une ou deux fois par semaine. On adoptera aussi souvent que l'entraîneur le jugera à propos des petits parcours de trois quarts de mile ou d'un mile un quart, et on donnera tous les jours un ou deux galops de ce genre avec vitesse variant avec les circonstances, excepté le jour qui suivra une suée, où l'on ne devra guère travailler qu'au pas. A la fin du galop, les derniers chevaux de la file auront permission d'atteindre et même de dépasser le cheval de tête, mais cela par occasion et nullement chaque fois. L'entraîneur donne ses ordres à l'avance au garçon qui conduit et qui généralement a été mis là parce qu'il est connaisseur en allure et que l'on peut compter sur lui. Il donne aussi des instructions aux autres, soit pour garder leurs places ou d'arriver jusqu'à hauteur des sangles du cheval de tête vers un certain point de la course, ou même de se porter tout à fait à sa hauteur à la fin..., le tout conformément aux désirs de l'entraîneur, qui indiquera aussi si l'on se portera à hauteur du garçon de tête en lui faisant retenir son cheval ou autrement; la nécessité de tous ces soins est claire et évidente pour les moins expérimentés et ne demande pas d'autres explications.

« La *décadence* est l'effet produit sur la constitution du cheval, aussi bien que sur les membres, par l'excès de travail et de nourriture. Sous ce point de vue, le cheval peut être comparé à un arc qui peut être tendu jusqu'à un certain point, mais au delà il cesse d'avoir toute sa portée, et en fait, finira par se briser si on le tend outre mesure, ou, s'il ne se rompt pas complètement, il perdra pour toujours sa puissance et son élasticité.

« Il en est de même du cheval, jusqu'à un certain degré, qui varie dans chaque cas particulier. On peut le faire galoper, suer et le pousser de nourriture; mais, dans tous les cas, il y a un point de rebroussement qui doit être observé avec soin, et que l'on peut éviter en diminuant au lieu d'augmenter la nourriture et le travail de manière à éviter l'écueil redouté. Le cheval en décadence se reconnaît à son œil triste et pesant, à son poil piqué, à ses jambes délabrées et à son air inquiet. En même temps il faut savoir qu'un cheval de fond ne doit pas arriver au poteau plein de vivacité, mais quoique florissant et bien musclé, être tranquille et plutôt triste qu'en l'air. Telle est l'apparence d'un cheval de race résistante, bien entraîné; mais, d'un autre côté, le même degré de travail qui produirait cet état de quiétude sur le cheval de fond détruirait toutes les chances d'un animal plus faible de cœur et de complexion ; aussi est-il fréquent de voir dans la même écurie deux chevaux dont l'un paraît triste et endormi et l'autre plein de vie et d'irritabilité, et cependant tous les deux ont été justement traités, entraînés avec le plus grand soin, quoique avec une somme de travail très différente.

« Le *massage* à la main sur les jambes doit être pratiqué pendant tout le cours de l'entraînement; mais il est maintenant plus nécessaire que jamais, et chaque jambe doit être frottée au moins un quart d'heure tous les jours. Il est étonnant de voir quelle différence produit ce procédé pour la durée des membres, car on trouve par l'expérience qu'ils supportent bien mieux les chocs sur les terrains durs en les frottant avec soin à la main que si on s'abstient ou si on ne le fait qu'imparfaitement.

« **L'épreuve.** — Une épreuve sera nécessaire dans la plupart des cas avant la course réelle, et on l'entreprend généralement une quinzaine à l'avance et même beaucoup plus tôt pour des courses très importantes, comme le Derby et le Saint-Léger. Il est d'usage d'essayer les chevaux à peu près deux jours avant leur suée ordinaire, de façon à ne pas déranger la progression régulière de l'entraînement; mais, si le cheval n'est pas très en chair et que l'épreuve doive être courue très sérieusement, souvent l'on peut dispenser l'animal de la suée, et l'épreuve en tient lieu. On ne peut compter sur aucune épreuve particulière si les chevaux ne sont pas montés par des cavaliers aussi bons que ceux qui auront à monter en dernier lieu. Si l'on met un jockey de premier ordre sur le cheval à essayer et un gamin employé à l'entraînement sur le cheval connu, comme on le fait souvent, c'est une dérision et un piège qui ne mène qu'à une déconvenue. Un système bien meilleur est de mettre des gamins ordinaires sur les deux; mais quelquefois on peut obtenir deux jockeys de profession, et alors si les chevaux sont également en état, on peut jusqu'à un certain point, se baser sur le résultat. Après tout, l'épreuve particulière ne peut donner confiance entière, surtout pour les chevaux qui n'ont jamais vu un hippodrome, et tels sont ceux que l'on éprouve généralement de la sorte, puisque ceux qui ont paru en public sont bien essayés par cela même, et que moins on les bouscule, mieux cela vaut. Rien ne diffère plus d'une course véritable que ce galop soigneusement ménagé de l'entraînement, pendant lequel les chevaux vont pendant une certaine distance à une bonne allure, et puis font un seul effort et finissent sans une lutte prolongée. Mais dans une course sur l'hippodrome il arrive souvent que d'abord un cheval se porte à hauteur du concurrent redouté et le fait allonger, puis un second vient essayer ses moyens, peut-être même un troisième ; rien de tout cela ne se fait dans une épreuve particulière. Il est rare que deux courses se fassent de la même façon en raison de ces circonstances variables ; ainsi l'on ne doit pas s'étonner si le propriétaire ou l'entraîneur s'y trompent et s'attendent à des résultats bien différents de ce qui a lieu réellement. Il est vrai que, si la course se menait comme l'épreuve, le cheval se montrerait peut-être aussi bien que la première fois. Dans tous les cas d'épreuves particulières, on place sur le cheval type un poids qui (dans le principe du handicap) le rend l'égal des chevaux contre lesquels on aura à lutter en public. Le cheval type ne peut donc servir que si ses moyens sont bien connus de l'entraîneur, et il doit avoir couru très récemment, de façon à avoir donné par des résultats actuels la mesure de ce qu'il peut faire dans sa forme et condition du jour ; mais, sans ce critérium, autant vaut le laisser à l'écurie. Si cependant, on a observé tous ces points et que la victoire du débutant ait été satisfaisante et complète, il est raisonnable d'espérer que la chose peut se renouveler, sauf toutes les vicissitudes auxquelles nous avons déjà fait allusion. »

Préparation suivant William Day. — Le célèbre entraîneur anglais W. Day s'exprime ainsi sur la méthode d'entraînement qu'il pratiquait : « Parlons, dit-il, de la préparation en elle-même, telle qu'elle est comprise maintenant avec les chevaux de différents âges.

« Si on le peut, il faut préparer tous les chevaux au printemps, sans avoir égard ni au sexe, ni à l'âge, car le terrain est alors doux, et on peut les préparer avec moins de risque pour les jambes que lorsqu'il est dur.

« On commence donc aussitôt que l'état du terrain le permet, en diminuant l'ouvrage, s'il redevient dur, voire même jusqu'au repos, si les chevaux ne sont pas pour courir. Après un repos un peu long, il est bon de les purger avant de reprendre l'exercice. Cela les empêchera de devenir trop gros, et c'est souvent le meilleur moyen d'activer la préparation avec des chevaux qui ne sont pas faciles à entraîner. On a l'habitude de ne pas sortir les chevaux, le lendemain du jour où la médecine a fait son effet; nous dirons que, si le temps est beau, nous ne voyons pas d'inconvénient à ce qu'ils sortent une heure ce jour-là. Maintenant, si les chevaux doivent courir bientôt, il faut continuer l'ouvrage à tout risque; la quantité de travail varie avec chaque cheval, suivant son âge et sa constitution. Un gros mangeur en demandera plus qu'un cheval délicat, et surtout les mauvais mangeurs devront être ménagés? Quand on sort les chevaux de deux ans, et qu'après avoir été au pas quelques minutes, on s'aperçoit que l'air les saisit et leur donne froid, il faut les faire trotter, puis passer alternativement du trot au pas et au petit galop. Plus tard on les fait galoper pendant 800 à 1.000 mètres de plus en plus vite, à mesure que leur préparation avance.

« De temps en temps il est bon de les faire suivre, comme ils peuvent, un vieux cheval; mais il ne faut pas abuser d'eux, ni les effrayer avec le bâton. Les talons et les rênes doivent être les seuls moyens de les pousser à leur plus grande vitesse; et, quand ils sont avec des vieux chevaux, il faut toujours les laisser gagner à la fin. Dans les premières foulées, il faut tâcher de leur apprendre à partir vite, ce qui est très important avec les deux ans; ils s'y font mieux en courant avec des vieux chevaux, et, en les laissant passer à la fin, on leur montre combien il est facile de gagner. Ceci est très utile, car, s'ils sentent toujours des animaux supérieurs à côté d'eux, ils perdront courage, et on aura beaucoup de peine à les empêcher de devenir rogues, c'est-à-dire plus qu'inutiles.

« Quant aux suées, quelques avantages qu'on ait pu en retirer pour les vieux chevaux, jamais cela n'aurait dû être pratiqué avec des chevaux de deux ans.

« L'heure des sorties varie selon les saisons : en hiver, quand l'on peut; en été, avant cinq heures du matin et depuis quatre heures du soir, sont les meilleurs moments.

« Le terrain est meilleur le matin. La rosée de la nuit l'a rendu plus élastique et n'entrave pas la croissance du pied; l'air étant plus frais, le cheval travaille avec moins de fatigue, et la fraîcheur empêche cette suée abondante qui est immanquable quand le terrain est comme du macadam, au point de rendre la plupart des chevaux boiteux, sinon de les fatiguer au point d'exiger un repos sérieux. N'insistons pas; il est évident qu'il y a grand avantage à partager également les heures de travail et les heures de repos, et le système que nous venons de donner répond le mieux à cette division.

« Les vieux chevaux demandent une préparation tant soit peu différente.

« D'abord, généralement après un long hiver, ils deviennent gras, plus gras même qu'ils n'en ont l'air, et alors il faut bien prendre garde aux commencements de leur préparation. Le terrain est souvent lourd alors et peu propre aux galops, mais les chevaux sont frais et jettent leurs gamins de tous côtés.

« Souvent, cela pousse les entraîneurs à commencer trop vite à travailler leurs chevaux ; c'est une grande cause d'accidents aux tendons.

« La première fois que le cheval quitte la cour de paille où on l'a promené pendant l'hiver, il faut lui faire faire un bon trot dans cette cour, puis l'envoyer sur les pelouses ; sans quoi pas un lad ne tiendra sur son dos, et il pourra se blesser en gambadant. Après une semaine de travail, on verra peut-être ses jambes enfler : c'est le moment de lui donner une médecine ; précaution, du reste, à prendre avant tout travail. L'entraînement pour les courtes distances est à peu près le même que celui que l'on fait subir aux deux ans ; mais, pour les longues distances, il faut plus de temps et plus de galops pour achever la préparation. Il est impossible de préciser combien de fois un cheval doit galoper, et celui qui le dirait serait un imposteur. Cela dépend de l'état du cheval, de sa constitution, et aussi du terrain : toutes choses qui ne s'acquièrent que par l'expérience et l'examen personnel de tous les jours. En général on peut dire qu'il faut commencer par ne pas faire de longues distances et augmenter graduellement comme vitesse et comme longueur de terrain parcouru.

« La règle est de commencer le yearling par des galops courts et quotidiens jusqu'à 800 mètres ; il ne faut pas lui en demander plus, mais dans les essais ne pas lui en demander moins. Quelques professionnels soutiennent que 600 mètres sont assez ; mais peu sont de leur avis, et mon père, entre autres, qui a réussi à merveille, n'a jamais demandé moins de 800 mètres.

« Il y a des yearlings qui font 600 mètres et ne peuvent pas en faire 800, il y a des chevaux de deux ans qui font 800 mètres et jamais 1.000. Il serait peut-être utile de dire que le yearling n'a pas besoin de couverture avant le mois de janvier.

« Pour en revenir à la préparation, il ne faut pas oublier que la plus stricte surveillance doit être exercée. Depuis le premier galop jusqu'au dernier, il faut suivre chaque jour la condition du cheval. Au moment de l'essai, ou à la dernière heure, on peut découvrir certains défauts qui, corrigés, décideront du succès. Rien n'est trompeur comme l'apparence, et ceux qui s'y fieront se réservent des désappointements. L'essentiel, c'est de connaître le travail que le cheval a fait, ce qui lui reste à faire et le temps que l'on a pour le faire, en se souvenant qu'il vaut mieux arrêter des chevaux dans leur travail, parce qu'ils sont trop avancés, que de doubler leur ouvrage, dans le but de les préparer plus vite; cependant, malgré le danger qu'il y a, et dans un cas extrême, nous préférons avoir recours à ce système, que de risquer de faire courir un cheval sans qu'il soit prêt.

« Jamais il ne faut travailler un cheval au point de lui faire perdre l'appétit, car cela ne peut que l'affaiblir. Le repos est le seul remède; non pas un repos absolu, mais une diminution de travail.

« Les galops des deux dernières semaines sont excessivement importants; on ne saurait trop y faire attention. Les deux derniers font quelquefois merveille, et, selon qu'on les donne ou non, on laisse une préparation inachevée ou on la complète, et souvent, par suite, on perd sa réputation.

« Il faut avoir bien soin de tenir les chevaux chaudement quand ils vont à l'exercice et qu'il y a du vent; car c'est souvent au printemps, en mars, que les vents froids les enrhument et les mettent sur la paille pendant une partie de l'été; quand il fait humide, il faut prendre les mêmes précautions. Un cheval mené à une bonne allure et couvert n'attrapera jamais froid; mais, si on laisse les gamins se promener pendant des heures au pas ou, ce qui est encore pis, se mettre pendant un orage le long d'une haie ou sous un arbre pour attendre que l'averse soit passée, il est probable que vos chevaux attraperont des fluxions de poitrine. Peut-être le gamin sauvera-t-il, lui, son rhume.

« Il n'y a pas d'entraîneur, même celui qui est le plus sûr de lui, qui puisse espérer amener un cheval au poteau dans un état de préparation tel qu'il plaise à tout le monde. Les patrons sont rarement satisfaits, et les autres jamais. Avant la course, les chevaux sont trop gros : ils sont comme des bœufs, ou trop maigres : on les a galopés à mort. Mais, après la course, on trouve toujours le vainqueur très bien.

« Il y a deux choses dont nous devons nous garantir, nous autres entraîneurs :

« La première, c'est de mécontenter nos patrons; la seconde, de courir les chevaux qui ne sont pas prêts; il vaut encore mieux cependant n'être pas félicité avant la course que de manquer à la seconde condition. Si vous êtes battu par manque de condition, on peut vous retirer le cheval des mains, et un autre entraîneur, qui se moquera de l'opinion du public, améliorera l'animal au point de gagner : ce qui non seulement nous fera perdre nos patrons, mais même notre réputation. D'un autre côté, si nous avons bien entraîné le cheval et que nous soyons battu, qu'importe qu'un malin l'achète pour l'améliorer? Il n'en fera rien, et alors nous passerons pour un entraîneur habile.

« Admettons qu'un homme fasse courir un cheval très léger, quand il sait que ce cheval peut courir aussi bien étant gros? Certainement non : personne ne serait si fou. Le fameux « sorcier du Nord », comme l'appelaient en plaisantant certaines feuilles sportives du moment, telles que *l'Argus*, savait très bien que les chevaux ne peuvent pas courir quand ils sont gros. Néanmoins il s'amusait du public et le trompait en lui faisant croire que les chevaux couraient mieux dans cette condition. En réalité, les chevaux qu'il faisait courir gros étaient les mauvais ou supposés tels. Il avait bien soin de faire maigrir les autres comme tout entraîneur expérimenté doit le faire.

« Les difficultés que l'entraîneur rencontre sont nombreuses, et il n'y a pas de règle précise à poser qui puisse lui permettre d'y parer; il faut nous contenter d'accepter des règles générales et de les appliquer autant que la pratique le permet, suivant les cas. Dans une écurie de cinquante chevaux au moins, on peut dire qu'il n'y en a pas deux qu'il faille traiter de même. Ils diffèrent sur plus d'un point : par leur constitution, leur caractère, leur santé, leur appétit et bien d'autres choses; il faut étudier chaque sujet à fond.

« Cette étude consiste dans la manière de les nourrir, de les soigner et de les faire travailler, et ce n'est pas tout. La purgation est un point important en matière d'entraînement, et si l'on donnait les mêmes doses à tous les chevaux, on risquerait fort de les rendre malades et même de les tuer.

« Certains chevaux ont les voies urinaires défectueuses[1], et il est nécessaire, après un travail sévère, de leur faire prendre du sel de nitre dans de l'eau, pour éviter que l'inflammation ne s'y mette ; on en voit qui sont constipés, d'autres dont les boyaux se relâchent

1. L'urotropine employée récemment, à des doses variant entre 5 et 15 grammes, a donné des résultats satisfaisants à M. Zafiropulo, le sportsman bien connu, qui a traité plusieurs de ses chevaux avec ce médicament.

facilement ; il est clair que dans ces deux cas, si l'on agit de la même façon, on tuera l'un ou l'autre. Il existe encore bien des différences dans les tempéraments ; il faut tâcher de les découvrir rapidement, car on n'a que peu de temps à soi ; les chevaux se renouvellent souvent dans une écurie de courses et l'on connaît le proverbe : « Un anneau brisé, et la chaîne n'est plus utile. » On dit aussi : « Un homme peut mener un cheval à l'abreuvoir, mais vingt ne le feront pas boire. » Druid nous dit, dans le livre *Post and Paddock*, que John Scott ne pouvait forcer *Voltigeur* à manger.

« Il y a un autre point dont nous dirons un mot : Faut-il faire courir souvent en public ?

« Nous ne sommes pas très partisan de ce système, et, lorsque nous faisons partir un cheval, nous aimons qu'il soit prêt. Il est toujours dangereux de faire autrement, même lorsque vous pensez avoir de l'avantage en main ; car vous pouvez rencontrer des concurrents qui vous battront. Nous savons qu'il y a des entraîneurs qui défendent ce système. Il vaut mieux, croyons-nous, gagner un bon prix avec un cheval bien prêt que de risquer d'en gagner une demi-douzaine avec des chevaux à moitié en condition, pour lesquels vous n'osez pas parier un sou, et, si vous gagnez dans ces conditions-là, le public vous recevra mal, le jour où vous voudrez parier sûrement.

« En outre, une course sévère ne fatigue jamais un cheval prêt, tandis qu'elle peut faire beaucoup de tort à un cheval qui ne l'est pas.

« Voici à quoi on reconnaît qu'un cheval est vraiment entraîné à point. Un des indices les plus importants, ce sont les naseaux : après un galop, ils ne doivent se distendre que raisonnablement, et son flanc ne doit pas hanser par trop ; il doit sous peu reprendre l'équilibre de son haleine. Sa sueur peut être abondante, même exagérée, cela n'est pas un mauvais symptôme, au contraire : souvent le cheval prêt sue davantage. L'essai est encore ce qu'il y a de plus sûr ; si l'animal est fatigué, il a besoin de plus d'ouvrage, sinon on peut en conclure qu'il a atteint l'apogée de sa forme.

« On raconte que le célèbre mécanicien Stephenson venait de finir un réservoir quand on vint lui dire qu'il fuyait : bouchez le trou, fut sa réponse ; mais, comme il continuait à fuir, il répéta : bouchez, bouchez ; et, à force de boucher, on arriva à conserver l'eau. Ceux qui entraînent des chevaux doivent ne pas oublier cette anecdote, et ajouter galop sur galop, jusqu'à ce que le cheval ait ce qu'il lui faut. »

CHAPITRE VII

LA MÉTHODE AMÉRICAINE

A l'arrivée des entraîneurs américains, un esprit de solidarité jusqu'alors inconnu vint animer tous les membres du groupe de professionnels anglais, dont l'esprit se montra assez combatif toutes les fois qu'il s'agit de refouler les pratiques et les tendances yankees. Cet esprit de corps s'explique parfaitement entre gens qui se trouvaient être pour ainsi dire plus ou moins les coassociés d'une même entreprise commerciale, et qui voulaient défendre le bon renom, l'influence, la considération des groupes d'entraîneurs et de jockeys établis en France depuis longtemps déjà.

Les procédés américains, le succès de la méthode, le bouleversement qui en est résulté dans les idées reçues en matière de courses et ensuite en matière d'entraînement, n'ont pas encore modifié d'une façon totale les habitudes de notre turf.

Il est facile de mettre sur le dos de la routine le maintien du *statu quo*. Il est facile aussi de se gausser des vieux errements et de conseiller aux propriétaires, comme on l'a déjà fait si souvent et à chaque nouvelle victoire yankee, l'abandon de l'entraînement anglais et du personnel attaché aux méthodes naguère en honneur. Les conseilleurs ne sont pas les payeurs. Tandis que les propriétaires jouent assez ordinairement ce dernier rôle.

Ils hésitent, c'est le cas de le dire, à changer leur cheval borgne pour un aveugle. Un entraîneur anglais, un peu trop asservi à sa routine, mais dont on a pu apprécier le savoir faire, est préférable à un illustre inconnu tout fraîchement débarqué d'Amérique et qui se réclame seulement des principes. D'autant plus que le seul fait, pour un jockey ou pour un entraîneur, d'appartenir au pays qui a vu naître Sloan, double au moins le taux de ses services. Il paraît en effet que certains industriels, barnums ou managers, comme vous voudrez, débarquèrent, à un moment donné, toute une cargaison de professionnels, garçons d'écurie, jockeys ou entraîneurs.

Ils louaient leur carrière de courses et la recédaient avec de fortes primes.

Les entraîneurs anglais opposèrent naturellement à ce flot débordant toute la résistance dont ils furent capables. On a déjà constaté les effets de ce conflit. Aujourd'hui, les turfistes sont divisés en deux camps, les américanophiles et les anglophiles. N'y aurait-il pas entre les deux une place pour l'élément français?

Le mystère qui planait sur les choses du training s'évanouit peu à peu. On s'accorde à reconnaître que cet art n'a rien de secret. Il est fait de pratiques hygiéniques et d'une application au cheval des principes généraux de la gymnastique fonctionnelle.

Pourquoi les jeunes gens, aimant le cheval, il y en a encore, intelligents, instruits, appliquant à ce métier leur activité et leurs dons intellectuels, n'y réussiraient-ils pas aussi bien que certains professionnels dont la seule qualité est d'être nés à l'écurie et de race anglo-saxonne?

A cela on répond assez couramment que le passé parle pour l'avenir. Les bons entraîneurs — sauf de très rares exceptions et surtout en obstacles — ont toujours été enfants de la balle.

Tout métier comporte un apprentissage. Les familles d'entraîneurs étaient suffisamment nombreuses pour suffire aux demandes. Ils poussaient leurs fils en avant, et c'eut été trop leur demander que d'exiger qu'ils formassent des élèves pour prendre la place de ceux-ci.

Au temps jadis on pouvait croire aux secrets du métier, à certaines mystérieuses recettes transmises de génération en génération, tout au moins à certaines méthodes traditionnelles et immuables. Les entraîneurs de naissance n'avaient, en mettant les choses au pis, aucune raison pour s'en tirer plus mal que les profanes.

On comprend que dans ces conditions on ait hésité devant des essais fort coûteux en l'espèce. Aujourd'hui il n'en est plus ainsi.

On s'est rendu compte que l'art du training est surtout une science éminemment perfectible. Le prestige qui entourait les vieilles traditions est ébranlé. Il va donc falloir progresser et sortir de l'ornière.

Les entraîneurs anglais le feront-ils aussi facilement que de nouveaux venus? Outre de vieilles habitudes à vaincre, ils auront encore à surmonter leur orgueil professionnel. Beaucoup manquent de l'intelligence nécessaire, et beaucoup qui en ont suffisamment pour s'initier à des procédés nouveaux les discutent et refusent de les admettre.

Qu'ils prennent garde : ils vont se trouver, s'ils s'entêtent, dans un état d'infériorité manifeste. Ce sera le moment pour ceux de nos compatriotes que le métier d'entraîneur séduit de s'y essayer. Sans doute il ne se trouvera pas un propriétaire qui consente à risquer toutes ses chances sur une seule carte. Mais nous sommes assurés qu'un homme, offrant toutes les garanties nécessaires, travailleur sérieux, homme de cheval, assez léger pour participer lui-même au travail, trouverait à l'heure actuelle, à droite et à gauche, les éléments d'une petite écurie d'entraînement. S'il a quelque succès — et dans cette carrière comme dans toutes les autres, l'intelligence et le travail sont des éléments de réussite, — il se fera vite une nombreuse clientèle.

Malheureusement on envisage ce qui touche aux courses sous un aspect très particulier. Il est peu probable qu'un garçon disposant de quelques capitaux et d'autre part réunissant les qualités requises, veuille s'engager dans cette voie. C'est cependant une carrière fructueuse et aussi honorable que toute autre. (J. Romain.)

L'entraînement américain. — Les transformations obtenues chez des chevaux dont la valeur était bien connue ont attiré l'attention de tous ceux qui s'intéressent aux questions d'entraînement.

La méthode américaine que nous allons exposer, en considérant les pratiques générales, puis en conduisant le lecteur dans l'écurie modèle de M. Vanderbilt, et enfin chez M. Lieux, se résume dans cette pratique finale qui consiste à faire courir les chevaux lorsqu'ils sont prêts, chaque fois qu'ils ont une épreuve à gagner, sans se soucier de les ménager pour des luttes éloignées, nous ne voulons pas dire que ce procédé soit, comme tous les autres, des plus judicieux. Ils profitent du présent, s'en remettant à leur étoile du soin de l'avenir.

Le pur sang est devenu à ce point fragile et instable dans sa condition qu'il n'y a pas mieux à faire. Mais on ne peut s'empêcher de comparer les héros du turf contemporain, courant une dizaine de fois dans leur carrière, sur des distances ridiculement courtes, aux cracks d'antan, sur la brèche pendant des années, disputant des épreuves incessamment en partie liée sur 4, 5 et 6.000 mètres, et se montrant toujours égaux à eux-mêmes.

Il n'est pas douteux, certes, que leurs performances au point de vue de la vitesse pure étaient inférieures à celles que nous réalisons. Mais au point de vue plus élevé qui domine l'institution des courses, l'amélioration des races chevalines, elles valaient incomparablement plus.

Les courses en Amérique diffèrent peu de celles données actuellement sur les champs de courses français. Cependant on tient essentiellement à la vitesse, et les épreuves sont menées beaucoup plus rapidement qu'en France. On essaie constamment d'abaisser les records, et le cheval ayant le meilleur temps est presque toujours un bon cheval.

Les chevaux sont entraînés au chronomètre, doivent courir une distance donnée en un certain laps de temps, suivant leur classe, et ils ne paraissent en public que lorsque l'entraîneur juge leur temps satisfaisant. Mieux qu'en France, où ce système est pour ainsi dire complètement ignoré, on est donc à peu près fixé sur la valeur d'un cheval et sur ce qu'il est capable de faire en course. Ceci contribue largement à la régularité des courses, sans empêcher toutefois les surprises : la glorieuse incertitude du turf n'a pas de patrie.

Le meilleur cheval, au point de vue de l'hippodrome s'entend, est celui qui, sous un poids donné, couvre une distance donnée, dans le minimum de temps. Le chronomètre, nous l'avons dit souvent, nous ne craignons pas de le répéter, est un moyen de contrôle trop dédaigné et qui fournit de précieux enseignements. L'unique argument de ceux qui ne veulent pas l'admettre est le suivant : les prix à réclamer sont parfois courus plus vite que les grandes épreuves. Cela prouve tout simplement que la grande épreuve n'a pas été disputée d'une façon régulière, à condition bien entendu que les poids des deux lots fussent semblables. D'ailleurs, le propriétaire qui réclamerait sans autre indication tous les chevaux qui viennent de gagner un prix à réclamer dans un temps très court, ferait d'excellentes affaires. Il découvrirait des chevaux dont la qualité n'est pas soupçonnée, parce qu'elle se révèle seulement sur les champs de courses et que l'opinion de leur entraîneur, appuyée sur l'entraînement, sur leur apparence, sur leur action, n'a pas de bases précises. Si l'on étudiait les courses, le chronomètre en main, on aurait vite la raison de changements de forme inexpliqués actuellement. Mais il faudrait que les Sociétés appliquent, d'une façon officielle et rigoureuse, le chronométrage fractionné.

On pourrait alors résoudre ce problème que posait notre ami J. Romain dans le *Sport Universel :* La diminution de vitesse, occasionnée par une surcharge, est-elle aussi sensible en haut qu'en bas de l'échelle des poids. Deux chevaux, portant respectivement 40 et 50 kilogrammes, peuvent couvrir 2.000 mètres en 2' 10''. Sous le poids respectif de 50 et 60 kilogrammes, de 60 et 70 kilogrammes, quel sera le temps employé, et l'augmentation de ce temps sera-t-elle la même pour les deux chevaux ?

En Amérique, afin d'atteindre des vitesses meilleures, les épreuves sont courues sur un terrain très légèrement sablé, offrant moins de résistance que le gazon ; cela avantage considérablement l'allure du cheval et lui permet d'accomplir des records extraordinaires ; mais ce système a le fâcheux inconvénient de mettre les combattants hors d'affaire beaucoup plus tôt qu'en France. Cependant les grands soins donnés aux chevaux par des entraîneurs possédant tous une parfaite connaissance du mécanisme animal, permettent d'éviter le redoutable claquage pendant plusieurs saisons, et il n'est pas rare de voir un crack de quatre à cinq ans.

Les distances sont aussi beaucoup plus courtes qu'en France, variant le plus souvent entre 800 et 2.000 mètres et dépassant rarement les 2.200 mètres ; c'est probablement une des causes du manque de stayers, car les chevaux américains vont rarement au delà de 2.400 mètres.

Il n'y a que fort peu de temps qu'on chronomètre les courses. Lorsqu'on a commencé à le faire en 1846, c'est-à-dire il y a une soixantaine d'années, le pur sang était tracé depuis plus de cent dix ans déjà.

On ne peut nier que si le cheval de pur sang s'est amélioré, ses progrès ont dû être certainement plus rapides au début qu'à l'heure actuelle. Plus on se rapproche de la limite à laquelle on doit s'arrêter, moins on avance vite. C'est ainsi que les trotteurs américains amélioraient leur record de deux et de trois secondes tous les ans jusqu'en 1893 et que depuis ce moment et malgré l'aide d'un matériel perfectionné ils ont conquis cinq secondes en dix ans.

Or, depuis 1846, époque à laquelle on a commencé à chronométrer les grandes courses, on enregistre une augmentation réelle de vitesse.

Prenons par exemple le Derby d'Epsom. Si, pour obtenir des

chiffres moyens, nous opérons sur des périodes de dix années, nous constaterons que, courue avec le même poids et sur la même distance, cette épreuve est fournie aujourd'hui dans un temps bien moindre qu'au début, *et que la progression suivie a été constante*. De 1846 à 1855 le temps moyen a été de 2′ 54″; de 1856 à 1865, de 2′ 50″ 1/2; de 1866 à 1875, de 2′ 50″ 2/10; de 1876 à 1885, de 2′ 49″ 3/10, et enfin de 1886 à 1895 de 2′ 45″ 1/2.

Le Derby anglais a donc été couru pendant cette période décennale neuf secondes plus vite qu'en 1850. C'est-à-dire que dans le même temps les chevaux couvrent à peu près 150 mètres de plus que leurs aînés. Et cependant ces aînés étaient déjà l'œuvre de soixante-quinze ans de sélection sur *Eclipse*, *Hérod* et *Matchem*.

Les chiffres du Derby français concordent avec ceux du Derby anglais, mais ils n'existent qu'à dater de 1865, ce qui est une date bien rapprochée. Néanmoins on constate, de 1865 à 1895, une amélioration de 12″. L'examen du temps des Oaks conduit aux mêmes constatations. De même celui du Saint-Léger couru en 3′ 27″ ou 28″, à l'origine et aujourd'hui en 3′ 18″ ou 3′ 20″. Sans vouloir tirer de ces moyennes plus de déductions qu'elles ne comportent car il faut faire la part du manque de rigueur de chronométrage, on peut s'appuyer sur elles pour affirmer que, même dans la période moderne, il y a eu progrès et en déduire qu'il y a à progresser encore.

L'entraîneur américain connaît en général l'art d'améliorer l'état des chevaux considérés comme difficiles à entraîner, il faut qu'il sache du premier coup d'œil reconnaître l'origine d'une défectuosité, d'un malaise ou d'une boiterie, ce que maint entraîneur ne connaît pas. Il y a deux choses que beaucoup de praticiens ne savent pas soigner : les pieds et les dents. Or ce sont les deux parties faibles du cheval que les Américains connaissent et soignent le mieux. On sait que l'allure des trotteurs aux États-Unis a été réglée et allongée uniquement avec les fers d'un poids élevé d'abord, puis plus léger, à mesure que l'action se régularisait. La même chose a été employée par eux pour le pur sang, auquel ils se sont efforcés de donner dès l'âge le plus tendre, l'action longue et près de terre, en les empêchant de se dépenser en efforts inutiles comme les animaux qui galopent en jetant leurs pieds de tous côtés et s'usent à ce jeu.

Or, pour régler leur action, ils ont dû tout d'abord s'occuper de leurs pieds et de leur ferrure, et voilà pourquoi tout entraîneur américain qui se respecte fabrique lui-même les fers de ses chevaux et les place lui-même comme le plus brillant de nos maréchaux-ferrants, et il est bien rare de voir leurs pensionnaires se coupant ou se donnant partout des atteintes, bien que portant infiniment moins de guêtres et de bandages que leurs congénères anglais. De même, avant de passer à un poulain un mors quelconque, de l'emboucher souvent de travers, ils commencent par examiner ses dents et ses barres et lui adaptent le mors spécial qui convient le mieux à la conformation de sa bouche.

Chaque fois qu'un entraîneur américain réclame un cheval, il commence par le déferrer, examine la nature de son pied et lui fabrique ensuite quatre fers spéciaux faits sur mesure et qui lui vont comme autant de gants, de même que chaque pensionnaire a un mors et une bride qui lui sont personnels. Leur principe est de dire : Courez-vous bien avec des chaussures trop étroites et des cors au pied? Si, de plus, on vous enfonçait dans la bouche un morceau de fer qui appuierait fortement sur une dent douloureuse? Non, n'est-ce pas! Eh bien! les chevaux sont comme vous.

L'un des principes également pratiqué par les Américains est de disposer également la selle selon la force plus ou moins grande du rein ou du garrot, de telle façon que le cheval n'en sente le poids qu'à l'endroit où il peut le mieux le supporter. Et ce n'est qu'après avoir mis sa bouche en état, l'avoir bien sellé et bridé, bien planté sur quatre fers bien établis qui lui mettent les pieds à l'aise que l'entraîneur commence à s'occuper de la nourriture spéciale pour chacun selon son tempérament et son estomac. Il estime en effet que, les chevaux de course étant astreints à un travail excessif et anormal, les soins qu'ils doivent recevoir comme la nourriture qu'ils doivent prendre doivent être également anormaux.

Dans leurs établissements, ils ont apporté tous les perfectionnements possibles. C'est ainsi que quelques-uns d'entre eux ont fait établir une petite forge pour ferrer eux-mêmes et dans un paddock un vaste espace où les chevaux prennent des bains de sable. Il paraît en effet que rien ne délasse et n'assouplit les chevaux comme cela et que leurs tendons s'y fortifient d'une façon remarquable.

Quant au mode de travail, en général l'entraînement américain procède à peu de chose près, mais d'une manière tout intuitive, des mêmes données qui nous ont permis d'établir notre méthode, basée sur l'énergétique musculaire.

UNE ÉCURIE AMÉRICAINE MODÈLE

L'écurie américaine type que nous avons en France est celle de M. W.-K. Vanderbilt, à Saint-Louis-de-Poissy, dont le *Sport Universel Illustré* a donné l'intéressante description que nous allons résumer.

Les pistes. — Une piste droite et plusieurs pistes elliptiques forment le terrain d'exercice. La Seine, dans le bas, limite la ligne droite, qui n'a pas moins de 1.200 mètres. Les coteaux boisés de l'autre rive lui forment un fond délicieux qui tourne parallèle à la piste encerclant le champ de courses. A notre droite, dit Saint-Valery, des jardins admirablement entretenus limitent l'horizon. La double piste a plus de 2.000 mètres de tour. La ligne d'arrivée, 500 mètres. Nous avons dit qu'elle était prolongée de 700 mètres. De telle sorte qu'en partant de la Seine et en passant deux fois devant le poteau d'arrivée, c'est-à-dire en faisant une fois seulement chaque tournant, les chevaux parcourent 2.900 mètres.

Le terrain est très ondulé. Le parcours doit même être un peu sévère pour les jeunes chevaux, les yearlings notamment. C'est un petit Vincennes.

Le sol est admirablement entretenu.

Les virages sont relevés légèrement. C'est un terrain d'entraînement modèle.

Les deux pistes sont jalonnées de poteaux placés de huitième en huitième de mille. Ceux de la piste sablée sont blancs, ceux de la piste herbée sont rouges.

Ce sont ces poteaux qui servent aux lads pour régler leur train et qui permettent à l'entraîneur de prendre le temps de chaque fraction du travail.

Pendant que nous examinons la piste, les deux ans sortent pour la promenade.

Le peloton au lieu de la file indienne. — De loin nous les voyons rangés côte à côte, en bataille, comme un peloton de cavalerie. Quelques sujets nerveux refusent de s'aligner, se défendent. On ne leur cède pas. Nous en profitons pour nous approcher et nous renseigner. Cet exercice quotidien a pour but d'assouplir le caractère des chevaux, de les habituer à rester immobiles, à supporter le contact des voisins quand ils seront sous les ordres du starter.

Quand tous sont enfin calmés, on fait rompre. Et à notre surprise la troupe en un bloc compact part au petit galop, à un petit galop ralenti de manège, en un pêle-mêle des plus pittoresques, mais aussi des plus pratiques. Dans les écuries anglaises, on envoie les poulains en file indienne, à 15, 20, 30 mètres les uns des autres.

Évidemment, cette façon de faire est inspirée par la crainte des accidents. Mais elle offre l'inconvénient de ne pas préparer les chevaux au contact brutal de la course.

Ici on estime que l'entraînement doit tendre à l'éducation du cheval en vue de l'hippodrome. En conséquence, on s'efforce pendant la promenade elle-même de donner au cheval une leçon qui soit profitable.

De ce fait, ces jeunes poulains s'en allaient en jouant, mais très calmes, bien placés dans la main de leurs cavaliers, sans qu'aucun désordre nous ait apparu parmi ce peloton serré. La promenade et tout le travail léger se font sur le sable. Les galops vites se donnent sur l'herbe.

Malgré les dimensions de la piste, Saint-Louis-de-Poissy offre l'inconvénient d'être assez éloigné de la forêt de Saint-Germain pour que les promenades y soient difficiles. Les chevaux se fatiguent d'être exercés dans le même cadre et sur le même chemin toujours. On s'efforce de les sortir le plus possible ; mais les automobiles dont les routes sont sillonnées de ce côté rendent la chose dangereuse.

En tout cas, s'ils s'ennuient, les chevaux de M. Vanderbilt ne paraissent pas en pâtir. Le lot des deux ans qui a défilé devant nous était dans un état splendide. Est-ce l'hygiène, est-ce la nourriture, tous sont développés d'une façon plus que normale. Et il est impossible de trouver un contingent de two years old plus faits, plus poussés, plus avancés aussi dans leur éducation, sinon dans leur préparation.

La Starting Gate. — Après la promenade, nous avons assisté à une séance de départs à la starting gate. Les poulains se comportent mieux peut-être que les pouliches devant la machine. Il paraît que c'est constant. Aucun cheval n'a fait de difficultés pour partir et tous les starts ont été corrects.

Ces essais effectués, les chevaux ont fait un travail un peu plus sévère. On sait que la méthode américaine consiste à donner des galops courts et répétés. L'entraîneur est partisan de ce système.

Mais, s'il donne des galops courts à ses deux ans, il ne les répète qu'avec modération.

Il prétend qu'on abuse le plus souvent de l'ouvrage, et il se défend avec énergie contre la réputation que l'on fait aux entraîneurs américains de galoper leurs chevaux de façon excessive.

Le guêtrage. — Le guêtrage n'est pas dédaigné, et à l'exercice tous les poulains sont pourvus de légères bottines. La ferrure est l'objet d'une attention particulière.

Le lad yankee. — Les garçons vêtus de chandails cerclés, coiffés de vastes chapeaux de paille d'allure tout américaine, vaquent

Devant la Starting Gate pour le prix du Conseil Municipal.

à leurs occupations, nous donnant dès le premier pas l'impression que nous ne sommes pas ici à Chantilly.

Le lad yankee ou enrôlé sous les ordres d'un entraîneur yankee a une tenue toute différente d'un lad anglais. Il ne vise pas à paraître un gentleman, et les accoutrements tout sportifs, casquettes, vestons et culottes beiges, leggings en peau de porc ne nous ont pas paru de mise à Saint-Louis-de-Poissy.

Les boxes. — Un coup d'œil en passant à l'intérieur des boxes. Nous remarquons l'absence de râteliers. Le foin est mis à terre devant le cheval. La mangeoire mobile se place le long du mur au moyen d'un accrochage à queue d'hirondelle, qui ne laisse aucune saillie après l'enlevage qui a lieu à la fin du repas. De même pour le seau plein d'eau.

Cet agencement offre l'avantage que l'avoine ne traîne jamais dans l'auge d'un animal dégoûté. Le temps normal accordé pour le repas une fois passé, on enlève le grain que le cheval a sali sans le manger; et l'on diminue d'autant la ration le lendemain, jusqu'à ce que l'appétit revienne. C'est là une pratique bien connue, mais dont il n'est pas fait assez souvent usage dans bien des écuries. Une autre remarque qui a son importance : les portes des boxes sont coupées en deux comme dans les studs, et la partie supérieure en reste ouverte durant toute la journée et la nuit pendant une bonne partie de l'année.

Les Américains, contrairement aux Anglais, tiennent leurs chevaux le plus possible au grand air. S'ils ne les sortent pas toute la journée, c'est que la chose est matériellement impossible, mais ils se gardent bien de les encaver dans des boxes obscurs et clos. Tous les animaux ont le nez dehors, respirent et se distraient à la vue des objets extérieurs.

L'entraînement de M. Lieux. — Il n'est pas facile d'obtenir des renseignements sur la méthode appliquée par l'habile propriétaire entraîneur, M. Lieux, dont les succès ininterrompus défrayent constamment les chroniques sportives.

Les chevaux de M. Lieux gagnent toujours : c'est un fait. Pour des sommes minimes, il achète des animaux qui, sous son intelligente direction, deviennent des champions de grandes épreuves, *Mauvezin*, *Dolorès*, *Yella*, *Arkinglas* et, plus récemment, *Moulins-la-Marche*, *Punta-Gorda*, etc., pour ne citer que les plus connus. Les victoires des pensionnaires de M. Lieux déroutent presque tous les turfistes. Elles sont uniquement dues à ce fait que sa grande connaissance du cheval lui permet de réclamer des animaux qu'il estime mal entraînés. Il s'attache surtout à acheter des chevaux qui viennent en forme. Mais là où sa méthode d'achat est particulièrement excellente, c'est dans l'acquisition des femelles. M. Lieux, convaincu que les juments sont nourries avec une nourriture trop échauffante, les met, dès leur arrivée dans son écurie, à un régime rafraîchissant; puis il leur donne un travail modéré, savamment gradué, qui les amène en forme sans heurts et sans à-coup. Comme les Américains, M. Lieux attache une grande importance à la ferrure et à l'hygiène.

Tous les boxes chez M. Lieux sont ouverts toute la journée, les chevaux portent continuellement la muserolle, ne mangent, comme les hommes, qu'à des heures régulières et sortent deux fois par jour; ils ne boivent que peu et de l'eau dont la température est calculée par le propriétaire lui-même. La base de leur alimentation c'est le maïs et l'avoine, que le maître recherche de première qualité.

Les chevaux à l'entraînement galopent assez sévèrement et sont essayés plusieurs fois au chronomètre avant de courir, sur les courtes distances surtout.

Nous devons dire que ceux de ses chevaux que l'on a la chance d'apercevoir dans les allées du parc de Maisons-Laffitte sont dans un état merveilleux, tous resplendissants de force et de santé, et font plaisir à voir ; c'est le plus grand éloge que l'on puisse faire de leur maître.

Lui n'a souci que de leur santé, très peu de leur élégance ; il n'apporte que peu de soin à la confection de leurs couvertures venues d'un peu partout et à l'harmonie de leurs couleurs souvent bizarres ; il leur arrive même souvent de n'en pas avoir, et cette particularité rappelle certain matin de Deauville, au débarquement, vers six heures, sur la pelouse, les chevaux du « *père Lieux* ». La plupart étaient nus, la crinière longue, mal pansés ; ceux qui étaient couverts avaient sur le dos des loques plus ou moins effilochées, et ils ont gagné 80.000 francs en Normandie cette année-là !

La compétence remarquable de M. Lieux est le fruit d'une longue expérience et d'une observation jamais en défaut. L'on peut dire que, sans l'arrivée des Américains, qui se sont placés à la tête de l'entraînement « nouveau jeu », le propriétaire de *Punta-Gorda*, aurait été longtemps le maître de l'heure.

Qu'il s'agisse de M. Lieux, de Leigh, ou de Duke, tous font de véritables tours de force en transformant des chevaux médiocres en de bons performers.

Si l'entraînement moderne, en tant que méthode scientifique, peut opérer de semblables transformations, on est obligé d'admettre que la sélection opérée depuis des années est fausse dans ses prémisses. L'entraînement anglais, la monte anglaise, s'ils sont à ce point inférieurs, n'ont pas mis en évidence les meilleurs chevaux, depuis cent cinquante ans que l'on court dans ce but. Les méthodes nouvelles permettront sans nul doute de démontrer la qualité de certains individus, puis de certaines familles qui seraient restées méconnues sans elles. Il n'est pas téméraire de penser que, lorsqu'il se sera généralisé, l'entraînement scientifique amènera avec lui des modifications profondes dans le classement établi par Bruce Lowe, pour ne citer que le plus connu des systèmes à la mode. Comme quoi de petites causes peuvent produire de grands effets.

La monte américaine. — Dans la manière de monter des jockeys américains, la position n'est pas indifférente; en l'adoptant, les Américains ont eu pour but non seulement de soulager le rein et les membres postérieurs, mais encore de rendre l'effet du poids moins sensible en le faisant porter à l'endroit où le cadre du cheval est le mieux étayé, le plus résistant.

Posez un bâton sur deux chaises et chargez-le par le milieu jusqu'à occasionner sa rupture. Avec le même poids chargez un bâton semblable à l'endroit où il repose sur une des deux chaises et vous n'aurez même pas un fléchissement. Voilà une des raisons de la monte en avant. Mais il y en a d'autres non moins plausibles. Assis où il est, les étriers courts, la cuisse horizontale, les genoux se joignant au-dessus du garrot, le jockey laisse à la cage thoracique toute sa liberté. Au moment de l'effort, c'est-à-dire quand la poitrine et le flanc du cheval ont besoin de pouvoir se dilater jusqu'à leurs limites extrêmes, le jockey anglais dont les jambes compriment les côtes du cheval, le talonne plus ou moins en arrière, s'opposant ainsi au libre jeu des poumons et du cœur. L'Américain laisse tous ces organes fonctionner comme si le cheval galopait en liberté.

De plus, immobile sur sa selle, il s'occupe seulement de ne pas contrarier le cheval et se contente de l'exciter sans prétendre tirer de sa monture, par la violence, un effort qu'elle est incapable de fournir.

Nous n'adopterons pas sans quelques réserves cette façon d'envisager le finish, mais telle est la théorie. Il est en tout cas plus facile de ne pas gêner un cheval que de l'aider.

Si l'on oppose deux artistes, anglais et américain, on est obligé de reconnaître à l'un et à l'autre des qualités différentes, et il est difficile de décerner la palme à T. Sloan ou à Fred Archer, à Reiff ou à T. Lane.

Les Américains ont cependant une supériorité qui est inhérente à leur éducation que rien ne peut, n'a pu, remplacer chez aucun artiste anglais. C'est la connaissance exacte du train. Dès l'enfance les lads en Amérique sont habitués à galoper au chronomètre. Au lieu d'envoyer un cheval *half speed galop* à demi-train, ainsi que disent les Anglais, expression vague et élastique, sur 1.000 ou 2.000 mètres, on donne à son jockey l'ordre de galoper à telle vitesse : le mile en 2 minutes, par exemple. Voici du reste la moyenne du train à l'entraînement pour le mile : quart de vitesse 3′ 50″, demi-vitesse 2′ 45″, trois quarts de vitesse 2′ 5″, plein train 1′ 48″.

De telle sorte que les hommes, même les simples lads, arrivent à apprécier à très peu de secondes près la vitesse à laquelle galopent leurs poulains. Celui qui possède ce sentiment du chronométrage est tout prêt à devenir un bon jockey.

Ne voit-on pas que c'est une force énorme? Un jockey, faisant une

Maintenon rentrant après une victoire.

course en tête, qui n'a pour régler son allure que la vitesse avec laquelle le terrain fuit à côté de lui et qui peut néanmoins apprécier le train auquel il a marché ; si ce train est sensiblement au-dessous de la mesure de son cheval, il suffit d'une décision prompte, d'un démarrage brusque pour lui assurer un avantage impossible à refaire. Si le train a été régulier, au contraire, il faut attendre, au besoin reprendre son cheval, le laisser souffler, et persuader ainsi à ses suivants qu'on est battu pour reprendre un peu plus loin l'offensive, etc.

La tactique ne devient plus affaire de sentiment, d'intuition, mais la solution d'un problème quasi mathématique.

Eh bien, nous le répétons, c'est là qu'est la grande supériorité de la méthode nouvelle. Le fait de monter long ou de monter court n'y changera rien. A qualités équestres, à qualités de tête égales, le jockey possédant la faculté d'estimer en secondes le train d'une course sera toujours supérieur à un autre.

Voilà pour les jockeys de tête.

Mais, quand il s'agit de jockeys du commun, la méthode américaine est sans rivale. La position un peu ridicule et tout à fait anti-équestre à laquelle notre œil s'est habitué est beaucoup plus facile à apprendre qu'il ne paraît de prime abord. Un homme arrivera à monter en course de cette façon, qui serait très embarrassé pour conduire un hack à la chasse. Juché sur ses étriers, il évite les réactions, il peut assurer la fixité de la main, il n'a pas besoin pour finir de se lier à son cheval, de faire corps avec lui, il lui suffit de bouger le moins possible.

On l'a bien vu maintes fois. De jeunes cravaches que nous ne nommerons pas et qui, en montant à l'anglaise, étaient incapables non seulement de finir une course, mais de figurer utilement, se sont placées à la tête des anciens jockeys en changeant simplement leur façon de monter.

En un mot, la monte à l'américaine est à la portée de tous, puisqu'elle demande moins de moyens naturels.

Pratiquée par des artistes, la supériorité de ceux-ci à talent égal est due à la connaissance du train, connaissance qu'ils puisent dès le plus jeune âge dans la pratique du chronomètre. (J. Romain.)

La résistance de l'air. — A mesure que l'on s'attache à étudier de plus en plus tous les facteurs qui entravent la vitesse de la course, on tient compte d'éléments qu'on avait d'abord négligés : c'est ce qui est arrivé longtemps pour la résistance de l'air.

Cette action mal connue a été la cause première des succès des jockeys américains.

Il est, du reste, facile de calculer approximativement l'effort que le cheval doit faire pour vaincre la résistance de l'air. Nous épargnerons au lecteur ce calcul par trop simple et nous établirons que la résistance de l'air nécessite un chiffre très élevé de kilogrammètres dépensés en pure perte.

On obtient assurément un total respectable, d'autant plus que le calcul suppose que l'air est calme ce qui n'est jamais complètement vrai; si on se rappelle que la résistance de l'air augmente proportionnellement au carré de la vitesse, on peut se faire une idée du travail que le cheval doit développer, pour peu qu'il fasse du vent et que ce vent souffle dans une direction opposée à celle qu'il suit lui-même. Il semblait donc naturel de chercher à réduire ce travail. C'est ce qu'a fait la monte américaine.

Bousculades. — Nous ne croyons pas que la monte américaine soit responsable de l'augmentation des bousculades dont se plaint le monde des courses. La monte américaine diminue l'aide des jambes, c'est indéniable ; mais, dans l'équitation de course, si les jambes sont un auxiliaire puissant pour la propulsion de l'animal, elles sont d'un emploi certainement restreint pour sa direction, et c'est de direction qu'il s'agit dans l'espèce. Les effets latéraux, déplacements de hanches et autres figures pour lesquelles les jambes sont indispensables, relèvent plus du manège que de l'hippodrome, tout au moins en cours de route. En course, le cavalier pousse son cheval avec les jambes, et il le dirige avec les mains. Or, les effets de main sont plus directs avec la monte américaine, — le cavalier, dans cette monte, plaçant ses mains sur l'encolure du cheval et ayant ses rênes très courtes, — que dans l'ancienne façon de monter où nos jockeys plaçaient les mains sur le garrot de l'animal et avaient les rênes longues.

Les bousculades ont-elles du reste augmenté dans les proportions que l'on prétend ?... Le monde des courses est sujet à des manies ; il a certaines idées fixes qui sont des dérivatifs à sa mauvaise humeur, mauvaise humeur, dont les déboires du turf sont seuls responsables et que la victoire d'un favori suffit à dissiper. Il faut bien le reconnaître, la bousculade est la manie de l'année 1907.

Il s'est toujours produit des heurts et des collisions entre concurrents. Il est naturel même qu'il s'en produise de nos jours plus souvent qu'autrefois. A cela il y a plusieurs raisons.

La première est l'augmentation du nombre des partants. C'est là un argument qui parle tellement de lui-même qu'il dispenserait d'en chercher d'autres.

Une explication des bousculades qui se produisent découle également de la qualité des jockeys formant, à l'heure présente, l'ensemble d'une course. Dans les champs moins nombreux d'autrefois, les chevaux étaient montés, en général, par des hommes, le gamin constituait l'exception. Aujourd'hui, avec le grand nombre de cavaliers dont on a besoin pour une même course, c'est souvent le gamin qui forme le gros du peloton. Or le gamin est un élément de bousculade. D'une façon même générale, sans qu'on sache à quoi attribuer cela, les jockeys étaient plus hommes, plus âgés même, autrefois qu'à l'époque actuelle, et, par conséquent, plus sages (Rainbow).

Les courses ont changé de physionomie. — Il faut également reconnaître que le rythme de la course a changé. On ne court plus comme on courait jadis. La course en avant était autrefois l'exception, elle est devenue presque la généralité. Alors que naguère, c'était dans la queue du peloton que le jockey avait ordre d'attendre, maintenant c'est parmi les chevaux de tête qu'il a comme instruction de se placer. On ne voit généralement, dans ce changement de méthode, qu'une conséquence de la monte américaine qui est plus allante que ne l'était l'ancienne monte. Il y a du vrai. Mais l'augmentation du nombre des partants et la difficulté qu'un cheval éprouve à traverser un peloton fourni sont pour beaucoup dans le désir du propriétaire de voir, dès le début du parcours, son champion bien placé. Cette chasse à la bonne place fait naître, naturellement, des occasions de bousculades.

Le doping. — Une recette yankee qui a mis à l'envers la cervelle de bien des propriétaires et de bien des entraîneurs, c'est le fameux « doping » auquel il a été consacré dans *le Pur Sang* un chapitre des plus complets.

On avait traité de fables au début tout ce qui se disait de cette pratique. Devant l'impossibilité d'expliquer autrement certaines transformations, les rieurs d'hier allant d'un extrême à l'autre voient partout aujourd'hui encore des chevaux drogués et attribuent au doping des vertus miraculeuses certainement exagérées. Il ne faudrait pas se figurer que les succès de certaines écuries lui sont attribuables exclusivement. Il n'est pas douteux que certaines substances médicamenteuses, plus ou moins funestes à l'organisme du cheval, administrées quelques instants avant le combat élèvent au paroxysme le système nerveux, excitent le muscle et placent ainsi le sujet dans des conditions favorables à l'effort violent et inusité de la course. Mais ces substances quelles qu'elles soient n'ont pas le pouvoir de transformer un animal, même pas celui de suppléer à un entraînement bien conduit. On peut même aller plus loin : pour que la machine animale puisse fournir sans en être trop éprouvée son maximum de travail, maximum que les excitants la conduisent à donner, il est indispensable qu'elle soit dans une condition parfaite.

Les entraîneurs que tente le doping américain feront bien d'amener leurs chevaux *fit and well* avant de penser à les droguer.

Les principes qui nous ont donné les meilleurs résultats dans nos expériences sont le liquide orchitique, l'anti-toxine de la fatigue, enfin une préparation de laboratoire due à un professeur de chimie d'une de nos grandes Facultés. Cette dernière préparation est une composition fort complexe; son emploi n'est pas suivi de la dépression que l'on remarque après l'usage des alcaloïdes employés habituellement. C'est le meilleur dynamogène que nous possédions à l'heure actuelle, nous l'indiquons seulement comme un fait digne d'être enregistré dans un livre comme le nôtre ; mais comme ce produit n'est pas dans le commerce et n'y sera jamais, il n'y a aucun danger de voir généraliser son emploi.

Nous terminerons ce court exposé en conseillant aux entraîneurs qui reçoivent des chevaux venant des maisons où l'on a la réputation de doper, d'employer le soluté minéral Bactérinicrine à base de cinnamyle, iode et magnésium, qui constitue le désinfectant idéal capable de débarrasser l'organisme de toutes les toxines introduites dans l'organisme par l'usage du doping.

Le traitement sera complet si l'on ajoute à la ration quotidienne et pendant trente jours l'ajaxine, poudre reminéralisante qui fait acquérir la forme, aide à son maintien et qui reconstitue très rapidement l'économie influencée par l'usage des agents pharmacodynamiques et des poisons.

Les courses en Amérique. — Les courses, qui sont un sport très coûteux dans tous les pays, le sont peut-être davantage encore en Amérique si nous en croyons un correspondant du *Sport Universel Illustré*.

Les journées de courses ordinaires amènent déjà des déplacements de fonds très élevés, mais qui ne sont rien cependant auprès des sommes dépensées les jours de grands prix, comme les prix Futurity ou Suburban.

L'affluence du public est énorme, naturellement, et nous ne nous attarderons pas aux détails oiseux de ces great events, qui sont partout un peu les mêmes, et ont été mille fois relatés.

Les boxes sont de véritables salles, quatre fois au moins aussi grands que les boxes ordinaires, de sorte que le cheval a toute la place voulue pour se rouler sur une litière de paille de 1 mètre et 1^{m},30 d'épaisseur. La porte est faite d'un treillage de fil de fer qui empêche les mouches de pénétrer dans le box, et des désinfectants sont continuellement employés, pour empêcher les insectes de se reproduire dans le crottin des chevaux.

Le propriétaire paie 10 0/0 de ses gains à son entraîneur.

Les jockeys retenus par un propriétaire, sont payés à raison de 5 à 15.000 dollars par an (de 25.000 à 75.000 francs).

Le Grand Prix Futurity s'élève à 65.000 dollars (325.000 francs), et jamais aucun hippodrome n'a vu autant de paris engagés que celui du parc de Sheepshead Bay. Ils s'élèvent à des sommes fabuleuses, qui surprennent, dans la foule, ceux même que rien ne devrait plus étonner.

Il est difficile de comprendre comment, au milieu de cette cohue, les bookmakers arrivent aussi facilement à faire leurs comptes en quelques instants et à pouvoir tout régler sans commettre d'erreurs.

Sur la pelouse, les paris sont aussi très élevés ; mais, si les enjeux ne sont pas aussi forts, ils sont, par contre, plus nombreux.

Pendant la saison sportive, on peut dire sans crainte qu'un quart de million de dollars (1.250.000 francs) se dépense chaque jour de la semaine en Amérique.

Les sommes qui circulent pendant une journée ordinaire se décomposent ainsi que suit :

3.000 entrées de pesage, à 3 dollars.....	9.000 dollars	45.000 fr.
4.000 — pelouse, à 1 —	4.000 —	20.000 fr.
Frais de 200 bookmakers, à 50 D chacun.	10.000 —	50.000 fr.
Profits de — à 50 D chacun.	10.000 —	50.000 fr.
15.000 programmes à 10 cents..........	1.500 —	7.500 fr.
100 détectives........................	500 —	2.500 fr.
Appointements du starter et ses aides...	100 —	500 fr.
— des deux juges........ .	500 —	500 fr.
— des autres employés.....	100 —	500 fr.
Entretien de la piste..................	5.000 —	25.000 fr.
Intérêts des fonds engagés dans l'achat ou la location de la piste............	5.000 —	25.000 fr.
Dépenses des propriétaires d'écuries....	5.000 —	25.000 fr.
Entretien de 1.000 pool rooms.	200.000 —	1.000.000 fr.
Total............	250.300 dollars	1.251.500 fr.

Ce ne sont là, d'ailleurs, que des chiffres approximatifs pour une journée de courses.

On peut, sans craindre d'être démenti, dire que quinze cent mille francs, en moyenne, roulent dans la journée, pour la satisfaction d'un seul sport, les courses, car il faut bien encore faire entrer en ligne de compte la horde de gens qui trouvent leur gagne-pain dans l'entourage des bookmakers, dans le voisinage des écuries, ainsi que dans les « pool rooms » de cinquante grandes villes, au moins, de l'Amérique.

Les dépenses sont naturellement beaucoup plus élevées quand il s'agit d'un great event, tel que le prix Futurity ou le Suburban, qui attirent une foule plus nombreuse.

Le prix Futurity est une course pour laquelle les chevaux sont engagés alors qu'ils sont encore dans le ventre de la mère.

Les propriétaires du parc Sheepshead Bay comptent au moins sur une vente de 30.000 tickets de pesage à 15 francs et de 140.000 de pelouse à 5 francs.

Durant toute l'année pareilles sommes seraient une source de revenus fabuleux, mais la saison ne dure que trente jours.

Les dépenses sont cependant très élevées : un parc comme celui dont nous parlons représente des premiers frais d'installation et de location ou d'achat se montant à 3 millions de dollars (15 millions de francs). Son entretien nécessite aussi des frais considérables par journée sportive.

Les employés, tous nommés par le Jockey-Club, sont très nombreux et payés par les propriétaires du champ de courses.

Il faut aussi compter, parmi ces employés, un médecin pour soigner les jockeys victimes d'accidents et un vétérinaire qui a pour mission de s'assurer que les chevaux ne sont pas drogués.

Le Comité des courses, pour les rendre plus attrayantes, ajoute aussi aux prix de très fortes sommes prélevées sur la caisse.

Il est inutile de dire que tout cet argent sort des poches des joueurs, et personne n'a rien à y voir, tant que le public paie, en somme, sans murmurer, et afin de se procurer le plaisir des courses.

Les pistes des environs de New-York sont la propriété de divers groupes de capitalistes multimillionnaires, offrant au joueur le tapis vert du turf, au lieu du tapis vert des tables de jeu.

On dit bien que les courses causent plus de dommages que les tables de baccara, mais c'est là une question discutable, bien qu'il soit évident qu'il y a peu de jeux où les joueurs ont moins de chances de gagner qu'aux courses.

Les seuls parieurs qui peuvent réussir sont ceux qui ne jouent qu'une ou deux courses par jour, avec l'idée de faire systématiquement leur matérielle.

Pour la journée du prix Futurity, les bookmakers du ring

viennent avec des sommes se totalisant à 1 million de dollars (5 millions de francs).

Ils payaient autrefois pour avoir le droit d'être bookmakers, mais cette redevance a été abolie depuis quelques années.

Aujourd'hui, leurs dépenses s'élèvent à environ 250 francs chacun par jour, car il leur faut à chacun un comptable, un caissier et deux ou trois coureurs.

L'entretien des écuries de courses est aussi très élevé, et des propriétaires comme James R. Keene, ou Sydney Paget, ou bien encore John Madden, Sam S. Brown, Harry Payne, Whitney et d'autres encore, doivent compter au moins 125.000 dollars (625.000 francs) par an.

Les chevaux sont le plus souvent mis à l'écurie sur le terrain même des courses, dans des locaux que le Comité des courses loue aux propriétaires et pouvant contenir une vingtaine de bêtes par écurie. Le prix de cette location est de 2.000 francs pour l'année. Il y a, en outre, l'habitation de l'entraîneur et des gens d'écurie, leur nourriture, etc.

Pour fonder une écurie de courses, il faut compter dépenser tout d'abord une somme variant de 50.000 à 200.000 dollars (250.000 francs à 1.000.000 de francs).

Les ventes de yearlings ont lieu deux fois par an, à Coney Island en été et dans les jardins de Madison Square en hiver.

Le transport des animaux d'un terrain de courses à un autre revient aussi très cher.

Les entrées de chevaux pour le prix Futurity sont au moins d'un millier; mais très peu de chevaux finissent par prendre réellement part à cette course.

Toutes les pistes sont sous le contrôle du Jockey-Club, qui autorise les Comités des courses à les exploiter. Aucun autre champ de courses ne saurait exister sans la sanction du Jockey-Club.

Les joueurs américains ne se doutent pas que les paris sont interdits par la loi, dans l'État de New-York, mais on tourne cette difficulté en considérant les paris aux courses non plus comme un jeu de hasard, mais des dettes d'honneur.

Les bookmakers américains ne donnent aucune fiche ou ticket de pari, et le joueur se trouve entièrement à leur merci, s'il leur convient de ne pas régler, ce qui arrive rarement, car une plainte portée contre eux au Jockey-Club leur interdirait l'entrée des champs de courses. Ils seraient disqualifiés et affichés.

Les recettes des entrées des comités de courses pour le seul État de New-York ont, en dix ans, augmenté de 500.000 dollars (2.500.000 francs) qu'elles étaient annuellement, à la somme fabuleuse de 4.000.000 de dollars (20.000.000 de francs) encaissés aujourd'hui.

Il y a quelques années, quelques hommes de sport ont voulu introduire les courses de nuit, éclairées par la lumière électrique, à Saint-Louis. De sorte que les courses de jour s'augmentaient encore de celles de nuit. Cette idée aurait été certes adoptée par d'autres hippodromes; mais le public ne voulut pas les tolérer, et les autorités les supprimèrent, au grand désappointement des joueurs.

Les courses ont été récemment interdites à Chicago et à Saint-Louis par des lois très sévères. On n'empêche pas évidemment de faire courir des chevaux, mais les paris sont interdits. Or, comme l'élément spéculatif est essentiel à ce sport comme à tous les jeux, s'il vient à en être enlevé, le sport des courses se trouve tué du coup.

Il faudra donc tolérer les paris, car les courses donnent un moyen sûr de choisir les bons étalons et les bonnes poulinières. Elles poussent les éleveurs à produire des chevaux supérieurs qui obtiennent des prix de vente beaucoup plus élevés. Aussi sont-elles indispensables aux éleveurs et importantes au point de vue de l'agriculture.

CHAPITRE VIII

SUR LE CHAMP DE COURSES

Nous n'avons nullement l'intention de décrire les péripéties d'une course ; mais il y a certains points sur lesquels il est bon d'insister, dans l'intérêt des propriétaires et des entraîneurs, même lorsque le cheval est prêt et que le jockey qui le monte est un homme habile et sûr.

Une chose de grande importance est l'état du terrain. Est-il sec ou humide ? Comment les chevaux courent-ils sur tel ou tel terrain ? Une autre question est celle de savoir comment se comporte un cheval vis-à-vis d'un autre sur différents terrains, quoique sur la même distance. La topographie joue un rôle important, les tournants, les pentes, etc., etc.

Toutes ces questions ont besoin d'être étudiées avec soin, et leur examen vous donne un avantage incontestable sur un observateur superficiel.

Quand on entend parler de la conformation d'un cheval, combien de fois entend-on dire : cet animal a un dos qui lui permet de monter une pente, mais jamais ses épaules ne l'aideront à descendre ; sans en donner la raison, ce qui serait, je crois, difficile, nous savons qu'il y a des chevaux qui préfèrent un terrain à un autre.

Tel cheval qui n'a ni train ni fond sera excellent sur un terrain facile et plat, et, au contraire, un cheval plein de qualités ne se montrera pas supérieur dans cette occasion et préférera un parcours un peu sévère. Pourquoi ? Personne ne pourrait le dire exactement.

Il y a évidemment quelque chose qui change la course selon les terrains, et ce quelque chose, c'est à l'entraîneur à le deviner avant d'engager un cheval. Il pourra, pour cela, prendre ses précautions : essayer les chevaux en montant, avec des animaux qui ont du fond, ou en descendant avec des animaux vites ; ces essais devront suffisamment mettre l'entraîneur sur la voie.

Quant à l'état des terrains, c'est aussi un point fort important, car il y a plus de défaites occasionnées par le terrain qu'on ne le croit généralement. On voit des chevaux qui ne peuvent pas courir sans une piste détrempée ; d'autres, sur un terrain dur ; enfin, il y en a qui sont également bons sur n'importe quel terrain ; mais la majorité préfère ce qu'on appelle un bon terrain, ni trop mouillé, ni trop sec.

Le carrelage. — Le jour de la course, et quelques instants avant son arrivée dans le paddock, le cheval est « carrelé » — c'est-à-dire que des carreaux sont dessinés sur sa croupe au moyen de la brosse à polir — et quelquefois sa crinière mise en tresses entremêlées de rubans.

Le « carrelage » ne nous convient qu'à demi, attendu que par cette opération le cheval devine trop tôt que quelque chose d'anormal va survenir dans son existence ; et cela rend l'animal nerveux et le surexcite.

Enfin, le jockey qui va monter le cheval est pesé ; l'entraîneur cesse, pendant quelques minutes, la surveillance qu'il a exercée durant des semaines et des mois, mais son anxiété en est doublée.

Le plus souvent le pilote qui va prendre charge de l'animal le voit pour la première fois.

Avant la course. — Les chevaux sont promenés montés ou tenus en main dans le paddock. Est-il bien utile qu'ils soient montés dans le paddock avant la course? Nous ne le croyons pas, car la dépense musculaire qu'exige le port de l'homme, nécessite une consommation énergétique qui fera défaut, pour la course, puisque le cheval a une somme d'énergie accumulée donnée à employer dans toute épreuve sévère à courir.

Toutefois, pour les sujets très nerveux qui se tracassent, il est bon de leur mettre un gamin très léger sur le dos pour les faire rester tranquilles. L'énergie dépensée est, dans ce cas, moindre que celle que l'animal fournit en ruant, en bondissant, etc.

Les chevaux sont conduits dans une stalle ou un box pour y être sellés. C'est l'entraîneur lui-même qui, après le pesage du jockey, doit fixer la selle, s'assurer de l'ajustement parfait des sangles, vérifier la bride. Puis, un lad mouillera, à l'aide d'une éponge, les naseaux, les yeux, et le front du cheval, pour lui laisser la sensation de bien-être que provoque toute ablution.

Après la course. — Le cheval est dessellé, raclé au couteau de chaleur, et frictionné à l'aide d'un shampoing, à base d'alcool camphré et d'iode; il est promené pendant vingt minutes dans le paddock, puis, ramené dans son van, ou dans le wagon qui doit l'emporter vers son centre d'entraînement. Pendant le trajet du champ de courses à l'écurie, il sera bon de lui donner une inhalation d'oxygène (un ballon de 40 litres) pour remettre plus vite en état son système musculaire éprouvé par la course.

Jockey. — Quand l'entraîneur a réussi à avoir un bon cheval, et a été assez heureux pour l'entraîner et l'amener au poteau, prêt à courir, ses embarras ne sont pas encore terminés, car alors se pose cette question : qui va le monter ?

Il n'est pas toujours aisé de se procurer un jockey, à cause des engagements de monte que contractent la plupart de nos professionnels.

Est-il avantageux d'engager un jockey à l'année ?

Ça coûte fort cher, car il faut lui garantir des appointements d'ambassadeur. La première monte d'un jockey est un enfantillage, car c'est souvent ceux qui ont les montes suivantes qui sont les mieux servis.

Quand on a un bon cheval, les propositions de monte ne manquent pas. Il n'y a que pour le cas d'une grande course, qu'il est gênant de ne pas avoir un bon jockey, mais l'Angleterre n'est pas loin, et pour un prix très élevé, par exemple, on a, le cas échéant, l'auxiliaire d'une des premières cravaches anglaises.

Les ordres. — Dans tous les cas l'entraîneur et le propriétaire doivent décider ce que l'on doit faire du poulain dans la course; savoir, si on doit en tirer parti, ou si on ne l'envoie que pour prendre une ligne sur des compétiteurs, sans le fatiguer ou l'essouffler. Mais, le plus souvent, l'ordre est donné de gagner, si cela peut se faire sans surmener le poulain et sans faire aucun usage du fouet et de l'éperon. Si, en conséquence, le jockey voit que son allure est inférieure, il a généralement l'ordre d'arrêter ou au moins de ne pas continuer à lutter; mais, s'il a une chance de gagner, si le prix en vaut la peine, si aussi son cheval n'est pas engagé dans une course subséquente de plus d'importance, le jockey peut être

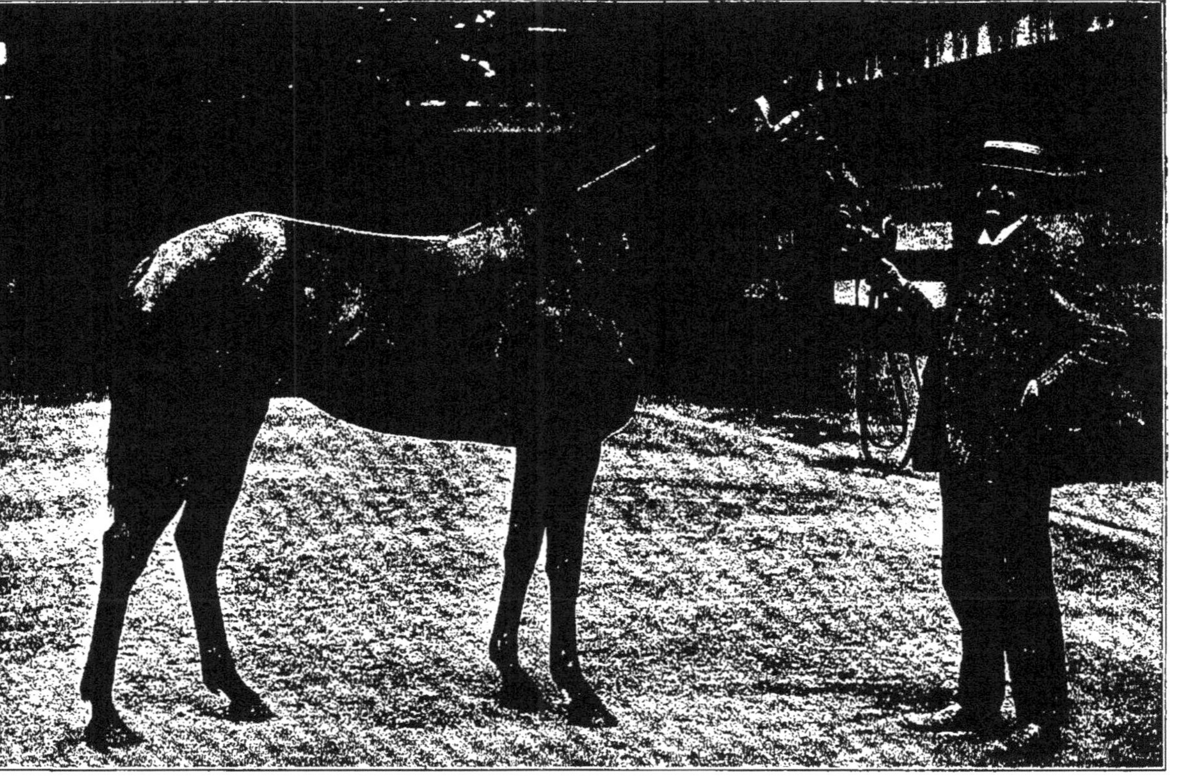

Claudia, par *Chéri* et *Drop*.

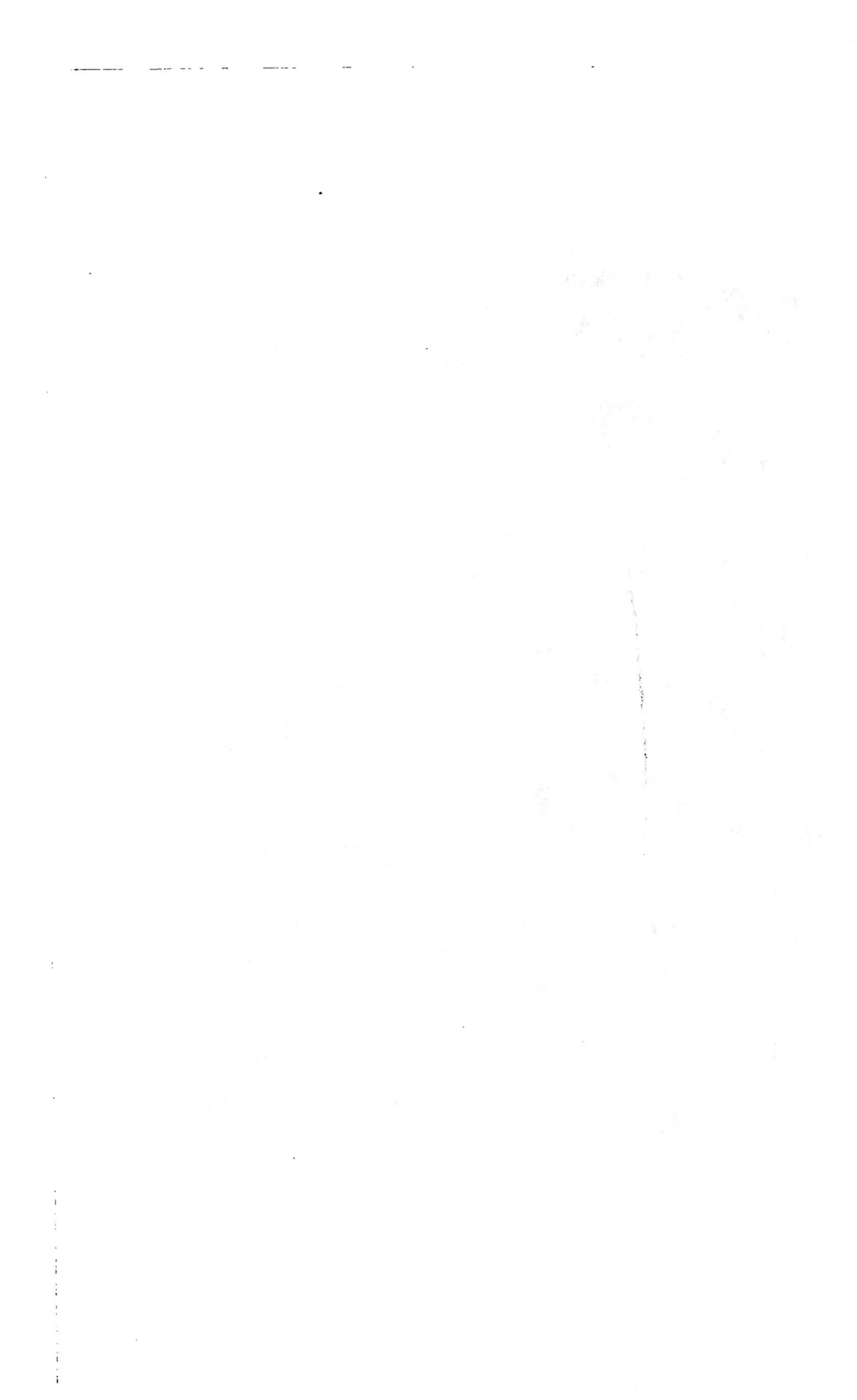